AF704672

Internationales Symposium

SYSTEMFUNGIZIDE
SYSTEMIC FUNGICIDES

Veranstaltet durch die Sektion Mikrobiologie der Biologischen Gesellschaft der Deutschen Demokratischen Republik unter Mitwirkung der Sektion Phytopathologie dieser Gesellschaft und der Biochemischen Gesellschaft der Deutschen Demokratischen Republik

Herausgegeben im Auftrage der Biologischen Gesellschaft der Deutschen Demokratischen Republik, Sektion Mikrobiologie
von H. LYR und C. POLTER

Mit 141 Abbildungen, davon 24 auf Kunstdrucktafeln und 94 Tabellen

AKADEMIE-VERLAG · BERLIN 1975

Verantwortlich für die wissenschaftliche und organisatorische Vorbereitung der Tagung

Prof. Dr. H. Lyr, Kleinmachnow
Dr. W. Rawald, Eberswalde
Dr. H. Bergmann, Kleinmachnow
Dr. G. Kretschmar, Berlin

Verantwortlich für die redaktionelle Bearbeitung des Tagungsberichtes

Prof. Dr. H. Lyr, Kleinmachnow
Dr. habil. C. Polter, Kleinmachnow

Erschienen im Akademie-Verlag, 108 Berlin, Leipziger Straße 3—4
© Akademie-Verlag, Berlin, 1975
Lizenznummer: 202 · 100/530/75
Umschlagentwurf: Nina Striewski
Gesamtherstellung: VEB Druckhaus „Maxim Gorki", 74 Altenburg
Bestellnummer: 762 073 3 (6260) · LSV 4275
Printed in GDR
EVP: 45,— M

Vorwort

Die praktische Bedeutung systemischer Fungizide ist durch die Entwicklung von Verbindungen mit günstigen Eigenschaften in den letzten Jahren rasch gestiegen. Durch ihre hohe Selektivität gegenüber Pilzen und sogar beträchtliche Selektivität innerhalb der Gruppe der Pilze ist das Studium des Wirkungsmechanismus nicht nur von praktischem, sondern auch von außerordentlichem theoretischen Interesse.

In Fortsetzung der Reihe von Symposien über den Wirkungsmechanismus von antimikrobiellen Verbindungen in den Jahren 1966 und 1969, die auf bedeutendes internationales Interesse gestoßen waren, entschloß sich die Sektion Mikrobiologie der Biologischen Gesellschaft der DDR gemeinsam mit der Sektion Phytopathologie und mit Unterstützung der Biochemischen Gesellschaft der DDR ein weiteres Symposium zu veranstalten, eingeengt auf das sich in rascher Entwicklung befindliche Gebiet des Wirkungsmechanismus systemischer Fungizide. 104 Teilnehmer aus 12 Ländern zeigen die große internationale Resonanz, die diese Thematik fand.

Unser Dank gilt allen Referenten, die durch aktive Beiträge dazu beitrugen, daß der Problemkreis auf hohem Niveau und mit großer Aktualität behandelt werden konnte. Wir danken ferner allen an den Diskussionen Beteiligten und nicht zuletzt unseren Mitarbeitern, die durch ihre verantwortungsbewußte und umsichtige Arbeit zu einem vollen Gelingen der Veranstaltung beitrugen, desgleichen der Hoteldirektion von Reinhardtsbrunn, die wiederum für eine gastliche und angenehme Atmosphäre sorgte. Leider war es nicht möglich, alle Wünsche auf Teilnahme an dem Symposium zu berücksichtigen. Daher hielten wir es für angebracht, die Ergebnisse einschließlich einer Kurzfassung der Diskussionen zu veröffentlichen, um Anregungen für einen weiteren Kreis von Interessenten dieses Forschungsgebietes zu vermitteln.

Prof. Dr. sc. H. Lyr, Wissenschaftlicher Leiter des Symposium
Prof. Dr. sc. F. Mach Vorsitzender der Sektion Mikrobiologie der Biologischen Gesellschaft der DDR
Prof. Dr. sc. H. Bochow, Vorsitzender der Sektion Phytopathologie der Biologischen Gesellschaft der DDR
Prof. Dr. Dr. sc. S. M. Rapoport, Vorsitzender der Biochemischen Gesellschaft der DDR

Inhaltsverzeichnis

I. Überblicke über Probleme der Systemfungizid-Forschung

1. LYR, H.: Systemische Fungizide — Entwicklung und Pobleme 1
2. VAN DER KERK, G. J. M.: Biochemical aspects of fungicides 5
3. KLUGE, E.: Das Wirkungsspektrum selektiver Fungizide 19
4. POLTER, C.: Phytoalexine — Modelle für systemische Fungizide? 27
5. DEKKER, J.: Acquired resistance to systemic fungicides 49
6. RICHMOND, D. V., and P. J. PRING: Ultrastructural studies on the mode of action of some systemic fungicides 55

II. Antifungale Wirkung und Wirkungsmechanismus antifungaler Naturstoffe

7. KLUGE, E., H. LYR und G. RITTER: Über systemische Wirkung und Wirkungsmechanismus von Aureofungin 63
8. FERENCZY, L., D. GOTTLIEB, K. RAGHU and F. KEVEI: Studies on the mode of action of demethoxytylophorine 73
9. CYBULSKA, B., E. JAKOBS, L. FALKOWSKI and E. BOROWSKI: Structure-selective toxicity relationships in polyene macrolide antifungal antibiotics 77
10. CYBULSKA, B., and E. BOROWSKI: Effect of N-succinyl perimycin on yeast membrane permeability to monovalent cations 83
11. E. BOROWSKI, B. MALEWICZ, B. CYBULSKA, and L. FALKOWSKI: The interaction of polyene antibiotics with plasma membrane of *Chlorella vulgaris* 93

III. Wirkung und Wirkungsmechanismus von Systemfungiziden sowie Resistenz-Bildung gegen Systemfungizide

12. SISLER, H. D., and N. N. RAGSDALE: Fungicides affecting sterol metabolism . . . 101
13. LYR, H., B. LAUSSMANN u. G. CASPERSSON: Erste Ergebnisse zum Wirkungsmechanismus von Terrazol 109
14. FUCHS, A., and G. J. BOLLEN: Benomyl, after seven years. 121
15. DAVIDSE, L. C.: Mode of action of methyl benzimidazole-2-yl carbamate (MBC) and some biochemical aspects of acquired resistance against this fungicide in *Aspergillus nidulans* 137
16. SCHEWE, T., S. RAPOPORT, G. BÖHME und W. KUNZ: Zur Wirkung von Carboxin auf das Elektronentransportsystem tierischer Mitochondrien 145
17. LYR, H., T. SCHEWE, W. MÜLLER und D. ZANKE: Zum Problem der Selektivität sowie der Struktur-Rezeptor-Beziehungen von Carboxin und seinen Analogen. 153
18. LYR, H., G. RITTER und C. POLTER: Detoxifikation des Carboxins 167

19. HALANGK, W., und T. SCHEWE: Untersuchungen zum biochemischen Wirkungsmechanismus von Dexon . . . 177
20. BERGMANN, H., H. LYR, E. KLUGE und G. RITTER: Untersuchungen zur Wirkungsweise von Tridemorph . . . 183
21. MÜLLER, W., und T. SCHEWE: Zur Wirkung von Tridemorph auf Elektronentransportpartikel aus Rinderherz-Mitochondrien . . . 189
22. DE WAARD, M. A.: Mode of action of the organophosphorus fungicide pyrazophos . . 197
23. RITTER, G.: Die Hemmung der Chitinsynthese in vivo . . . 203

IV. Probleme der Anwendung von Systemfungiziden

24. BOCHOW, H., und A. M. BASIONY: Zur Kurativwirkung von Systemfungiziden bei bodenbürtigen Pflanzeninfekten . . . 209
25. DEMEČKO, J.: Fungizide Wirkung von Triforine . . . 221
26. FEHRMANN, G., und H. SCHRÖDTER: Vorhersage des Optimaltermins zur Bekämpfung von *Cercosporella herpotrichoides* in Weizen mit synthetischen Fungiziden . . . 229
27. Андреева, Е. И., и Т. С. Пронченко: Сравнителъная эффективностъ и специфика действия витавакса, беномила и БМК против головни зерновых култур . . 237
28. Санин, М. А.: Эффективность у Особенности деиствия некоторых систе-мых фунгицидов на мучнистую росу огурцов и пшеницы . . . 245
29. Ганчева, Й: Влияние препарата Benomyl на некоторые физиологические процессы в листьях яблони при их заражении *Venturia inaequalis* . . . 253
30. Коцев, К. С.: Влияние некоторых системно-действующих фунгицидов на содержание сухого вещества, кислот, сахаров и витамина С в плодах яблони. 259

V. Aufnahme, Transport und Stabilität von Systemfungiziden

31. JACOB, F.: Zu einigen Fragen der Mobilität von Fungiziden . . . 263
32. JACOB, F., und G. SCHLUTTIG: Der Transport des Aureofungins in der höheren Pflanze . . . 269
33. JOSEPOVITS, G.: Versuche mit einigen heterozyklischen Stickstoffverbindungen hinsichtlich ihres Transportes durch Zell-Membranen . . . 279
34. PETERSON, C. A., and L. V. EDGINGTON: Factors influencing apoplastic transport in plants . . . 287
35. SINCLAIR, B.: Uptake and translocation of systemic fungicides by soybean, creeping bentgras and strawberry . . . 301
36. LEROUX, P., and M. GREDT: Fate of systemic fungicides used for coating seeds (uptake, transport, degradation) . . . 309
37. Орош, Д.: Изучение поглащения тиабендазола растительным клетхами. . . 321
38. BUCHENAUER, H.: Untersuchungen über die Stabilität verschiedener systemischer Fungizide gegenüber Einwirkung von UV- und Sonnenlicht auf Glas und Blättern von Bohnenpflanzen . . . 327

Podiumsgespräch 341

Verzeichnis der Autoren und Diskussionsredner 349

Systemische Fungizide — Entwicklung und Probleme

H. Lyr

Institut für Pflanzenschutzforschung Kleinmachnow
der Akademie der Landwirtschaftswissenschaften der DDR

Trotz großer Fortschritte der Resistenzzüchtung bleibt eine aktive Bekämpfung von phytopathogenen Pilzen durch Fungizide eine Notwendigkeit, die an Bedeutung mit der Intensivierung der Pflanzenproduktion und dem Übergang zu industriemäßigen Produktionsverfahren sogar noch zunimmt.

Mit der Auffindung sehr wirksamer und billig herzustellender organischer Fungizide wie Ferbam, Thiuram, Zineb, Maneb, Captan u. ä., wurden relativ toxische anorganische Verbindungen wie Arsen, Schwefel, Quecksilber und Kupfer in weiten Einsatzgebieten verdrängt. Für längere Zeit schien eine ausreichende Lösung im Pflanzenschutz gefunden zu sein. Lukens (1971) führt etwa 25 protektive Fungizide auf, die zum praktischen Einsatz gelangt sind. Inzwischen hat sich diese Zahl ein wenig vergrößert, jedoch ist die Wachstumsrate sichtlich verlangsamt, da die Vorteilswirkungen neuer Verbindungen mit denen älterer, bereits bewährter, konkurrieren müssen. Eine Sättigung des Angebotes protektiver Fungizide ist vorauszusehen, da ihnen allen bestimmte Nachteile anhaften, die hinlänglich bekannt sind: keine kurative, sondern nur prophylaktische Wirkung, Gefahr der Wirkungsminderung durch rasche Abwaschbarkeit, Notwendigkeit einer gleichmäßigen Bedeckung der zu schützenden Pflanzenteile, kein Schutz nachwachsender Pflanzenteile, fehlende Wirkung gegen schwer erreichbare Pilzinfektionen, z. B. durch bodenbürtige Pilze.

Neues entwickelt sich bekanntlich aus praktischen Bedürfnissen, sofern die wissenschaftlich-technische Realisierbarkeit gegeben ist. Die Chemotherapie hat in der Medizin ebenfalls historische Etappen durchlaufen, die von anorganischen Desinfektionsmitteln (Schwefel, Zink, Quecksilber, Jod) über einfacher gebaute organische Verbindungen (Phenole, Teeröle, Hg-organische Verbindungen, Chinolin u. ä.) mit äußerlicher Anwendung zu innertherapeutischen Präparaten wie Sulfonamiden und modernen Antibiotika führten.

In der Phytomedizin (d. h. im aktiven Pflanzenschutz) war lange Zeit die klassische, botanische Lehrmeinung vorherrschend, daß wegen der engen Verwandtschaft von höheren Pflanzen und Pilzen als pflanzlichen Organismen die Entwicklung selektiver, innertherapeutisch wirkender Präparate höchst unwahrscheinlich sei, was zweifellos die Entwicklung solcher Verbindungen verzögert hat. Inzwischen sind seit 1966 mit der Vorstellung der ersten echten Systemfungizide, den Oxathiin-Derivaten, mehr als 20 systemische Fungizide verschiedener chemischer Konstitutionen bekannt geworden. Damit hat eine neue Aera der

Phytochemotherapie eingesetzt, die sich noch in voller Entwicklung befindet. Der praktische Fortschritt bei der Bekämpfung vieler Pflanzenkrankheiten wie Mehltau, Brand- und Rostkrankheiten sowie bodenbürtiger Mykosen, ist deutlich erkennbar, wenn auch noch nicht immer die Grenzen des Möglichen und Wünschbaren erreicht sind.

Die große Vorteilswirkung systemischer Verbindungen ist die Aufnahme der Wirkstoffe in die Pflanze, ohne daß diese geschädigt wird, während eingedrungene Krankheitserreger abgetötet oder an der Entwicklung gehindert werden. Allen zur Zeit bekannten Präparaten, vielleicht mit einer Ausnahme, ist gemeinsam, daß sie xylem- aber nicht phloem-beweglich sind. Dadurch ist die im Pflanzenschutz technologisch interessantere Applikation von Wirkstoffen über die Blätter nur begrenzt, nämlich als lokale kurative Wirkung möglich, während auf diesem Wege keine Umverteilung über das System der Pflanze erreicht werden kann, wodurch der Neuzuwachs ungeschützt bleibt. Beizverfahren oder Wurzelapplikation müssen daher trotz gewisser Nachteile oft bevorzugt werden. Mit der empirischen Auffindung innertherapeutisch wirkender Präparate ist die alte Lehrmeinung überholt, daß die nahe Verwandtschaft von höherer Pflanze und Pilzen eine selektive Wirkung unwahrscheinlich macht. Im Gegenteil zeigen die neuen Präparate eine überraschende und oft unerwünscht große Selektivität selbst innerhalb der Gruppe der Pilze.

Wissenschaftlich ist damit ein weites Feld für die Forschung eröffnet, da mit dem Einsatz innertherapeutischer Präparate völlig neue Probleme auftauchen, deren Lösung sowohl für die praktische Anwendung wie für die Produktion neuer Präparate von Bedeutung ist. Für die Grundlagenforschung stellt sich sowohl in der Mikrobiologie wie in der Pflanzenbiochemie das Problem der Differential-Biochemie. Wir bemerken bei einem tieferen Eindringen in die Probleme oft erstmalig, wie wenig über die spezielle Biochemie von Pilzen und höheren Pflanzen bekannt ist. Daher sind auch Rückschläge und Überraschungen in der empirischen Forschung nicht verwunderlich.

Zur Erklärung der Ursachen einer selektiven Wirkung, wie sie von innertherapeutischen Präparaten gefordert werden muß, ist das Studium des Wirkungsmechanismus eine entscheidende Grundlage, wenngleich damit allein das Phänomen in vielen Fällen nicht erklärt werden kann. Vielmehr wird die gewünschte Wirkung über eine Sequenz von Teilschritten realisiert, von denen man mit einiger Vergröberung folgende für systemische Fungizide herausstellen kann:

— Aufnahme in das System der Pflanze
— Transport innerhalb der Pflanze
— Anreicherung in bestimmten Pflanzenteilen
— Verteilung innerhalb des Gewebes, den Zellen und Organellen der höheren Pflanze im Zielgebiet
— Verteilung zwischen Wirtsgewebe und Pilzhyphen
— Anreicherung im pilzlichen Organismus und einzelnen Organellen
— Anlagerung an einen spezifischen Rezeptor des Parasiten

— Auslösung spezifischer, toxischer Wirkungen durch die Wirkstoff-Rezeptor-Interaktion auf den Pilzorganismus
— Metabolisierung der Verbindung durch Pilz und Pflanze
— Nachlieferung der Verbindung zur Aufrechterhaltung einer notwendigen Minimalkonzentration am Rezeptor über einen gewissen Zeitraum, um einen nachhaltigen fungistatischen oder fungiziden Effekt zu erreichen
— Kombinationswirkung von Fungizid und pflanzlicher Abwehrreaktion zur Eliminierung des Parasiten.

Fast jeder dieser Schritte, die hier nur angedeutet sind, kann kritisch für die gewünschte Wirkung sein und über praktischen Erfolg oder Mißerfolg eines Syntheseproduktes entscheiden. Daher ist nicht verwunderlich, wenn die Trefferrate bei der Auffindung systemischer Fungizide sehr viel niedriger liegt als bei herkömmlichen Fungiziden. Mit der Forderung nach Phloembeweglichkeit dürfte die Auffindungswahrscheinlichkeit weiter um zwei Größenordnungen abnehmen, was wahrscheinlich der Grund dafür ist, daß bisher kaum solche Verbindungen bekannt sind.

In den letzten Jahren ist der Wirkungsmechanismus von etwa 10 bis 15 systemischen Fungiziden untersucht worden, und dieses Symposium wird weitere, neue Ergebnisse darlegen. Oft konnte bisher nur das Zielgebiet eingegrenzt, in manchen Fällen aber auch bereits der Angriffsort genauer charakterisiert werden. Die Wechselwirkung mit einem spezifischen Rezeptor stand dagegen nur sehr selten zur Diskussion. Hier harrt noch ein entscheidendes Gebiet seiner Bearbeitung.

Bisher sind nur wenige Differentialmerkmale zwischen Pilzen und höheren Pflanzen bekannt, und ihre Relevanz für einen selektiven Angriff ist unsicher. Mit der Aufklärung des Wirkungsmechanismus systemischer, d. h. selektiver Fungizide, erhalten wir tiefere Einsichten auf diesem Gebiet, die auch von allgemeiner wissenschaftlicher Bedeutung sind.

Eine ähnliche Entwicklung ist mit der Aufklärung des Wirkungsmechanismus der Antibiotika bereits vonstatten gegangen. Bestimmte Antibiotika sind heute unentbehrliche biochemische Hilfsmittel zur Charakterisierung bestimmter Stoffwechsel- bzw. Syntheseleistungen und sehr viele, die keine praktische Bedeutung erlangten, wie Actinomycin, Cycloheximid, Antimycin A, Piericidin u. ä., werden in großem Umfange in der biochemischen Forschung eingesetzt und haben entscheidende methodische Fortschritte ermöglicht — vergleichbar mit der Anwendung radioaktiver Verbindungen.

Die Bedeutung einer exakten und vertieften Forschung auf dem Gebiete des Wirkungsmechanismus kann daher nicht hoch genug eingeschätzt werden, vermag sie doch neben praktischen Ergebnissen eine theoretische Basis zum vertieften Verständnis der Organisation der lebenden Materie zu schaffen, die sich wiederum in praktisch verwertbare Erkenntnisse umsetzen läßt.

Literatur

Lukens, R. J.: Chemistry and fungicide actions. Springer Berlin—Heidelberg—New York (1971).

Biochemical Aspects of Fungicides

G. J. M. van der Kerk

Institute for Organic Chemistry TNO, Utrecht, the Netherlands

Just over five years ago during the First International Congress of Plant Pathology at London, Delp and Klöpping announced the meanwhile already famous systemic fungicide Benomyl (then called DuPont Fungicide 1991). At that moment a few notoriously successful systemic fungicides were already known. I remind you of Wepsin 155, developed in 1960 by Van den Bos et al. in the Netherlands, of Thiabendazole and Fuberidazole discussed in 1964 by Staron and Allard and in 1967 by Schumann, respectively, of Carboxin described in 1966 by Schmeling and Kulka and by Edgington, and of Dodemorph and Tridemorph reported in 1967 by Pommer and Kradel. Also, almost simultaneously with Benomyl, the important systemic antimildew agents Dimethirimol and Ethirimol were developed by Elias et al. However, it was the impact of the broad spectrum, highly active compound Benomyl which in fact heralded the new era of the systemic fungicides. So much has happened since, both in extent and in depth, that it now almost seems as if the systemics have ever been with us.

In a sense, disease is a biochemical battle between the parasite and the host. Among the offensive weapons that the parasite uses are extra-cellular hydrolytic enzymes such as pectinases and cellulases. The host is capable of mobilizing biochemical defensive weapons. Among these we may have enzyme inhibitors and inhibitors of protein synthesis which block or reduce the syntheses of hydrolytic enzymes by the parasite.

Although there is clear evidence of the importance of extracellular enzymes in the pathogenicity of fungi to plants, on the whole these enzymes are resistent to classical enzyme-inhibitors and at present it still would appear that the parent microorganisms offer an easier target than their extracellular enzymes.

Any successful systemic fungicide is characterized by a highly selective biochemical mode of action, which holds in particular when it is necessary to fight a pathogen already well-established within a living host. As a basis for selectivity the known differences in structure, metabolism and physiological functions between fungi and higher plants may be used. Cowling once put it in the following penetrative way: "What is it that phytopathogenic fungi and bacteria have or do, that higher plants do not have or do? Among the differences the following are the more important ones:

1. The characteristic presence of chitin in the cell walls of many fungi and its absence in higher plants. In 1958 at the Golden Anniversary Meeting of the

American Phytopathological Society at Bloomington I suggested that this difference, at least in principle, might offer an important clue towards selective fungicides. It looked very challenging then, and to me it still does so today. It has been reported since that the antifungal activity of the antibiotic polyoxin D is due to inhibition of the enzyme chitin synthetase, the antibiotic acting as a competitive inhibitor of UDP-N-acetylglucosamine.

2. During pathogenesis a larger portion of the cells of the pathogen than of the host are undergoing cell division. This would open the possibility to treat the combination with antimitotic agents and inhibitory analogs of purines and pyrimidines to the effect that lethal synthesis be inflicted upon the pathogen. Since then this latter possibility has been found to hold remarkably well for the compound 6-azauracil, studied by DEKKER et al., which compound is, however, not used in practice. I shall return later on on antimitosis as the possible mode of action of the new benzimidazole-type systemic fungicides.
3. Ergosterol is abundant in many fungi and scarcely occurs in higher plants. Interference with its biosynthesis might be an effective basis for chemotherapy. We realize now that even more important is the possibility to interfere with the functioning of sterols in fungi, viz. with their specific rôle in membrane permeability. This has been found to occur with certain types of macrocyclic polyene antibiotics (e.g. pimaricine), the antifungal activity of which is ascribed to their capacity to bring about membrane leakage.

In practice most plants are more or less resistant towards the great majority of the fungi. Or, alternatively, only very few fungal species possess mechanisms for successfully attacking higher plants. One observes a high mutual host/parasite specificity, which modern research has been able to reduce to genetically-determined biochemical factors operative both in the fungus and in the plant. Thus, the successful attack of a fungus on a plant is dependent on the establishment of a very specific biochemical interrelation between the two organisms concerned. The study of such interrelationships, which only recently has been seriously tackled, should be encouraged since it might open new leads towards improved possibilities for crop protection.

It should be realized that natural resistance is very rarely based upon the presence in plants of fungitoxic compounds. However, in several cases the penetrating fungus triggers-off a sequence of processes which results in the topical formation of fungitoxic agents from non-active precursors available in the plant. A well-studied case is that of the so-called "hypersensitivity reaction". When this defence mechanism is operative, the fungus remains confined and is actually killed within very small local lesions at the leaf surface. This phenomenon is, of course, somewhat related to the muchstudied and -disputed phytoalexin problem.

In the past a variety of quite successful agricultural fungicides have been developed. A few incidental cases excepted, they all have in common that the fungus is incapacitated before it enters the plant. These "classical" protectant fungicides have proved extremely useful in crop protection at tolerable risks, for many years, and are likely to do so for many years to come.

Although the idea was much older, the purposeful search for fungicidal compounds which can enter the plant and protect it from within, the systemic fungicides, was not started until 1940. Originally HORSFALL (1956) followed up this idea for the control of vascular diseases — in particular Dutch elm disease. Later on the idea was extended to include two further important practical goals, i.e. firstly, the development of curative agents which are active not only in the pre-, but also, to a limited extent, in the postpenetration stage. Such curative agents are of importance in fighting certain foliar diseases, e.g. the use of organomercurials against apple scab, and in particular their use in the control of deep-seated infections in seeds, which are both under severe criticism at present. Systemic compounds of this type should act quickly and need not have a long life-time once within the plant. Secondly, because of the large number of protectant sprays required during the growing season, it was hoped that true systemic fungicides could be developed which would provide prolonged internal protection, of newly grown parts as well, once they have been applied to and taken up by the plants. This requires compounds which after being taken up are stable, either as such or in the form of active biochemical transformation products, and thus remain active within the plant a long period of time. After a long period of modest progress, several remarkably effective types of systematic fungicides were discovered, suddenly and almost simultaneously. These have in common that they are all heterocyclic compounds, but they vary between extreme and moderate chemical stability and range from highly specific to broad spectrum systemic fungicides. The latter is very well illustrated by table 1, which shows that among the effective new systemically active compounds several have not at all a high overall antifungal activity. Moreover, the majority have a surprisingly low mammalian toxicity and negligible phytotoxicity at the required concentrations. With the probability of even more such compounds around the corner it is evident that the control of fungal plant diseases has now entered an entirely new era.

The search for systemic fungicides has had another, maybe in the long run equally important consequence. One line of approach towards finding systemic fungicides has been the search for systemic compounds in general, i.e. compounds which have the innate property to be taken up by the intact plant — either through the foliage or through the roots — and which are transported from the sites of application to other parts of the plant. It has been observed that a number of quite divergent types of systemic compounds — such as certain auxintype plant growth regulators, special amino acids and in particular the compound phenylthiourea — exert an inhibitory influence upon several fungal plant diseases. Nevertheless, in the usual tests they show scarcely any fungitoxicity, nor are they converted within the plant or by the fungus into fungitoxic compounds.

The successful attack of a fungus on a higher plant involves the establishment of a specific biochemical relation between the two species, which can be disturbed by killing the fungus. However, in principle it is possible to disturb this relationship in a much more subtile way. It also should be pointed out that chemical compounds under suitable conditions are subject to chemical modification. In fact, studies of the working mechanisms of biocides have shown that in many cases not the original compound, but rather some conversion product is the really active molecule.

Table 1

Minimum inhibitory concentrations (ppm) of systemically active compounds (glucose mineral salts agar, pH 6.8; incubation time: 3 days)

	Botrytis cinerea	*Penicillium italicum*	*Aspergillus niger*	*Cladosporium cucumerinum*
Benomyl	0.02	0.05	0.5	0.2
MBC	0.05	0.05	0.5	0.2
Thiophanate-methyl	0.2	0.5	20	2
Thiabendazole	0.2	0.1	2	0.5
Fuberidazole	0.5	0.5	10	2
Carboxin	20	100	100	10
F 427 ("phenyl-carboxin")	20	5	10	1
Dimethirimol	> 500	> 500	> 500	500
Ethirimol	> 500	> 500	> 500	500
Triarimol	2	2	20	0.2
Tridemorph	5	200	> 500	10
Triforine	> 500	> 500	> 500	100
Chloroneb	> 500	> 500	> 500	500
Pyrazophos	> 500	> 500	> 500	500
Kitazin	100	500	500	200
Cycloheximide	20	20	100	10

It is evident that systemic compounds, in particular, are not only liable to purely physical or chemical modification, but also to biochemical transformation by living systems, since they operate by definition within the plant. The following picture lists a few ways in which non-fungitoxic systemic compounds may increase the plant's resistance to fungal attack:

systemic compounds increasing the plant's resistance by
- changing the plant's metabolism
- interference with the biochemical relationship: plant-parasite
- inactivating toxins or tissue-destructing enzymes

In 1969 Kaars Sijpesteijn reported on her analysis of the general principles underlying the biochemical modes of action of the available agricultural fungicides, both protectant and systemic. Quite generally three types of compounds must be distinguished with respect to their biochemical mode of action:

1. Compounds which interfere with the energy-producing processes, or, in other words, with ATP production. This may happen, e.g., by inhibition of respiration or by uncoupling of oxidative phosphorylation. In the following simplified diagram the vulnerable sites are indicated at which a few well-known fungicidal compounds interfere with energy-producing processes in the fungal cell (pyruvate oxidation and oxidative phosphorylation).
   Left out of this diagram are the many protectant fungicides which more or less unspecifically interfere with SH-functions. In general all such compounds are strong inhibitors of cellular respiration with a low degree of specificity. Strong inhibition of the energy-producing processes will eventually exert a fungicidal effect.
2. Compounds which interfere with biosynthetic processes and thus in a direct way with growth, i.e. with the building-up of new cell material. Such compounds may inhibit the synthesis of amino acids, growth substances, purines, pyrimidines and similar essential low molecular weight cell constituents. However, the inhibition of the biosynthesis of macromolecules such as proteins, DNA and RNA may also be involved as well as interference with cell-division processes. In general, compounds of this type at the lowest inhibiting concentrations are more fungistatic than fungicidal.
3. Compounds which disrupt cellular structures, mostly by impairing membrane functions. Owing to this the compartmentalization within cells is disturbed and cell constituents may interfere in an undesirable way or leak out. Mostly such effects are fungicidal.

Kaars Sijpesteijn reached the remarkable conclusion that the classical protectant fungicides almost always interfere with the energy-producing processes and thus are strong inhibitors of cell respiration. On the other hand, most of the new systemic fungicides appear to interfere with biosynthetic processes and thus in a direct way with cellular growth. Respiration in most cases is not strongly affected, the oxathiins being a notable exception. She argued that the metabolisms of higher plants and fungi are basically similar at the enzyme level. Consequently, fungicidal inhibitors of energy-producing processes may be equally damaging to higher plants once they penetrate the plant. On the other hand, compounds which, like the true systemic fungicides, interfere with biosynthetic processes, are much more active towards the fast growing fungi than against higher plants, which grow much more slowly and where growth processes are, moreover, very localized.

Time does not allow me to present details about the biochemical modes of action of the systemic fungicides but some of the present views are summarized in table 3.

It should be realized that at increasing concentrations of the active compounds more and more processes may be involved and that at high concentrations many compounds will tend to diminish in specificity. Inhibitors of biosynthetic processes are likely to be less phytotoxic because at the effective antifungal concentrations they are less toxic towards the slow growing plant tissues than against the fast growing fungal hyphae.

Table 2

Mode of action	active as systemic fungicides
Inhibitors of energy production	
thiram	—
triphenyltin acetate	—
dinocap	—
nabam	—
captan	—
folpet	—
tetrachloroisophthalonitrile	—
phenylmercuric acetate	—
Inhibitors of biosynthesis	
sulfanilamide	+
cycloheximide	+
carboxin	+
benomyl	+
thiabendazole	+
azauracil	+
griseofulvin	+
chloroneb	+
Disruptors of cell membrane	
dodine	±
polyenes	±

An interesting characteristic of the new systemic heterocycles is the narrow and specific structure-activity relationship exhibited by these compounds even of those which exhibit wide-spectrum activity. One gets the impression that for this class of antifungal agents not so much the presence per se of chemically reactive functional groups is the primary factor in their activity, but rather some structural feature of the molecules as a whole. It is tempting to suggest this structural feature to be the stereochemical or even the conformational characteristics of the compounds in question. This might explain why seemingly minor substitutions in the active molecules result in complete or almost complete loss af activity, or give rise to compounds with a profoundly altered pattern of activity.

I should like to dwell briefly upon the biochemical mode of action of the present "primus inter pares" among the systemic fungicides, Benomyl, a subject which, of course, will get due attention at this Symposium.

For some years it was believed that not Benomyl but its hydrolysis product benzimidazole carbamic acid methyl ester (BCM) is the really active agent (Clemons and Sisler, 1969).

Table 3

Present views on the biochemical modes of action of systemic fungicides

Compound	Inhibitory action possibly based on interference with
Benomyl (and BCM) Thiophanates Thiabendazole Fuberidazole	Biosynthesis of DNA Cell division (HAMMERSCHLAG & SISLER 1972)
Chloroneb	Biosynthesis of DNA
Carboxin	Mitochondrial respiration
Dimethirimol Ethirimol	Folic acid mediated C-1 transfer reactions
Triarimol	Lipid metabolism, a. o. sterol biosynthesis
Cycloheximide Blasticidin Kasugamycin	Biosynthesis of proteins
Kitazin	Biosynthesis of glycolipids in the cell membranes
Polyoxin D	Biosynthesis of chitin
Wepsin Triforin* Tridemorph	? * mode of action related to that of triarimol (SISLER et al., 1973)

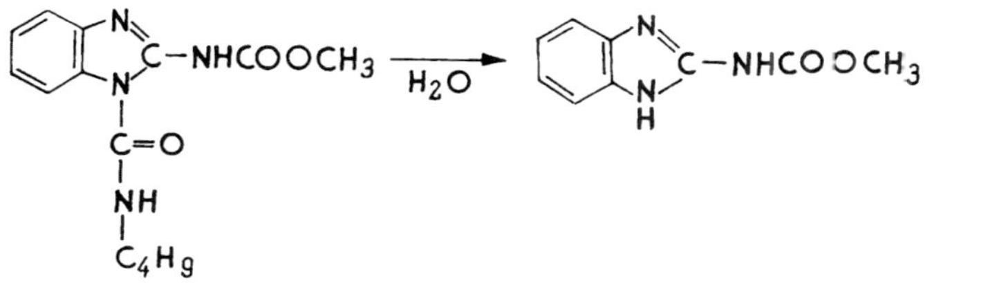

Benomyl *BCM* Fig. 1

Both the antifungal spectrum and the level of fungitoxicity of benomyl and BCM are similar. After treatment with benomyl the only fungitoxic agent to be found within the plants is BCM and it must, therefore, be acknowledged that the intrinsic action of benomyl is due to BCM which is extremely stable both in vitro and within plants. Although the butylcarbamoyl group is already removed under very mild conditions it has recently been proven that it plays a significant rôle in the systemic action of benomyl under field conditions.

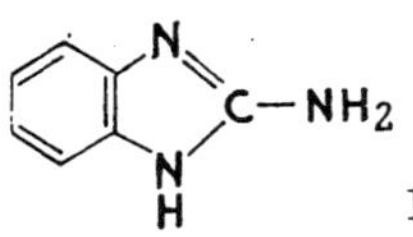

Fig. 2

It is interesting to note that the parent compounds 2-aminobenzimidazole is devoid of any fungicidal or miticidal activity but, unlike benomyl and BCM, is rather phytotoxic (Fig. 2).

For the thiophanates, which have antifungal spectra qualitatively similar to those of benomyl and BCM the following chemical conversion could be proven at Utrecht by Selling et al. 1970: Vonk & Kaars Sijpesteijn, 1971:

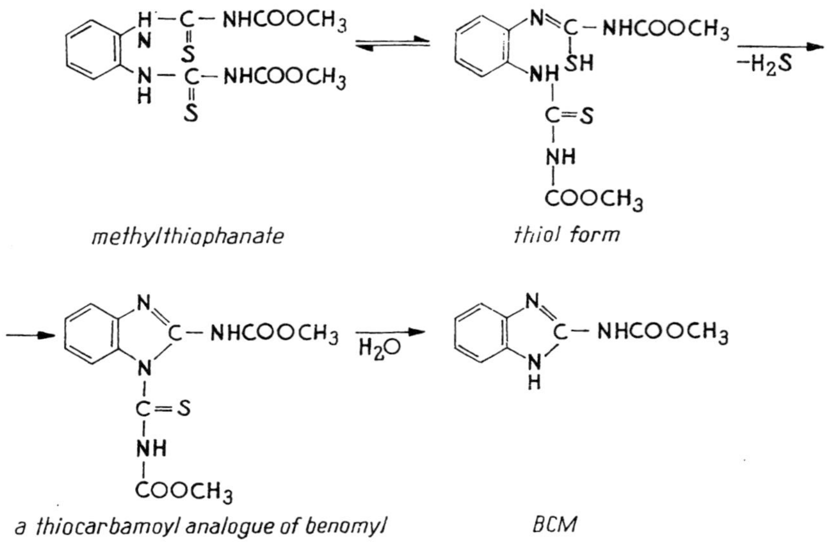

Fig. 3

At our Institute, Selling et al. (1970) could demonstrate the formation of BCM from methylthiophanate under mild chemical conditions, as well as that of the ethyl analogue of BCM from ethylthiophanate.

Further work of Vonk and Kaars Sijpesteijn (1971), using spectroscopic methods and the study of pH effects, proved beyond doubt that the fungitoxic action of methylthiophanate both in vitro and in the plant is entirely due to its transformation into BCM. It would seem to me that a few other recent systemic fungicides might owe their activity to similar conversions to BCM-like compounds.

Very recently Hammerschlag and Sisler (1973) have proven that Benomyl is subject as well to a different pattern of breakdown, leading on the one hand to BCM but on the other hand to butylisocyanate (BIC) (Fig. 4).

Whereas Benomyl and BCM both act on growth of *Ustilago maydis* and *Saccharomyces cerevisiae*, only Benomyl with these organisms inhibits cellular and subcellular respiration. Exclusively respiration inhibition is exerted by BIC in a way similar to that shown by Benomyl. The authors conclude, therefore, that in fact Benomyl and BCM do act quite in the same way and that any differential effects must be ascribed to BIC.

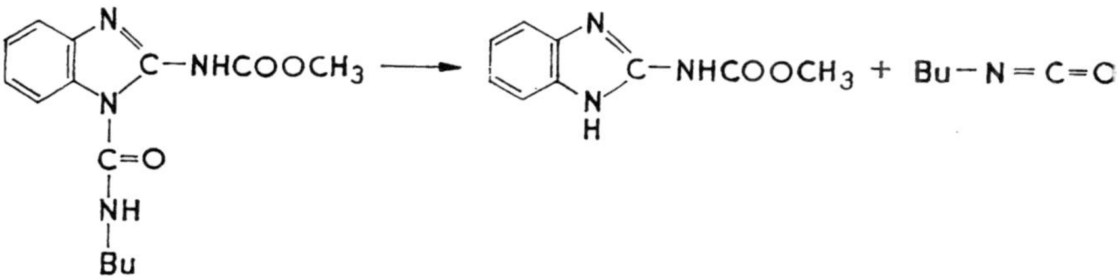

Benomyl *BCM* *BIC* Fig. 4

Interesting as these results are, there seems to be little doubt that in fungicidal respect BCM embodies the main activity of Benomyl, but that for practical purposes the butylcarbamoyl group is an essential constituent. Contrary to earlier views that BCM interferes with DNA synthesis HAMMERSCHLAG and SISLER as well as DAVIDSE at Wageningen have established now that it interferes with processes pertaining to cell division (or mitosis).
It is well-known that isocyanates are highly reactive, unstable compounds which may react with a great variety of protic agents. Upon hydrolysis primary amines are formed via unstable carbamic acids:

$$R{-}N{=}C{=}O \xrightarrow[H_2O]{} [R{-}\underset{H}{N}{-}\underset{\underset{O}{\|}}{C}{-}OH] \xrightarrow[-CO_2]{} R{-}NH_2$$

Fig. 5

As pointed out by HAMMERSCHLAG and SISLER n-butylamine, formed this way from BIC, might also play a role in the overall pattern of Benomyl activity. That simple aliphatic primary amines may exert significant fungistatic activity follows from recent work of YOSHIKAWA and ECKERT presented at the IInd International Congress of Plant Pathology held at Minneapolis in 1973.
A compound the mode of action of which we at present are studying at Utrecht is the interesting experimental systemic fungicide prothiocarb, developed by Schering A. G.:

$$(CH_3)_2N{-}CH_2CH_2CH_2{-}NH{-}\underset{\underset{O}{\|}}{C}{-}S{-}CH_2CH_3 \cdot HCl$$

Prothiocarb (formerly SN 41703) Fig. 6

Whereas none of the systemic fungicides discussed so far shows activity against *Phycomycetes*, prothiocarb seems to be the first compound to fill this gap. It is being reported to be selectively active against a variety of diseases all caused by *Phycomycetes*: *Pythium*, *Phytophthora*, *Peronospora*, *Bremia* and *Aphanomyces*.

It was found that the in vitro activity of prothiocarb is strongly dependent on pH. Plate experiments with *Pythium irregulare* showed that at pH 5.3 as much as 100 ppm allows good growth, 300 ppm effects some inhibition and that 1000 ppm inhibits growth completely. At pH 6.6 already 3 ppm causes marked growth inhibition and at pH 7.4 even 1 ppm is effective.
In Table 4 the in vitro activities of benomyl, phenylmercuric acetate and prothiocarb against a variety of fungi are compared on glucose agar at pH 7.

Table 4

Minimum inhibiting concentration (ppm) Glucose agar, pH 7

	Botrytis allii	*Penicillium italicum*	*Aspergillus niger*	*Cladosporium cucumerinum*	*Pythium irregulare*
benomyl	0.02	0.05	0.5	0.2	> 500
phenylmercuric acetate	0.01	0.03	0.03	0.1	5
prothiocarb	> 500	> 500	> 500	> 500	3

The selectivity against the *Phycomycete Pythium* is quite obvious. This study was continued with fungi all belonging to the group of the Phycomycetes. Table 5 summarizes the results, all obtained at pH 7. At pH 5 there was no activity at all.
It was found that all sensitive Phycomycetes belong to the group of the *Oomycetes*, whereas none of the *Zygomycetes* tested was affected. For obvious reasons obligate parasites like *Peronospora* and *Bremia* were not included in our tests. The available data on the practical performance of prothiocarb fit in with our in vitro tests. Up till now only *Aphanomyces* and *Leptolegnia* are exceptions, a fact for which no explanation yet exists.
When pondering over this location of sensitivity within the *Oomycetes*, the *Zygomycetes* and all other fungi tested being insensitive, the following difference came to mind. The cell walls of Oomycetes contain as the main constituents cellulose and glucans, whereas those of the *Zygomycetes* and other fungi contain chitosan and chitin instead. Thus the only fungi which are sensitive to prothiocarb appear to be those with cell walls containing cellulose. There is no relation with the sterol content because among the sensitive *Oomycetes* the *Leptomitales* and the *Saprolegniales* are known to contain sterols in their membranes whereas the *Peronosporales* do not. Table 6 summarizes these relations.
Thus one may characterize prothiocarb as an agent which acts selectively on fungi with cellulose-containing cell walls and which only does so at relatively high pH values. The lack of activity at low pH values may be connected with protonation of the basic nitrogen atom, this leading to a diminished capacity for penetration.

Table 5

Minimum inhibiting concentration of prothiocarb for *Phycomycetes* (pH 7)

	medium*	ppm
Oomycetes		
Leptomitales		
Apodachlya punctata Minden	c.m.a.	10
Sapromyces elongatus (Cornu) Thaxter	YEP-g. a.	30
Saprolegniales		
Achlya radiosa Maurizio	c.m.a.	1
Aphanomyces euteiches Drechsler	c.m.a.	> 1000
Leptolegnia caudata de Bary	c.m.a.	1000
Pythiopsis intermedia Coker & Harvey	c.m.a.	10
Saprolegnia megasperma Coker	c.m.a.	30
Perenosporales		
Pythium irregulare Buisman	g.a.	3
Pythium splendens Braun	g.a.	3
Phytophthora fragariae Hickman	D.a.	10
Zygomycetes		
Chytridiales		
Chytridium olla Braun	YPSS	> 1000
Blastocladiales		
Allomyces arbusculus Butler	YPSS	> 1000
Mucorales		
Mucor racemosus Fres.	c.m.a.	> 1000
Rhizopus nigricans Ehrenberg	g.a.	> 1000
Entomophthorales		
Conidiobolus chlamydosporus Drechsler	m.a.	> 1000

* c.m.a. = corn meal agar; YEP-g.a. = yeast extract peptone glucose agar; g.a. = glucose mineral salts agar; D.a. = Davies agar; YPSS = yeast peptone soluble starch agar.

Table 6

	sensitivity to prothiocarb	cell wall composition	presence of sterols
Oomycetes			
Leptomitales	+		+
Saprolegniales	+	cellulose and glucan	+
Peronosporales	+		—
Zygomycetes	—	chitosan and chitin	+

It was found that in vitro prothiocarb is fungistatic rather than fungicidal. With *Pythium splendens* it was observed that spore germination is not inhibited. Short hyphae are formed but after this stage further growth stops. From the observation that respiration of *Pythium splendens* mycelium is not inhibited and from the delayed growth effects it would appear that prothiocarb interferes with some biosynthetic process. Among a number of low molecular cell constituents tested (e.g. amino acids, purines, pyrimidines and vitamins) only cholesterol was able to abolish the growth-inhibiting effect of prothiocarb on a glucose-mineral salts medium. Even when present in the medium at 1 ppm cholesterol reduced the fungistatic activity of prothiocarb considerably. This is demonstrated by an experiment with *Pythium irregulare*.
This observation is particularly intriguing since *Pythium*, as said before, does not contain cholesterol or other sterols as normal cell constituents. Although interference with the penetration of prothiocarb into the cells may be assumed, no conclusive explanation can yet be given.
Another important question is, whether prothiocarb acts as such or whether a conversion product is the active agent.
At increasing pH values prothiocarb becomes more or less unstable:

$$(CH_3)_2N-CH_2CH_2CH_2-NH-\underset{\underset{O}{\|}}{C}-SCH_2CH_3 \xrightarrow[H_2O]{} (CH_3)_2N-CH_2CH_2CH_2-NH_2 + CO_2 + \\ + HS-CH_2CH_3$$

Fig. 7

Upon hydrolysis 3-dimethylaminopropylamine, carbon dioxide and ethylmercaptan are formed. Upon decomposition also the highly unstable 3-dimethylaminopropylisocyanate may be formed:

$$(CH_3)_2N-CH_2CH_2CH_2-NH-C-SCH_2CH_3 \longrightarrow (CH_3)_2N-CH_2CH_2CH_2-N=C=O + \\ + HS-CH_2CH_3$$

Fig. 8

The amine proved to be inactive. Ethylmercaptan is not considered to be the active principle since the oxygen analogue of prothiocarb is about as active against *Pythium* as prothiocarb itself.

Table 7
Minimum inhibiting concentration for *Pythium irregulare* (pH 7)

	ppm
$(CH_3)_2NCH_2CH_2CH_2NH\underset{\underset{O}{\|}}{C}SC_2H_5 \cdot HCl$	3
$(CH_3)_2NCH_2CH_2CH_2NH\underset{\underset{O}{\|}}{C}OC_2H_5 \cdot HCl$	10

This analogue, a carbamate, is like prothiocarb active only at high pH values and its activity is also antagonized by cholesterol. It would thus seem that both compounds are active as such and that they may act as effective and specific carbamoylation agents.

I hope that these examples may have served to illustrate the importance of studies on the biochemical modes of action and of the chemical and biochemical break-down patterns of agricultural fungicides.

Literatur

CLEMONS, G. P., and H. D. SISLER: Phytopath. **59**, 705 (1969).

DAVIDSE, L. C.: Pestic. Biochem. Physiol. **3**, 317 (1973).

DEKKER, J., and A. J. P. OORT: Phytopath. **54**, 815 (1964).

DELP, C. J., and H. L. KLOPPING: Pl. Dis. Reptr. **52**, 95 (1968).

EDGINGTON, L., and G. L. BARRON: Phytopath. **57**, 1256 (1967).

ELIAS, R. S., M. C. SHEPHARD, B. K. SNELL and J. STUBBS: Nature Lond., **219**, 1160 (1968).

HAMMERSCHLAG, R. S., and H. D. SISLER: Pestic. Biochem. Physiol. **2**, 123 (1972).

HAMMERSCHLAG, R. S., and H. D. SISLER: Pestic. Biochem. Physiol. **3**, 42 (1973).

HORSFALL, J. G.: Principles of Fungicidal Action. Waltham, Mass.: Chronica Botanica (1956).

KAARS SIJPESTEIJN, A., and G. J. M. VAN DER KERK: Proc. 5th Br. Insectic. Fungic. Conf., 724 (1969).

POMMER, E. H., and J. KRADEL: Meded. Rijksfaculteit Landbouw Wetenschappen Gent **32**, 735 (1967).

SCHUMANN, G.: 6th Int. Congr. pl. Prot., 325 (abstr.) (1967).

SELLING, H. A., J. W. VONK and A. KAARS SIJPESTEIJN: Chem. Ind., 1625 (1970).

SHERALD, J. L., N. N. RAGSDALE and H. D. SISLER: Pestic. Sci. **4**, 719 (1973).

STARON, T., and C. ALLARD: Phytiatrie-Phytopharmacie **13**, 163 (1964).

VAN DEN BOS, B. G., M. J. KOOPMANS and H. O. HUISMAN: Recl. Trav. chim. Pays-Bas Belg., **79**, 807 (1960).

VONK, J. W., and A. KAARS SIJPESTEIJN: Pest. Sci. **2**, 160—164 (1971).

Von SCHMELING, B., and M. KULKA: Science **152**, 659 (1966).

Diskussion

LYR: Eine generalisierende Einteilung, daß nur protektive Fungizide auf energiebildende Prozesse einwirken, ist wohl nicht möglich. Auch typische Systemfungizide können echte Atmungs-Inhibitoren sein. Kennen Sie außer Rufiansäure Substanzen, die Toxine oder Ektoenzyme von Parasiten inaktivieren?

VAN DER KERK: Systemfungizide wirken auf biosynthetische und energetische Prozesse im pilzlichen Organismus. Inaktivierung von Pilztoxinen wäre eine Möglichkeit zur Bekämpfung von Mykosen. Bisher sind dafür jedoch noch keine erfolgreichen Beispiele bekannt.

Sisler: I would like to comment on professor van der Kerk's grouping of fungicides according to whether they affect energy production or syntheses. The system presented is essentially valid, but most compounds in the group interfering with energy production are multisite inhibitors. These compounds, no doubt, also inhibit synthetic processes, but when energy production is inhibited, there is no need to look further for an explanation of the mode of action.

Fehrmann: Die Ergebnisse bei Anwendung von Prothiocarb, besonders bei in vitro-Versuchen, sind überraschend. Nach Angaben der Hersteller-Firma soll sich die Wirksamkeit des Fungizids vor allem in vivo entfalten. Der pH-Abhängigkeit der Wirksamkeit könnte Bedeutung zukommen.

van der Kerk: Prothiocarb zeigte in der Praxis bisher nicht die erwartete Wirkung. Gute Ergebnisse gab es vorwiegend bei Behandlung von Blumenzwiebeln gegen Mykosen.

Müller: Liegen bereits Untersuchungen über die Wirksamkeit von Prothiocarb gegen *Pseudoperonospora humuli* und *Phytophthora infestans* vor?

van der Kerk: nein

Müller: Wie ist im Vergleich zur in vitro-Wirkung die Wirkung von Prothiocarb in vivo?

van der Kerk: Bei der Testung von Prothiocarb hat sich gezeigt, daß es Pilzarten gibt, die in in-vitro-Versuchen weniger empfindlich reagieren als in in-vivo-Testen.

Das Wirkungsspektrum selektiver Fungizide

E. Kluge

Institut für Pflanzenschutzforschung Kleinmachnow der
Akademie der Landwirtschaftswissenschaften der DDR

Die Selektivität der Systemfungizide bringt bei der praktischen Anwendung Probleme wegen der begrenzten Anwendbarkeit und weist andererseits auf theoretisch interessante Unterschiede bei Wirkungsmechanismen sowie physiologischen Eigenschaften der Pilze hin. Publikationen zum Wirkungsspektrum liegen bereits von zahlreichen Systemfungiziden vor, sie enthalten jedoch oft nur eine sehr begrenzte Pilzartenzahl, so daß Schlußfolgerungen auf Selektivität nur bedingt gezogen werden können. Neben einigen zusammenfassenden Übersichten (1, 2) sind in den letzten Jahren vor allem zu folgenden Wirkstoffgruppen Arbeiten erschienen: Oxathiine (3, 4, 5), Benzimidazole (6, 7, 8, 9, 10), Chloroneb (11), Triforine (12, 13, 14), Tridemorph (15), Griseofulvin (16, 17), Cycloheximid (16, 18), Blasticidin S (19), Polyoxin (20), Aureofungin (21, 22), Dexon (23, 24), Terrazol (24, 25), Pyrimidine (26), Triarimol (27).
Um weitere und vergleichbare Angaben über Wirkungsbereiche und selektive Wirkungen zu erhalten, haben wir die Wachstumshemmung von 52 Pilzarten aus verschiedenen taxonomischen Gruppen gegenüber 21 Systemfungiziden untersucht.

Methodik

Die Fungizide wurden überwiegend als Wirkstoffe geprüft. Wenn kein Wirkstoff zur Verfügung stand, mußten Handelspräparate verwendet werden (Triforine, Terrazol, Polyoxin, Blasticidin S), wobei ein evtl. vorhandener Effekt der Begleitsubstanzen in Kauf genommen werden mußte (12). Als nicht systemisch wirkendes Fungizid wurde PCNB mit aufgenommen, da es Parallelitäten im Wirkungsspektrum zu anderen Präparaten aufweist; auch bei Dexon, Terrazol und Drazoxolon ist der systemische Effekt nur gering.
Der Schwerpunkt der Untersuchungen wurde auf die Askomyzeten mit 36 Arten aus den Ordnungen der *Erysiphales, Helotiales, Sordariales, Xylariales, Furotiales, Microascales, Chaetomiales, Hypocreales, Sphaeriales, Dothiorales* und *Dothideales* gelegt.
Die Deuteromyzeten wurden, soweit sich Anhaltspunkte hierfür ergaben, in Anlehnung an Kreisel (28) weitgehend in die Ordnungen des Askomyzeten eingegliedert.
Für die Wachstumsbestimmungen und die ED_{50}-Ermittlung benutzten wir den Standard-Petrischalen-Test mit 3%igem Malzagar. Dem Nährmedium wurden abgestufte Konzentrationen der suspendierten Wirkstoffe zugefügt. Zur Indikation der Wirkung gegen *Erysiphe graminis* kamen abgetrennte, infizierte Blätter von Gerstenkeimlingen zur Verwendung.

Ergebnisse und Diskussion

Die Ergebnisse sind in einer Übersicht über die Wirkungsbereiche der geprüften Fungizide zusammengefaßt, wobei auch die erwähnte Literatur verwertet wurde (Tab. 1). Eine selektive Wirksamkeit gegenüber nur einer der Klassen der Oomyzeten, Askomyzeten oder Basidiomyzeten ohne Ausnahme gibt es nicht. Der Wirkungsbereich aller Fungizide streut mehr oder weniger stark über die verschiedenen taxonomischen Einheiten. Hierbei lassen sich jedoch für viele Wirkstoffe eindeutige Schwerpunkte des Wirkungsbereiches feststellen. Dexon und Terrazol gehören in ihrer spezifischen Wirksamkeit gegen Oomyzeten zu den Substanzen

Tabelle 1

Wirkungsbereich der Systemfungizide
(++ gut wirksam, + wirksam, — unwirksam)

Schwerpunkt der Wirksamkeit	Wirkstoff	Wirkung gegen			
		Oomycetes	Ascomycetes	Mehltau	Basidiomycetes
Oomycetes	Dexon	+ +	—	—	—
	Terrazol	+ +	—	—	—
Ascomycetes	Benomyl	—	+ +	+ +	+
	Thiabendazol	—	+ +	+	—
	Fuberidazol	—	+ +	+	—
	Thiophanat M	—	+ +	+ +	+
	Drazoxolon	—	+	—	—
	Tridemorph	—	+ +	+ +	+
	Kitazin	—	+	—	—
Mehltau	Ethirimol	+	—	+ +	—
	Griseofulvin	—	+	+ +	—
	Pyrazophos	—	—	+ +	—
Basidiomycetes	Carboxin	—	+	—	+ +
	Oxycarboxin	+	—	—	+ +
Breitspektrum	Triforine	—	+	+	+
	Triarimol	—	+ +	+ +	+ +
	Chloroneb	+	+ +	—	+
	PCNB	—	+	—	+
	Polyoxin	—	+	—	+
	Cycloheximid	+	+ +	+ +	+
	Blasticidin S	—	+	—	+
	Aureofungin	+	+	+	+

mit der relativ größten Selektivität, was auf den physiologischen Unterschied dieser Pilzgruppe gegenüber allen anderen Pilzen zurückzuführen ist. Das gleiche trifft auf die spezifischen Mehltaufungizide Pyrimidine und Pyrazophos zu. Zahlreiche Präparate sind hauptsächlich gegen Askomyzeten wirksam, während als selektive Wirkstoffe gegen Basidiomyzeten nach wie vor nur die Oxathiine bekannt sind. Bemerkenswert ist eine gewisse Wirksamkeit des Oxycarboxin gegen Oomyzeten, die auch literaturmäßig belegt ist (29, 30). Als Breitspektrumfungizide müssen jene Wirkstoffe gelten, deren Wirkungsgrad in mehreren Pilzklassen die gleiche Größenordnung aufweist.

Die Ursache dieser Selektivität ist bisher erst bei wenigen Wirkstoffen in Ansätzen geklärt, so daß allgemeine Schlußfolgerungen kaum gezogen werden können. Fungizide, deren Wirkung durch eine Reaktion mit Sterolen der Membranen oder eine Beeinträchtigung der Sterolsynthese zustandekommt, dürften wenig selektiv sein, wobei Sekundäreffekte oder zusätzliche Primärwirkungen das Bild komplizieren können. Wir finden diese Wirkstoffe, wie das Polyenantibiotikum Aureofungin und vermutlich auch Triforine und Triarimol erwartungsgemäß unter den Breitspektrumfungiziden. Auch von Wirkstoffen, welche primär die Chitinsynthese hemmen (Polyoxin, Kitazin), ist keine größere Selektivität zu erwarten. Oomyzeten, die kein Chitin in den Zellwänden besitzen (31), erwiesen sich in Übereinstimmung hiermit als ausnahmslos unbeeinflußt durch diese Präparate. Doch gibt es vor allem gegenüber Kitazin auch zahlreiche unempfindliche Pilzarten, die Chitin als Wandbestandteil aufweisen. Dieses Beispiel deutet bereits an, daß selektives Verhalten innerhalb der unteren taxonomischen Ebenen (Ordnungen, Familien, Gattungen, Arten) oft noch stärker zum Ausdruck kommt und hier vor allem auch bei Breitspektrumfungiziden auftritt. Man kann mit einer gewissen Wahrscheinlichkeit annehmen, daß die Ursache dieser Selektivität weniger Primärwirkungen sind, die an zentralen Stellen der Biosynthese angreifen, als vielmehr physiologische Differenzierungen zwischen den Pilzgruppen, die zu unterschiedlicher Wirkstoffaufnahme, Translokation, Akkumulation oder Detoxifikation führen.

Die Askomyzeten wurden von uns auf Resistenzunterschiede zwischen verschiedenen Ordnungen näher untersucht (Tab. 2). Unterschiedliches Verhalten verschiedener Ordnungen ließ sich bei Benzimidazolen, Carboxin, Chloroneb, Triforine, Triarimol, Blasticidin S, Drazoxolon und Griseofulvin nachweisen. Es muß jedoch einschränkend bemerkt werden, daß bei unseren Untersuchungen die Pilzartenzahl wegen des großen Arbeitsaufwandes begrenzt werden mußte, so daß bei Ausweitung der Pilzspektren durchaus Abweichungen und Ergänzungen erwartet werden können. Angaben in der Tabelle wurden nur gemacht, wenn sie sich in ausnahmsloser Übereinstimmung mit der verfügbaren Literatur befanden. Bei den Benzimidazol-Derivaten ist die bekannte Resistenz der *Pleosporaceae* mit Porosporen bei der Nebenfruchtform innerhalb der Ordnung der *Dothideales* zu nennen. Carboxin wirkt auf einige Askomyzetenordnungen, was wir bereits früher an einem noch größeren Material nachgewiesen haben (5). Chloroneb und Drazoxolon zeigen ein ähnliches selektives Verhalten; beide sind in vitro z. B. gut gegen

Verticillium-Arten wirksam, jedoch nicht gegen *Fusarium* spp. und andere *Hypocreales*. Bei Triforine ist neben der Mehltauwirksamkeit vor allem die hohe Empfindlichkeit der *Helotiales* (mit *Botrytis, Sclerotinia*) und der *Microascales* (mit *Thielaviopsis, Ceratocystis*) bemerkenswert. Gegenüber Griseofulvin haben sich Mehltau und *Botrytis* als besonders empfindlich erwiesen. Blasticidin S hatte die weitaus höchsten ED_{50}-Werte bei *Fusarium* spp., *Verticillium* spp. und *Chaetomium* spp. Das ausschließlich gegen *Erysiphales* wirksame Ethirimol ist der Vollständigkeit halber mit angeführt.

Tabelle 2

Selektive Wirksamkeit gegenüber Askomyzeten
+ Pilzgruppe empfindlich — Pilzgruppe resistent (* außer Verticillium)

Ordnung	Wichtige Gattungen	Benzimidazol	Carboxin	Triforine	Chloroneb	Drazoxolon	Triarimol	Blasticidin S	Griseofulvin	Ethirimol
Erysiphales	Erysiphe	+	—	+	—		+		+	+
Helotiales	Botrytis, Sclerotinia	+	+	+	+	+			+	—
Sordariales	Neurospora, Sordaria	+	+	+		+	+			—
Eurotiales	Penicillium, Aspergillus	+	—		—	—	—		—	—
Microascales	Thielaviopsis, Ceratocystis	+	—	+			+			—
Chaetomiales	Chaetomium	+	+		+	+		—		
Hypocreales	Fusarium, Verticillium	+			—*	—*		—		—
Dothiorales	Dothiorella	+	+	—	+					—
Dothideales	Cladosporium, Ascochyta	+			+	+				—
Dothideales Porosporae	Helminthosporium, Alternaria	—			+	+				—

Die Ordnungen der Askomyzeten zeigen eine unterschiedliche Allgemeinempfindlichkeit. Von den in unserem Testprogramm enthaltenen Ordnungen sind die *Helotiales* und *Sordariales* gegenüber fast allen Fungiziden empfindlich, während die *Eurotiales* die mit Abstand resistenteste Ordnung darstellen. Bei einer derartigen Unempfindlichkeit gegenüber den verschiedensten Wirkstoffen muß als Ursache ein unspezifisch wirkendes Prinzip wie z. B. Impermeabilität der Protoplasmamembranen angenommen werden.
Die Selektivität der Systemfungizide wird auch innerhalb von Gattungen sichtbar. So war z. B. die Empfindlichkeit von *Verticillium albo-atrum* bei Dexon, Tride-

morph, Kitazin, Cycloheximid, Griseofulvin und Triarimol um mindestens eine Zehnerpotenz höher als bei der Typusart *V. nigrescens*. Als Beispiel aus der Literatur sei auf die unterschiedliche Resistenz von *Fusarium*-Arten gegen Carboxin hingewiesen (32), nur *F. roseum* var. *avenaceum* war empfindlich. Einige Wirkstoffe erwiesen sich in vitro gegenüber einzelnen Arten als besonders gut wirksam, so Polyoxin gegen *Xylaria hypoxylon* und *Pleurotus ostreatus* ($ED_{50} < 2$ ppm), Kitazin gegen *Verticillium albo-atrum* ($ED_{50} < 3$ ppm) und Blasticidin S gegen *Sclerotinia sclerotiorum, Colletotrichum lindemuthianum, Ophiobolus graminis* und *Ascochyta* spp. ($ED_{50} < 0{,}5$ ppm). Alle genannten Pilze waren empfindlicher als *Piricularia oryzae*, so daß bei diesen japanischen Präparaten keine spezifische Selektivität nur gegen *Piricularia* vorliegt. Pyrazophos war neben *Erysiphe graminis* nur gegen wenige Askomyzeten in vitro gut wirksam, von denen *Ascochyta pisi, Ophiobolus graminis* und *Piricularia oryzae* genannt werden sollen ($ED_{50} < 10$ ppm).

Physiologische Unterschiede, die zu unterschiedlicher Giftresistenz führen, sind zwischen verwandten Arten mit unterschiedlicher Ernährungsweise (Saprophyten oder Parasiten) oder großer Wirtsspezifität durchaus zu erwarten, wenn sich auch gezeigt hat, daß die parasitischen Arten insgesamt von gleicher Fungizidempfindlichkeit sind wie die Summe der Nichtparasiten.

Gelegentlich wird bei unterschiedlicher Reaktion von Arten einer Gattung auch die taxonomische Stellung zu diskutieren sein. Taxonomische Schlußfolgerungen aus derartigen physiologischen Reaktionen der Pilze werden in Zukunft zweifellos an Bedeutung gewinnen. Bis jetzt ist die Grundlage hierfür noch zu gering, zumal auch Untersuchungen bisher nicht mit dieser Zielsetzung vorgenommen wurden.

Mit 36 Askomyzeten wurde ein Ähnlichkeitsvergleich zwischen den Wirkungsspektren in vitro durchgeführt, indem zwischen jeweils zwei Wirkstoffen die Anzahl der in ihrer Empfindlichkeit übereinstimmenden Pilzpaare ermittelt wurde. Eine absolute Übereinstimmung der Wirkungsspektren ergab sich lediglich zwischen den Benzimidazol-Derivaten Benomyl, Thiabendazol und Fuberidazol. Thiophanat M, das den gleichen wirksamen Bestandteil enthält, erwies sich in vitro gegenüber einigen Pilzen (*Aspergillus, Penicillium, Fusarium, Colletotrichum*) als weniger gut wirksam, eine bereits bekannte Tatsache, die auf erforderliche Bedingungen für die Freisetzung des wirksamen MBC zurückgeführt wird (33, 34). Die bessere Wirksamkeit in vivo konnten wir am Beispiel *Colletotrichum lindemuthianum* bei Vergleich mit einem Wirt-Parasit-Test nachweisen: ED_{50} in vitro 100 ppm, in vivo 3 ppm. Es ist denkbar, daß die schlechte in vitro-Wirksamkeit auf die für die MBC-Freisetzung ungünstigen pH-Werte des Agarnährbodens (pH 5—6) zurückzuführen sind, zumal die Pilze in der Regel den Nährboden weiter ansäuern.

Ein hoher Grad von Übereinstimmung der Wirkungsspektren (84%) ergab sich zwischen Chloroneb und PCNB, zwei Wirkstoffen von sehr ähnlicher Struktur, die außerdem die relativ wirksamsten Präparate gegenüber dem einzigen geprüften Zygomyzeten *Mucor mucedo* waren. Die Identität der Wirkungsspektren chemisch verwandter Substanzen läßt auf einen gleichartigen Wirkungsmechanismus schließen, fehlende Übereinstimmung schließt aber nicht unbedingt eine gleichartige Primärwirkung aus, wie es das Beispiel Carboxin—Oxycarboxin zeigt. Oxycarboxin ist im Gegensatz zu Carboxin gegenüber fast allen Askomyzeten unwirksam. Wirkstoffe ohne Strukturähnlichkeit zeigen bei unserem Vergleich keinen derartig hohen Übereinstimmungsgrad zwischen den Askomyzeten-Wirkungsspektren, wobei mit 80% Übereinstimmung die Paarungen Tridemorph—Cycloheximid sowie Carboxin—Drazoxolon noch am besten abschneiden. Die Kenntnisse über die Wirkungsweisen sind jedoch noch zu gering, um hier mehr als Zufälligkeiten herauslesen zu wollen.

Das selektive Verhalten vieler Systemfungizide mit meist verschiedenartigem Wirkungsmechanismus deutet auf zahlreiche, noch unbekannte physiologische Differenzierungen bei Pilzgruppen unterschiedlicher taxonomischer Größenordnungen hin. Eine Zusammenarbeit zwischen Pilzphysiologen, Taxonomen und Wirkstofforschern würde zweifellos zu interessanten Ergebnissen mit gegenseitigem Nutzen führen.

Literatur

(1) Dekker, J.: World Rev. of Pest Contr. **10**, 9—23 (1971).
(2) Kaars Sijpesteijn, A.: In: Systemic Fungicides, S. 132—155, London 1972.
(3) Edgington, L. V., and G. L. Barron: Phytopathology **57**, 1256—1257 (1967).
(4) Snel, M., B. v. Schmeling and L. V. Edgington: Phytopathology **60**, 1164—1169 (1970).
(5) Ritter, G., E. Kluge und H. Lyr: Z. f. Allg. Mikrobiologie **13**, 243—250 (1973).
(6) Schuhmann, G.: Nachrichtenbl. Dtsch. Pflanzenschutzd. (Braunschweig) **20**, 1—5 (1968).
(7) Bollen, G. J., and A. Fuchs: Neth. J. Pl. Path. **76**, 299—312 (1970).
(8) Edgington, L. V., K. L. Khew and G. L. Barron: Phytopathology **61**, 42—44 (1971).
(9) Bartels-Schooley, J., and B. H. Mac Neill: Phytopathology **61**, 816—819 (1971).
(10) Bollen, G. J.: Neth. J. Pl. Path. **78**, 55—65 (1972).
(11) Hock, W. K., and H. D. Sisler: Phytopathology **59**, 627—632 (1969).
(12) Fuchs, A., S. Doma and J. Vörös: Neth. J. Pl. Path. **77**, 42—54 (1971).
(13) Drandarevski, C. A.: Z. f. Pflanzenkrankh. u. Pflanzenschutz **79**, 582—594 (1972).
(14) Fuchs, A., und Ch. A. Drandarevski: Z. f. Pflanzenkrankh. u. Pflanzenschutz **80**, 403—417 (1973).
(15) Kradel, J., und E. H. Pommer: Med. Fac. Landbouwwetensch. Rijksuniv. Gent **36**, 343—347 (1971).
(16) Dekker, J.: In: Fungicides Vol. II, S. 579, New York 1969.
(17) Pfister, E., und H. J. Müller: Nachrichtenbl. f. dtsch. Pflanzenschutzd. (Berlin) **24**, 185—189 (1970).
(18) Dittmer, D. S. (Editor): Handbook of Toxicology Vol. V, Fungicides, Philadelphia and London 1959.
(19) Seto, H., N. Otake and H. Yonehora: Agric. Biol. Chem. **30**, 877—886 (1966).
(20) Isono, K., J. Nagatsu, K. Kobinata, K. Sasaki and S. Suzuki: Agric. Biol. Chem. **31**, 190—199 (1967).

(21) THIRUMALACHÂR, M. J., P. W. RAHALKAR, R. S. SUKAPURE and K. S. GOPALKRISHNAN: Hind. Antib. Bull. **6**, 108—111 (1964).
(22) RAHALKAR, P. W., and P. NEERGAARD: Hind. Antib. Bull. **11**, 163—165 (1969).
(23) HILLS, F. J., and L. D. LEACH: Phytopathology **52**, 51—56 (1962).
(24) WHEELER, J. E., R. B. HINE and A. M. BOYLE: Phytopathology **60**, 561—562 (1970).
(25) AL-BELDAWI, A. S., and J. B. SINCLAIR: Phytopathology **59**, 68—70 (1969).
(26) BENT, K. J.: Ann. appl. Biol. **66**, 103 (1970).
(27) GRAMLICH, J. V., J. F. SCHWER and J. F. BROWN jr.: Proc. 5th Br. Insectic. Fungic. Conf. 2, 576, 1969.
(28) KREISEL, H.: Grundzüge eines natürlichen Systems der Pilze. Jena 1969.
(29) OKAISABOR, E. K.: Phytopath. Z. **69**, 125—130 (1970).
(30) LUC, L. H., und P. Q. SUNG: Diss. Berlin 1971.
(31) BARTNICKI-GARCIA, S.: Ann. Rev. Microbiol. **22**, 87—108 (1968).
(32) MASSENOT, M., und G. RAYNAL: Ann. Phytopathol., Versailles **4**, 297—299 (1973).
(33) SELLING, H. A., J. W. VONK and A. KAARS SIJPESTEIJN: Chemistry and Industry, 1625—1626 (1970).
(34) MATTA, A., and J. A. GENTILE: Meded. Fac. Landbouwwetensch. Rijksuniv. Gent **36**, 1151—1158 (1971).

Diskussion

HANDTKE: Sind die Fungizide Dexon und Terrazol sowie das von Herrn VAN DER KERK erwähnte Prothiocarb hinsichtlich einer etwaigen Wirkung auf Algen untersucht worden? Es gibt Hinweise, daß die Oomyceten vielleicht keine Pilze, sondern heterotrophe Algen sind.
KLUGE: Bisher sind diese Fungizide nicht bei Algen getestet worden.
VAN DER KERK: Entscheidender Unterschied zwischen Algen und Oomyceten ist die Photosynthese der ersteren. Daraus kann abgeleitet werden, daß entsprechend auch der Wirkungsmechanismus von Fungiziden bei beiden Organismen-Gruppen voneinander abweichen kann.
DEKKER: A second example, besides copper, of activity on algae of a fungicide is procaine hydrochloride. The compound, which acts selectively on powdery mildew fungi, inhibits growth of algae.
BOCHOW: Gibt es Verschiebungen im Wirkungs-Spektrum selektiver Fungizide bei der Testung unterschiedlicher Organe, bzw. Prozesse des pilzlichen Wachstums, z. B. des Mycelwachstums oder der Sporenkeimung? Welcher Art sind diese Verschiebungen?
KLUGE: Ja. Aus bereits vorliegenden Versuchsergebnissen gibt es dazu Hinweise.

Phytoalexine — Modelle für systemische Fungizide?

C. POLTER

Institut für Pflanzenschutzforschung, Kleinmachnow
Akademie der Landwirtschaftswissenschaften der DDR

Praktische Nutzung von Phytoalexinen ist in verschiedenen Stadien der Phytoalexin-Forschung in Aussicht genommen worden. Kürzlich wurde von INGHAM u. MILLAR (42) anläßlich der Entdeckung des Sativins eine Anwendung als Pflanzenschutzmittel diskutiert. Unter den Pilzen, gegen die Phytoalexine wirksam sind, finden sich viele, die dem Pflanzenschutz heute noch Probleme aufgeben. Zu erwähnen sind vor allem Gefäßkrankheiten und durch Oomyceten verursachte Schäden. Phytoalexine mit Wirksamkeit gegen *Phytophthora*-Arten findet man in allen Phytoalexin-Gruppen, den Polyinen, Pterocarpanen, bizyklischen Sesquiterpenen und kondensierten Aromaten (Tab. 1). Bereits der Anteil oomyceten-

Tabelle 1
Wirksamkeit verschiedener Phytoalexine gegen Phytophthora-Arten (3, 28, 29, 53—55, 57, 68, 72—74, 76—79, 81, 85, 86).

Oomyceten-aktive Phytoalexine Phytoalexin	Erzeugerpflanzen	Wirksamkeit gegen
3,4-Didehydrosafynol Safynol	*Carthamus tinctorius*	*Phytophthora drechsleri*
6a-Hydroxyphaseollin	*Glycine max.* *Phytophthora* — resistente Arten	*Phytophthora megasperma* var. *sojae* *Phytophthora cactorum*
Rishitin Phytuberin Ljubimin	*Solanum tuberosum* *S. lycopersicum*	avirulente Rassen von *Phytophthora infestans*
Capsidiol	*Capsicum annuum*	*Phytophthora infestans*
Peperomia-Phytoalexin	*Peperomia* ssp.	*Phytophthora nicotianae* var. *parasitica*
Erdbeer-Phytoalexin	*Fragaria vesca*	*Phytophthora fragariae*

aktiver Verbindungen unter den Phytoalexinen rechtfertigt die Erörterung ihrer Nutzungs-Möglichkeiten. Im folgenden werden aus Literatur-Ergebnissen weitere Argumente für und gegen eine praktische Nutzung von Phytoalexinen abgeleitet,

und es wird eine Wertung versucht. Wir hoffen, daß durch die Diskussion das Problem soweit geklärt wird, wie es auf der Grundlage der bis jetzt bekannten Fakten geklärt werden kann.
Da eine verschiedenartige Nutzung der Phytoalexine theoretisch denkbar ist, sei zunächst der direkte Einsatz als Substanz diskutiert. Die erste Frage wäre also:

Lassen sich Phytoalexine in der Praxis als systemische Fungizide einsetzen?

Wichtigste, wenn auch allein nicht ausreichende, Voraussetzung für den Einsatz einer Verbindung als Fungizid ist gute fungizide oder fungistatische Wirksamkeit gegenüber wichtigen Pilzarten. Die Wirksamkeit von 9 ausgewählten Phytoalexinen verschiedener chemischer Struktur aus 9 verschiedenen Kulturpflanzen gibt Tabelle 2 wieder. Von jeder Stoffgruppe wurden die relativ wirksamsten Ver-

Tabelle 2
Antifungale Wirksamkeit ausgewählter Phytoalexine verschiedener chemischer Struktur gegen verschiedene Testpilze (4, 10, 12—20, 30, 31, 42—44, 46, 47, 49—51, 53—56, 60, 61, 63, 68, 69, 73, 74, 77—79, 82, 83, 85—89, 94, 95).

Antifungale Wirksamkeit von Phytoalexinen		
Phytoalexin	Synthetisierende Pflanze	ED_{50} in ppm empfindlicher Pilze
3,4-Didehydrosafynol	*Carthamus tinctorius*	0,15—1,7
Wyeronsäure	*Vicia faba*	0,7—14
Phaseollin	*Phaseolus vulgaris*	3—20
6a-Hydroxyphaseollin	*Glycine max.*	7—25
Sativin	*Medicago sativa*	15
Pisatin	*Pisum sativum*	20—40
Rishitin	*Solanum tuberosum*	30—60
Hemigossypol	*Gossypium hirsutum*	50—100
Capsidiol	*Capsicum annuum*	110—180

treter ausgewählt. Die antifungale in-vitro-Wirksamkeit der aktivsten Verbindungen erreicht diejenige guter Systemfungizide, ist aber nicht besser. Polyine sind am wirksamsten, es folgen Pterocarpane, Isoflavane, bizyklische Sesquiterpene und kondensierte Aromate.
Weiter sei die Substanz-Stabilität der Verbindungen betrachtet. Während die meisten der genannten Stoffgruppen mittlere chemische Milieu-Stabilität besitzen, sind die antifungalen Polyine relativ stark milieu-empfindlich. Hinzu kommt, daß ein Teil der Erreger bereits Resistenz gegen Phytoalexine, deren Bildung sie

induzieren, erworben haben. Sie beruht in der Regel auf der Fähigkeit, die Phytoalexine zu entgiften, selten wohl auch auf der Fähigkeit, die Phytoalexin-Bildung zu unterdrücken. Beeinflußt wird die Fähigkeit zur Detoxifikation durch andere Stoffgrößen, z. B. den Zucker-Spiegel (90). In Tabelle 3 sind als Beispiel 8 verschiedene Phytoalexine angegeben, die durch einen oder mehrere Krankheitserreger entgiftet werden. Die Detoxifikation vollziehen manche Erreger so schnell, daß die Phytoalexine die Pflanzen vor diesen Pathogenen nicht mehr schützen können.

Tabelle 3

Detoxifikation verschiedener Phytoalexine durch phytopathogene Pilze (5, 21, 32, 33, 35—39, 52, 67, 73, 74, 84, 87).

Detoxifikation von Phytoalexinen durch resistente Pilze		
Phytoalexin	Entgiftende Pilze	Reaktion
Wyeronsäure	*Botrytis fabae*	Reduktion
Phaseollin	*Stemphylium botryosum*	
	Colletotrichum lindemuthianum	
	Fusarium solani f. sp. *phaseoli*	
Medicarpin	*Stemphylium botryosum*	
	Ascochyta pisi	
	Fusarium solani f. sp. *pisi*	
	Mycosphaerella pinodes	
Capsidiol	*Fusarium oxysporum* f. *vasinfectum*	Oxydation
	Botrytis cinerea	
Gossypol	*Diplodia gossypina*	
Ipomeamaron	*Corticium rolfsii*	
Pinosylvin	*Fomes annosus*	

Der chemische Prozeß, der zur Entgiftung der Phytoalexine führt, ist meist nicht bekannt. Zwei Ausnahmen gibt Abbildung 1 wieder. Die Entgiftung der Wyeronsäure aus *Vicia faba* erfolgt durch Reduktion der Ketogruppe und der benachbarten Dreifach-Bindung, wobei sich diese Gruppierung gleichzeitig als antifungale Wirkgruppe ausweist (21). Bei der Entgiftung des Capsidiol aus Capsium annuum wird die Hydroxylgruppe des wirksamen Molekülteils zur Ketogruppe aufoxydiert (74). Bislang am besten ist die Entgiftung des Capsidiol untersucht. *Fusarium oxysporum* f. sp. *vasinfectum* entgiftet Capsidiol so schnell, daß sich nur geringe Mengen in Paprika-Früchten finden, während sich in Anwesenheit der f. sp. *pisi* hauptsächlich Capsidiol anreichert und kaum Capsenon auftritt (74). *F. oxysporum* f. sp. *vasinfectum* oxydiert Capsidiol nur zum Capsenon, *Botrytis cinerea* dagegen baut Capsenon noch weiter ab (Abb. 2 u. 3) (74).
Unterdrückung der Phytoalexin-Bildung durch resistente Pilze wurde für die Pisatin-Bildung durch die f. sp. *pisi* von *Fusarium solani* nachgewiesen. Im Gegen-

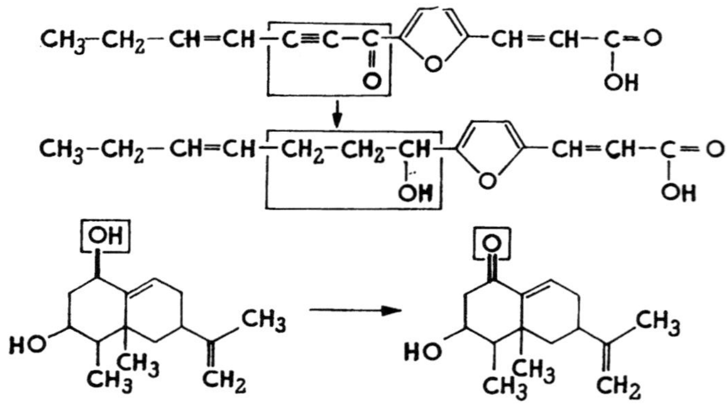

Abb. 1. Entgiftung von Wyeronsäure (oben) und Capsidiol (unten) nach DEVERALL (21) und STOESSL, UNWIN und WARD (74) durch Reduktion bzw. Oxydation. Die von der Entgiftung betroffenen „Wirkgruppen“ sind durch Einrahmung gekennzeichnet.

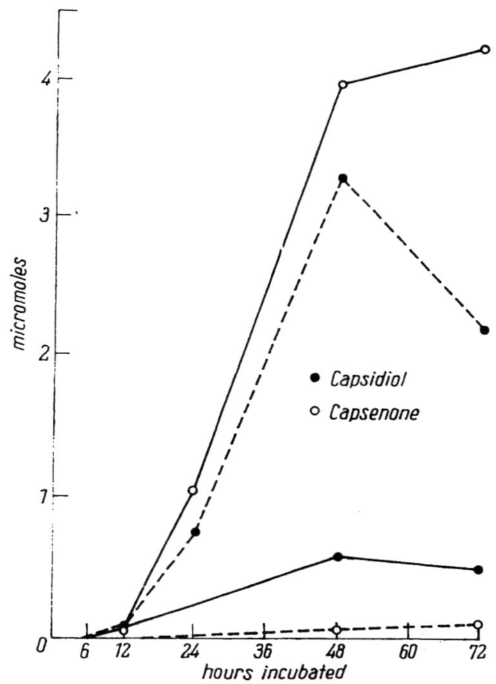

Abb. 2. Phytoalexin-Induktion und -Entgiftung in Paprika durch *Fusarium oxysporum* f. sp. *vasinfectum* (ausgezogene Linien) und durch *Fusarium oxysporum* f. sp. *pisi* (gestrichelte Linien) nach STOESSL, UNWIN und WARD (74).

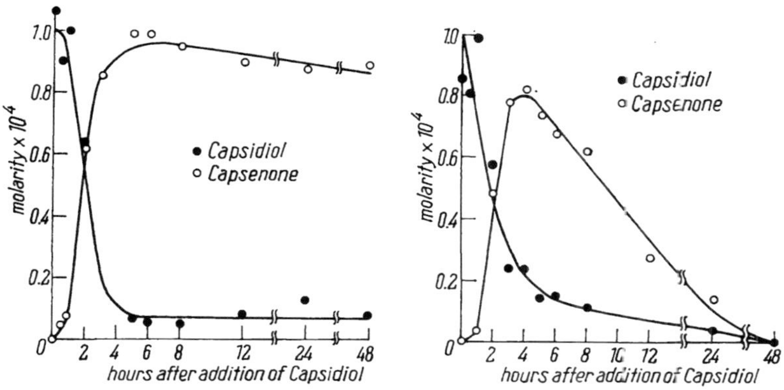

Abb. 3. Phytoalexin-Induktion und -Entgiftung in Paprika durch *Fusarium oxysporum* f. sp. *vasinfectum* (links) und *Botrytis cinerea* (rechts) nach STOESSL, UNWIN und WARD (74).

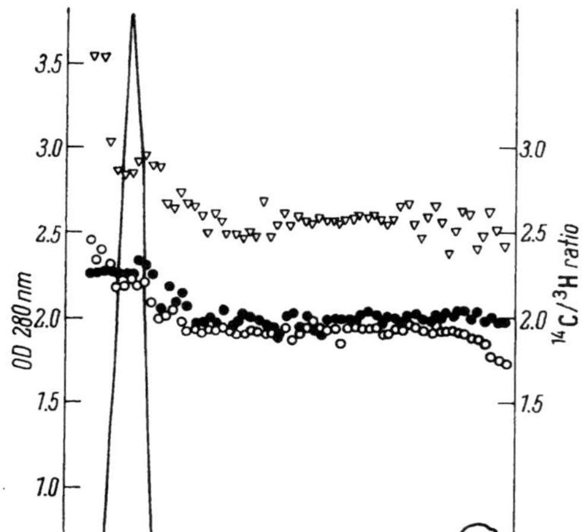

Abb. 4. Mit Phytoalexin-Bildung verknüpfte Neusynthese von löslichem Protein in *Pisum sativum* unter dem Einfluß von *Fusarium solani* f. sp. *phaseoli* (Dreiecke). *Fusarium solani* f. sp. *pisi* induziert weder Protein noch Pisatin. Der Radioaktivitätseinbau ist gegenüber der Kontrolle nicht verändert (offene und geschlossene Kreise) (nach CHRISTENSON und HADWIGER (8)). Dargestellt ist die Protein-Synthese-Aktivität in verschiedenen Fraktionen des löslichen Proteins (Elutionsprofil = ausgezogene Kurve).

satz zur f. sp. *pisi* induziert die f. sp. *phaseoli* in Erbsen die Neusynthese von löslichem Protein und Pisatin (8) (Abb. 4).

Die Phaseollin-Bildung in Bohnen nach Induktion durch *Colletotrichum lindemuthianum* läßt sich durch Temperatur-Einwirkung (36 °C) sehr steigern. Die Hitze induziert nicht zusätzlich, sondern schwächt die Vitalität des Pilzes. Die Pflanze wird resistent. Also dürfte auch hier der nicht geschwächte Pilz die Phytoalexin-Bildung unterdrücken (64).

Weiter wäre die Beschaffbarkeit von Phytoalexin-Präparaten zu beurteilen. Eine Gewinnung aus Pflanzen ist wegen der geringen Mengen, die maximal in ihnen gebildet werden können, auszuschließen. Es kommen nur chemische Synthesen in Betracht. Die wichtigsten Phytoalexin-Gruppen sind Polyene bzw. Polyine, Pterocarpane, bizyklische Sesquiterpene und kondensierte Aromate (Abb. 5).

Phytoalexin	*Chemische Struktur*	*Phytoalexin*
3.4-Dihydrosafinol	$CH_3-CH{=}CH-C{\equiv}C-C{\equiv}C-C{\equiv}C-C{\equiv}C(OH)-CH_2-OH$	*3.4-Dihydrosafinol*
Wyeronsäure	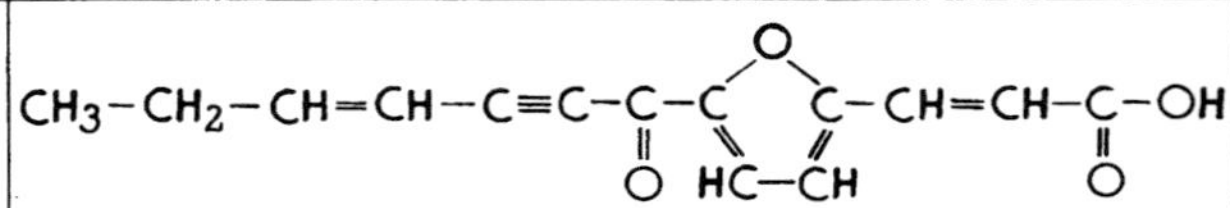	*Wyeronsäure*
6a-Hydroxyphaseollin	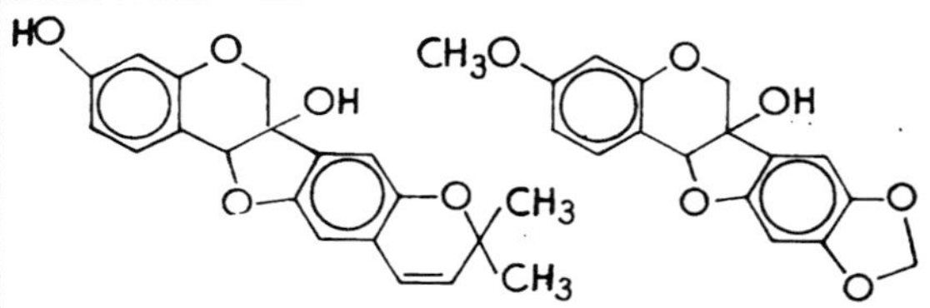	*Pisatin*
Rishitin	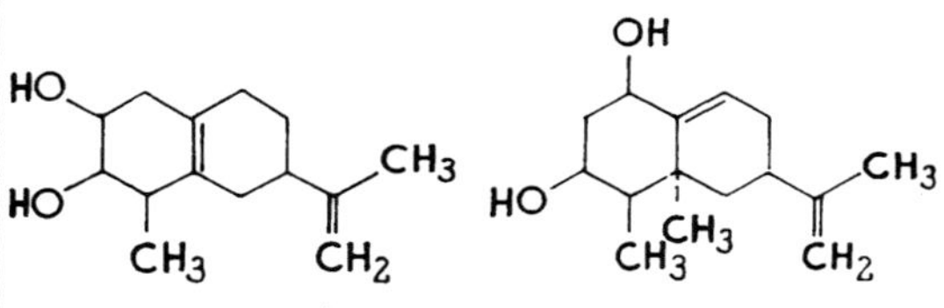	*Capsidiol*
Hemigossypol	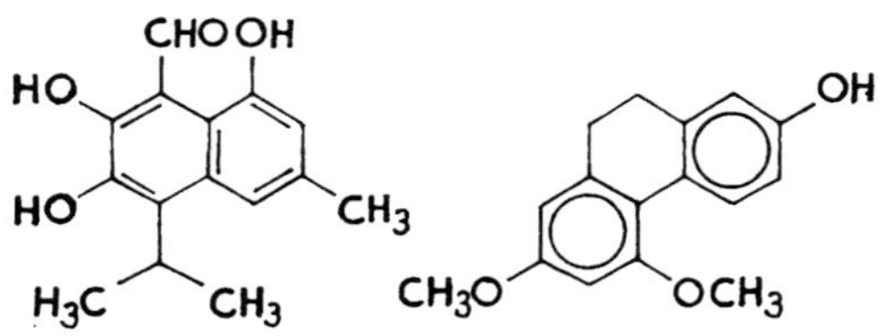	*Orchinol*

Abb. 5. Chemische Strukturen der wichtigsten Phytoalexin-Gruppen: Polyene Polyine, Petrocarpane, bizyklische Sesquiterpene, kondensierte Aromate.

Synthesen sind für einige dieser Verbindungen, z. B. die Pterocarpane bereits bekannt. Mit für ein Pflanzenschutzmittel ökonomisch vertretbarem Aufwand scheint sich jedoch keine der in Frage kommenden Verbindungen synthetisieren zu lassen. Ob eine Halbsynthese aus anderen Naturstoffen in Betracht kommt, ist noch schwer zu übersehen. Für Verbindungen, die als systemische Präparate eingesetzt werden sollen, ist auch die Beurteilung der Transport-Eigenschaften von Bedeutung. Eine allgemeingültige Aussage ist hierüber schwierig, da sich speziell mit dieser Frage beschäftigende Untersuchungen nicht vorliegen. Aus verschiedenen Arbeiten ist aber zu entnehmen, daß die meisten Phytoalexine, vielleicht abgesehen von Orchinol und Derivaten, schlecht transportiert werden. Im Organismus entstehen sie in der Regel in unmittelbarer Umgebung des Infektionsherdes.

Fassen wir die bisher diskutierten Fragen zusammen:

Die antifungale Wirksamkeit der Phytoalexine ist zum Teil befriedigend, ihre Stabilität ist es im biologischen System oft nicht. Außerdem darf man vermuten, daß bei Anwendung der Verbindungen die Zahl resistenter Erreger-Arten noch schnell zunehmen würde. Die wirksamen Verbindungen sind wegen der meist vielfältigen und am spezifischen Molekül-Ort erforderlichen Substitutionen schlecht chemisch zugänglich, ihre Transport-Eigenschaften meist unzulänglich. Das Genannte zwingt zu dem Schluß, daß Anwendung von Phytoalexinen als fungizide Wirksubstanzen nicht in Betracht kommen kann.

Wenden wir uns also der Frage zu:

Können Phytoalexine Modelle für Systemfungizide sein?

Die Ablehnung des direkten Einsatzes von Phytoalexinen beruhte nicht auf der Beurteilung ihrer Wirksamkeit. Es soll sogar hervorgehoben werden, daß Phytoalexine oft ihre Erzeuger-Pflanzen wirksam vor pilzlichen Krankheiten schützen. Resistenz ist in der Natur verbreiteter als Anfälligkeit (93). Phytoalexine, die echte Schutzfunktion ausüben, findet man in allen chemischen Phytoalexin-Gruppen, unterdrückte Erreger und geschützte Kulturpflanzen verteilen sich über ein breites Arten Spektrum (Tab. 4).

Oft wirken Phytoalexine gut, weil sie vorzugsweise im Befallsorgan der Pflanze gebildet und in einer Barrieren-Zone um die Infektionsherde herum angereichert werden, oft bis zu phytotoxischen Konzentrationen. Sie sind dann meist an einer Nekrose-Bildung beteiligt. Resistente Soja-Sorten verdanken ihr Überleben nach Infektion mit *Phytophthora megasperma* var. *sojae* der Fähigkeit, an den Infektionsherden im Hypokotyl mehr als 100 mal soviel 6a-Hydroxyphaseollin anzureichern als anfällige Sorten (46) (Abb. 6).

Diese Wirkungsweise der Phytoalexine wird durch ihre geringe Beweglichkeit in der Pflanze ermöglicht oder doch mindestens unterstützt. Um eine leicht transportfähige Verbindung zu einem Gradienten anzureichern, wie er in Soja-Hypo-

Tabelle 4
Unterdrückung der Entwicklung pilzlicher Krankheitserreger durch bestimmte Phytoalexine (2, 11, 13, 24, 25, 34, 35, 46, 48, 51, 56, 57, 74—78, 81).

Krankheitsunterdrückung durch Phytoalexine		
Phytoalexin	Geschützte Pflanze	Unterdrückte Erreger
3,4-Didehydrosafynol	*Carthamus tinctorius* var. Biggs	*Phytophthora drechsleri*
Safynol		
Wyeronsäure	*Vicia faba*	*Botrytis cinerea*
Phaseollin	*Phaseolus vulgaris*	*Colletotrichum lindemuthianum* *Rhizoctonia solani* *Sclerotinia fructigena*
6a-Hydroxyphaseollin	resistente Sorten von *Glycine max.*	*Phytophthora megasperma* var. *sojae*
Medicarpin	*Medicago sativa*	*Stemphylium loti*
Maackiain	*Trifolium pratense*	*Sclerotinia trifoliorum*
Rishitin	*Solanum tuberosum*	avirulente Rassen von *Phytophthora infestans*
Capsidiol	*Capsicum annuum*	*Fusarium oxysporum pisi*
Ipomeamaron	*Ipomea batatas*	*Ceratocystis fimbriata* *Helicobasidium mompa*
Erdbeer-Phytoalexin	*Fragaria vesca*	*Phytophthora fragariae*
Sesquiterpen-Phytoalexin	*Nicotiana tabacum*	*Peronospora tabacina*

kotylen an 6a-Hydroxyphaseollin gefunden wurde nach Infektion mit *Phytophthora megasperma*, wäre sicher hoher Energieaufwand erforderlich.
Von Gäumann wurde die Ausbildung einer Phytoalexin-Barriere aus Orchinol in Orchideen-Bulben gegen *Rhizoctonia repens* bereits 1960 beschrieben (27). Bei lokal begrenzter Infektion wurde bei dieser Pflanze Phytoalexin in nennenswerten Mengen außer in der Anreicherungs-Zone auch im gesamten infizierten Pflanzenorgan gefunden. Unsicher ist, ob ein Transport des Phytoalexins oder Induktors vorlag. Sicher ist, daß kein Transport gegen einen Gradienten erfolgte.
Es gibt keine strengen Beweise, aber Hinweise, daß dieses Prinzip der Phytoalexin-Wirkung, lokale Anreicherung, häufig vorkommt. Wenn dies richtig ist, beruht die gute Wirkung von Phytoalexinen gegen bestimmte Krankheitserreger auf dem Wirksamwerden hoher Konzentrationen. Nach Aufnahme einer simulierten Verbindung wären solche kaum zu realisieren.
Nicht die Gesamtstruktur von Phytoalexinen könnte als Modell dienen, sondern nur der für die Wirkung erforderliche Strukturteil. Gleichzeitig wären Aufnahme

und Beweglichkeit gegenüber dem Modell zu verbessern und ein Atraktions-Mechanismus zur gezielten Anreicherung aufzufinden. Statt dessen könnte auch die Wirksamkeit bei mindestens gleicher Spezifität erhöht werden.

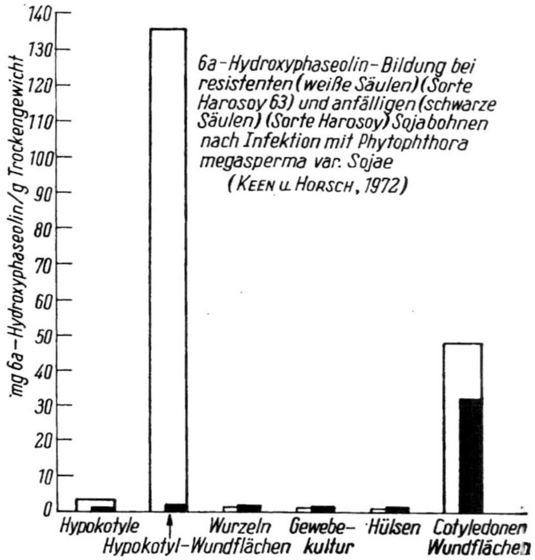

Abb. 6. 6a-Hydroxyphaseollin-Bildung bei resistenten (weiße Säulen = Sorte Harosoy 63) und anfälligen (schwarze Säulen = Sorte Harosoy) Sojabohnen nach Infektion mit *Phytophthora megasperma* var *sojae* nach KEEN und HORSCH (46).

Da für simulierte Verbindungen teilweise neue, geplant sie von den Modellen unterscheidende Eigenschaften zu fordern wären, ist eine allgemeine Aussage über die Eignung von Phytoalexinen als Systemfungizid-Modelle vorläufig noch nicht möglich. Wir wissen bei den meisten Phytoalexinen nicht, von welchen Strukturen die Wirkung abhängt, wie die Beweglichkeit verbessert werden kann und wie physiologische Atraktions-Mechanismen zu simulieren wären.

Eine Struktur-Wirkungs-Analyse, in die sich später gefundene Verbindungen einordnen ließen, liegt bisher nur bei den Pterocarpanen vor. Für ihre Wirkung sind die in Abbildung 7 mit R_1 und R_5 gekennzeichneten Gruppen nötig. R_1 muß eine Hydroxyl- oder Methoxy-Gruppe sein. In Position R_5 ist ein Sauerstoff-Atom erforderlich. Es darf Bestandteil eines 5- oder 6-Ringes sein, darf aber nicht zu einem konjugierten Ringsystem gehören. Die Wirkung hängt weiterhin von einer bestimmten Raumstruktur, wie sie Pterocarpane und in bestimmter Weise substituierte Isoflavane und Isoflavanone besitzen, ab. Planare Moleküle der Pterocarpene sind unwirksam (62). Gewisse räumliche Verschiebungen der Wirkgruppen zueinander sind ohne stärkeren Aktivitäts-Verlust der Verbindungen möglich, wie ein Vergleich der Stereo-Isomeren zeigt (Abb. 8) (62).

	Medi-carpin	Maac-kiain	Trifolir-rhizin	Pisatin	Phaseo-lin	Hydroxy-phaseolin
R1	OH	OH	$O\cdot C_6H_{11}O_5$	$O\cdot CH_3$	OH	OH
R2	H	H	H	H	H	H
R3	H	H	H	OH	H	OH
R4	H	$O\text{-}CH_2$	$O\text{-}CH_2$	$O\text{-}CH_2$	H	H
R5	$O\cdot CH_3$	$O\text{-}$	$O\text{-}$	$O\text{-}$	$O\text{-}C\text{-}CH_3$	$O\text{-}C\text{-}CH_3$
R6	H	H	H	H	$C{=}\;CH_3$	$C{=}\;CH_3$
R7	H	H	H	H	H	H
ED50 in M	$< 2\times10^{-5}$	$< 2\times10^{-5}$	$> 10^{-4}$	$2\text{-}5\times10^{-4}$	$< 2\times10^{-5}$	$< 2\times10^{-5}$

Pos. 2	Edulin	Dimethoxy-isoflavan	Dihydroxydi-methoxyisoflavan	Dihydromaac-kiainacetat	Dihydro-maackiain
	$C\text{-}C$				
R1	O	$O\cdot CH_3$	$O\cdot CH_3$	$O\cdot COCH_3$	OH
R2	H	H	H	H	H
R3	H	H	OH	H	H
R4	$O\text{-}CH_2$	$O\text{-}CH_2$	$O\text{-}CH_2$	$O\text{-}CH_2$	$O\text{-}CH_2$
R5	$O\text{-}$	$O\text{-}$	$O\text{-}$	$O\text{-}$	$O\text{-}$
R6	H	H	H	H	H
R7	H	H	H	H	H
Ring C	O	$O\cdot CH_3$ u. H	$O\cdot CH_3$ u. OH	$O\cdot CO\cdot CH_3$ u. H	OH u. H
ED50		$> 10^{-4}$ M	$> 10^{-4}$ M	0 M	0 M

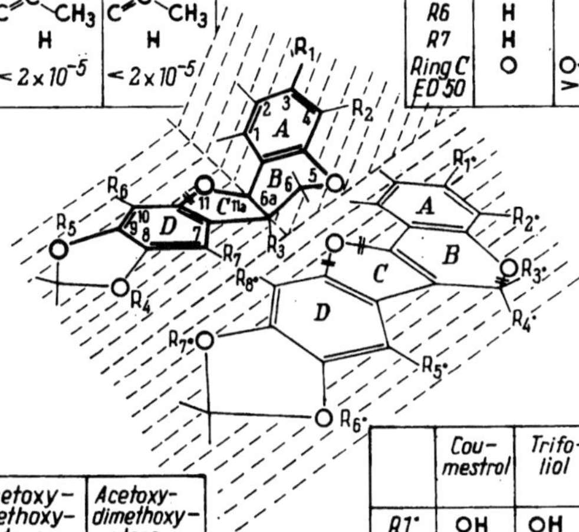

	Ptero-carpin	Homo-ptero-carpin	Varia-bilin-(Homo pisatin)	Maac-kiain-acetat	Acetoxy-methoxy-ptero-carpan	Acetoxy-dimethoxy-ptero-carpan
R1	$O\cdot CH_3$	$O\cdot CH_3$	$O\cdot CH_3$	$O\cdot COCH_3$	$O\cdot CO\cdot CH_3$	$O\cdot CO\cdot CH_3$
R2	H	H	H	H	H	$O\cdot CH_3$
R3	H	H	OH	H	H	H
R4	$O\text{-}CH_2$	H	H	$O\text{-}CH_2$	H	H
R5	$O\text{-}$	$O\cdot CH_3$	$O\cdot CH_3$	$O\text{-}$	$O\cdot CH_3$	$O\cdot CH_3$
R6	H	H	H	H	H	H
R7	H	H	H	H	H	H
ED50 in M	$> 10^{-4}$	$< 2\times10^{-5}$	2×10^{-5}	$2\text{-}5\times10^{-5}$	$2\text{-}5\times10^{-5}$	$2\text{-}5\times10^{-5}$

	Cou-mestrol	Trifo-liol	Medi-cagol	4'-O-Methyl-cou-mestrol	Acetoxy dimethoxy isoflaven	Phenoläther aus Pisatin
R1'	OH	OH	OH	OH	$O\cdot CH_3$	$O\cdot CH_3$
R2'	H	H	H	H	H	H
R3'	$>O$	$>O$	$>O$	$>O$	H	H
R4'					H	$O\cdot C_2H_5$
R5'	H	OH	H	H	$O\cdot COCH_3$	H
R6'	H	H	$O\text{-}CH_2$	H	H	$O\text{-}CH_2$
R7'	OH	$O\cdot CH_3$	$O\text{-}$	$O\cdot CH_3$	$O\cdot CH_3$	$O\text{-}$
R8'	H	H	H	H	H	H
Ring C / Ring B					minus –O–	minus –O– gespalten
ED50	0 M	0 M	0 M	0 M	$2\text{-}5\times10^{-5}$ M	$2\text{-}5\times10^{-5}$ M

Pterocarpane reagieren mit der Protein-Komponente der pilzlichen Plasma-Membran unter Struktur-Schädigung oder beeinflussen deren Bildung (8, 24). Beeinflussung der Synthese löslicher Proteine ist ebenfalls bereits nachgewiesen (8).

Bei den Pterocarpanen ist die Wirkung also von einer Raumstruktur und reaktiven Gruppen abhängig. Für eine Simulation des spezifisch wirkenden Molekülteils sind wenig Variationsmöglichkeiten gegeben. Die erforderliche Raumstruktur läßt sich kaum anders, als in der Natur realisiert, gewinnen. Die reaktiven Gruppen sind allerdings bisher nicht auf Ersetzbarkeit durch unphysiologische Substituenten getestet. Die darüber hinaus für eine simulierte Verbindung zu fordernden Struktur-Abwandlungen dürften das Problem für Pterocarpane derzeitig aber nahezu unlösbar machen.

Wenn die Struktur-Wirkungs-Analyse bei anderen Phytoalexinen nicht wesentlich einfachere Wirkgruppen ergibt, muß für die nächste Zeit auch eine Nutzung der Phytoalexine als Modelle zur Simulation von systemischen Fungiziden wenig

	Maackiain	*Pterocarpin*	*Pisatin*
R1	OH	$O\cdot CH_3$	$O\cdot CH_3$
R2	H	H	OH
ED50+(M)	$< 2\times10^{-5}$	$> 10^{-4}$	$2\text{-}5\times10^{-5}$
ED50-(M)	$< 2\times10^{-5}$	0	$2\text{-}5\times10^{-5}$

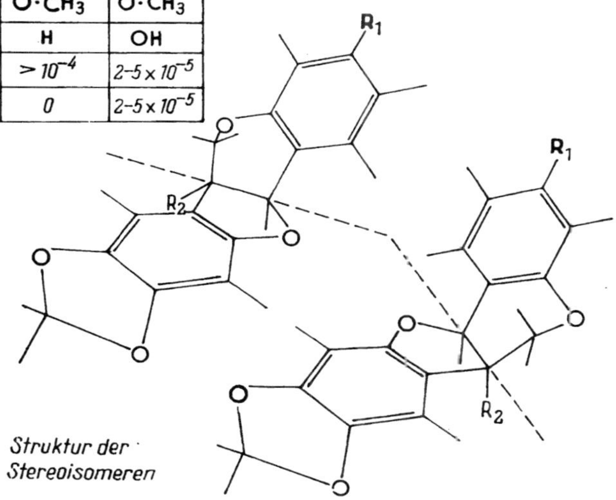

Abb. 8. Struktur-Wirkungsbeziehungen von Stereoisomeren von Pterocarpanen für die fungitoxische Aktivität gegenüber *Monilinia fructicola* nach Perrin und Cruickshank (62). (verändert)

←

Abb. 7. Struktur-Wirkungsbeziehungen bei Pterocarpan- und Pterocarpen-Derivaten für die fungitoxische Aktivität gegenüber *Monilinia fructicola* nach Perrin und Cruickshank (62). Stark gezeichnete Linien geben das für die antifungale Wirkung notwendige Grundgerüst wieder.

aussichtsreich erscheinen. Eine Entscheidung dürfte bald möglich werden. Ansätze zu Struktur-Wirkungs-Beziehungen gibt es bereits für verschiedene Phytoalexine.
Es erhebt sich die Frage:

Welche andere Nutzung der Phytoalexine ist denkbar?

Denkbar wäre z. B. eine künstliche Anregung der Phytoalexin-Bildung in der Pflanze.
Die Fähigkeit Phytoalexine oder ähnliche antifungale Verbindungen zu bilden, ist weiter verbreitet, als ursprünglich angenommen wurde. In vielen Arten, die sich über 31 Ordnungen der höheren Pflanzen verteilen, sind bisher postinfektionell gebildete antifungale Stoffe gefunden worden (41) (Tab. 5). Besonders reichlich finden sich Phytoalexine in der Ordnung der Leguminosen (40) (Tab. 6).

Tabelle 5

Verteilung phytoalexin-bildender Arten über die Ordnungen des natürlichen Systems der höheren Pflanzen (Angaben nach L. Ingham (41)).

Systemstellung	Art	Induzierender Pilz	Phytoalexin
Ginkgoinae	*Ginkgo biloba*	*Botrytis allii*	+
Coniferae	*Pinus taeda*	*Fomes annosus*	Pinosylvin Methoxypinosylvin
Dialypetalae			
Rosales	*Fragaria vesca*	*Phytophthora fragariae*	A und B
	Rosa sp.	*Diplocarpon rosae*	+
	Rosa hirtula	*Cochliobolus miyabeanus*	+
	Prunus domestica	*Cytospora cincta*	+
	Malus vulgaris	*Sclerotinia fructigena*	4-Hydroxybenzoesäure Vanillinsäure u. a.
	Malus vulgaris	*Nectria galligena*	Benzoesäure u. a.
	Malus vulgaris	*Venturia inaequalis*	Phloridzin
Rhoeadales	*Mathiola incana*	*Alternaria bassicae*	+
	Raphanus sativus	*Cochliobolus miyabeanus*	+
	Brassica oleracea	*Alternaria brassicola*	+
	Brassica napus	*Geotrichium cingulata*	+
	Brassica rapa	*Helminthosporum carbon.*	+
Guttiferales	*Camellia sinensis*	*Cochliobolus miyabeanus*	+
Columniferae	*Gossypium hirsutum*	*Verticillium albo-altrum*	Vergosin, Hemigossypol, Gossypol
	Hibiscus esculent.	*Cephalosporium* spec.	+
		Verticillium albo-altrum	+
Terebinthales	*Citrus aurantium*	*Aspergillus niger*	+
Rhamnales	*Vitis vinifera*	*Oidium tuckeri*	4+

Tabelle 5 (Fortsetzung)

Systemstellung	Art	Induzierender Pilz	Phytoalexin
Umbelliflorae	*Daucus carota*	*Ceratocystis fimbriata*	6-Methoxymellein
	Apium graveolens	*Sclerotinia sclerotiorum*	+ ?
	Pastinaka sativa	*Itersonilia* spec.	Furanocumarine
		Centrospora spec.	Furanocumarine
Monochlamydeae			
Piperales	*Piper nigrum*	*Botrytis cinerea*	Capsidiol, Capsenon
	Peperomia spec.	*Phytophthora nicotianae*	+
Centrospermae	*Spinacia oleracea*	*Cochliobolus miyabeanus*	+
	Celosia cristata	*Cochliobolus miyabeanus*	+
	Dianthus caryoph.	*Fusarium* spec.	+
Sympetalen			
Primulales	*Primula variabil.*	*Ramularia primulae*	+
	Primula japonica	*Ramularia primulae*	+
Tubiflorae	*Ipomoea batatas*	*Ceratocystis fimbriata*	Skimmin, Scopolin, Ipomeamaron
		Helicobasidium mompa	Umbelliferon
Personatae	*Solanum tuberos.*	*Phytophthora infestans*	Rishitin, Ljubimin, Phytuberin
	Solanum tuberos. cult. Orion		p.Hydroxybenzoesäure, Salicylsäure, Vanillinsäure
		Helminthosporium carbon.	α-Solanin
	Lycopersicum esculentum	*Phytophthora infestans*	Rishitin
		Cochliobolus miyabeanus	+
		Fusarium oxysporum	α-Tomatin
	Nicotiana tabac.	*Peronospora tabacina*	Sesquiterpenacetat
	Capsicum annum	*Phytophthora infestans*	+
Rubiales	*Coffea arabica*	*Glomerella cingulata*	+
Cucurbitales	*Cucumis sativus*	*Glomerella cingulata*	+
	Citrullus vulgar.	*Fusarium* spec.	+
Synandrae	*Carthamus tinctorius*	*Phytophthora drechsleri*	Safynol, Dehydrosafynol
	Zinnia elegans	*Cochliobolus miyabeanus*	+
	Dahlia spec.	*Entyloma calendulae*	+
Monocotyledonen			
Liliiflorae	*Allium cepa*	*Urocystis colchici*	+
Glumifloren	*Zea mays*	*Helminthosporium turcic.*	A_1 und A_2
	Oryza sativa	*Pyricularia oryzae*	+
Scintamineae	*Musa paradisiaca*	*Mycosphaerella musicola*	+
Gynandrae	*Orchis morio*	*Rhizoctonia respens*	Orchinol
	Orchis militaris		
	Loroglossum hircinum	*Rhizoctonia versicolor*	Hircinol

(nach L. INGHAM, 1972)

Tabelle 6

Phytoalexin-Bildung bei Leguminosen-Arten nach HIJWEGEN (40), ergänzt.
Phytoalexine der Leguminosen

System-Stellung	Art	Pterocarpan	Isoflavan	Polyacetalen	?
I Phaseoleae	*Phaseolus vulgaris*	Phaseolin			+
	Phaseolus coccineus	Phaseolin			
	Glycine max.	6a-Hydroxyphaseolin			
	Canavalia ensiform.	Medicarpin			+
	Canavalia virosa				+
	Vigna sinensis				+
	Lablab niger				+
II Trifolieae	*Medicago sativa*	Medicarpin			
	Trifolium pratense	Medicarpin Inermin			
	Meliolotus albus				+
	Trigonella foen. grae.				+
III Loteae	*Lotus corniculatus*		Sativin, Vestitol		
	Lotus uliginosus				+
	Anthyllis vulneraria				+
IV Vicieae	*Pisum sativum*	Pisatin			
	Vicia faba			Wyeronsäure Wyeron	
V Hedysareae	*Arachis hypogaea*				+
	Oncbrychis viciifol.				+
	Ornithopus sativus				+
VI Lotoideae	*Caragana arborescens*				+
	Psoralea bituminosa				+

(HIZWEGEN, 1973, ergänzt)

Es ist sicher noch nicht zulässig, Phytoalexin-Bildung als universelles Abwehrprinzip der Pflanzen gegen pilzlichen Angriff zu bezeichnen. Zahlreiche Hinweise auf bislang noch nicht isolierte Substanzen lassen aber doch eine sehr weite Verbreitung dieses Vorganges annehmen. Damit wäre es bei vielen Pflanzen möglich zur Abwehr von Pilz-Infektionen Phytoalexin-Bildung künstlich zu induzieren.
Phytoalexin-Induktion durch Pilze erfolgt über einen hochspezifischen Mechanismus, der sich bei verschiedenen Organismen vielleicht etwas unterscheidet.
Relativ einfach ist dieser bei der *Verticillium*-Welke der Baumwolle. Der Pilz *Vertiiсllium alboatrum* bildet ein phytotoxisches Mykotoxin, das aus einem Protein-Lipopolysaccharid-Komplex besteht. Es ist an der Ausbildung der Welkesymptome beteiligt. Resistente Baumwollsorten nutzen das Mykotoxin als Auslösesignal für die Bildung der Naphthaldehyd-Phytoalexine Vergosin und Hemigossypol. Andere Pflanzen haben sich auf das Auftreten anderer pilzspezifischer Erkennungs-Proteine als Auslöse-Signale für die Phytoalexin-Bildung eingestellt (Tab. 7).

Tabelle 7
Phytoalexin-Induktion durch spezifische Verbindungen aus induzierend wirkenden Pilzen (19, 26, 46, 47, 54, 94, 95).

Spezifische Phytoalexin-Induktion durch Pilz-Verbindungen				
Phytoalexin	Erzeugerpflanze	Pilz	Induktor	Bemerkungen
Phaseollin	*Phaseolus vulgaris*	*Monilinia fructicola*	Monilicolin wasserl. Polypeptid MG 8000	$ED_{50} = 8 \cdot 10^{-9}$ Mol
6a-Hydroxy-phaseollin	*Glycine max.*	*Phytophthora megasperma* var. *sojae*	Glycoprotein MG 10-30000	
Rishitin	*Solanum tuberosum*	*Phytophthora infestans*	wasserlösl. Protein	fällbar durch 20—40% Ammonsulfat-sättigung
Ljubimin				
Vergosin Hemigossypol	*Gossypium hirsutum*	*Verticillium alboatrum*	Protein-Lipo-polysaccharid	phytotoxisches Mycotoxin

Es ist anzunehmen, daß diese spezifischen pilzlichen Phytoalexin-Induktoren direkt die Aktivierung der für die Phytoalexin-Bildung erforderlichen Gene bewirken (31).
Der bislang komplizierteste Induktions-Mechanismus wurde bei resistenten Soja-Sorten bei der 6a-Hydroxyphaseollin-Bildung vorgefunden (26) (Abb. 9). Die resistenten Sorten erzwingen über einen Auslöser unbekannter chemischer Struktur die Bildung eines pilzlichen Phytoalexin-Induktors. Der Auslöser ist auch in Preßsäften resistenter Pflanzen vorhanden. Er wird unter dem Einfluß des Dominant-Gens vom Typ Mukden gebildet.
Pilz-induzierte Enzym-Bildung ist in Pflanzen schon oft nachgewiesen worden; z. B. wird in Luzerne nach Infektion mit *Ascochyta imperfecta* eine Glycosidase gebildet (58). Parallel zur Pisatin-Induktion in Erbsen erfolgte Induktion der Phenylalanin-Ammoniak-Lyase (31). Bei Bohnen steigt die Aktivität der Phenylalanin-Ammoniak Lyase und der Chalcon-Flavanon-Isomerase sowie der Peroxydase bei Phytoalexin-Induktion an (59).
An verschiedenen Phytoalexin bildenden Pflanzen wurde gezeigt, daß der spezifische pilzliche Induktor durch ein breites Spektrum von organischen und anorganischen Verbindungen ersetzt werden kann. Unter den Ersatz-Induktoren finden sich sogar im Praxis-Einsatz befindliche Fungizide, wie Benomyl (65, 66) (Abb. 10) sowie seine Abbauprodukte, ferner Maneb, Terrazol, Nabam, Streptomycin und Neomycin B. Wahrscheinlich wirken alle Fungizide, die sich unter Isocyanat- oder Amin-Bildung zersetzen induzierend. Auch andere Oganismen, wie Bakterien und Viren (49) sowie energiereiche Strahlung, z. B. UV-Licht (6) wirken induzierend.

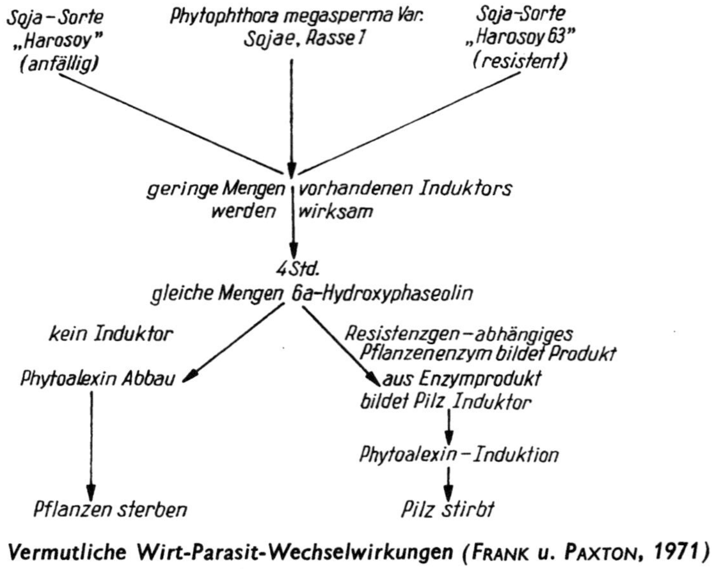

Abb. 9. Wechselwirkungen zwischen Wirt und Parasit bei der Phytoalexin-Bildung in Sojabohnen nach Einwirkung von *Phytophthora megasperma* var *sojae* nach FRANK und PAXTON (26). (verändert)

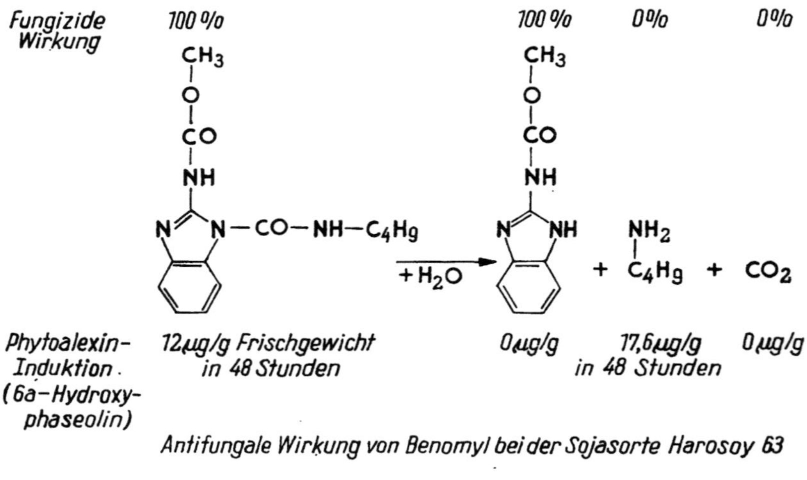

Abb. 10. Phytoalexin-Induktion in Sojabohnen (Harosoy 63) durch Benomyl und seine Abbauprodukte nach REILLY und KLARMAN (65, 66).

Die Ersatz-Induktoren besitzen übereinstimmend die Fähigkeit, die Konformation doppelsträngiger DNS zu ändern (30). Die bisher geprüften Verbindungen sind weniger wirksam als die natürlichen Pilz-Induktoren. Künstliche Phytoalexin-Induktion durch Simulation der pilzlichen Induktoren erscheint damit möglich, ist jedoch mit den bislang bekannten Stoffen nicht allzu wirksam. Es könnte aber lohnend sein, nach spezifischer wirkenden Verbindungen zu suchen.
Zu beachten bleibt bei Versuchen die Phytoalexin-Bildung zu induzieren, daß die Phytoalexin-Induktion von verschiedenartigen Stoffwechsel-Änderungen begleitet sein kann. In Kartoffelscheiben schaltet z. B. *Phytophthora infestans* den Acetat-Mevalonat-Stoffwechsel-Weg von der Steroid-Glykoalkaloid-Bildung auf Rishitin-Bildung um (70, 71).
Weiterhin ist beim Versuch Phytoalexin-Bildung zu induzieren zu beachten, daß der Prozeß bei manchen Pflanzen stark milieu-abhängig ist. *Carthamus tinctorius* z. B. bildet 3,4-Didehydrosafynol nur im Langtag in schützender Menge. Eine anfällige Soja-Sorte konnte durch UV-Strahlung zu fast gleich starker Phytoalexin-Bildung wie resistente Sorten veranlaßt werden (6). Wie bereits erwähnt kann Wärme die Phytoalexin-Bildung von Bohnen nach Infektion durch *Colletotrichum lindemuthianum* bis zur Resistenz bei anfälligen Sorten steigern.
Umgekehrt können Pflanzen durch normalerweise apathogene Pilze befallen werden, wenn eine allein noch nicht schädigende Wärme-Einwirkung die Pflanze dem pilzlichen Zugriff erschließt (7). Zusammenfassend ergibt sich, daß gezielte Phytoalexin-Induktion in dafür geeigneten Kulturpflanzen am ehesten als praktische Nutzung der Phytoalexine in Betracht kommt. Dies wäre über eine Simulation der pilzlichen Induktoren oder eine Anregung der natürlichen pilzlichen Induktor-Bildung möglich. Es sind allerdings nicht alle Phytoalexine toxikologisch unbedenklich. Verschiedene human- und tiertoxikologische Wirkungen von Phytoalexinen sind bereits bekannt (Tab. 8). Gegen Versuche Phytoalexin-Bildung in der gesamten Pflanze bis zu wirksamen Konzentrationen künstlich zu

Tabelle 8

Human- und tiertoxische Wirkungen von Phytoalexinen (1, 22—24, 91, 92).

Toxikologische Bedenken gegen Phytoalexine Phytoalexin	Schäden: Mensch, Tier	Bemerkungen
Phaseollin 6a-Hydroxy-phaseollin Medicarpin	Hämolyse der Erythrozyten	allgemein: Membranschäden bei Plasmaorganellen
Ipomeamaron	Lungenschäden, Emphysem, Leberschäden	Kochen entgiftet nicht
Gossypol	Hämolyse der Erythrozyten, Lungenödem, Herz-, Leber- u. Nierenschäden	LD_{50} = 2,57 g pro kg Körpergewicht

veranlassen, müssen also wahrscheinlich oft Bedenken erhoben werden. Die Qualität des Erntegutes könnte unzulässig beeinträchtigt werden.
Außerdem wäre bei einem derartigen Vorgehen damit zu rechnen, daß in manchen Pflanzenorganen phytotoxische Konzentrationen erreicht würden. Auch hier stellt sich also wieder die Frage nach den Möglichkeiten zu lokalisierter Phytoalexin-Induktion. Lokalisierte Induktor-Applikation dürfte nicht realisierbar sein.
Wenn die Phytoalexin-Anreicherung an den Infektionsherden der Befallsorgane unter natürlichen Bedingungen in erster Linie durch unterschiedliche Fähigkeit der Organe zur Phytoalexin-Bildung bzw. durch unterschiedliche Sensibilität der Organe gegenüber dem Induktor entsteht, könnte eine simulierte Phytoalexin-Induktion durch künstliche systemische Induktoren erfolgreich sein.
Wenn dagegen die unter natürlichen Bedingungen bevorzugte Phytoalexin-Bildung im Befallsorgan die Folge geringer Beweglichkeit der natürlichen Induktoren im pflanzlichen Organismus ist, ist eine Beeinflussung der Phytoalexin-Bildung nur über die Beeinflussung der natürlichen pilzlichen Induktor-Bildung möglich. Diese Möglichkeit die natürliche Resistenz zu beeinflussen dürfte schwierig sein, da Eingriffe in den Stoffwechsel der Organismen auf vorgeschalteten Ebenen erforderlich wären. Dann wäre für eine etwaige Einführung von Phytoalexinen in den praktischen Pflanzenschutz noch erhebliche weitere Erforschung der Grundlagen erforderlich.

Literatur

(1) Adams, R., T. A. Geissman, and J. D. Edwards: Chem. Rev. **60**, 555—574 (1960).
(2) Akazawa, T., and I. Uritani: J. agric. Chem. Soc. Japan **29**, 377—381 (1955).
(3) Allen, E. H., and C. A. Thomas: Phytopathology **61**, 1107—1109 (1971).
(4) Bailey, I. A.: Jour. gen. Microbiol. **61**, 409—415 (1970).
(5) Baugher, W. L., and T. C. Campbell: Science **164**, 1526—1527 (1969).
(6) Bridge, M. A., and W. L. Klarman: Phytopathology **63**, 606—609 (1973).
(7) Chamberlain, D. W.: Phytopathology **62**, 645—646 (1972).
(8) Christenson, J. A., and L. A. Hadwiger: Phytopathology **63**, 784—790 (1973).
(9) Cruickshank, I. A. M.: Austral. J. biol. Sci. **15**, 147—159 (1962).
(10) Cruickshank, I. A. M.: J. Austral. Inst. agric. Sci. **29**, 23—30 (1963).
(11) Cruickshank, I. A. M., and M. Mandryk: Jour. Austral. Inst. agric. Sci. **26**, 369—372 (1960).
(12) Cruickshank, I. A. M., and D. R. Perrin: Nature (Lond.) **187**, 799—800 (1960).
(13) Cruickshank, I. A. M., and D. R. Perrin: Life Sci. **2**, 680—682 (1963).
(14) Cruickshank, I. A. M., and D. R. Perrin: Austral. J. biol. Sci. **16**, 111—128 (1963).
(15) Cruickshank, I. A. M., and D. R. Perrin: Austral. J. biol. Sci. **18**, 803—816 (1965).
(16) Cruickshank, I. A. M., and D. R. Perrin: Austral. J. biol. Sci. **18**, 817—828 (1965).
(17) Cruickshank, I. A. M., and D. R. Perrin: Austral. J. biol. Sci. **18**, 829—835 (1965).
(18) Cruickshank, I. A. M., and D. R. Perrin: Phytopath. Z. **60**, 335—342 (1967).
(19) Cruickshank, I. A. M., and D. R. Perrin: Life Sci. **7**, 449—488 (1968).
(20) Cruickshank, I. A. M., and D. R. Perrin: Phytopath. Z. **70**, 209—229 (1971).
(21) Deverall, B. J.: Proc. roy. Soc. Lond. (B) **181**, 233—246 (1972).

(22) El-Nokrashy, A. S., C. M. Lyman, and J. W. Dollahite: J. Amer. Oil Chem. Soc. **40**, 14–17 (1963).
(23) Etten, H. D. van: Phytopathology **62**, 795 (1972).
(24) Etten, H. D. van, and D. F. Bateman: Phytopathology **61**, 1363–1372 (1971).
(25) Falk, J. E.: Austral. J. Sci. **28**, 259–263 (1966).
(26) Frank, J. A., and J. D. Paxton: Phytopathology **61**, 954–958 (1971).
(27) Gäumann, E.: Comp. Rend. Hebd. Séances Acad. Sci. **250**, 1944–1947 (1960).
(28) Gray, G., and W. L. Klarman: Phytopathology **57**, 645 (1967).
(29) Gray, G., W. L. Klarman, and M. Bridge: Can. J. Bot. **46**, 285–288 (1968).
(30) Hadwiger, L. A.: Phytopathology **61**, 893 (1971).
(31) Hadwiger, L, A., and M. E. Schwochau: Phytopathology **60**, 1294 (1970).
(32) Heath, M. C., and V. J. Higgins: Phytopathology **62**, 763 (1972).
(33) Heuvel, J. van den, and H. D. van Etten: Phytopathology **62**, 794–795 (1972).
(34) Hietala, P. K.: Ann. Acad. Sci. Fenn. Ser. A II Chemica **100**, 1–69 (1960).
(35) Higgins, V. J.: Physiol. Plant Pathol. **2**, 289–300 (1972).
(36) Higgins, V. J., and R. L. Millar: Phytopathology **58**, 1053 (1968).
(37) Higgins, V. J., and R. L. Millar: Phytopathology **59**, 1493–1499 (1969).
(38) Higgins, V. J., and R. L. Millar: Phytopathology **59**, 1500–1506 (1969).
(39) Higgins, V. J., and R. L. Millar: Phytopathology **60**, 269–271 (1970).
(40) Hijwegen, T.: Phytochemistry **12**, 375–380 (1973).
(41) Ingham, J. L.: Bot. Rev. **38**, 344–424 (1972).
(42) Ingham, J. L., and R. L. Millar: Nature (Lond.) **242**, 125–126 (1973).
(43) Ishizaka, N., K. Tomiyama, N. Katsui, A. Murai, and T. Masamune: Plant Cell Physiol. **10**, 183–192 (1969).
(44) Keen, N. T.: Physiol. Plant Pathol. **1**, 265–275 (1971).
(45) Keen, N. T.: Phytopathology **62**, 1365–1366 (1972).
(46) Keen, N. T., and R. Horsch: Phytopathology **62**, 439–442 (1972).
(47) Keen, N. T., Partridge, J. E., and A. I. Zaki: Phytopathology **62**, 768 (1972).
(48) Keen, N. T., J. J. Sims, D. C. Erwin, E. Rice, and J. E. Partridge: Phytopathology **61**, 1084–1089 (1971).
(49) Klarman, W. L., and F. Hammerschlag: Phytopathology **62**, 719–721 (1972).
(50) Klarman, W. L., and J. B. Sanford: Life Sci. **7**, 1095–1103 (1968).
(51) Letcher, R. M., D. A. Widdowson, B. J. Deverall, and J. W. Mansfield: Phytochemistry **9**, 249–252 (1970).
(52) Loman, A. A.: Can. J. Bot. **48**, 737–747 (1970).
(53) Metlitzki, L. M. i L. O. Oseretskowskaja: Mikol. Fitopatol. **4**, 146–156 (1970).
(54) Metlitzki, L. M., L. O. Oseretskowskaja, L. I. Chalowa, N. I. Wasinkowa i M. A. Dawydowa: Mikol. Fitopatol. **5**, 263–271 (1971).
(55) Metlitzki, L. M., L. O. Oseretskowskaja, N. I. Wasjukowa, M. A. Dawydowa, N. A. Doroschkin, Z. I. Remnjewa und W. A. Iwanjuk: Prikl. Biochim. Mikrobiol. **6**, 568–573 (1970).
(56) Müller, K. O.: Austral. J. biol. Sci. **11**, 275–300 (1958).
(57) Mussel, H. W., and R. C. Staples: Phytopathology **61**, 515–517 (1971).
(58) Olah, A. F., and R. T. Sherwood: Phytopathology **63**, 739–742 (1973).
(59) Partridge, J. E., and N. T. Keen: Phytopathology **62**, 781–782 (1972).
(60) Perrin, D. R., and I. A. M. Cruickshank: Proc. Plant Path. Conf. **1**, 25–31 (1961).
(61) Perrin, D. R., and I. A. M. Cruickshank: Austral. J. biol. Sci. **18**, 803–816 (1965).
(62) Perrin, D. R., and I. A. M. Cruickshank: Phytochemistry **8**, 971–978 (1969).

(63) PIERRE, R. E., and D. F. BATEMAN: Phytopathology **57**, 1154—1160, (1967).
(64) RAHE, J. E.: Phytopathology **63**, 572—577 (1973).
(65) REILLY, J. J., and W. L. KLARMAN: Phytopathology **61**, 907 (1971).
(66) REILLY, J. J., and W. L. KLARMAN: Phytopathology **62**, 1113—1115 (1972).
(67) SAKUMA, T., and R. L. MILLAR: Phytopathology **62**, 499—500 (1972).
(68) SATO, N., and K. TOMIYAMA: Ann. phytopathol. Soc. Japan **35**, 202—206 (1969).
(69) SATO, N., K. TOMIYAMA, N. KATSUI, and T. MASAMUNE: Ann. phytopathol. Soc. Japan **34**, 344—345 (1968).
(70) SHIH, M., J. KUĆ, and E. B. WILLIAMS: Phytopathology **63**, 821—826 (1973).
(71) SHIH, M., and J. KUĆ: Phytopathology **63**, 826—829 (1973).
(72) SIRADHANA, B. S., A. F. SCHMITTHENNER, and C. W. ELLETT: Phytopathology **59**, 405 bis 410 (1969).
(73) STOESSL, A., C. H. UNWIN, and E. W. B. WARD: Phytopathol. Z.: **74**, 141—152 (1972).
(74) STOESSL, A., C. H. UNWIN, and E. W. B. WARD: Phytopathology **63**, 1225—1231 (1973).
(75) SUZUKI, N.: Bull. Natl. Inst. Agric. Sci. Ser. C Phytopathol. a. Entomol. **8**, 69—126 (1957).
(76) THOMAS, C. A., and E. H. ALLEN: Phytopathology **59**, 1053 (1969).
(77) THOMAS, C. A., and E. H. ALLEN: Phytopathology **60**, 1153 (1970).
(78) THOMAS, C. A., and E. H. ALLEN: Phytopathology **60**, 261—263 (1970).
(79) THOMAS, C. A., and E. H. ALLEN: Phytopathology **61**, 1459—1461 (1971).
(80) TOMIYAMA, K., N. ISHIZAKA, N. SATO, and K. KITAZAWA: XI. Intern. Bot. Congr. Seattle (1969).
(81) TOMIYAMA, K., T. SAKUMA, N. ISHIZAKA, N. SATO, N. KATSUI, M. TAKASUGI, and T. MASAMUNE: Phytopathology **58**, 115—116 (1968).
(82) UEHARA, K.: Ann. phytopathol. Soc. Japan **25**, 85—91 (1960).
(83) UEHARA, K.: Ann. phytopathol. Soc. Japan **39**, 103—110 (1964).
(84) UEHARA, K., and T. KIKU: Kagoshima Daigaku Nogakubu Gakujutsu Hokoku: 73—80 (1969). Chem. Abstr. **73**, 32593 (1970).
(85) VARNS, J. L., and J. KUĆ: Phytopathology **61**, 178—181 (1971).
(86) VARNS, J. L., W. W. CURRIER, and J. KUĆ: Phytopathology **61**, 968—971 (1971).
(87) WARD, E. W. B., and A. STOESSL: Phytopathology **62**, 1186—1187 (1972).
(88) WIT-ELSHOVE, A. DE: Neth. J. Pl. Path. **74**, 44—47 (1968).
(89) WIT-ELSHOVE, A. DE: Neth. J. Pl. Path. **75**, 164—168 (1969).
(90) WIT-ELSHOVE, A. DE and A. FUCHS: Physiol. Pl. Pathol. **1**, 17—24 (1971).
(91) WILSON, B. J., D. T. C. YANG, and M. R. BOYD: Nature (Lond.) **227**, 521—522 (1970).
(92) WITHERS, W. A., and F. E. CARRUTH: J. agric. Res. **5**, 261—288 (1915).
(93) WOOD, R. K. S.: Physiological Plant Pathology. Blackwell Scientific Publications. Oxford a. Edinburgh (1967), nach INGHAM, J. L.: Bot. Rev.: **38**, 344—424 (1972).
(94) ZAKI, A. I., N. T. KEEN, J. J. SIMS, and D. C. ERWIN: Phytopathology **62**, 1398—1401 (1972).
(95) ZAKI, A. I., N. T. KEEN, and D. C. ERWIN: Phytopathology **62**, 1402—1406 (1972).

Diskussion

DEKHUIJZEN: Wie ist zu erklären, daß Butylamin eine höhere Produktion von Phytoalexinen induziert als Benomyl?

POLTER: Vermutlich wirkt Benomyl nicht über das komplette Molekül auf die Phytoalexin-Bildung induzierend, sondern nur das in wäßrigem Medium freiwerdende Butylamin.

BOCHOW: Trotz bekannter Phytoalexin-Bildung bei vielen Pflanzen treten in der Praxis Mykosen auf, gegen deren Erreger eigentlich Phytoalexine wirksam sein müßten. Was ist die Ursache? Wie steht es dabei mit der Stabilität, dem Transport und der Wirkungsspezifität der Phytoalexine?
POLTER: Viele Erreger werden bereits gegen Phytoalexine resistente Formen besitzen. Die meisten Phytoalexine werden wenig transportiert. Ihre Stabilität ist unterschiedlich gut. Viele sind relativ stabil, andere sehr instabil. Zur Spezifik der Wirkung liegen noch wenig genaue Angaben vor.
LYR: Was ist über den Wirkungsmechanismus von Phytoalexinen bekannt? Bei den sehr komplizierten Strukturen mit hohem chemischen Informationsgehalt könnte man eine sehr spezifische Wirkung erwarten.
POLTER: Exakt ist der Wirkungsmechanismus noch für kein Phytoalexin untersucht. Einige, wie z. B. Pterocarpane, beeinflussen sehr stark plasmatische Membranen, was sich auch in Atmungshemmungen äußert. Bei der Pterocarpan-Wirkung scheinen besonders die Protein-Bestandteile der plasmatischen Membranen beeinträchtigt zu werden. Bei anderen Phytoalexinen gibt es zum Wirkungsmechanismus bisher nur wenig bewiesene Theorien.
LYR: Synthetische Systemfungizide haben bisher keinen spezifischen Einfluß auf die Protein-Synthese oder die Nukleinsäuresynthese. Dies ist vor allem bei komplizierter gebauten Antibiotika wie Cycloheximid und Kasugamycin der Fall.
POLTER: Für Pterocarpane ist ebenfalls ein Einfluß auf die Protein-Synthese nachgewiesen.
FEHRMANN: Es wird die Hoffnung ausgedrückt, daß auf dem Wege einer künstlichen Anregung der Phytoalexin-Bildung eine Chemotherapie bei pflanzlichen Mykosen möglich ist. Es erscheint aber zweifelhaft, daß hierfür in der Zukunft entsprechend potente Präparate zur Verfügung stehen werden. Man bedenke, daß einerseits in der westeuropäischen chemischen Industrie jährlich schätzungsweise 40000 bis 50000 Substanzen auf fungizide und zum Teil auf systemisch-fungizide Wirksamkeit im „screening“ geprüft werden und andererseits von den heute marktgängigen systemischen Fungiziden keines auf dem Wege einer induzierten Phytoalexin-Bildung wirkt, wenn man von Nebenwirkungen absieht. Die möglicherweise hoch spezifische Wirksamkeit von die Phytoalexin-Synthese induzierenden Substanzen läßt zudem von den Entwicklungskosten und dem zu erwartenden Absatz her eine entsprechend gezielte Forschung als ökonomisch kaum vertretbar erscheinen.
FUCHS: Es ist bekannt, daß gewisse Herbizide (z. B. Simazin) zur Induktion von Phytoalexinen (MBO) führen. Auch für Triforine ist dies bekannt, wobei einmal unterstellt sei, daß es sich hier um ein systemisches Fungizid handelt. Vielleicht besteht die Möglichkeit, daß gewisse systemische Substanzen, die nicht ausschließlich apoplastisch transportiert werden, zur Induktion der Phytoalexin Synthese befähigt sind. Was halten Sie davon?
POLTER: Auf Grund verschiedener Literatur-Hinweise darf man letzteres sicher erwarten. Ergänzend sei darauf hingewiesen, daß für eine größere Zahl von im Praxis-Einsatz oder in der Erprobung befindlichen Wirksubstanzen bekannt ist,

daß die wirksamen Induktoren der Phytoalexin-Bildung sind, z. B. Maneb, Terrazol, Streptomycin und andere.

VAN DER KERK: Allgemeine Resistenz von Pflanzen durch Phytoalexine wird kaum zu erreichen sein. Wahrscheinlich sind Phytoalexine lediglich an örtlichen Überempfindlichkeitsreaktionen beteiligt. Phenylthioharnstoff ruft zwar bei bestimmten Pilzinfektionen von Pflanzen Hypersensibilitätsreaktionen hervor. Trotzdem kann man die Hoffnung, Phytoalexine praktisch nutzen zu können, vermutlich aufgeben.

POLTER: Die lokale Anreicherung der Phytoalexine am Infektionsherd müßte auch bei künstlicher Induktion erreicht werden, wenn Aussicht bestehen soll, eine derartige Methode anwenden zu können. Die Frage der spezifischen Wirksamkeit von Phytoalexinen bedarf aber noch weiterer Untersuchungen.

BUCHENAUER: Aus der Literatur liegen zahlreiche Berichte über chemotherapeutische Eigenschaften von pflanzlichen Wuchsstoffen, insbesondere Wuchshemmstoffen gegenüber verschiedenen Pflanzenkrankheiten, z. B. Tracheomykosen, vor. Die Wachstumsregulatoren sind in vitro nicht fungitoxisch. Es ist anzunehmen, daß diese Substanzen ihre Wirkung zum Teil durch Induktion der Synthese von Phytoalexinen in der Pflanze entfalten, zumal diese Verbindungen sowohl symplastisch als auch apoplastisch transloziert werden. In gemeinsamen Untersuchungen mit Prof. ERWIN, Riverside, Calif. konnte gezeigt werden, daß die neuen Wuchshemmstoffe, N,N-Dimethylpiperidiniumjodid und N,N-Dimethylpyrrolidiniumjodid die *Verticillium*-Welke der Baumwolle vermindern. Diese beiden Verbindungen sind nicht toxisch gegenüber *Verticillium alboatrum*. Wie weitere Untersuchungen ergaben, induzieren diese Substanzen die Synthese von Hemigossypol im Stengel der Baumwoll-Pflanzen. Nach einer Mitteilung von Prof. ERWIN führten in Feldversuchen (1973) Blattapplikationen mit bestimmten Wuchshemmstoffen zu einer Verminderung der *Verticillium*-Vermehrungsorgane im Xylem der Baumwollpflanzen und zu einer Ertragssteigerung von 20 bis 30%. Demgegenüber erbrachten sowohl Blatt- als auch Wurzelbehandlungen mit Systemfungiziden (z. B. Benomyl) unbefriedigende Ergebnisse gegenüber dieser Welkekrankheit im Feld.

LYR: Wachstumsregulatoren haben eine sehr komplexe physiologische Wirkung auf die höhere Pflanze, so daß sich ein positiver Effekt wohl selten auf eine Phytoalexin-Bildung reduzieren läßt.

SCHNAAK: Ein wichtiges Problem im Hinblick auf eine eventuelle Nutzanwendung der Phytoalexine ist die lebensmittelhygienisch-toxikologische Beurteilung der Rückstände der Erntegüter. Sind Angaben darüber vorhanden, in welcher Menge Phytoalexine in pilzbefallenen Erntegütern vorkommen?

POLTER: Die wirksamsten Phytoalexine sind relativ instabil. Es gibt aber auch Verbindungen mit relativ langer Lebensdauer. Phytoalexin-Gehaltsuntersuchungen an Erntegut sind mir nicht bekannt.

Acquired Resistance to Systemic Fungicides

J. Dekker

Laboratory of Phytopathology, Wageningen, the Netherlands

Introduction

Since the introduction of systemic fungicides emergence of resistance in fungi to these compounds has been reported frequently, whereas conventional fungicides usually did not give problems in this respect. Systemic fungicides differ from conventional fungicides in various aspects:

1. Selective action. As systemic fungicides enter into the plant tissue, they have to act selectively with respect to host plant and parasite. Most of them possess also a limited spectrum of antifungal activity.
2. Specific action. Studies on the mechanism of action of systemic fungicides indicate that they act at specific sites in the metabolism of the fungus.
3. Intrinsic activity. It appears that the LD_{50} of most systemic fungicides, when calculated on a weight/weight basis, is much lower than that of conventional fungicides.

It has been discussed earlier (1, 2) that the rate of emergence of resistant mutants in a fungus might depend largely on the number of sites in the fungal cell, where the fungicide attacks. If a fungicide acts at one site in the metabolism of the fungus, mutation in only one gene might make the fungus less sensitive or insensitive. If a fungicide attacks at many sites, mutations in all corresponding genes would be required for resistance, which is much less likely to occur. This does, however, not exclude increase in tolerance to the latter type of fungicides, due to decreased uptake or detoxification of the fungicide. As the majority of conventional fungicides are multisite inhibitors and most systemic fungicides probably act specifically at one or only a few sites in the metabolism of the fungus, the difference in rate of emergence of resistance between systemic and conventional fungicides looks plausible.

The question, however, arises whether all selective systemic fungicides, when used in practice, are liable to meet ultimately resistance in pathogens. Reports from the literature and results obtained at our laboratory now allow to draw some conclusions. For a number of systemic fungicides and selective antibiotics the factors governing the rate of emergence of resistance in the laboratory of the field, and the properties of the resistant strains which determine survival and spread in the field will be discussed.

Emergence of Resistant Strains

The probability that in a fungus mutations leading to fungicide resistance will occur, may depend on various factors, e.g. type of fungicide, type of fungus and type of disease.

1. Type of fungicide. If a fungicide attacks at more than one site in the fungal cell, and if mutations in more than one gene are required for resistance, resistant mutants will less readily develop. But even if a fungicide attacks primarily at one site, the number of resistant mutants which arise may vary with the fungicide involved, depending on the mutability of the gene which determines affinity to the fungicide at the site of attack. From our experiments and from data in the literature it appears that the rate of emergence of resistant mutants in a given fungus may vary greatly for different systemic fungicides. For example, resistance in *Cladosporium cucumerinum* develops readily to the systemic fungicide 6-azauracil, which after conversion to its nucleoside acts at one enzyme in pyrimidine biosynthesis (3), but not or not easily to the systemic antibiotic pimaricin, which combines with sterol in the protoplast membrane, causing leakage and ultimate cell death. In cucumber powdery mildew resistance develops to benomyl, a fungicide which inhibits mitosis by interfering with the assembly of the microtubuli (4), but not to griseofulvin, which also inhibits mitosis, probably interfering with some other aspect of microtubuli function (5). By u. v. irradiation mutants of *Aspergillus nidulans* resistant to benomyl were obtained in large numbers. In all cases studied by Van Tuyl et al. (6) resistance appeared to depend upon one gene, located on chromosome VIII. The same procedure did not yield mutants of this fungus, resistant to pimaricin. De Waard (7), who studied the mechanism of action of pyrazophos against *Piricularia oryzae*, did not obtain resistant mutants to this fungus. Georgopoulos, recently working as a guest at our laboratory, was not able to obtain, by u. v. irradiation, mutants of *Ustilago maydis* resistant to PP (2-hydroxy-5-methyl-5-ethoxycarbonylpyrazolo(1,5-α)pyrimidine), a metabolite of pyrazophos responsible for its fungitoxic action. Mutants, resistant to carboxin were, however, readily obtained in this way (8). From these data it is clear that among systemic fungicides large differences exist with respect to acquired resistance, according to the type of fungicide.

No data in this respect are yet available about systemic compounds, which do not possess fungicidal activity in vitro, but enhance the resistance of the plant. Possibly this type of compounds will not provide hasards with respect to acquired resistance.

2. Type of fungus. Data have been obtained indicating that the rate of emergence of mutants resistant to a fungicide may also depend on the type of fungus. As an example the results obtained by Chidambarane and Bruehl (9) may be cited. Although it is known that various fungi readily yield benomyl resistant mutants, either in the field or in the laboratory, these authors were unable to obtain benomyl resistant mutants of *Cercosporella herpotrichoides,* even not after application of mutagenic agents. Jarvis and Hargreaves (10) treated strawberry plants,

carrying the pathogens *Botrytis cinerea* and *Verticillium dahliae*, with benomyl. After treatment resistant strains of the first, but not of the latter pathogen were recovered. In this in vivo experiment, however, it is not clear whether also the type of disease may play a role with respect to emergence of resistance.

3. Type of disease. An interesting example of the influence of the type of disease on the emergence of resistant strains is reported by MILLER and FLETCHER (11). They collected a number of isolates of *Botrytis cinerea* from benomyl treated tomato and lettuce crops. It appeared that five of the eleven isolates from sprayed lettuce crops were tolerant, whereas only one of the 18 isolates from sprayed tomatoes showed the same level of tolerance. They suggest the following explanation. As *B. cinerea* causes a rot at the base of the lettuce plant, which is usually poorly covered by the fungicide, an area is available, where the pathogen can become established in the presence of a relatively low concentration of fungicide. In this way a better opportunity for the development of tolerant strains might exist in the lettuce crop, as compared with the tomato crop.

Survival and spread of resistant strains

Even if mutants resistant to a fungicide develop easily in the laboratory or in the field, this does not automatically mean that resistance problems will arise in practice. This may depend on the type of disease, and the properties of the resistant mutants involved.

1. Type of disease. When we deal with a heavily sporulating pathogen on the aerial parts of the crop, elimination of the sensitive fungal population will clear the way for rapid spread of the surviving mutants. An example is the rapid development of resistance to dimethirimol in cucumber powdery mildew in Dutch greenhouses (12). It is conceivable that resistant mutants of a slowly growing pathogen with little sporulation will not lead rapidly to problems in practice, especially not if it concerns a type of disease where the pathogen is difficult to reach for the fungicide, so that there remains competition with sensitive strains.

2. Properties of resistant mutants. The question whether resistant mutants will survive and become economically significant under field or greenhouse conditions, depends greatly on their virulence and vitality. Even small disadvantages in this respect will, after discontinuation of the treatment with the fungicide, cause a shift in the direction of the original population. Of interest are the experiments of OHMORI (13) with *Piricularia oryzae* and the antibiotic kasugamycin. Resistant strains, obtained in the laboratory, appeared less infectious in rice plants. Moreover he found that, in spite of tolerance of the mycelium, the formation of spores in the resistant strain was inhibited by the antibiotic. In our work with 6-azauracil and *Cladosporium cucumerinum* two out of 15 resistant strains had lost their pathogenicity to cucumber plants completely, while a few others appeared less virulent. Most of our resistant strains, however, were as virulent as the wild type fungus. WOLFE (14) remarks that most of the recorded examples of resistance do not seem

to be associated with changes in pathogenicity assessed in laboratory studies and that the potential might exist for the evolution of forms which possess the combinations of tolerance and pathogenicity necessary for successful competition with sensitive forms of the fungi. In agreement herewith is the observation (12) that dimethirimol resistant cucumber powdery mildew was still widespread in Holland in 1971, although large scale use of this fungicide had been discontinued already in 1969. Although virulence and other factors which contribute to survival and spread of resistant mutants in the field, such as infection chance, speed of colonisation and reproduction rate, may be investigated in laboratory experiments, these do not provide all the information necessary to evaluate the competitive ability of resistant strains in the field (14). More epidemiological investigations therefore are required.

Application of Fungizide

The way in which a fungicide is applied may also influence the emergence and survival of resistant strains. It is assumed that a high and continuous selection pressure may favour the development of a resistant population. It should therefore be avoided to use the same fungicide or different fungicides with cross resistance repeatedly, or to provide a continuous supply of the chemical to the plant via the soil, as was done with dimethirimol against cucumber powdery mildew. The use of selective systemic fungicides should be restricted in space and time and the method of application carefully considered. In view of this WOLFE and DINOOR (15) recently recommended to avoid ethirimol treatment of winter barley. They argued that this might decrease the chance of survival of resistant mutants between spring crops, and thus reduce the frequency of tolerant forms in the pathogen population at the beginning of the spring season.

Cross-resistance

If resistance in a fungus to one fungicide as a rule is accompanied by resistance to another fungicide, and vice versa, this is called cross resistance. It should be clearly distinguished from multiple resistance, whereby a fungus has acquired resistance to more than one fungicide in an independent way.

The occurrence of cross resistance may be expected between structurally related chemicals, which act at the same site in the fungal cell. So cross resistance has been reported between carboxin and oxycarboxin, and between benomyl and thiabendazole. Although also in our experiments at Wageningen cross resistance between benomyl and thiabendazole appeared to be the rule, some exceptions were observed. A benomyl resistant mutant of *Aspergillus nidulans* was isolated, which was not resistant to benomyl, and several thiabendazole resistant mutants were obtained which were even more sensitive to benomyl than the wild strain (6). The biochemical aspects of these phenomena are discussed by our coworker Davidse at this symposium.

When dealing with structurally unrelated compounds, the mechanism of action will usually be different and cross resistance absent. There seem, however, to be exceptions to this rule. SHERALD et al. (16) report the occurrence of cross resistance to the structurally unrelated fungicides triforine and triarimol, which both appeared to interfere with biosynthesis of sterols.
It is evident that the phenomenon of cross resistance has to be considered when a fungicide, which has encountered resistance problems, has to be replaced by another fungicide. Of interest is the observation of UESUGI (17), who studied resistance in *Piricularia oryzae* to some organophosphorus fungicides. He found a negatively correlated cross resistance between some organophosphorus amidates and organophosphorus thiolates. A similar phenomenon was discribed by GEORGOPOULOS and SISLER (7). Tolerance of *Ustilago maydis* to antimycin A appeared lost in mutants, which had acquired resistance to carboxin. It appeared that a shift of electron transport to an alternate terminal oxidase, which renders the fungus tolerant to antimycin A, was eliminated in the resistant mutant.
A combination of two compounds with negative cross resistance might inhibit the development of strains resistant to either compound, and therefore be of value in practice.

Summary

With respect to frequency of emergence of resistance in fungi significant differences exist between different systemic fungicides; presumably also the type of fungus and the nature of diseases play a role. Survival and spread of resistant strains depends on the competitive ability of these strains and the type of disease. Frequency and way of application of a fungicide may influence the significance of the resistance problem. Exceptions are mentioned to the rule that cross resistance in fungi exists between related compounds, which have a similar mechanism of action. Negatively correlated cross resistance might prevent the emergence of fungicide resistant strains.
It seems likely that, in spite of the problem of acquired resistance, systemic fungicides will continue to play a role in plant disease control.

Literature

(1) DEKKER, J.: World Rev. Pest. Contr. 8, 79—85 (1969).
(2) DEKKER, J.: Systemic fungicides, ed. R. W. Marsh, 156—174, Longman, London (1972).
(3) DEKKER, J.: In: Mechanisms of action of fungicides and antibiotics, ed. W. GIRBARDT, 333—339, Akademie-Verlag, Berlin (1967).
(4) DAVIDSE, L. C.: Pesticide Biochemistry and Physiology 3, 317—325 (1973).
(5) GRISHAM, L. M., L. WILSON and K. G. BENSCH: Nature 244, 294—296 (1973).
(6) TUYL, J. M. VAN, L. C. DAVIDSE and J. DEKKER: Neth. J. Pl. Path. in press (1974).
(7) WAARD, M. A. DE: Thesis Wageningen, in press (1974).

(8) Georgopoulos, S. G., and H. D. Sisler: Journ. Bacter. **103**, 745—750 (1970).
(9) Chidambarane, P., and G. W. Bruehl: Plant Dis. Reptr **57**, 935—938 (1973).
(10) Jarvis, W. R., and A. J. Hargreaves: Plant Pathol. **22**, 139—141 (1973).
(11) Miller, M. W., and J. T. Fletcher: Trans. Br. myc. Soc. **62**, 99—103 (1974).
(12) Bent, K. J., A. M. Cole, J. A. W. Turner and M. Woolner: Proc. 6th Br. Insectic. Fungic. Conf., 274—282 (1971).
(13) Ohmori, K.: J. Antibiotics (Tokyo), Ser A, **20**, 109—114 (1967).
(14) Wolfe, M. S.: Proc. 6th Br. Insectic. Fungic. Conf., 724—734 (1971).
(15) Wolfe, M. S., and A. Dinoor: Proc. 7th Br. Insectic. Fungic. Conf., 11—19 (1973).
(16) Sherald, J. L., N. N. Ragsdale and H. D. Sisler: Pesticide Science **4**, 719—727 (1973).
(17) Uesugi, Y.: Japan Agric. Res. Quarterly 7, no. **3**, 185—188 (1973).

Diskussion

Girbardt: One of the most impressive results is the determination of the locus for resistance. Are there evidences whether it is the locus for codeing microtubular protein synthesis or could it be, that this locus regulates other processes, for example synthesis of mitochondrial membrane proteins? In this case MBC would effect in reality mitochondria but not tubules.

Dekker: In our laboratory experiments are being carried out by Davidse to isolate the proteins which bind MBC in benomyl sensitive and resistant strains of *Aspergillus nidulans*. The possibility you mentioned, can at this moment not yet be excluded with certainty.

Ultrastructural Studies on the Mode of Action of some Systemic Fungicides

D. V. Richmond and R. J. Pring

Long Ashton Research Station, University of Bristol
Bristol, BS18 9AF, England

Introduction

Ultrastructural studies have made considerable contributions to investigations on the mode of action of toxicants such as antibiotics and herbicides. The effects of various compounds on metabolic functions such as cell wall formation, cell division, respiration and photosynthesis have been clearly demonstrated by the corresponding changes produced in wall structure, nuclei, mitochondria and chloroplasts.

Fewer studies have been made of the effects of fungicides on the fine structure of fungi, probably because less is known concerning the mechanisms of fungicidal action. Most of the older protective fungicides are non-specific in their action and studies of the effects of such compounds on fungal fine structure would not be very rewarding. The advent of the newer, more specific, systemic fungicides is likely to make ultrastructural studies increasingly valuable.

Although the cells of fungi are almost invariably smaller than the cells of green plants and animals, fungi resemble other eukaryotic organisms in their fine structure. Fungal cells contain organelles such as nuclei, mitochondria and vacuoles, but plastids are absent and cell walls may, or may not, be present (1). Care must be taken in studying the effects of fungicides on fungal fine structure to ensure that the cells examined are representative of the organism as a whole and the effects of toxicants must be clearly distinguished from the normal effects of aging.

Studies of the effects of toxicants on fungal fine structure commenced about 15 years ago. Early work showed that cells of the dermatophyte *Trichophyton rubrum* developed thickened and laminated cell walls and the cell contents became distorted after treatment with griseofulvin (2). Later workers (3) studied the effect of immersion in an 0.1% solution of mercuric chloride on the fine structure of conidia of *Cochliobolus miyabeanus*. The treatment did not alter the structure of the organelles but all membranes in treated cells had greatly increased contrast. These effects were considered to be due to the preferential reaction of mercury with SH and NH_2 groups of membrane proteins.

The protective fungicide captan {N-(trichloromethylthio)-3a,4,7,7a-tetrahydrophthalimide} which reacts with intracellular SH groups (4,5) has been shown to alter the structure of nuclear membranes and mitochondria in conidia of *Neuro-*

spora crassa (6). Studies with cells from rat liver have recently confirmed the effects of the fungicide on mitochondria (7).
The dense spherical inclusions in conidia of *Penicillium digitatum* are broken down into smaller fragments when the conidia are treated with the sec-butylammonium cation (8). This compound which controls decay of citrus fruits caused by *P. digitatum* may act by increasing the activity of hydrolytic enzymes, thus depriving conidia of the phospholipid required for the formation of developing organelles.

Benomyl

Benomyl {methyl-1-(butylcarbamoyl) benzimidazole-2-yl carbamate} produces characteristic distortions in germ tubes of a number of fungal species (9, 10, 11). The fungicide probably inhibits mitosis by interfering with the mitotic spindle (12, 13). A recent genetic study suggests that the compound causes mitotic non-disjunction (14).
Conidia of *Botrytis fabae* germinated in the presence of benomyl (0.1 to 0.3 μg/ml) to produce swollen and distorted germ tubes which branched more frequently than did untreated controls. Multiple germ tube emergence occured to a greater extent than in untreated conidia. The effect of benomyl on the fine structure of germinating conidia of *B. fabae* was studied using both chemically-fixed thin sections and freeze-etched replicas. Treatment with benomyl disorganised the orientation of organelles toward the hyphal tip, and organelles appeared to be directed to several different points on the periphery of the germ tube. The form of the endoplasmic reticulum was changed from multiple strands surrounding the nuclei to short broken fragments or a branched reticulate network. The configuration of the endoplasmic reticulum after benomyl treatment was more characteristic of resting than of germinating conidia. Nuclei of conidia treated with benomyl appeared deeply lobed and convoluted but no changes were detected in chemically-fixed nuclei (15, 16, 17).

Oxycarboxin

Carboxin (2,3-dihydro-6-methyl-5-phenylcarbamoyl-1,4-oxoathiin) and oxycarboxin (2,3-dihydro-6-methyl-5-phenylcarbamoyl-1,4-oxathiin-4,4-dioxide) are effective systemic fungicides which control diseases caused mainly by *Basidiomycetes* (18). The fungicides inhibit mitochondrial respiration by blocking the oxidation of succinate (19, 20). Carboxin has been shown to alter the fine structure of mitochondria of *Rhodotorula mucilaginosa* (21). After 2h. treatment of cells with carboxin (10 μM) the mitochondria became swollen and the cristae were disorganised. Higher concentrations of carboxin (100 μM) almost completely destroyed the mitrochondria but endoplastic reticulum and plasmalemma were unchanged although the vacuolar membrane was damaged. The cell wall of treated calls had a layered appearance. The concentration of carboxin required to inhibit the respiration of isolated mitochondria of sensitive fungi was similar to the concentration required to inhibit intact cells.

We have studied the effect of carboxin and oxycarboxin on the fine structure of *Uromyces phaseoli* infecting leaves of French bean (*Phaseolus vulgaris* cv. The Prince) and the effects of the compounds on the process of infection (22). This host-parasite system was chosen because a considerable amount of information is already available about the process of infection and the fine structure of the haustoria produced in this plant by *U. phaseoli* in the absence of fungicide. The infection process has been studied both by transmission (23, 24) and by scanning electron microscopy (25).

Systemic fungicides may act directly on the pathogen or, alternatively, they may after the metabolism of the host. Oxycarboxin had no effect on amino acid metabolism or on the incorporation of ^{14}C-labelled CO_2 by *P. vulgaris* suggesting that alteration of host metabolism is not a primary mode of action of the fungicide (26). Oxycarboxin has been shown to have no effect on uredospore germination on the surface of Pinto bean leaves or on the formation of appressoria but the compound does inhibit fungal growth inside the host plant. The fungicide is translocated to the leaves and accumulates around leaf margins and infection sites (27). We have confirmed that oxycarboxin is more effective than carboxin in preventing rust infection when applied to the roots of pot-grown plants of French bean. Oxycarboxin is also a good eradicant when applied at the rate of 2.5 mg/pot, but carboxin has no eradicant properties. Results with French beans confirm the results for Pinto beans; uredospores of *U. phaseoli* germinate and produce appressoria on leaves of French bean plants which have been treated at the roots with concentrations of oxycarboxin effective in preventing the appearance of disease symptoms. Oxycarboxin must therefore exert its preventive effect at some stage after appressorium formation. The stage at which oxycarboxin is effective as an eradicant was investigated by electron microscopy. Pot-grown plants were treated, with 2.5 mg oxycarboxin by soil application at the necrotic spot stage (about 5 days after inoculation). Changes in the shape and pattern of cristae in the haustorial mitochondria occurred 20h. after treatment. Haustorial mitochondria and individual cristae were more swollen in treated plants (Plate 2A) than in untreated controls (Plates 1A, 1B). The host plasmalemma was also broken in places (Plate 2A) whereas the plasmalemma surrounding the haustoria was always intact in untreated material. After two days, further changes occurred in the haustoria, lipid bodies accumulated and the cytoplasm became disorganised. The effects were even more apparent after five or six days had elapsed following treatment. Mitochondria became more swollen and some appeared almost circular in section compared with their normal long undulating appearance. The swollen cristae began to disintegrate and the plant plasmalemma surrounding the haustoria became even more broken. At a later stage the haustoria became shrunken and filled with electron-dense material. Finally after 14 days the haustoria became completely surrounded by collars of pathogen-induced host wall apposition (Plate 2B). It was only at this stage that changes occurred within the intercellular hyphae. Also, by this time, the disease symptoms on the infected leaf had almost disappeared leaving only a few pale blotches.

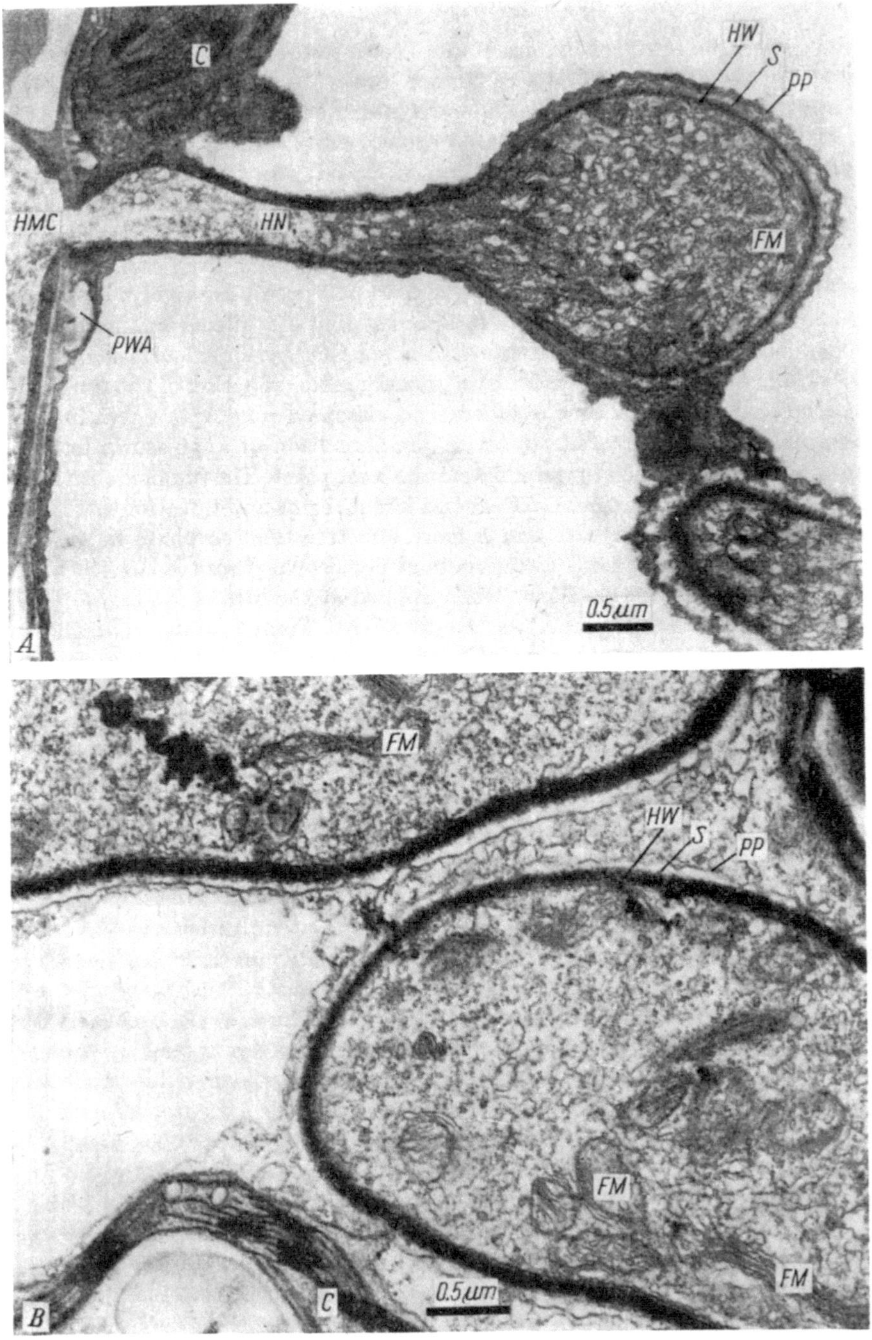

Plate 1

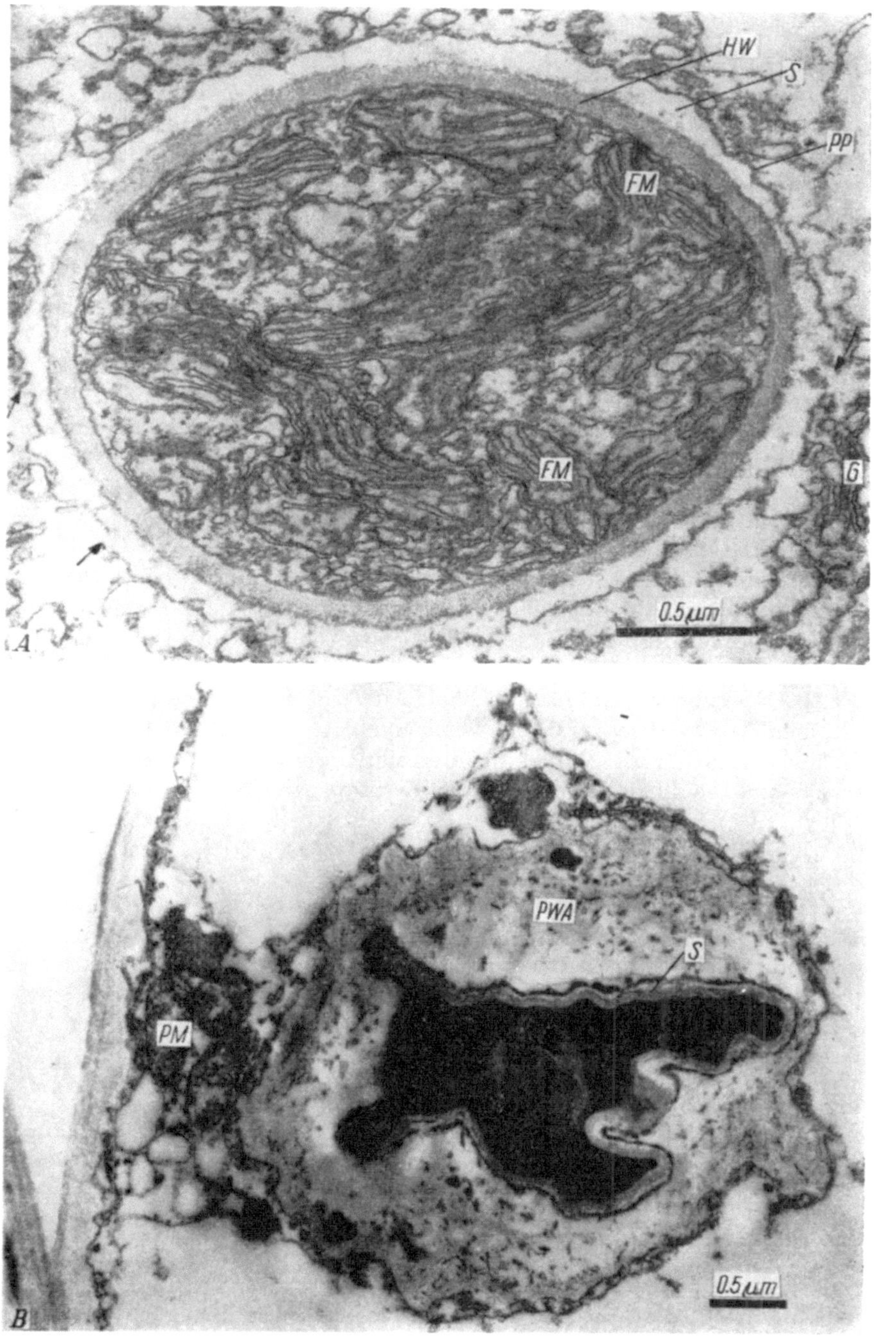

Plate 2

The effects of oxycarboxin on rust haustoria have been confirmed by scanning electron microscopy. Attempts to examine rust-infected leaves after freeze-fracturing were not entirely successful. Haustoria are not well supported within plant cells and tend to breakaway during preparation. The difficulty was overcome by etching material which had already been embedded for transmission electron microscopy. Blocks containing infected leaves which had been fixed in glutaraldehyde/osmium and embedded in Spurr resin were etched with an ethanolic solution of sodium ethoxide (2.5% Na in dry ethanol). After coating with Au/Pd the block was examined in the scanning electron microscope. Using this technique haustoria were well supported within the plant cell and the effects of oxycarboxin on the three-dimensional structure of the haustoria could be demonstrated. The results confirmed the findings obtained by transmission electron microscopy.

The formation of host wall apposition similar to that produced by oxycarboxin has been reported to occur when an immune variety of cowpea (*Vigna sinensis*) is infected with *Uromyces phaseoli* var. *vignae* (28). However the formation of a wall apposition may not be entirely due to a biochemical interaction between host and parasite (29).

When the uredospores of *U. phaseoli* germinate on the bean leaf surface the spore contents move towards the growing tip, and when a haustorium is formed the cell contents of the haustorial mother cell move down the neck into the haustorium in a similar way. The density of the cytoplasm in the haustorium thus increases (Plate 1A). Oxycarboxin acts first on haustoria, and when these are killed, the plant is stimulated to secrete material which completely surrounds the dead haustoria. When the haustoria are killed the intercellular mycelium is thereby deprived of nutrients and the disease symptoms finally disappear.

Explanations of plates

Plate 1

A. Haustorium of *Uromyces phaseoli* in French bean (*Phaseolus vulgaris*) 5 days after infection. The cytoplasm is denser in the haustorium than in the haustorial mother cell and neck. X 16,000.

B. Haustorium of *U. phaseoli* 5 days after infection, the plant plasmalemma completely encircles the haustorium. X 22,000.

Plate 2

A. Haustorium of *U. phaseoli* from plant treated with oxycarboxin at necrotic spot stage (5 days after infection). Photograph shows effect of fungicide 20h. after treatment. The plant plasmalemma is breaking up and is fragmented in several places (arrows). X 19,000.

B. Haustorium of *U. phaseoli* from plant treated with oxycarboxin at necrotic spot stage (5 days after infection). Photograph shows effect of fungicide 14 days after treatment. The necrotic haustorium is surrounded by host wall apposition. X 19,000.

Abbreviations: C, chloroplast; FM, fungal mitochondrion; G, Golgi body; HMC, haustorial mother cell; HN, haustorial neck; HW, haustorial wall; PM, plant mitochondrion; PP, plant plasmalemma, PWA, plant wall apposition; S, sheath.

Literature

(1) BRACKER, C. E.: A. Rev. Phytopathology **5**, 343—374 (1967).
(2) BLANK, H., D. TAPLIN and F. J. ROTH Jr.: A. M. A. Archs Derm. Syph. **81**, 667—680 (1960).
(3) MATSUI, C., M. NOYU, T. KIKUMOTO and M. MATUSUURA: Phytopathology **52**, 88—90 (1962).
(4) RICHMOND, D. V., and E. SOMERS: Ann. appl. Biol. **62**, 35—43 (1968).
(5) SIEGEL, M. R.: J. agric. Fd. Chem. **18**, 823—826 (1970).
(6) RICHMOND, D. V., E. SOMERS and P. F. MILLINGTON: Ann. appl. Biol. **59**, 233—237 (1967).
(7) NELSON, B. D.: Biochem. Pharmac. **20**, 749—758 (1971).
(8) ZAKI, A. I., J. W. ECKERT and R. M. ENDO: Pestic Biochem. Physiol. **3**, 7—13 (1973).
(9) CLEMONS, G. P., and H. D. SISLER: Pestic. Biochem. Physiol. **1**, 32—43 (1971).
(10) SOLEL, Z.: Phytopathology **60**, 1186—1190 (1970).
(11) STOVER, R. H.: Pl. Dis. Reptr **53**, 830—833 (1969).
(12) HAMMERSCHLAG, R. S., and H. D. SISLER: Pestic. Biochem. Physiol. **3**, 42—54 (1973).
(13) DAVIDSE, L. D.: Pestic. Biochem. Physiol. **3**, 317—325 (1973).
(14) KAPPAS, A., S. G. GEORGOPOULOS and A. C. HASTIC: Mutation Res. **26**, 17—27 (1974).
(15) RICHMOND, D. V., and R. J. PRING: J. gen. Microbiol. **66**, 79—94 (1971).
(16) RICHMOND, D. V., and R. J. PRING: Ann. Bot. **35**, 175—182 (1971).
(17) RICHMOND, D. V., and R. J. PRING: Ann. Bot. **35**, 493—500 (1971).
(18) EDGINGTON, L. V., and G. L. BARRON: Phytopathology **57**, 1256—1257 (1967).
(19) MATHRE, D. E.: Pestic. Biochem. Physiol. **1**, 216—224 (1971).
(20) WHITE, G. A.: Biochem. Biophys. Res. Commun. **44**, 1212—1219 (1971).
(21) LYR, H., G. RITTER and G. CASPERSON: Z. allg. Mikrobiol. **12**, 271—280 (1972).
(22) PRING, R. J., and D. V. RICHMOND: unpublished observations.
(23) HARDWICK, N. V., A. D. GREENWOOD and R. K. S. WOOD: Can. J. Bot. **49**, 383—390 (1971).
(24) MENDGEN, K.: Phytopath. Z. **78**, 109—120 (1973).
(25) LOCCI, R., and M. BISIACH: Revta Pat. Veg. **6**, 21—28 (1970).
(26) NEWBY, L. C., and B. G. TWEEDY: Phytopathology **63**, 686—688 (1973).
(27) BATES, J. J.: Ph. D. Thesis University of Missouri (1972).
(28) HEATH, M. C., and I. B. HEATH: Physiol. Pl. Path. **1**, 277—287 (1971).
(29) BRACKER, C. E., and L. J. LITTLEFIELD: In: Fungal Pathogenicity and the Plant's Response, pp 154—317, London: Academic Press 1973.

Diskussion

LYR: Gibt es Hinweise, daß Oxycarboxin cytokininartige, antiseneszente Effekte hat, wenn es die ersten Rostinfektionssymptome aufheben kann? Es soll ja auch ähnlich wie Benomyl Ozonschäden verhindern können.
RICHMOND: Yes, this may well be true.
LYR: Sind die beschriebenen Plasmalemmaschäden, die lokal aufzutreten scheinen, vor den Veränderungen der Mitochondrienstruktur sichtbar?

RICHMOND: The two effects were more or less simultaneous. Studies at shorter time intervals might give us an answer to this question.

GIRBARDT: Bemerkung zur Frage von Prof. LYR: Breakdown of the plasmalemma mainly leads to vesicles. The interrupted membrane shown in the micrographs mainly represent membranes, fragmented by the fixation procedure.

GIRBARDT: The membrane enclosed material may be also found at altered wall formation in fungi. Could it be possible, that the elements, you have shown in the haustorium, are derivatives of the fungus?

RICHMOND: This is possible, but we think it is more likely to come from the host plant.

GIRBARDT: One of the most puzzling questions is the origin of the haustorium sheath. Are there some indications from your investigation, if the sheath comes from the fungus or from the host or from both?

RICHMOND: I am afraid, our work throws no light on this problem.

LEROUX: The fungicide is present in great amount in the apoplast, e.g. cell walls, of the host plant cells. Do you think that oxycarboxine can enter into cells of the fungus, present in cell walls of the host plant and can diffuse through the haustorium where the fungicide is then toxic?

RICHMOND: Our work does not provide any information on the mechanism of oxycarboxin transport to the fungus.

LYR: Bemerkung zum Diskussionsbeitrag von Herrn LEROUX: Bei der Verteilung von Oxycarboxin ist zunächst ein Transport in der Zellwand anzunehmen. Aus dem physikalischen Verhalten scheint aber sicher, daß in Pflanzen- und Pilzzelle eine Verteilung nach dem Lipidgehalt, besonders der Mitochondrien erfolgt. Die Verbindung dürfte sich dem Verteilungskoeffizienten entsprechend anreichern.

BOCHOW: Sie zeigten, daß die Haustorien des Rostpilzes empfindlicher sind als das interzellulare Myzel. Ist beobachtet worden, ob in bestimmten Geweben, mit eventuell niederer Konzentration an Oxycarboxin, aus überlebendem interzellularem Myzel erneut Haustorien gebildet werden können?

RICHMOND: No. Sufficient oxycarboxin is present to prevent formation of haustoria.

SINCLAIR: In your observations on oxycarboxin treated cells did you notice if the haustoria in each cell of the plant were dead, indicating a concentration of the fungicide in each cell sufficient to kill the fungus?

RICHMOND: The fungicide appeared to act first on haustoria, but we have no information about the actual oxycarboxin concentrations in individual plant cells. The techniques of electron microscopy are not able to give an answer to this question.

Über systemische Wirkung und Wirkungsmechanismus von Aureofungin

E. Kluge, H. Lyr und G. Ritter

Institut für Pflanzenschutzforschung Kleinmachnow
der Akademie der Landwirtschaftswissenschaften der DDR

Aureofungin wurde 1966 (1, 2, 3, 4, 5) als neues, systemisches Fungizid mit breitem Wirkungsspektrum vorgestellt. Es sollte nicht nur über die Wurzel, sondern auch über die Blätter aufgenommen werden und sowohl xylem- als auch phloembeweglich sein (6, 7, 8, 9). Da es zu den Polyenantibiotika gehört, erschienen diese Eigenschaften bemerkenswert, und wir führten einige Untersuchungen in dieser Richtung durch, wobei teilweise Nystatin, ein gut untersuchtes Antibiotikum, als Vergleichssubstanz diente.

Methodik

Systemische Wirkung: Die Untersuchung erfolgte durch standardisierte Wirt-Parasit-Tests, wobei in der Regel Keimlinge in Quarzsand verwendet wurden. Der Wirkstoff wurde als Suspension über die Wurzel, bei Pinus im Beizverfahren, zugegeben; teilweise wurde das Mittel zum Vergleich auch als Blattspritzmittel geprüft. Die Infektionen geschahen entweder durch Besprühen der oberirdischen Organe mit Sporensuspension (*Phytophthora infestans, Erysiphe graminis, Colletotrichum lindemuthianum, Septoria apii, Puccinia triticina*) oder durch Einmischung von Infektionsmaterial in den Boden (*Verticillium dahliae, Rhizoctonia solani*).
Wachstumshemmung von Pilzen: Zur Anwendung kam der Standard-Petrischalentest (3% Malzagar mit Wirkstoffzusatz) bzw. bei Hefen Trübungsmessung nach Wachstum in Nährlösung (10).
Phytotoxizität: Die Untersuchungen erfolgten durch Aufnahmetests von Wirkstoffsuspensionen durch intakte Pflanzen sowie durch einen standardisierten Test unter Verwendung von 2,3,5-Triphenyltetrazoliumchlorid als Vitalitätsindikator bei Modellpflanzen.
Lichtempfindlichkeit: 50 ppm Aureofungin in 1% DMF wurden in Petrischalen UV-Licht ausgesetzt und die Änderung des UV-Spektrums mit dem Unicam-Spektrophotometer gemessen.
Membranwirkung: Bei *Torulopsis candida, Rhodotorula mucilaginosa* und *Saccharomyces fragilis* wurde die K^+-Ausscheidung nach Inkubation mit Aureofungin flammenphotometrisch bestimmt. Außerdem wurde die Protoplastenstabilität von *Torulopsis candida* unter Wirkstoffeinfluß in 0,9 M Mannit untersucht (10).
Chitinsynthesehemmung: Geprüft wurde die Einbauhemmung von ^{14}C-Glucosamin in die Zellwand von *Rhodotorula rubra* und *Candida albicans* nach Inkubation mit Aureofungin (11).

Ergebnisse und Diskussion

Die in der Literatur mehrfach angeführte systemfungizide Wirksamkeit wurde von uns in Gewächshausversuchen an verschiedenen Wirt-Parasit-Kombinationen überprüft. Gegenüber *Erysiphe graminis* an Gerste war ein systemfungizider Effekt ab 0,1—1 ppm zu erkennen, der allerdings auch bei höheren Aufwandmengen nicht zu einer völligen Abtötung des Pilzes führte (Tab. 1). Lichteinwirkung verringerte deutlich den Effekt. Demgegenüber war *Puccinia triticina*

Tabelle 1

Wirksamkeit von Aureofungin gegen Gerstenmehltau (*Erysiphe graminis*)

	Anzahl der Infektionsstellen je Blatteinheit in % der unbeh. Kontrolle			
	Blattbehandlung		Bodenbehandlung	
	mit Lichteinwirkung	2 Tage lang ohne Lichteinwirkung	mit Lichteinwirkung	2 Tage lang ohne Lichteinwirkung
500 ppm	53,3	10,0	100	18,2
100 ppm	63,4	68,2	91,3	47,3
10 ppm	81,3	93,4	84,6	64,9
1 ppm	97,1	66,7	76,2	48,9
0,1 ppm	—	—	100	80,0

wesentlich unempfindlicher; eine gesicherte Wirkung konnte nicht nachgewiesen werden. *Phytophthora infestans* an Tomate erwies sich sowohl bei Blattapplikation als auch bei Zuführung des Wirkstoffes über abgeschnittene Blattstiele ab 50 ppm als hoch empfindlich (Tab. 2). Der gute systemfungizide Effekt wurde

Tabelle 2

Wirksamkeit von Aureofungin gegen *Phytophthora infestans* an Tomate

	Befallene Blattfläche in % der unbehandelten Kontrolle	
ppm	Blattbehandlung	Aufnahme über abgeschnitt. Stengel
100		5
50	5	
10		70
5	85	
1		100
0,5	100	

hier zweifellos durch den Wegfall der aufnahmehemmenden Wurzelbarriere begünstigt. An folgenden Wirt-Parasit-Kombinationen konnte bis zu einer Anwendungskonzentration von 500—1000 ppm keine systemfungizide Wirkung nachgewiesen werden: *Colletotrichum lindemuthianum* an Bohne (*Phaseolus*), *Septoria apii* an Sellerie, *Verticillium dahliae* an Tomate, *Rhizoctonia solani* an Kiefernkeimlingen (*Pinus sylvestris*).

Der systemfungizide Effekt ist somit im Vergleich zu praxisbewährten Systemfungiziden wie den Benzimidazolen oder Pyrimidinen recht begrenzt (12). Möglicherweise sind Aufnehmbarkeit und Translokation des Präparates ungenügend, was sich auch bei den Phytotoxizitätsuntersuchungen andeutete. Bei Bodenbehandlung mit abgestuften Wirkstoffkonzentrationen traten die ersten phytotoxischen Erscheinungen in Form von partieller Welke bei Tomate ab 50 ppm und bei Bohne ab 100 ppm auf. Weizen- und Gerstenkeimpflanzen zeigten jedoch bis zu 500 ppm sowie Sellerie und Gurke bis zu 1000 ppm keine Reaktion auf diese hohen Dosen. Da diese Werte infolge wahrscheinlich ungenügender und nicht quantifizierbarer Aufnahme keine echten vergleichbaren Phytotoxizitätsangaben darstellen, wurde ein TTC-Test unter Umgehung der Penetrationsbarriere durchgeführt. Hierbei ergaben sich ED_{50}-Werte für Maishypokotyl von 40 ppm und für Bohnenhypokotyl (*Phaseolus*) von 400 ppm; die geringsten wirksamen Dosen waren 10 ppm bzw. 100 ppm.

Wesentlich für die Einschätzung der Bedeutung des Phytotoxizitätsgrades ist die Relation zur Fungitoxizität. Die ED_{50}-Werte der einzelnen Pilzarten liegen meist zwischen 1 und 10 ppm, wobei die Arten mit Blastosporen, wozu z. B. Endomyzeten sowie *Botrytis* und *Sclerotinia* gehören, sich als die empfindlichsten erwiesen (Tab. 3). Dieser Effekt hat sich bereits bei anderen Polyenen gezeigt und führte z. B. zum klinischen Einsatz von Nystatin. Die Toxizität auf höhere Pflanzen ist zwar somit etwas geringer, aber das Verhältnis Fungitoxizität zu Phytotoxizität erweist sich für eine systemische Anwendung als nicht sehr günstig.

Tabelle 3

Wirksamkeit von Aureofungin auf das Pilzwachstum in vitro

	ED_{50} (ppm)
Oomycetes	10
Ascomycetes	0,05–10
davon *Blastosporae*	0,05–1
davon *Phialosporae*	1–10
Basidiomycetes	1–10

Für einen Einsatz als Pflanzenschutzmittel ist die Stabilität im Licht, besonders im Sonnenlicht, eine wichtige Voraussetzung. Bekannt ist, daß Polyene sehr empfindlich gegen Belichtung sind. Wir prüften daher das Verhalten von Aureofungin im Vergleich zu Nystatin. Abbildungen 1 und 2 zeigen die Veränderungen der UV-Absorptionsspektren nach verschiedenen Belichtungszeiten mit einer Quecksilberlampe. Wie erkennbar ist, haben beide Verbindungen die typischen 3-gipflichen Polyen-Spektren, jedoch sind die Absorptionsmaxima von Aureofungin mehr zum langwelligen Bereich verschoben. Bereits nach 10 min ist die Absorption von Nystatin sehr stark verringert, während die von Aureofungin langsamer reduziert wird. Weniger wirksam ist Licht von Neon-Röhren, noch weniger das von Glüh-

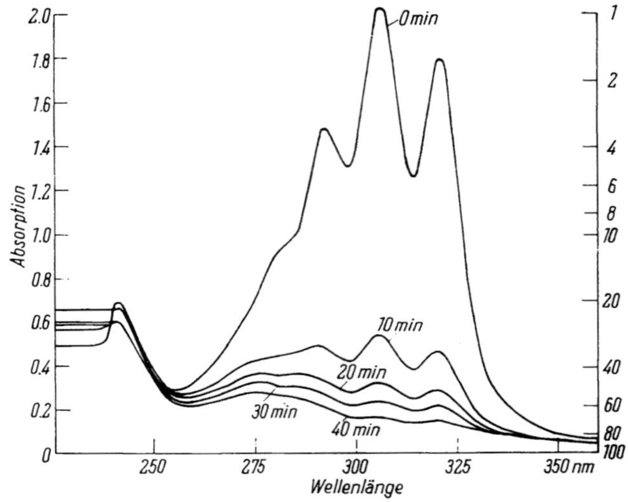

Abb. 1. UV-Absorptionsspektren von Nystatin nach 0 bis 30 min Bestrahlung mit UV-Licht.

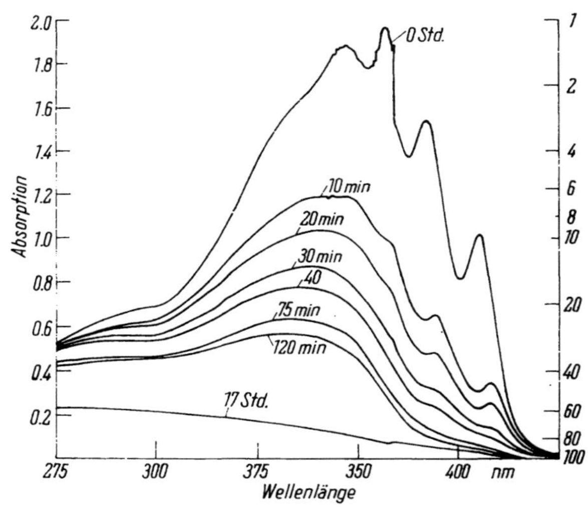

Abb. 2. UV-Absorptionsspektren von Aureofungin nach 0 bis 17 Std. Bestrahlung mit UV-Licht.

lampen, jedoch bleibt die Inaktivierungsrelation erhalten. Tabelle 4 zeigt die biologische Wirkung von Aureofungin und Nystatin im Wachstumstest gegenüber verschiedenen Pilzarten (mit und ohne Strahlungsinaktivierung). Nach einer Bestrahlung von 40 min mit UV-Licht hat Nystatin seine biologische Effektivität

fast völlig verloren, während Aureofungin noch eine deutliche Aktivität bei 4 von 6 Arten besitzt. Das zeigt ebenfalls die größere Lichtstabilität von Aureofungin.
Der Wirkungsmechanismus von Polyenen ist bereits gut untersucht (13, 14, 15). Die Ursachen der fungiziden Wirkung dürften danach auf einer Komplexbildung

Tabelle 4

Einfluß der Belichtung auf die biologische Wirksamkeit von 10 ppm Aureofungin bzw. Nystatin

Testpilz	Hemmung des Wachstums in % der Kontrolle			
	Aureofungin		Nystatin	
	unbelichtet	40′ UV-Licht	unbelichtet	40′ UV-Licht
Chaetomium globosum	61	0	10	0
Valsa nivea	88	60	76	5
Sclerotinia sclerotiorum	94	45	100	0
Fusarium nivale	79	0	71	0
Colletotrichum lindemuth.	95	37	100	8
Schizophyllum commune	70	23	63	4
Mittelwert	81	26	70	3

Tabelle 5

Wirkung von Aureofungin im Vergleich zu Nystatin auf den K^+-Verlust (in %) lebender Hefezellen

		Torulopsis candida		*Rhodotorula mucilaginosa*		*Saccharomyces fragilis*	
ppm	[M]	Aureofungin	Nystatin	Aureofungin	Nystatin	Aureofungin	Nystatin
1,0	[$\sim 10^{-6}$]	—	86	94	92	72	76
0,3	[$\sim 3 \times 10^{-7}$]	83	66	94	90	66	56
0,1	[$\sim 10^{-7}$]	59	48	71	59	46	37
0,03	[$\sim 3 \times 10^{-8}$]	46	3	39	8	45	20
0,01	[$\sim 10^{-8}$]	9	0	10	4	25	0

mit Sterolen der Zellmembran beruhen. Ein empfindlicher Indikator der Reaktion mit Membranbestandteilen ist der pathologische Austritt von Kalium aus der Zelle. Einen Vergleich der Wirkung von Aureofungin und Nystatin gegenüber einigen hefeartig wachsenden Pilzen bietet Tabelle 5. Hier zeigt sich, daß Aureofungin besonders in niedrigen Konzentrationen eine stärkere Wirkung als Nystatin hat. Die Wirkung bezüglich der Kalium-Ausscheidung ist prinzipiell die gleiche.
Bei einem Angriff auf die Membran wird diese oft instabil, so daß es zu einer Lysis der Protoplasten kommt. Wir verglichen die beiden Antibiotika in ihrer Wirkung auf *Torulopsis candida*-Protoplasten (Abb. 3). Die Ergebnisse waren bei *Saccharomyces fragilis* prinzipiell ähnlich, so daß sie hier nicht dargestellt werden. Wäh-

rend eine Dosis von 10 ppm Nystatin zu einer völligen Lysis führt, die einem osmotischen Schock gleichkommt, ist die Wirkung von Aureofungin gemäßigter und nicht so vollständig. Offenbar wird nur ein Teil der Protoplasten lysiert. Möglicherweise werden nur bestimmte Entwicklungsstadien angegriffen, was aber nicht näher untersucht wurde.

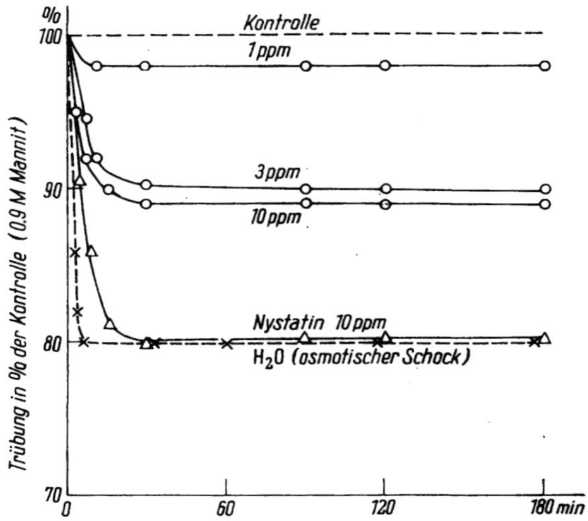

Abb. 3. Wirkung von Aureofungin (1—10 ppm) auf die Stabilität von Protoplasten von *Torulopsis candida*. Als Kontrollen dienten Inkubation mit Nystatin (10 ppm) bzw. osmotischer Schock.

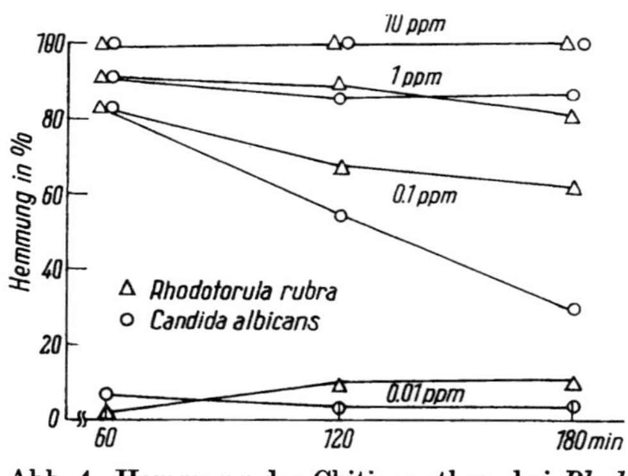

Abb. 4. Hemmung der Chitinsynthese bei *Rhodotorula rubra* und *Candida albicans* nach Inkubation mit Aureofungin

Bemerkenswert ist, daß die Chitinsynthese (gemessen an der Inkorporation von ^{14}C-Glukosamin) bereits in sehr niedriger Konzentration gehemmt wird, eine Dosis, die um 1—2 Zehnerpotenzen niedriger liegt als bei anderen Hemmstoffen der Chitinsynthese (Abb. 4). Wahrscheinlich handelt es sich um eine unspezifische

Reaktion mit Membranbestandteilen, die sich sekundär auf die Chitinsynthese auswirkt. In vivo könnte aber gerade auf Grund der sehr niedrigen Konzentration auch eine primäre Wirkung vermutet werden (11).
Unterschiedliche Wirkungen verschiedener Polyene sind nach den Ergebnissen von KLEINSCHMIDT et al. (16) auf unterschiedlichen Sterolgehalt der Membranen zurückführbar. Bekannt ist, daß die einzelnen Organellen verschiedenartige Zusammensetzungen bezüglich Qualität und Quantität an Sterolen besitzen, woraus eine unterschiedliche Empfindlichkeit gegenüber Polyen-Antibiotika resultiert. So sind Mitochondrien wesentlich unempfindlicher als z. B. cytoplasmatische Membranen. Es ist noch wenig bekannt über artspezifische Unterschiede in der Lipidzusammensetzung einzelner Membranen. Man muß jedoch annehmen, daß hier beträchtliche Unterschiede bestehen, die sich in einer unterschiedlichen Empfindlichkeit gegenüber Polyenen insgesamt und gegenüber einzelnen Vertretern äußern kann, was sich z. B. in der geringen Empfindlichkeit sterolfrei angezogener Oomyzeten gegenüber dem Polyenantibiotika Filipin zeigte (17). Die relativ gute Wirksamkeit von Aureofungin gegenüber Oomyzeten, die auch aus der Literatur bekannt ist (2, 18, 7, 19, 20), weist deutlich auf Unterschiede in der Reaktion auch von Oomyzeten auf verschiedene Polyenantibiotika hin, wie auch HENDRIX et al. (21) sowohl bei sterolfreier Anzucht als auch bei Zugabe von Cholesterol zum Nährmedium nachwiesen.
Im Pflanzenschutz verwendbare Polyene müßten über eine hohe Affinität gegenüber Pilzmembranen und eine niedrige gegenüber Membranen höherer Pflanzen verfügen sowie relativ lichtbeständig sein. Penetrationsfähigkeit ist als Bedingung für eine systemische Beweglichkeit erforderlich. Aureofungin besitzt einige dieser Eigenschaften, wenn auch nicht in einem für die praktische Anwendbarkeit optimalen Umfang.

Literatur

(1) AGARWALA, R. K., and M. J. THIRUMALACHAR: In: Int. Symp. on Plant Pathology, S. 449—452, New Delhi 1966.
(2) DESAI, M. V., M. K. PATEL and M. J. THIRUMALACHER: Hindust. Antib. Bull. 9, 97—98 (1966).
(3) KESHI, K. C., and N. N. MOHANTY: In: Symp. on Plant Pathology, S. 425—429, New Delhi 1966.
(4) DHARAM, V., S. P. RAYCHANDHURI and M. J. THIRUMALACHAR: Indian Phytopath. 20, 301—303 (1967).
(5) THIRUMALACHAR, M. J.: Indian Phytopath. 20, 277—279 (1967).
(6) PAVGI, M. S., and A. M. MANDOKLOT: Hindust. Antib. Bull. 11, 180—185 (1969).
(7) KADKOL, M. V., and K. S. GOPALKRISHNAN: Indian Phytopath. 23 (1970).
(8) KADKOL, M. V., and K. S. GOPALKRISHNAN: In: II. Int. Symp. on Plant Pathology, New Delhi 1971.
(9) WHITEHEAD, M. D., and M. J. THIRUMALACHAR: In: II. Int. Symp. on Plant Pathology, New Delhi 1971.
(10) LYR, H., W. LUTHARDT und G. RITTER: Z. Allg. Mikrobiol. 11, 373—385 (1971).

(11) RITTER, G.: (Symposiumsvortrag.)
(12) KLUGE, E., und R. NOWAK: In Vorbereitung.
(13) LAMPEN, J. O., P. M. ARNOW and R. S. SAFFERMAN: J. Bacteriol. **80**, 200—206 (1960.)
(14) GOTTLIEB, D., H. F. CARTER, J. H. SLONEKER, L. C. WU and F. GAUDY: Phytophatlogy **51**, 321—330 (1961).
(15) DEMEL, R. A., L. L. M. VAN DEENEN and S. C. KINSKY: J. of Biological Chem. **240**, 2749—2753 (1965).
(16) KLEINSCHMIDT, M. G., K. S. CHOUGH and J. B. MUDD: Plant Physiol. **49**, 852—856 (1972).
(17) SCHLÖSSER, E., and D. GOTTLIEB: J. Bacteriol. **91**, 1080—1084 (1966).
(18) DESAI, M. V., and D. B. DESAI: Hindust. Antib. Bull. **11**, 254—257 (1969).
(19) SHARMA, B. B., and S. WASAB: Hindust. Antib. Bull. **13** (1970).
(20) Anonym: In: Anwendungsvorschrift der Firma Hindust. Antibiot. Limited, Pimpri 1971.
(21) HENDRIX, J. W., and D. K. LAUDER: J. gen. Microbiol. **44**, 115—120 (1966).

Diskussion

DEKKER: Some 15—20 years ago we investigated the polyene antibiotics pimarcin and rimocidin, which offered to be inactive against *Phytophthora* and *Pythium.* Also in the literature inactivity of polyenes to these fungi has been reported. Is aureofungin an exception to the rule? Did you also test aureofungin against *Pythium* spp.?

KLUGE: Auch *Pythium debaryanum* war in unseren in vitro-Testen empfindlich gegen Aureofungin, wie auch indische Publikationen mit Wirt-Parasit-Kombinationen zeigten. Nach dem bisherigen Stand der Kenntnisse scheint es, als ob Aureofungin eine Ausnahme unter den Polyenen darstellt.

BOROWSKI: How can you explain the fact, that by UV irradiation of aureofungin it loses completely the activity against *Fusarium* and *Chaetomium,* whereas the activity against a number of other fungi remains high?

LYR: Durch UV-Licht (40 min) wird nur ein Teil des Aureofungins zerstört. Von der herabgesetzten Konzentration werden offensichtlich nur noch die empfindlichsten Pilz-Arten gehemmt. Die unterschiedlichen Wirkungen von Aureofungin auf verschiedene Pilze und Pflanzen ist interessant. Es können bei den Arten quantitative Unterschiede im Sterolgehalt vorliegen. Man muß aber auch mit qualitativen Unterschieden rechnen, da eine Vielzahl von Sterolestern gefunden wurde.

SCHEWE: Besitzen die von Ihnen untersuchten Pilze ein ähnliches System wie die von Säugetier-Zellen bekannte Na-K-abhängige ATPase? Wenn dies der Fall sein sollte, könnte die Hemmung dieses Enzyms die Ursache für den von Ihnen beobachteten K^+-Austritt aus den Zellen sein.

LYR: In Pilz-Lysosomen existiert eine aktive Mg^{++}-stimulierte ATPase, die als Kaliumpumpe (K^+/H^+) wirken kann (unveröffentlichte Ergebnisse, LYR, RITTER). Ob dieses Enzym primär angegriffen wird, wurde noch nicht untersucht.

JACOB: Wurde die systemische Wirkung von Aureofungin bei Tomaten nach Applikation über den unverletzten Stengel oder über die Schnittfläche festgestellt? Können wir bei einem Erfolg in letzterem Fall wirklich von einem Nachweis des systemischen Charakters sprechen? Sicherlich doch wohl nicht.

KLUGE: Die Zuführung erfolgte über die Schnittfläche, so daß mit diesem Beispiel kein Beweis für echte systemische Aktivität vorliegt. Die Ergebnisse mit Gerstenmehltau weisen allerdings das Vorhandensein eines systemischen Effektes bei noch nicht phytotoxischen Konzentrationen nach.

FALKOWSKI: My question concerns the problem of the stability of polyene macrolide antibiotics, compared in your lecture. How pure had been the compounds, which you have tested? The stability of polyene macrolides depends to a great extent on the amount and type of impurities. They can catalyse or, on the other hand, inhibit the degradation processes, for instance heavy metals and organic antioxidants. I can not agree with your interpretation of the changes of the UV spectra of nystatin and aureofungin in comparison with the degradation processes.

KLUGE: Wir hatten nur ein Handelspräparat mit 33% Wirkstoff von Aureofungin zur Verfügung. Nystatin lag rein (kristallin) vor. Zur weiteren Bemerkung kann von uns nur festgestellt werden, daß sich die Empfindlichkeit der Test-Pilze entsprechend den UV-Adsorptionsspektren verhalten hat.

BOCHOW: Wurde bei Aureofungin auch eine Kurativwirkung getestet oder nur präinfektionelle Applikation?

KLUGE: Die Applikationen erfolgten nur präinfektionell.

DE WAARD: You observed two effects of the antibiotics used:

1. Effect on the cell membrane permeability.
2. Inhibition of chitin synthesis.

What effect is primary?

RITTER: Es ist möglich, daß Membranwirkung und Effekt auf die Chitin-Synthese in Verbindung stehen, da für letztere Transportvorgänge erforderlich sind und die Chitinsynthetase in partikulärer Form vorliegt. Eine eindeutige Antwort kann nur bei Benutzung von in vitro-Systemen erlangt werden. Unsere Versuche wurden ausschließlich mit intakten Zellen durchgeführt.

Studies on the Mode of Action of Demethoxytylophorine

L. FERENCZY[1], D. GOTTLIEB[2], K. RAGHU[2], F. KEVEI[1]

Demethoxytylophorine (DMT) [2,3,6-trimethoxy-9,11,12,13,13a,14-hexahydro-dibenzo]f,h[pyrrolo]1,2b[isoquinoline], a broadspectrum and highly active antifungal antibiotic, has been isolated from the plant *Cynanchum vincetoxicum*. The quantitative activity spectrum was determined with 120 fungal species at pH 7,0. All fungi tested proved sensitive, the minimum inhibitory concentration being 0,01—1,0 μg/ml, depending on the species.

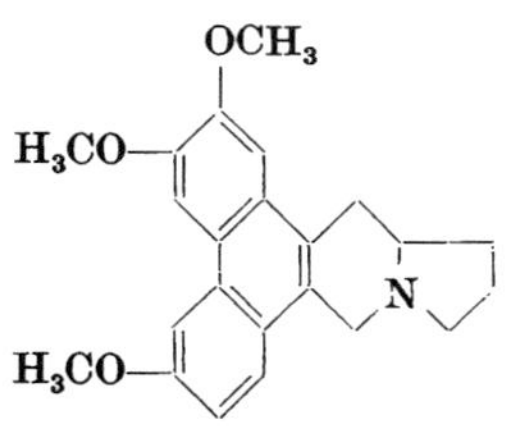

Demethoxytylophorine (DMT)

DMT was fungicidal, but exerted its killing activity characteristically slowly [12 to 72 hours], in spite of rapid and virtually complete uptake into the cells, even in the case of high concentrations (1, 2).

To elucidate the mode of action, effects on the main processes of fungal cells have been studied both in vivo and in cell-free systems. We summarize below the results concerning effects on cell-wall synthesis, cell-membrane functions, energy production and macromolecular synthesis obtained in vivo with *Saccharomyces cerevisiae*.

Cell-wall synthesis was examined by using a newly-developed protoplast technique. A possible selective inhibition of cell-wall synthesis can be studied by following the regeneration rate of protoplasts into normal cells. 2-deoxyglucose was used for comparison. No selective effect could be demonstrated with DMT in cell-wall synthesis. Inhibition of growth of protoplasts was observed at concentrations of DMT where growth of intact cells was also inhibited.

Cell-membrane functions were investigated by using very sensitive methods related to uptake and/or release of both inorganic and organic materials. Filipin

[1] Department of Microbiology, Attila József University, Szeged, Hungary.
[2] Department of Plant Pathology, University of Illinois, Urbana, Illinois, U.S.A.
Dr. RAGHU's present address: Bhabha Atomic Research Centre, Bombay, India

was included here for comparison. Within the first two hours of the experiments no significant effect on membrane functions could be observed with DMT.
Effects on respiration were studied by the WARBURG technique. Pyrrolnitrin was applied to compare activities. While with pyrrolnitrin there was a close correlation between inhibition of respiration and that of growth, no correlation could be detected with DMT because of the lack of significant inhibition of respiration.
ATP content of the cells, assayed by a luciferin-luciferase system, changed proportionally in given ranges of concentrations of the uncoupling agent dinitrophenol (DNP) and those of DMT, but the compounds acted inversely. While the amount of ATP decreased in DNP-treated cells, there was a considerable increase in DMT-treated cells. The elevated ATP content without change in respiration indicated the inhibition of one or more ATP-consuming systems.
By using single and double labeling methods it could be elucidated that the primary mode of action of DMT is inhibition of protein synthesis. Inhibition of DNA synthesis was also considerable after a short lag, while RNA synthesis was only slightly affected. Experiments with short incubation intervals and those carried out with various concentrations of DMT clearly indicated that protein synthesis was affected first and at the lowest concentration.
Experiments with cell-free systems suggested that DMT inhibits one event in the initiation of protein synthesis, namely the association of the two ribosomal subunits.

Literature

(1) FERENCZY, L., J. ZSOLT, A. HÁZNAGY, L. TÓTH and K. SZENDREI: Acta Microbiol. Acad. Sci. Hung. **12**, 337—344, (1966).

(2) FERENCZY, L., S. FÖLDEÁK, F. KEVEI, K. KOVÁCS, J. ZSOLT, A. HÁZNAGY, L. TÓTH and K. SZENDREI: First Internatl. Congress of Plant Pathol., London, 14—26 July, 1968. Abstract of Papers, p. 58, (1968).

Diskussion

DEKKER: You have shown that demethoxytylophorine does not exhibit selective action on fungi; does it act selectively with respect to host plant and parasite?
FERENCZY: The natural compound is also toxic to plant cells. This is one of the reasons why we examined a lot of derivatives and tried to establish structure activity relationships.
DEKKER: How can it be explained that demethoxytylophorine is not toxic to the plant in which it is produced?
GIRBARDT: Die Unwirksamkeit eines vom Wirt produzierten Toxins für diesen selbst beruht meist auf einer Kompartmentierung. Liegen ultrastrukturelle Untersuchungen vor? Wo ist Demethoxytylophorin in der Pflanzenzelle lokalisiert?
FERENCZY: Demetoxytylophorine is localized in the vacuolar system. Possibly

this is the cause for the unsensitivity of plants producing this compound. Demethoxytylophorine is not produced in tissue cultures of *Cynanchum vincetoxicum.* At the same time, callus cultures of this plant are sensitive to exogenously applied demethoxytylophorine.

REINBOTHE: A comment to the question of Dr. DEKKER and Dr. GIRBARDT: Why is a toxic compound not toxic for the plant producing this substance? I think this common phenomenon has both structural and functional reasons. The fact of compartmentation is only one possible explanation. For example, FOWDEN has studied the toxicity of some natural occurring unusual amino acids which are not toxic against the plants in which they are formed. Azetidine-2-carboxylic acid is a prolin antagonist. In rat liver and other protein synthesizing systems proline and its structural analogue are activated and the resulting aat RdAs are both incorporated in the protein, yielding in the case of azetidine-2-carboxylic acid false proteins. In *Convallaria majalis* where this unusual amino acid is present as a natural constituent of amino acid pool, azetidine-2-carboxylate is not activated by the proline-activating enzyme, and therefore it will not be incorporated into the plant proteins.

DEKHUIJZEN: Your dosage-response curve puzzles me. In relation to the low solubility of benlate in water what is the solubility of demethoxytylophorine?

FERENCZY: We found a solubility of 15 µg/ml in water at pH 7,0. However, the solubility is considerably dependent on the pH-level.

FUCHS: How do you explain the fact (in your slide 3) that at certain concentrations of demethoxytylophorine the percentage of living cells increases again after having reached a minimum after 25 hours of incubation?

FERENCZY: Some resistant cells survive the treatment with low concentrations of demethoxytylophorine and start to multiply after some time. Above a critical concentration, which was 0,075 µg/ml in this experiments, no more multiplication takes place.

LYR: Kann es sein, daß der Rezeptor auch bei niedrigen Konzentrationen bereits schnell abgesättigt wird?

FERENCZY: There is a rapid accumulation of demethoxytylophorine in the cells and probably a rapid attachement to the ribosomes, too. Therefore it is assumed that a rapid saturation of ribosomes occurs, even at low concentrations of demethoxytylophorine. Therefore the killing rate of demethoxytylophorine is very similar at low and high concentrations of the compound.

GIRBARDT: Das Isolationsmedium für Hefeprotoplasten ist überraschend, da keine osmotischen Stabilisatoren verwendet werden. Welches Schnecken-Enzym wurde verwendet und wie hoch war die Revertantenrate?

FERENCZY: Only KCl (0,6 M) was used as osmotic stabilizer. It was not necessary to add other additional protective compounds to the medium to obtain protoplasts suitable for regeneration studies.

The snail enzyme was produced from Helix pomatia in our department. We obtained a yield of almost 100% protoplasts from the cells pretreated with β-mercaptoethanol, when treated with the enzyme preparation.

The yield of regeneration into normal cells was as high as 90% or more. However the concentration of agar was critical in obtaining high regeneration rates.

The standard way to produce enzyme preparations is as follows: after collecting snails there was a two-day starvation period, then the snail gut juice was collected, filtered through millipore membranes and lyophilized. The preparations remained stable for three years.

SCHMIEDEKNECHT: *Cynanchum vincetoxicum* ist der Hauptwirt des Rostpilzes *Cronartium vincetoxici*. Besitzt dieser Pilz einen speziellen Entgiftungsmechanismus oder ist dies eine Frage der geringeren Empfindlichkeit? Haben Sie auch andere Basidiomyceten geprüft?

FERENCZY: I cannot give you an answer to the first part of your question, because we have no data at present. To the second part of your question I can say that no phytopathogenic basidiomycetes have been tested, but *Rhodotorula species* are highly sensitive.

DEKKER: Remark with respect to the question why demethoxytylophorine does not protect *Cynanchium* against rust pathogen: Many plants contain fungicides or bactericides; but these plants are not protected against fungal or bacterial pathogens, which are sensitive for the compound in vitro. This might be a matter of compartmentation or inavailibility to the fungus in another way.

LYR: Es ist wirklich interessant zu sehen, daß eine komplizierte Struktur, im Gegensatz zu den einfacheren synthetischen Fungiziden, auf die Proteinsynthese wirkt. Damit ist die Frage beantwortet, die ich zum Vortrag von Dr. POLTER gestellt habe. In diesem Zusammenhang möchte ich die Frage stellen, ob Demethoxytylophorin eine antibakterielle Wirkung besitzt?

FERENCZY: The antibacterial activity of demethoxytylophorine is almost negligible. Only certain grampositive bacteria are slightly sensitive.

I should like to add a remark here. As I mentioned earlier, the antifungal spectrum of demethoxytylophorine is very broad, much broader than that of cycloheximide. It can easily be washed out of the cells. These properties give the possibility to use demethoxytylophorine in experiments concerning eucaryotic enzyme induction in a broad scale.

Structure-Selective Toxicity Relationship in Polyene Macrolide Antifungal Antibiotics

B. Cybulska, E. Jakobs, L. Falkowski, E. Borowski

Department of Pharmaceutical Technology and Biochemistry
Technical University, Gdańsk, Poland

The polyene macrolide antibiotics interact with the cytoplasmatic membrane of the cells containing a sterol component of the membrane lipids. In consequence they change the structure and impair the function of the cell membrane in such organisms like fungi, algae, protozoa, as well as in animal cells. The lethal effect of the action of polyene macrolides is the result of the induction of uncontrolled diffusion of metabolites across the membrane (1).

Because the mechanism of action of polyene macrolides is essentially the same for all sterol containing organisms, this group of antibiotics is characterised by rather poor selective toxicity. This significantly narrows down their practical application as chemotherapeutical agents. Nevertheless the fact that different sterols are constituents of plasma membranes in animal and microbial cells (cholesterol and mainly ergosterol respectively), provides the basis for at least partial selective toxicity of quantitative nature, due to the differentiated affinity of polyene macrolides to various sterols (2, 3, 4).

It has been suggested that free diffusion of various metabolites from cells treated with polyene macrolides is due to the formation in membranes of open channels of various sizes, depending on the antibiotics used and the conditions of their action (5, 6).

The potassium efflux is a phenomenon common to the cells impaired by all polyene macrolides, regardless of the size of the channels formed. Even the smallest lesion enabling free potassium efflux is allready sufficient for the lethal effect (5, 7). Simple determination of the antibiotic concentration inducing the potassium loss can be used as a convenient measure for comparing toxic activities of examined compounds.

In our studies on the selective toxicity of polyene macrolides we tried first to group these compounds according to the lowest toxic concentrations exhibited for model ergosterol and cholesterol containing cells. As such model cells *Saccharomyces cerevisiae* and human erythrocytes were selected. In some experiments Ehrlich ascites carcinoma cells have been also used.

The concentration of the antibiotic causing in standard conditions 50% loss of intracellular potassium from yeasts and erythrocytes was used as a comparative measure of toxicity. Minimum growth inhibitory concentrations for yeasts were also recorded.

The antibiotics and their derivatives selected for testing, represented various types of structure. The size of macrolide ring and the degree of unsaturation have been taken into the consideration as the main structural features. Small macrolide ring group of polyenes was represented by tetraene pimaricin and pentaene filipin. Large macrolide ring group included tetraenes nystatin and polyfungin, non-aromatic heptaene amphotericin B and aromatic heptaenes candicidin, aureofacin and perimycin.

The tested compounds represented also various solubility characteristics. The native antibiotics exhibit very low solubility in water and form in this solvent colloidal suspensions. Their semisynthetic derivatives produce in water fine colloids or even true solutions.

The selected antibiotics represented also various characteristic biological properties and included those which differed significantly in biological activity and in the range of membrane changes produced.

The experiments were provided in the following conditions. The yeast and erythrocyte cells were incubated in respective buffer of pH = 7,3 containing various concentrations of the antibiotics. Intracellular potassium level was determined by flame photometry after one hour incubation of tested cells at 30°. The changes of potassium concentration in the cells were expressed as percent of the loss of this cation as compared to the control cells.

The results are presented on fig. 1.

All antibiotics induced the leakage of potassium ions from both types of the model cells. In each case the extent of potassium loss was dependent on the concentration of the polyene macrolide. Sharp decrease of the intracellular potassium content was observed over relatively narrow concentration range. Nevertheless individual antibiotics differed significantly in regard to this critical concentration. For example, aureofacin is effective on erythrocytes in concentration of about 0,01 mcg/ml, where pimaricin induce potassium loss above 100 mcg/ml.

The concentrations of polyene macrolides causing in standard conditions 50% decrease of intracellular potassium level in yeasts (YK_{50}) and erythrocytes (EK_{50}), expressed in mcM/ml. are presented in table 1.

According to the YK_{50} and EK_{50} values, the antibiotics tested can be divided into three groups.

First group includes polyene macrolides with EK_{50} approximately equal to YK_{50}. To this group belong small macrolide ring polyenes pimaricin and filipin and two large macrolide ring antibiotics, nonaromatic heptaene amphotericin B and aromatic heptaene candicidin. These antibiotics exhibit similar toxicity to both types of cells.

Second group with EK_{50} lower than YK_{50} is represented by two large macrolide ring aromatic heptaenes — perimycin and aureofacin. These compounds are 15 and 200 times more potent in inducing potassium loss from erythrocytes than from yeasts respectively. These are antibiotics more toxic to erythrocytes than to yeasts.

The third group with EK_{50} higher than YK_{50} includes large macrolide ring tetraenes nystatin and polyfungin. They exhibit 30 and 20 times higher activity against yeasts than erythrocytes respectively. These are antibiotics more toxic to yeasts than to erythrocytes.

Very similar relations have been observed when Ehrlich ascites carcinoma cells were used instead of erythrocytes. The concentrations of antibiotics causing 50% release of potassium from these cells were very close to EK_{50} values.

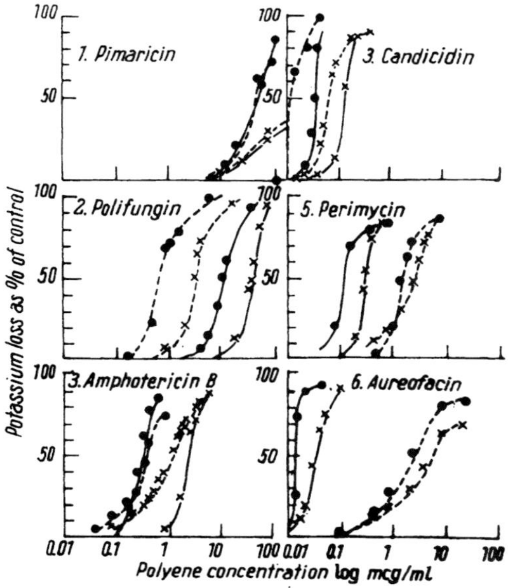

Fig. 1. Effect of polyene macrolide antibiotics and their derivatives on potassium loss from yeasts and erythrocytes. The yeast cells in 50 mM Tris-Cl buffer pH = 7,2 and erythrocytes in 150 mM choline chloride 3 mM Tris-Cl buffer pH = 7,3 were incubated 1 hr at 30° with various concentrations of polyenes and their derivatives

——— erythrocytes . polyene

— — — — yeasts × glucose derivative of polyene

It has been demonstrated that the concentrations of polyene macrolides and their derivatives which promote hemolysis were 10 to 20 times higher than EK_{50} values.

Marked and varying differences were observed between the yeasts growth inhibitory concentrations of polyene macrolides and the concentrations inducing the potassium efflux in the above described experiments. For amphotericin B and candicidin the YK_{50} values are very close to the minimum inhibitory concentrations. Filipin, pimaricin, perimycin and aureofacin are required in 5, 25, 120 and 150 times concentrations respectively to induce 50% potassium loss in yeasts than to inhibit their growth. On the other hand for polyfungin and nystatin the MIC values are about two times higher than YK_{50}.

Table 1

Comparison of polyene macrolide antibiotics and their derivatives in terms of concentration causing 50% decrease of intracellular potassium level and MIC

	Type of structure	Antibiotic	Concentration of antibiotics causing 50% decrease of intracellular potassium level in: erythrocytes EK_{50} (mcM/ml)	yeasts YK_{50} (mcM/ml)	MIC (mcM/ml)
Smallm.ring	Tetraene	Pimaricin	7.8 10^{-2}	7.4 10^{-2}	3.0 10^{-3}
		Gl-pimaricin	5.3 10^{-2}	5.3 10^{-2}	2.6 10^{-3}
	Pentaene	Filipin	1.3 10^{-3}	6.3 10^{-3}	1.3 10^{-3}
Large macrolide ring	Tetraenes	Nystatin	1.2 10^{-2}	3.6 10^{-4}	1.3 10^{-3}
		Polifungin	8.5 10^{-3}	4.5 10^{-4}	1.2 10^{-3}
		Gl-polifungin	1.7 10^{-2}	1.4 10^{-3}	1.4 10^{-3}
	Nonaromatic heptaene	Amphotericin B	3.5 10^{-4}	4.7 10^{-4}	7.5 10^{-4}
		Gl-amphotericin B	1.4 10^{-3}	7.6 10^{-4}	7.8 10^{-4}
		Fungisone	4.7 10^{-4}	4.4 10^{-4}	
		Candicidin	1.7 10^{-6}	6.8 10^{-6}	7.3 10^{-6}
	Aromatic heptaenes	Gl-candicidin	4.3 10^{-5}	2.4 10^{-5}	1.1 10^{-5}
		Perimycin	3.6 10^{-5}	6.0 10^{-4}	5.1 10^{-6}
		N-succinyl perimycin	3.0 10^{-4}	1.9 10^{-3}	2.1 10^{-5}
		Aureofacin	6.8 10^{-6}	1.1 10^{-3}	7.3 10^{-6}
		Gl-aureofacin	1.3 10^{-5}	1.8 10^{-3}	1.0 10^{-5}

Where Gl is glucose derivate of a polyene

At this stage of our investigations it is difficult to distinguish a clear cut relation between chemical characteristics and selective toxicity of polyene macrolides. It was possible only to group the examined compounds into three types of selective toxicity.

We demonstrated that the critical concentrations of these antibiotics affecting cytoplasmatic membranes of ergosterol and cholesterol containing model cells depend to a great extent on the antibiotic used. At present it can be concluded that the size of the macrolide ring itself, which has such a profound effect on the range of changes induced in the membranes, does not play a substantial role in selective toxicity. Similarly, the degree of unsaturation, which is important for the quantitative activity of these compounds, also can not be correlated to the selective toxicity. Other characteristics, like the solubility in water and the ionic character also could not help in establishing such correlations. The only vague correlation which should be noticed, is the combination of large macrolide ring and low unsaturation. It seems to be favourable for improving the selective toxicity. This group of polyene macrolide antibiotics is perhaps the best basis for further modifications.

Literature

(1) HAMILTON-MILLER, J. M. T.: Bacteriol. Rev. **37**, 166—196 (1973).
(2) CHUEN-CHIN HSUCHEN and D. S. FEINGOLD: Antimicr. Agents a. Chemother. **4**, 309 (1973).
(3) CHUEN-CHIN HSUCHEN and D. S. FEINGOLD: ibid **4**, 316 (1973).
(4) GALEI, E. F.: J. of General Microbiology **80**, 451 (1974).
(5) BOROWSKI, E., B. MALEWICZ, B. CYBULSKA and L. FALKOWSKI: accompaining paper presented at IV-th Reinhardsbrunner Symposium on Systemic Fungicides.
(6) KRUIJFF, B. DE, W. J. GERRITSEN, A. OERLEMANS, R. A. DEMEL and L. L. M. VAN DEENEN: Biochim. et Biophys. Acta **339**, 30 (1974).
(7) BOROWSKI, E., and B. CYBULSKA: Nature **213**, 1034 (1967).

Diskussion

ГРАПОВ: Имеются ли данные о том, являются ли полиеновые макролидовые антибиотики конформационно жёсткими или конформационно лабильными?
BOROWSKI: Unfortunately, besides amphotericin B, the data concerning the stereochemistry of polyene macrolides are still extremely limited. The necessity to stimulate stereochemical studies on these compounds is obvious. The lack of such informations limits very seriously the possibilities to correlate the structures with biological properties. Conformational studies of polyene macrolides practically have not been carried out as yet.

Effect of N-Succinyl Perimycin on Yeast Membrane Permeability to Monovalent Cations

B. Cybulska and E. Borowski

Department of Pharmaceutical Technology and Biochemistry, Technical University, Gdańsk, Poland

Numerous studies of the mode of action of various polyene antibiotics revealed that there are remarkable differences in the effect of these compounds upon the membrane permeability changes of sensitive organisms as well as lipid artificial systems (1—7). Our attention has been drawn to the action of N-succinyl perimycin, which is a synthetic derivative of heptaene macrolide antifungal antibiotic perimycin. This compound unlike the original polyene forms readily water soluble salts, for example sodium salt, which retain much of the activity of perimycin itself (8, 9).

We have demonstrated that the impairement of membrane permeability properties by N-succinyl perimycin is the most specific of all polyenes studied (10, 11). Conditions were found in which the damage of the yeast cell membrane with respect to potassium ions transport was the only demonstrable effect of the antibiotic. The specific leakage of potassium from cells treated with N-succinyl perimycin (NSP) in potassium deficient medium brought about the inhibition of metabolic activity of potassium dependent systems, like fermentative decomposition of glucose or synthesis of protein, as secondary effect of the action of the antibiotic. The lethal effect caused by the specific removal of potassium from cells has been named "potassiumless death" (10).

The high specificity of action of N-succinyl perimycin permitted to restore the activity of potassium dependent systems and even to annul the fungicidal action of the antibiotic by the presence of potassium in the medium. The repair of the damage done to the cell membrane by NSP has also been demonstrated.

These very unique, specific biological properties of N-succinyl perimycin, prompted our further studies on the character of the permeability changes induced by this antibiotic in yeasts. The effect of the antibiotic on potassium, sodium and hydrogen translocation has been investigated.

All experiments were performed on *Saccharomyces cerevisiae* ATCC 9763. N-succinyl perimycin has been used in the form of water soluble sodium salt. Unless stated otherwise, the yeast cells were treated with 10 mcg of antibiotic per mg. of cells dry weight. In the experiments of potassium and sodium translocation 50 mM tris-Cl buffer of pH = 7,2 supplemented with the desired concentration of tested salts has been used. The potassium and sodium were extracted from the cells with boiling water and their quantities determined by flame photometry method. In the experiments on proton translocation 5 mM tris was adjusted, to required pH, with 25 mM citric acid. The pH changes were monitored potentiometrically.

The maintenance of high level of potassium and low level of sodium in the untreated yeast cells is dependent upon metabolism. Passive permeability of yeast membrane to monovalent cations is very low and no evidence on exchange diffusion component, for these ions, has been reported. The intracellular level of these ions is not influenced by their concentration in the external medium.

N-succinyl perimycin increased the permeability of potassium ions across the yeast membrane, but did not prevent the cells from concentrating of added potassium from the medium.

Figure 1 shows that *S. cerevisiae* cells treated with NSP loses their intracellular potassium to the potassium free medium. On the addition of 10 mM KCl the cells gained potassium, probably due to the spontaneous movement of this ion until

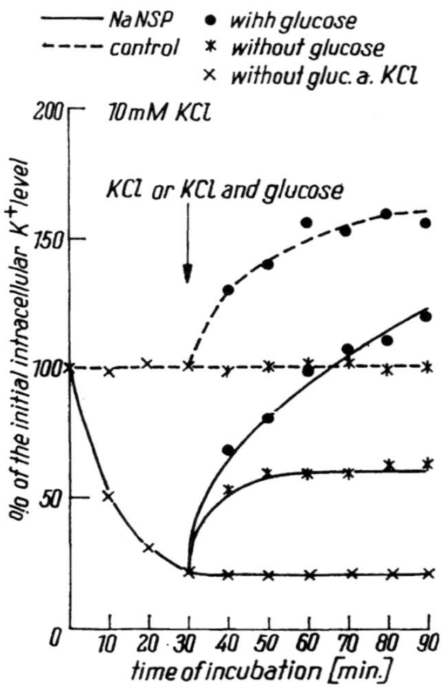

Fig. 1. Energy dependent K^+ uptake in *S. cerevisiae* treated with NSP in the hypotonic solution of KCl.

new steady state was established. On the addition of KCl (in the same concentration) together with glucose the active uptake of potassium against concentration gradient occured although to a lesser extent than in the control cells. The lower efficiency of transport in polyene treated cells is obvious since in the same time the loss of K^+ to the medium takes place. When the medium was supplemented with 100 mM KCl the accumulation of potassium was much higher and in the presence of glucose the polyene treated cells were able to maintain almost the same intracellular level of potassium as untreated cells.

As the membrane of the yeast cells treated with N-succinyl perimycin is open for the potassium diffusion, the magnitude and the direction of potassium ions passive flux as well as the intracellular potassium contents should be a function of external potassium concentration.

Figure 2 shows that in the cells treated with antibiotic in the medium containing 50 mM KCl no net flux of potassium was observed. This concentration of potassium may be considered as isotonic to intracellular concentration of this ion in

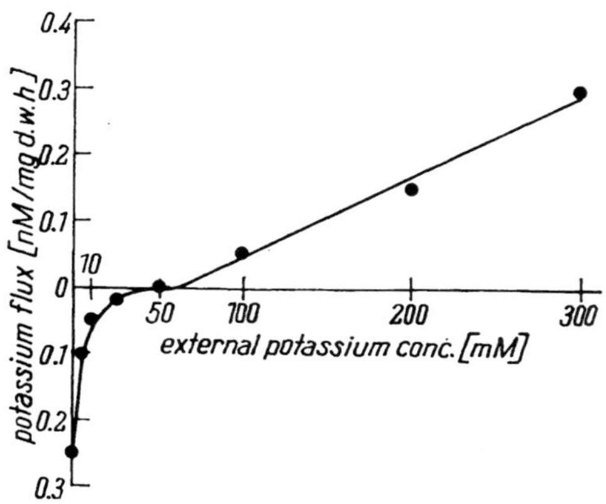

Fig. 2. Effect of Potassium concentration on the Potassium flux in *S. cerevisiae* treated with NSP.

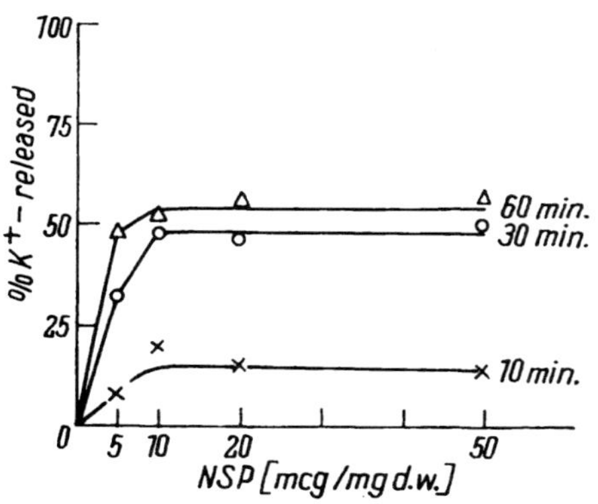

Fig. 3. Effect of various concentration of NSP upon the K^+ release from *S. cerevisiae* cells preloaded with $42K^+$.

nonmetabolising yeast. In concentrations of KCl lower than 50 mM the efflux of potassium from the cells to the medium takes place. On the contrary, in the medium containing higher amounts of KCl the influx of potassium from the medium into the cells occured.

Figure 3 shows the effect of N-succinyl perimycin concentration on the extent of potassium release from the yeast cells. Dependance of the efflux of potassium from the cells on concentration of the antibiotic exhibited saturation character. At the concentration range from 10 to 50 mcg/mg d. w. of cells the amount of the K^+ release from the cells was independent on the concentration of the antibiotic for all time intervals studied.

It should be emphasised that the process of the impairment of cell membrane integrity was strongly time dependent. After 10 min. of incubation only 10% of intracellular potassium leaked from the cells to the medium with 5 mcg and 15% for the remaining concentrations of antibiotic used. The amounts of potassium released during 30 and 60 min of incubation were similar and for all concentrations of N-succinyl perimycin reached 50%. Even at the highest antibiotic concentration and after prolonged time of incubation in the medium which do not contain other cations the complete release of potassium from the cells was not observed.

The time dependance of the impairment process indicate that not all molecules of sterols are equally available for the interaction with the antibiotic or that its passage through the cell wall is a limiting factor.

The induction of the release of potassium ions from yeast cells by N-succinyl perimycin is markedly affected by the temperature. After one hour of incubation of the cells with NSP at 0° very little potassium leakage has been observed. Increasing the temperature stimulates the induction of potassium ions loss and at 22° and 30°, intracellular potassium level was decreased about and 30% and 50% respectively.

It should be noted that potassium efflux from the cells pretreated at 30° with NSP (in the presence of potassium salt) is also affected by the temperature. Figure 4 shows that at 3° as well as 11° the pretreated cells lost very little potas-

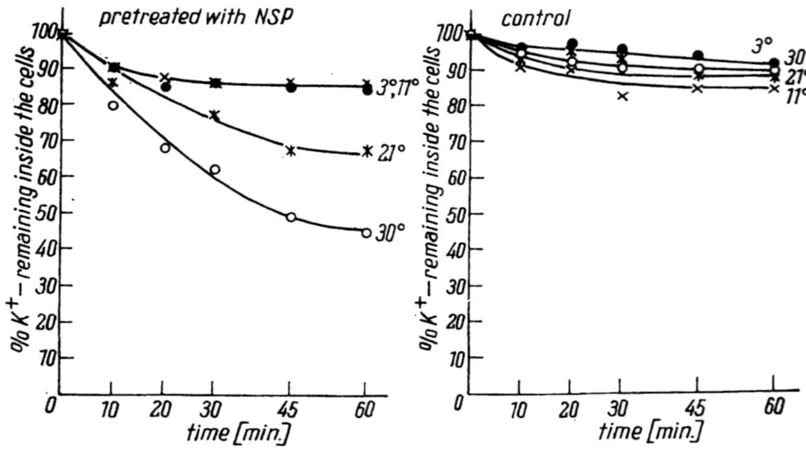

Fig. 4. Temperature dependance of NSP induced K^+ efflux from *S. cerevisiae* cells.

sium to the medium. At 21° and 30° the rate and the extent of potassium release was the same as in the experiment described above.

Figure 5 shows that not only polyene induced potassium efflux from the cells to the potassium free medium is temperature dependent but also influx into the cells which occured at hypertonic solution of buffered KCl halted abruptly when the temperature was dropped from 30° to 0°.

Untreated cells kept their intracellular potassium level constant independently on the temperature.
The lack of the response of the unpretreated yeast cells to the antibiotic at lower temperatures can be explained by a kinetic energy requirement for the uptake of the antibiotic, especially for its traversing through the cell wall, whereas the temperature dependance of the potassium ions flux in the cells pretreated at 30° is probably due to the decrease of the mobility of the lipid membrane components at low temperatures.
Endogenous metabolic energy has rather lesser meaning for either the uptake of the antibiotic or membrane disorganisation because the inhibitors such as

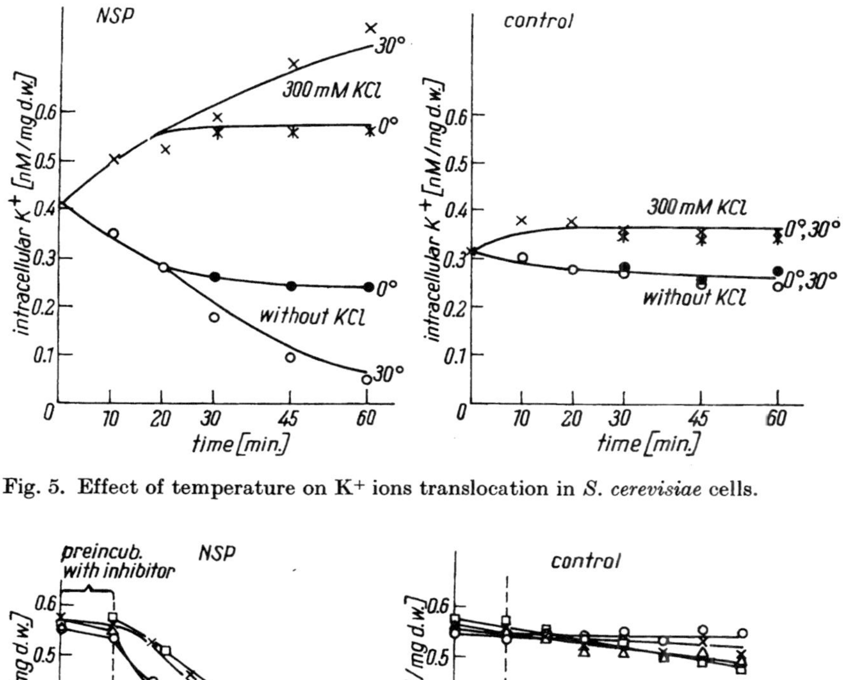

Fig. 5. Effect of temperature on K^+ ions translocation in *S. cerevisiae* cells.

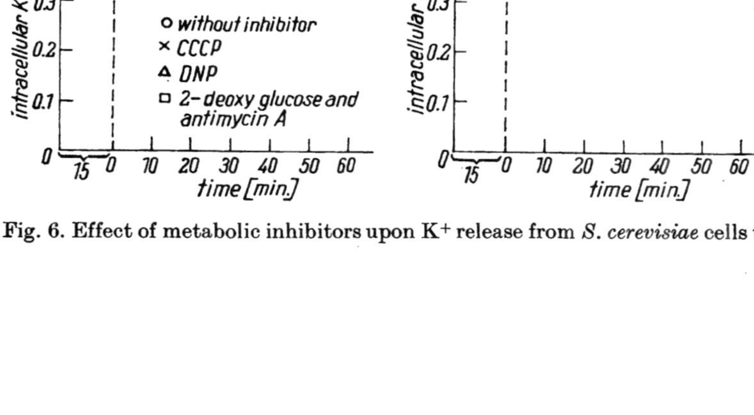

Fig. 6. Effect of metabolic inhibitors upon K^+ release from *S. cerevisiae* cells treated with NSP.

CCCP, DNP or antimycin A used together with 2-deoxy glucose were without effect on the induction of leakage of intracellular potassium by NSP (Fig. 6).
The loss of potassium from the cells treated with NSP was accelerated by sodium or ammonium ions (11). Figure 7 shows the effect of sodium concentration in the medium on the rate of potassium release from the cells treated with the antibiotic. In polyene treated cells both ions are translocated in accordance with their concentration gradient. Paralelly to the K^+ efflux equivalent amount of sodium ions is translocated from the medium into the cells. When yeast cells were incubated

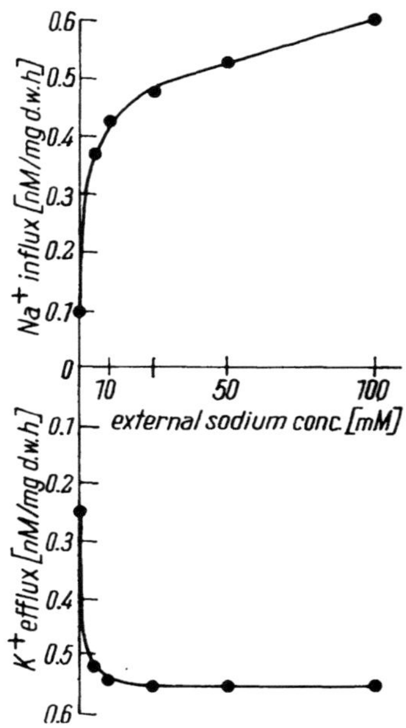

Fig. 7. The effect of Sodium concentration on the Potassium and Sodium flux in *S. cerevisiae* treated with NaNSP.

with NSP in the medium containing equimolar amounts of NaCl and KCl (50 mM of each) similarly as in the medium containing only NaCl the decrease of the intracellular potassium and increase of the sodium contents has been observed (Fig. 8). Thus the potassium is expelled from the cells against the concentration gradient by sodium entering the cells. As it has been shown above in 50 mM KCl only, flux of potassium has not been observed. On the addition of glucose both cations are taken up with the same rate. It means that the cells treated with the antibiotic lost their usual high ability of discrimination between sodium and potassium ions. In the case of untreated cells no passive exchange of ions has been observed. After addition of glucose the active uptake of K^+ occured, whereas the concentration of sodium increased only slightly. Most of the diffused potassium ions have been replaced by the K^+ pumped by the potassium pump and only the net difference of L^+ (due to the faster diffusion than pumping) was exchanged for sodium ions.

The presented results indicate that N-succinyl perimycin induce the electroneutral exchange of potassium and sodium ions in the sodium containing medium. Question arise what is exchanged for K^+ in the medium uncontaminated with monovalent cation salts. Because chloride ion was not taken up by the damaged cells, proton-potassium ion translocation seemed to be the most probable.
In the preliminary experiments the increase of the pH of the medium has been observed, when yeast cells pretreated with N-succinyl perimycin and loaded with K^+ were suspended in water.

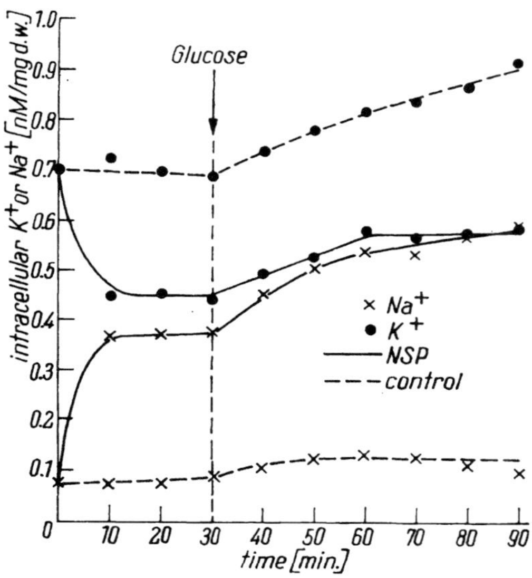

Fig. 8. Passive and energy dependent ion translocation in *S. cerevisiae* treated with NSP.

In order to obtain more informations concerning the proton-monovalent ions translocation in cells damaged by the antibiotic the effect of pH on H^+ and K^+ translocation has been studied. The results presented on Figure 9 show that in the pH range from 4 to 6 the influx of protons into the cells increase with external hydrogen ion concentration. The H^+ uptake is accompanied by the efflux of potassium. For pH 3 and 4 the H^+—K^+ exchange may be considered as equimolar. At other pH studied the amount of potassium lost to the medium exceeded to some extent the amount of hydrogen ions translocated into the cells and the discrepancy between these values increased with the rise of external pH. For untreated cells nor H^+ uptake neither K^+ loss has been noted for all pH studied.
Proton translocation from the medium into N-succinyl perimycin treated cells was inhibited by KCl. Figure 10 shows that this inhibition occured if the medium (pH = 5,5) contained more than 0,1 mM KCl and was linear in the concentration range 1—10 mM. Similar results were obtained with NaCl.

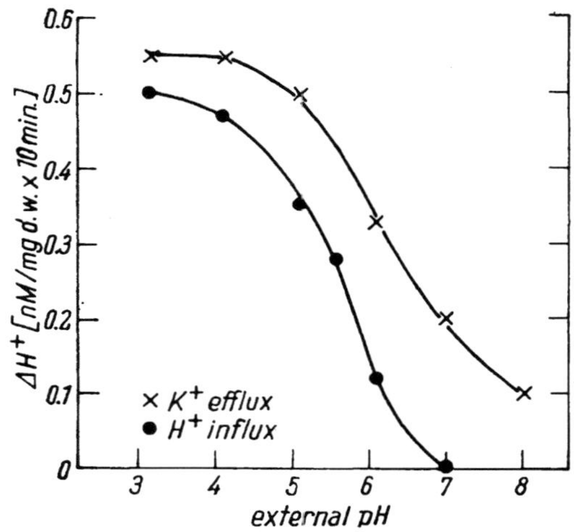

Fig. 9. Effect of pH upon H^+ and K^+ translocation in *S. cerevisiae* cells pretreated with NSP.

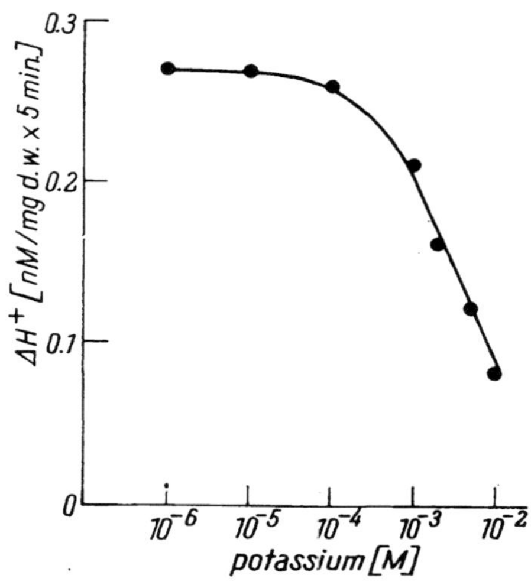

Fig. 10. Effect of Potassium concentration upon H^+ translocation in *S. cerevisiae* cells pretreated with NSP.

On the basis of the presented results it can be concluded that N-succinyl perimycin increase the permeability of the yeast membrane to univalent cations including proton. The magnitude and the direction of ions movement are strongly dependent on the incubation conditions such as potassium and sodium concentration, pH and temperature. N-succinyl perimycin does not affect the metabolic energy-dependent potassium ions transport in yeasts. It increases the passive movement of ions to the degree which in the low concentration of potassium exceeds the activity of the enzyme pump. Inconsequence of that, the discharge of the potassium ions gradient across the cell membrane takes place. The movement of potassium due to the diffusion (to or from cells) depending on the K^+ concentration in the medium is not accompanied by the movement of an anion but is associated with the electroneutral exchange for another small cation like proton or sodium ion.

Literature

(1) LAMPEN, J. O.: Symp. Soc. Gen. Microbiol. **16**, 111—130 (1966).

(2) LAMPEN, J. O.: Amer. J. Clin. Pathol. **52**, 138—146 (1969).

(3) KINSKY, S. C.: In: D. GOTTLIEB and P. D. SHAW ed., Antibiotics, vol. 1. Springer-Verlag, Berlin, p. 122—141 (1967).

(4) CHUEN-CHIN HSUCHEN, and D. S. FEINGOLD: Antimicrobial Ag. Chemother. **4**, 309—315 (1973).

(5) CHUEN-CHIN HSUCHEN, and D. S. FEINGOLD: Ibid. **4**, 316—319 (1973).

(6) GALE, E. F.: J. Gen. Microbiol. **80**, 451—465 (1974).

(7) DE KRUIJFF, B., W. J. GERRITSEN, A. OERLEMANS, R. A. DEMEL and L. L. M. VAN DEENEN: Biochim. Biophys. Acta. **339**, 30—43 (1974).

(8) BOROWSKI, E., C. P. SCHAFFNER, H. LECHEVALIER and B. SCHWARTZ: Antimicrobial Agents Annual 532 (1960).

(9) MICHALSKA, E.: Chemotherapie. **9**, 52 (1964).

(10) BOROWSKI, E., and B. CYBULSKA: Nature. **213**, 1034—1035 (1967).

(11) BOROWSKI, E., and B. CYBULSKA: International Symposium, Reinhardsbrunn, Springer-Verlag, Berlin. 39—49 (1966).

Diskussion

LYR: Können Sie Angaben über die Lichtstabilität von N-Succinylperimycin, verglichen mit derjenigen anderer Polyene machen?
BOROWSKI: The stability of N-succinyl perimycin is more or less typical for polyene macrolides and can be compared for instance with that of nystatin. The compound is enough stable to make it possible to work with it without any serious inconveniences.
LYR: Wie bereits bemerkt, haben Pilze eine K^+/H^+ ATPase, die Oubasin unempfindlich ist. Wenn ich richtig verstanden habe, wird die K^+ ATPase nicht durch N-Succinyl-perimycin angegriffen, sondern die Membran mehr „manisch" perforiert. Haben Sie eine Modellvorstellung für solch eine Membranwirkung?
BOROWSKI: In our studies we proved the existance of pores produced by N-succinyl perimycin in cell membrane. The size of the pores permits the free diffusion of small ions like the hydrated potassium ion. We did not investigate the structure of such pores. But just recently a paper appeared by DE KRUIJFF et al., where the hypothesis of the structures of pores, produced by polyenes is put forward. Such pores are build up from the polyene-sterol complexes.

Lyr: Die Temperaturabhängigkeit dürfte sich durch Veränderung der Membrankonfiguration erklären, oder nehmen Sie enzymatische Prozesse an?
Borowski: The influence of temperature on potassium efflux from yeast by the action of N-succinyl perimycin can be explained by the kinetic energy requirement for the antibiotic to pass through the cell wall an to interact with the membrane. After this interaction the temperature influences the mobility of membrane lipid molecules what again influences the maintenance of the pores
Girbardt: Modern membrane models work in dynamic terms. It is difficult to imagine stable, merely formed pores in a dynamic system.
Borowski: In don't think that the dynamic membrane theory should make it difficult to accept the concept of pore formation by the action of polyene macrolides. The cannels are nothing else than places where the membrane is disrupted due to the produced polyene sterol complexes.
Schewe: If I have understood well, you assume that the polyenes induce holes in the membrane through which the potassium can penetrate. Another possibility may be that the large cyclic system of the polyenes includes the cation and potassium passes the membrane as hydrophobic complex. A similar mechanism has been proposed for nigeromycin, an energy independent acting ionophoretic compound for the mitochondrial metabolism. Is there any relationship between the mechanism of action of polyenes and that of nigeromycin?
Borowski: No, nigericin and polyene macrolides exhibit definitely different mechanisms of action. Although the final results of the action of these compounds in regard to some cations is similar the molecular reasons for these effects are different. There are no evidences for polyenes to behave as ionophores. The formation of polyene-sterol complexes leading to the formation of pits in the membrane of various sizes enables the free diffusion of various metabolites, not only cations, but also various organic metabolites, seems to be well established.
Haupt: Die Wirkung von Polyen-Antibiotika wird im allgemeinen auf eine Interaktion mit Sterolen zurückgeführt. Bakterien werden von Polyenen nicht gehemmt, da sie keine Sterole enthalten sollen. Eine Ausnahme bilden die Hexaen-Polyenantibiotika, die Bakterien hemmen. Muß für diese Polyene ein grundsätzlich anderer Wirkungsmechanismus angenommen werden, oder wirken Polyene allgemein nicht nur über Sterole?
Borowski: Bei der Wirksamkeit von Polyenen gegen Bakterien muß ein anderer Wirkungsmechanismus angenommen werden.

The Interaction of Polyene Antibiotics with Plasma Membrane of Chlorella Vulgaris

E. Borowski, B. Malewicz, B. Cybulska and L. Falkowski

Institute of Geophysics, Department of Oceanography, Polish Academy of Sciences, Sopot, Poland.
Department of Drugs Technology and Biochemistry, Technical University, Gdańsk, Poland

The cidal effect of polyene macrolides action upon the cells containing sterols in the plasmatic membrane is a result of membrane permeability changes induced by these antibiotics as a consequence of the formation of complexes with membrane sterols. The impaired membrane can no more function as selective osmotic barriere in regard to intracellular metabolites and medium components. The greater are changes induced in membrane the larger number of compounds of increasing molecular weight up to proteins and nucleic acids, can freely penetrate to and from cells (1).

The smallest changes, first observed in the action of N-succinyl perimycin upon the yeast, are confined to the induction of uncontrolled leakage from cells of potassium ions only (2, 3). This minute membrane impairment is sufficient to bring about the lethal effect caused first of all by the ceasure of potassium dependent metabolic processes. The phenomenon has been named "potassiumless death".

Such small membrane alterations enable the cells to repair the damage after removal of antibiotic containing medium and in the proper nutrient containing first of all isotonic concentration of potassium salts to avoid the potassium leakage.

In our report we present the results obtained in the systematic studies on the relationship between the structural features and physicochemical properties of polyene macrolides and their derivates and the degree of membrane changes induced, using *Chlorella vulgaris* as a test organism.

Chlorella vulgaris has not been commonly used before as model organism for the studies on the mode of action of polyene macrolides, although its succeptibility to the action of these antibiotics has been reported (4).

We found this organism very suitable for this purpose for the following main reasons. *Chlorella vulgaris* is an autotrophic aerobic organism, what permits the control of energy production by the most natural and mild way by changing the accessibility of light and oxygen, eliminating the need to use chemical inhibitors. It contains smaller amount of sterols in cytoplasmatic membrane and has lower level of potassium in plasma. The long generation time enables to extend the period of observations of phenomena in the same cells. Finally the multiplication of *Chlorella vulgaris* by autospores makes cells count much easier as compared to yeasts which multiply by buttoning.

For our studies 20 polyene macrolides and their various derivatives have been selected which represent characteristic structural groups and properties. The following features have been taken into the consideration:

— the size of macrolide ring (small and large macrolide ring containing 25—27 or 38—41 carbon atoms respectively). Examples of antibiotics of both types are given on Figure 1,

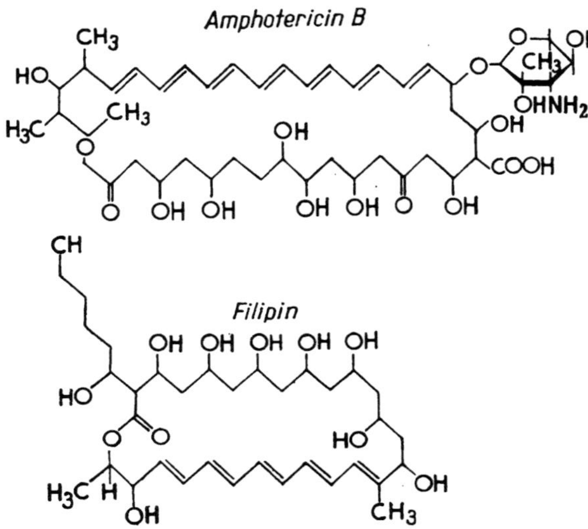

Fig. 1.

— the size of the whole molecule (as characterised by molecular weight),
— the degree of unsaturation in the chromophore (from 4 to 7 conjugated double bonds),
— the structure of nitrogeneous moiety,
— the ionic character (acidic, basic, amphoteric, neutral),
— the type of dispersion in water (true solution, colloidal suspension).

It has been demonstrated that the compounds examined induce two types of membrane permeability changes. In one type, the alteration is very specific and regardless of the antibiotic concentration and the time of its action is confined only to the induction of uncontrolled release from the cells of potassium ions. The specifically impaired cells are in all cases able to repair the damage when grown on the nutrient containing the isotonic concentration of potassium salt. These effects are similar to those observed before for the action of N-succinyl perimycin on yeasts (2). Compounds acting this way form a group of "specifically acting" polyene macrolides.

In another type of action a nonspecific permeability alterations are observed. The membrane changes induced are much deeper and progressing with the time of the action and with increasing concentrations of the antibiotic. Nonspecific

impairment of cell membrane can not be repaired by the cells in medium with isotonic potassium salt and in such conditions cells die due to the free penetration of other metabolites. Within this group of compounds, named "nonspecifically acting" polyene macrolides, two subgroups can be clearly set apart, differing essentially in the intensity of membrane changes produced. Compounds forming one subgroup produce deep nonspecific permeability changes practically instantaneously. In another subgroup permeability changes proceed much more slowly. The changes begin with the specific impairment which can be repaired by the cells in isotonic potassium. Prolonged time of action or increased antibiotic concentration deepen the changes and at the end produce the nonspecific impairment which is no more repairable. Both subgroups of nonspecific polyene macrolides we called subgroups of "immediate" or "progressive" action respectively.
Specific or nonspecific impairment of cells in the examined cells suspension can be quantitatively determined by plating the cells on agar medium with 25 mM KCl or 0,5% NaCl and counting the colonies after incubation at 30 °C for 7 days. Only specifically impaired cells will repair the damage and form colonies on the medium with KCl. Colonies grown on NaCl containing medium permit the count of cells which were not effected by the antibiotic.
The examples of the three types of the action of the examined antibiotics are presented on Figure 2. Different types of the action are expressed by the viable cells count on KCl or NaCl containing medium for various concentrations an d

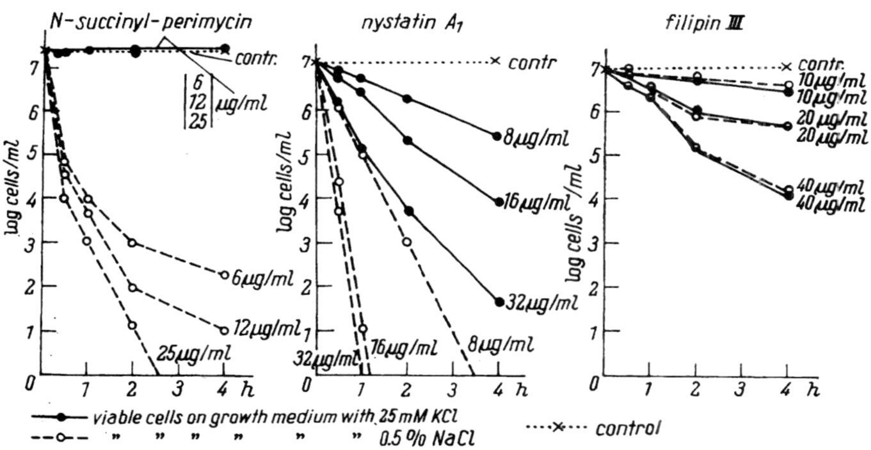

Fig. 2. Kinetics of action of specific and non-specific polyene macrolides.

different time of action of the antibiotics. The broken line represents the numbers of colonies grown on NaCl containing medium and characterises the portion of the population effected by the action of the antibiotic. The solid line is the viable cells count on the medium with KCl, corresponding to the degree of the repair of impaired cells in the population. Finally, the dotted line represents the control cells.

N-succinyl perimycin is representative for the specifically acting polyene macrolides. All cells impaired are fully capable to repair the damage, regardless of the concentration and the time of action of the antibiotic.

Two subgroups of nonspecifically acting polyenes are represented by filipin III and nystatin A_1, which belong to subgroups of immediate and progressive action respectively. Filipin impair the cells in such a way that all of them die on the medium with isotonic concentration of potassium salt. The solid and broken lines are overlapping (Fig. 2). All cells are impaired nonspecifically, regardless on the concentration of the antibiotic and the time of its action. The course of the impairment of cells by nystatin is clearly different. After a short time of its action part of the cells are fully capable to repair the damage, indicating that they are impaired specifically. Yet, the prolonged contact with the antibiotic or its increased concentration makes all cells unable to repair. The cells are finally impaired nonspecifically.

The above findings permit to put forward the following generalisation. The action of all polyene macrolides begins with the specific repairable impairement of cell membrane, confined to the induction of permeability changes in regard to the potassium ion. Some antibiotics (specific ones) limit their action only to this stage. Some other ones (nonspecific) cause further, progressing membrane changes, and those changes can proceed slower or faster depending on the antibiotic used.

The following conclusions can be drawn concerning the relation between the structure of polyene macrolides and the type of membrane changes produced (Table I). The decisive factors are the size of the macrolide ring and the degree of unsaturation in the chromophore. All polyene macrolides with small macrolide ring acted nonspecifically and belonged to the subgroup of immediate action. Subgroup of nonspecific polyenes with progressive action was formed by the compounds with large macrolide ring and with 4—6 conjugated double bonds in the chromophore. The specific action was exerted by the antibiotics with large macrolide ring and with the highest degree of unsaturation of the chromophore, to which group belonged all heptaenes.

On the other hand the ionic character, molecular weight, the structure of the nitrogenous moiety and the type of the dispersion in water could not be correlated with a particular type of changes induced in the membrane of *Chlorella vulgaris.*

The permeability changes induced in the membrane by the action of polyene macrolides are not of enzymatic character. The temperature coefficient is close to 1. This suggests that membrane changes can be explained by the formation of pits open to the free diffusion of metabolites.

Our studies on the penetration of $^{42}K^+$, $^{45}Ca^+$, and ^{14}C-sorbose indicated that only the membrane changes confined to the formation of pits enabling the diffusion of small ions like K^+ and Ca^{++} are repairable. The pits open for the free diffusion of sorbose can no more be repaired by the *Chlorella vulgaris* cells.

The repair proces requires besides the isotonic concentration of potassium salt in the medium, also the presens of oxygen (Fig. 3). In not aerated cultures no

Table 1
Chemical Characteristics of Specific and Non-Specific Polyene Macrolides

chemical characteristics	type of action		
	specific	nonspecific	
		immediate	progressive
the size of the lactone ring	"large"	"small"	"large"
molecular weight	826-1350	651-813	925-1257
chromophore	heptaenes	tetraenes pentaenes	tetraenes pentaenes hexaenes
nitrogenous moiety	mycosamine perosamine p-aminophenyl p-N-methylamino-phenyl	mycosamine none	mycosamine aminogrup
ionic charakter	acidic amphoteric neutral basic	acidic neutral amphoteric	amphoteric acidic
water solubility	soluble nonsoluble	soluble nonsoluble	soluble nonsoluble

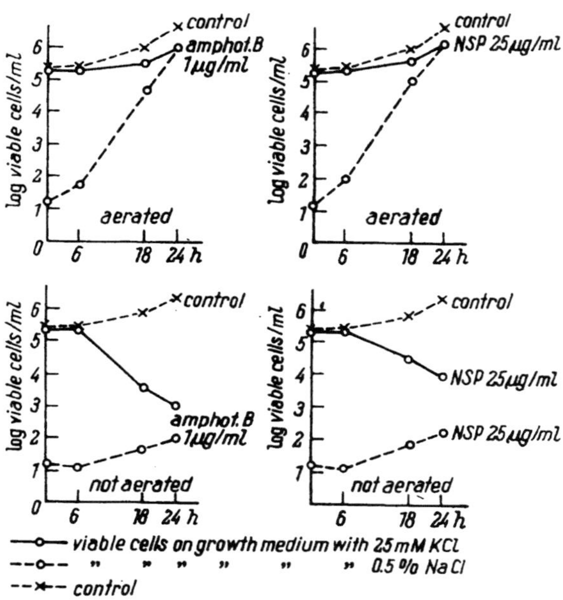

Fig. 3. The influence of aeration on the repair proces in *Ch. vulgaris* cells impaired by Amphotericin B and NSP.

repair took place and instead of this cells slowly died. Fast and quantitative repair was observed when cultures were aerated.

Polyene macrolides do not inhibit the enzymatic active transport of potassium ions. The release of potassium through the formed channels, in the medium with hypotonic concentration of potassium salts, and the drop of its level in the plasma is even a stimulating factor for the potassium pump. The intensified enzymatic potassium transport to greater or smaller degree compensates the decrease of these ions due to the diffusion, depending on the extend of changes induced in the membrane. Only in the case of minimal changes induced by N-succinyl perimycin the compensation is complete (Fig. 4). The cells impaired by this antibiotic also retain the ability to control the potassium level in the plasma in hypertonic solutions of potassium salts (Fig. 5). This indicates that the active removal of potassium ions takes place in such a conditions.

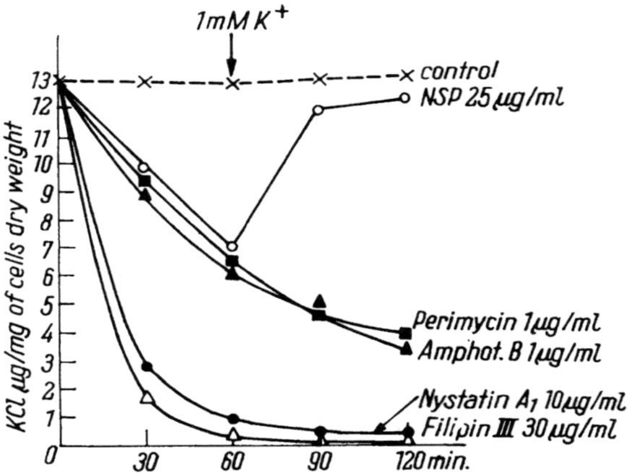

Fig. 4. The changes of Potassium level in cells submitted to the action of NSP, Amphotericin B, Filipin III and Nystatin A_1.

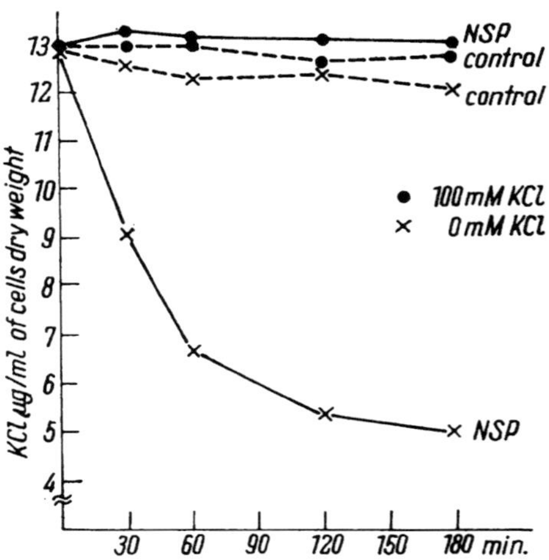

Fig. 5. The changes of Potassium level in cells submitted to the action of NSP in hypertonic solution of Potassium salt.

The influence of polyene macrolides on the active transport of organic metabolites as well as on the facilitated transport processes has been also investigated. It has been demonstrated that glucose and tested amino acids were not actively accumulated by the cells, even if the most specifically acting N-succinyl perimycin was used (Fig. 6). We suggest that this inhibition is due to the secondary effect of polyene action.
On the other hand the facilitated transport of metabolites as demonstrated for ^{14}C-acetate and ^{14}C-carbonate, is not at all affected by specifically acting N-succinyl perimycin. The low radioactivity of filipin treated cells is most probably due to the removal of radioactive substrates through the large pits formed by this non specifically acting polyene, during the washing of cells.

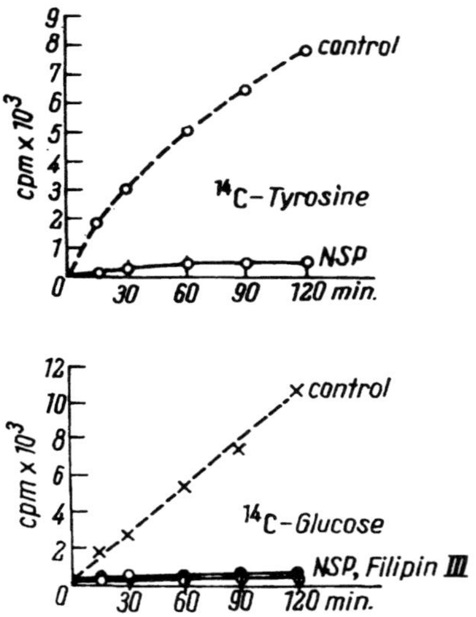

Fig. 6. The influence of NSP and Filipin III on the uptake of Glucose and Aminoacids.

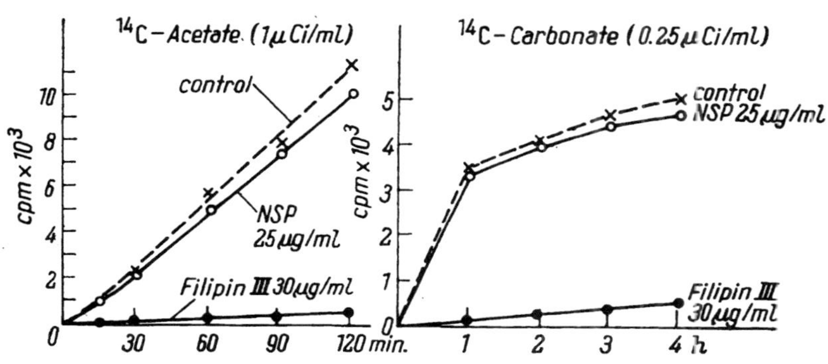

Fig. 7. The influence of NSP and Filipin III on the uptake of ^{14}C-Acetate and ^{14}C-Carbonate during the autotrophic growth.

Literature

(1) Hamilton-Miller, J. M. T.: Bacteriol. Rev. **37**, 166–196 (1973).
(2) Borowski, E., and B. Cybulska: Nature **213**, 1034 (1967).
(3) Borowski, E., and B. Cybulska: Intern. Symp. „Wirkungsmechanismen von Fungiziden und Antibiotika", Berlin 39 (1967).
(4) Lampen, J. O., and P. Arnow: J. Bacteriol. **82**, 2, 247–251 (1961).

Diskussion

Lyr: Meines Wissens ist die Sterol-Zusammensetzung bei *Chlorella* bereits einmal untersucht worden. Gibt es Erfahrungen über die Intensität der Komplexbildung der getesteten Polyene mit den Sterol-Fraktionen?
Borowski: *Chlorella vulgaris* contains ergosterol, ergostenol, chondrillasterol and chondrillastenol as main sterol components of the membrane. The mere presence of ergosterol is enough to produce membrane changes by polyenes. The ability of ergosterol to form complexes with polyenes has well been established. The complexing ability of the remaining sterols has not been studied as yet.
de Waard: At which toxic concentration does leakage of potassium occur, low or high toxic concentrations?
Borowski: As it was indicated in the paper, the concentrations of the antibiotics used for the studies on the induction of potassium leakage were in most cases much higher than that required for the growth inhibition of yeast. The main reason for this discrepancy is, that for cell permeability studies the cell suspension must be much more concentrated than for MIC determination, what requires more antibiotic in the solution to keep the proper ratio of the examined compound per miligram of cells.

Fungicides Affecting Sterol Metabolism

H. D. SISLER and N. N. RAGSDALE

Department of Botany, University of Maryland, College Park, Maryland U.S.A.

During the first 6 decades of this century chemical control of plant diseases was accomplished with protective antifungal agents. Practically all of these compounds were multi-site inhibitors of fungal metabolism. With the recent emergence of systemic antifungal compounds, however, biochemical inhibitor specificity has proven to be a rather common occurence. A specific aspect of fungal metabolism, for example, has been implicated in the action of each of the following systemically active compounds: cycloheximide, carboxin and benomyl. Cycloheximide inhibits protein synthesis at the ribosomal level by specifically preventing the transfer of amino acids from aminoacyl-t-RNA's to polypeptides (1, 2). The fungitoxicity of carboxin, on the other hand, almost certainly results from specific inhibition of the succinoxidase system in fungal cells (3, 4). The action of methyl-2-benzimidazole carbamate (the biologically active breakdown product of benomyl) has been traced to an unidentified specific effect on the mitotic process in *Ustilago maydis* (5) and *Aspergillus nidulans* (6).

Recently interference with sterol metabolism has been implicated in the action of three new antifungal compounds. Interference of this nature was first reported for the compound triarimol in *U. maydis* (7). A mode of action which may be identical with that of triarimol has been suggested in preliminary studies of the compound triforine (8). At the Second International Congress of Plant Pathology, KATO et al. (9) reportes that N-3-pyridyl-5-n-butyl-S'-p-t-butylbenzyl imidodithiocarbonate (S-1358) is also a strong inhibitor of sterol biosynthesis in fungi.

This report considers some biological and biochemical effects of these inhibitors of sterol metabolism, particularly the effects of the compound triarimol.

The effects of triarimol, triforine and S-1358 on spore germination and early phases of culture growth are quite distinct from those of protective fungicides. Toxic doses of protective fungicides such as captan, the dithiocarbamates, dodine, chlorothalonil and heavy metal compounds bring about a rapid and complete termination of growth. On the other hand, approximately one doubling of sporidial number occurs in cultures of *U. maydis* treated with triarimol. Subsequent growth is abnormal, but it continues at a slowly declining rate for many hours. New sporidia are not formed by budding as in control cultures. The mother sporidia enlarge and form cross walls so that massive multicellular sporidia, rather than small singlecelled sporidia, are the final growth product in triarimol-treated cultures (10). Triarimol, triforine (8) and S-1358 all permit normal spore germination and the subsequent development of one to several hyphal cells in *Cladosporium cucumerinum* before effects on growth are evident. Subsequently the hyphal cells become swollen, but further cell division and cell elongation essentially cease. The morphological end products of growth are so similar for conidia treated with the three compounds that one suspects that all 3 have a similar or an identical mode of action. A further indication of a similar or identical mode of action is the cross resistance of mutants of *C. cucumerinum* to triarimol, triforine and S-1358 (8, 11).

In view of the long continuation of growth in the presence of triarimol, it was assumed that energy metabolism, DNA, RNA and protein synthesises were not the primary targets of triarimol action. Studies of the effect of triarimol on these processes in *U. maydis* have proven this assumption to be correct. All of the above mentioned processes were shown to continue for many hours at only a slightly diminished rate in triarimol-treated sporidia (10).

An examination of the effect of triarimol on lipid synthesis in *U. maydis* revealed that the total quantity of lipids synthesized was nearly normal. There was, however, a rapid and exceedingly strong inhibition of ergosterol biosynthesis which was accompanied by an increase in quantity of certain other sterols. There was little effect on levels of triglycerides, but by 9.5 hours free fatty acids accumulated to a level more than 100 times greater than that present in control sporidia (Table 1). There were qualitative as well as quantitative changes in free fatty

Table 1

Relative quantities of major free fatty acids in control and triarimoltreated sporidia of *Ustilago maydis* after 9.5 hours

Fatty Acid	Control	Triarimol-Treated (2 μg/ml)
16 : 0	0.6	78
16 : 1	0.2	18
18 : 0	0.1	5
18 : 1	0.6	48
18 : 2	0.4	100

acids. The 16:0, 16:1 and 18:0, 18:1 and 18:2 were the predominant free fatty acids present in both control and treated cells. There was little difference in the proportion of 16:0 to 16:1 in treated sporidia as compared to control sporidia. However, the 18:0 and 18:1 members made up a lower proportion of the 18 carbon free fatty acids in treated sporidia than in control sporidia; whereas, the 18:2 made up a greater proportion of these acids in treated sporidia than in control sporidia (Table 1, Fig. 1). The phospholipid fraction was not examined in detail; therefore, no conclusions can be drawn regarding the effect of triarimol on this portion of the lipid fraction.

The effect of triarimol on ergosterol biosynthesis was of such a magnitude that it could readily account for toxicity to *U. maydis*. Therefore, the effect of triarimol on this aspect of lipid metabolism was investigated further. These studies revealed that triarimol does not inhibit cyclization of squalene or the transmethylation in which the methylene group is added to the sterol molecule at the C-24 position. Failure of triarimol to inhibit these reactions was indicated by labelling experiments

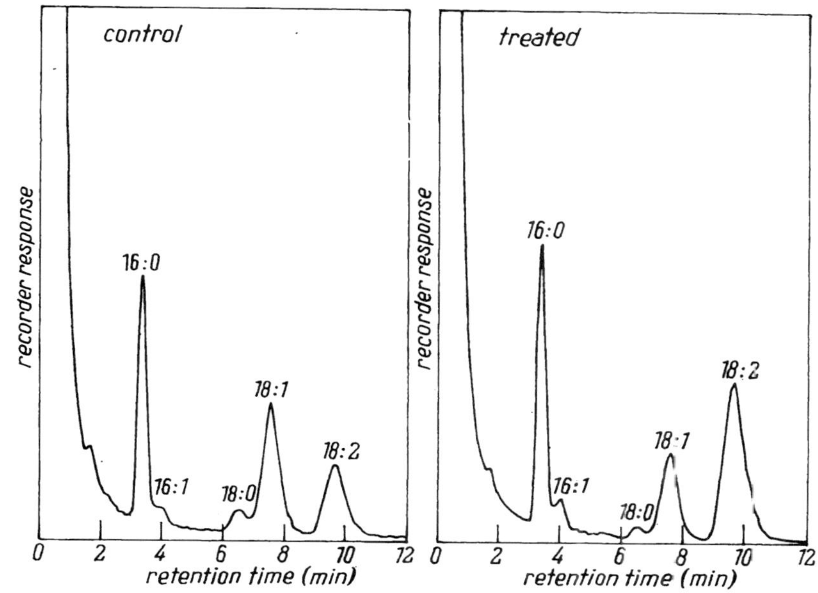

Fig. 1. Recordings of gas-liquid chromatographic analyses of free fatty acids in extracts of control and triarimol-treated (2 µg/ml) sporidia of *Ustilago maydis*. Quantitative comparisons between control and treated should not be made. The recordings indicate only the relative proportions of various free fatty acids in control or treated cells.

using ^{14}C acetate and by the rapid accumulation of 24-methylenedihydrolanosterol in treated cells. For similar reasons it was concluded that triarimol does not interfere with removal of the two methyl groups at the C-4 position of the sterol molecule which yields respectively the two sterols, obtusifoliol and 14α-methyl-$\Delta^{8,24(28)}$-ergostadienol. The former sterol differs from 24-methylenedihydrolanosterol in that it has had one methyl group removed at the C-4 position while the latter sterol differs in that it has had both methyl groups removed at this position.

There is further evidence that triarimol does not prevent isomerization of the C-8 (9) double bond to C-7 (8) or the introduction of the C-5 (6) double bond (12).

Thus triarimol appears to have 3 sites of inhibition in the pathway of ergosterol synthesis:

1. demethylation at C-14
2. introduction of the C-22(23) double bond
3. reduction of the C-24(28) double bond

The reactions affected or unaffected by triarimol in the conversion of lanosterol to ergosterol in *U. maydis* are illustrated in Figure 2.

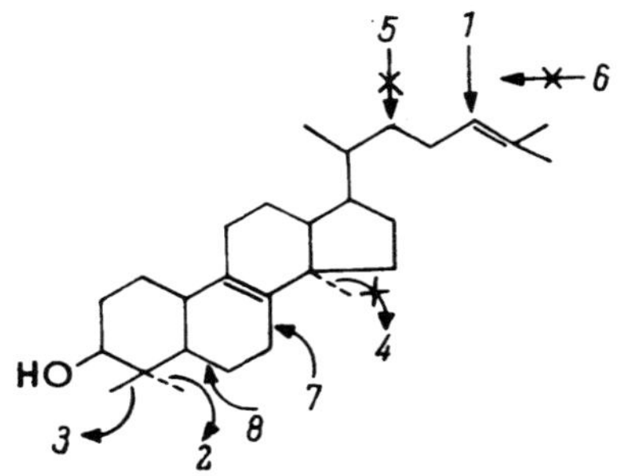

Fig. 2. Effect of triarimol (2 μg/ml) on conversion of lanosterol to ergosterol.
Uninhibited Reactions
1. Introduction of C-24 methyl and oxidation to give C-24(28) methylene with concomitant reduction of C-24(25) double bond.
2. & 3. Removal of C-4 methyl groups.
7. Isomerization of C-8(9) double bond to C-7(8).
8. Introduction of C-5(6) double bond.
Inhibited Reactions
4. Removal of C-14 methyl.
5. Introduction of C-22(23) double bond.
6. Reduction of C-24(28) double bond.

Ergosterol is by far the predominant sterol normally found in *U. maydis*. Although the synthesis of this sterol is almost completely eliminated by triarimol, the quantity of total sterols in treated sporidia at 9.5 hours remains nearly as high on a cellular dry weight basis as in control sporidia (Table 2). This results from the fact that 24-methylenedihydrolanosterol, obtusifoliol and 14α-methyl-$\Delta^{8,24(28)}$-ergostadienol replace the deficiency of ergosterol in triarimol-treated cells. The rate of build-up of these three sterols in treated cells is shown in Figure 3, and the gradual shift in quality of sterols during a 9.5 hour period is shown in Figure 4.

It is clearly evident that a primary site of action of triarimol in *U. maydis* is the inhibition of ergosterol biosynthesis. The nature of the inhibition suggests that triarimol may bind to a sterol-sterol carrier protein complex and prevent removal of the C-14 methyl group and reactions in the side chain of the sterol molecule from being carried out by the appropriate enzymes (12). The lack of ergosterol for

Table 2

Quantities of several sterols (µg/mg dry weight) in control and triarimol-treated sporidia of *Ustilago maydis* grown for 9.5 hours. N.D. = none detected.

Sterol	Control	Triarimol-Treated (2µg/ml)
24-methylenedihydrolanosterol	0.11	1.02
obtusifoliol	0.08	0.61
14α-methyl-$\Delta^{8,24(28)}$-ergostadienol	N.D.	0.35
Δ^7-ergostenol	0.30	N.D.
$\Delta^{5,7}$-ergostadienol	0.15	0.02
ergosterol	1.63	0.08
Total	2.27	2.08

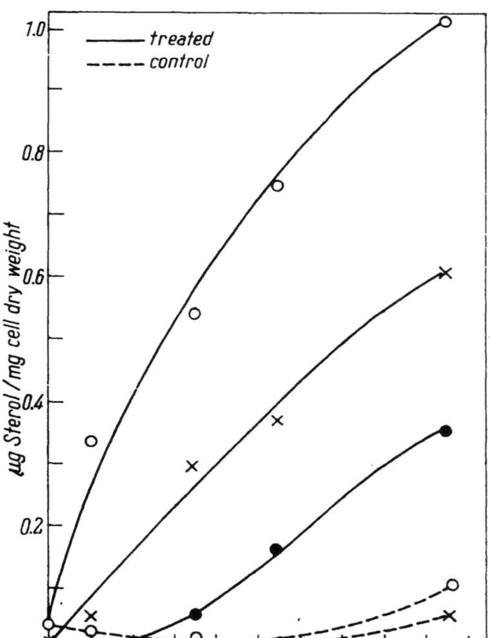

Fig. 3. Quantity of several sterols in control and triarimol-treated (2 µg/ml) sporidia of *Ustilago maydis* at various intervals during a 9.5 hour incubation period. ○—24-methylenedihydrolanosterol; × — obtusifoliol; ● — 14α-methyl-$\Delta^{8,24(28)}$-ergostadienol (not detected in control sporidia). Quantities were averaged from three experiments.

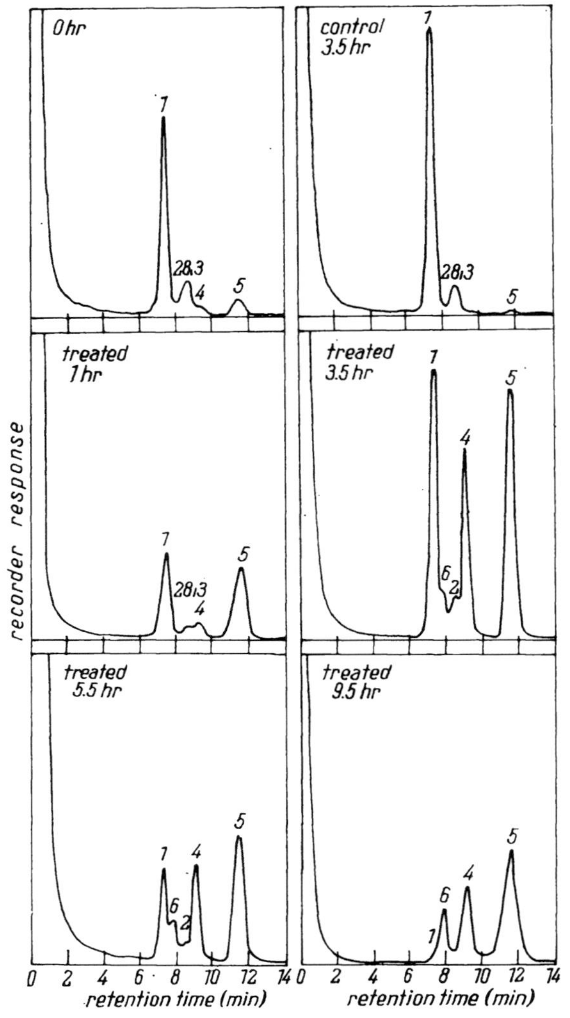

Fig. 4. Recordings of gas-liquid chromatographic analyses of free sterols in control and triarimol-treated (2 μg/ml) sporidia of *Ustilago maydis*. Representative recordings were selected to show only the qualitative differences that develop with time. Those for 0 time and control — 3.5 hour show extremes of the fluctuations that normally occur in control sporidia. The peaks represent the following sterols: 1. ergosterol; 2. $\Delta^{5,7}$-ergostadienol; 3. Δ^{7}-ergostenol; 4. obtusifoliol; 5. 24-methylenedihydrolanosterol; 6. 14α-methyl-$\Delta^{8,24(28)}$-ergostadienol.

membrane structure and function appears to be a likely basis for triarimol toxicity. Although high levels of ergosterol precursors do occur in triarimol-treated cells, it is doubtful whether these could adequately substitute for ergosterol in the fungal membrane. On the other hand, the possibility cannot be excluded that triarimol inhibits growth by interfering with the conversion of ergosterol to a fungal growth regulator. Growth regulatory activity in higher plants which is reversed by gibberellin has, in fact, been reported for the triarimol analogue, ancymidol (13). Triarimol also produces growth regulatory effects in higher plants (14), but the reversibility of these with gibberellin has apparently not been tested. The accumulation of high levels of free fatty acids in triarimol-treated cells is presumably a secondary effect of triarimol inhibition of sterol biosynthesis. Membrane synthesis is no doubt suppressed because of the lack of ergosterol. Thus the fatty acids which accumulate may be those which are normally utilized in membrane synthesis.

Acknowledgement

This work was supported in part by a grant from the National Institute of Allergy and Infectious Diseases, U.S. Public Health Service.

Literature

(1) SIEGEL, M. R., and H. D. SISLER: Biochim. Biophys. Acta **87**, 70—72 (1964).
(2) SIEGEL, M. R., and H. D. SISLER: Biochim. Biophys. Acta **87**, 83—89 (1964).
(3) MATHRE, D. E.: Pestic. Biochem. Physiol. **1**, 216—224 (1971).
(4) WHITE, G. A.: Biochem. Biophys. Res. Com. **44**, 1212—1219 (1971).
(5) HAMMERSCHLAG, R. S., and H. D. SISLER: Pestic. Biochem. Physiol. **3**, 42—54 (1973).
(6) DAVIDSE, L. C.: Pestic. Biochem. Physiol. **3**, 317—325 (1973).
(7) RAGSDALE, N. N., and H. D. SISLER: Biochem. Biophys. Res. Com. **46**, 2048—2053 (1972).
(8) SHERALD, J. L., N. N. RAGSDALE and H. D. SISLER: Pestic. Sci. **4**, 719—727 (1973).
(9) KATO, T., M. UEDA, S. TANAKA and Y. NISHIZAWA: Unpublished.
(10) RAGSDALE, N. N., and H. D. SISLER: Pestic. Biochem. Physiol. **3**, 20—29 (1973).
(11) SHERALD, J. L., and H. D. SISLER: Phytopathology, Abstr. in the press.
(12) RAGSDALE, N. N.: Ph. D. thesis, University of Maryland (1974).
(13) LEOPOLD, A. C.: Plant Physiol. **48**, 537—540 (1971).
(14) MANNING, W. J., and P. M. VARDARO: Phytopathology **63**, 1415—1416 (1973).

Diskussion

LYR: Warum hebt Ergosterol-Zusatz die Hemmung durch Triarimol nicht auf? Es wird sicher leicht in die Zelle inkorporiert?

SISLER: We do not know why ergosterol does not reverse toxicity of triarimol. Perhaps triarimol prevents conversion of ergosterol to a fungal growth hormone in which case addition of ergosterol would not reverse toxicity. Another possibility is that triarimol prevents ergosterol from binding with a sterol carrier protein which might be necessary to transport the sterol to the membrane structure.

FUCHS: Your contribution is of extreme interest to us, since we are working on triforine already many years. However, before your recent publication on this work appeared in Pesticid Science, we really didn't carry out serious experiments on the mode of action of triforine. Since then, however, we started work to reproduce and extend your investigations. We found, that not only in *Cladosporium cucumerinum*, but also in other triforine-sensitive species, like *Ascochyta pisi*, *Ceratocystis fimbriata*, *Monilinia fructicola* and *Verticillium alboatrum* growth inhibition by triforine was counteracted by ergosterol, but even more by progesterone and testosterone and remarkably, strongest by farnesol, although the latter compound is an early precursor in sterol biosynthesis. Further, very closely related species, f.i. within the genus *Verticillium*, respond very differently to triforine. Do you have an explanation for these phenomena?

SISLER: I do not know why closely related fungal species vary widely in sensitivity to triarimol nor do I have any idea at this moment why farnesol should reverse toxicity.

SCHEWE: You have shown, that triarimol causes an accumulation of free fatty acids, especially of linolic acid. It is known, that cis-unsaturated fatty acids are strong uncouplers of oxidative phosphorylation and, moreover, respiratory inhibitors. It may be possible, that the damage of the energy metabolism of the fungus by the accumulated free fatty acids is involved in the toxic effect of triarimol. This could also be an explanation for the fact, that addition of ergosterol fails to reverse the toxic effect.

SISLER: Yes, that is possible. Triarimol is slowly lethal to *Ustilago maydis* which may be a consequence of the effect of such free fatty acids on the mitochondria.

LYR: Nehmen Sie mehrere Wirkorte von Triarimol an, oder liegt mehr eine feedback-Reaktion vor, d. h. ist es eine one-site oder multisite-Wirkung?

SISLER: There is possibly only a single site of action. Our evidence suggests that more than one reaction is affected. However, if triarimol binds to the sterol carrier protein, more than one reaction in sterol conversion might be affected as a consequence of an interaction between the inhibitor and the carrier protein at a single site.

LYR: Kann Gibberellin die Wachstumshemmung aufheben?

SISLER: Giberellin did not reverse toxicity of triarimol in *Ustilago maydis* or in *Cladosporium cucumerinum*.

LYR: Warum ist Triarimol nicht auf dem Markt, obwohl es ein ausgezeichnetes Fungizid ist? Können Sie etwas über die Stabilität in der Pflanze sagen?

SISLER: Triarimol did not pass animal toxicity tests. I understand it was teratogenic at very high concentrations.

DEKKER: Are all strains resistant to triarimol also resistant to triforine? How many resistant strains did you test?

Is there a difference between triarimol and triforine with respect to the frequency of development of resistant strains to these fungicides? If so, how could this be explained?

SISLER: Yes, those strains we have tested are resistant to both compounds. Our tests for resistance to these compounds have been very limited. Resistant strains are easy to obtain, but we do not know the relative frequency of resistance to triarimol and triforine.

Erste Ergebnisse zum Wirkungsmechanismus von Terrazol

H. Lyr, B. Laussmann und G. Caspersson

Institut für Pflanzenschutzforschung Kleinmachnow
der Akademie der Landwirtschaftswissenschaften der DDR

Terrazol (5-Äthoxy-3-trichlormethyl-1,2,4-thiadiazol) ist ein systemisches Fungizid mit relativ hoher Spezifität gegenüber Oomyzeten, wodurch es sich von den meisten anderen Systemfungiziden unterscheidet. Es läßt sich zur Bekämpfung bodenbürtiger Erreger wie *Pythium*- oder *Phytophthora*-Arten in verschiedenen Kulturen einsetzen (1).

Über den Wirkungsmechanismus und die Ursachen der Selektivität ist noch nichts bekannt.

Tabelle 1 gibt einen verkürzten Überblick über die Wirkung auf Pilzarten verschiedener taxonomischer Stellung (nach Kluge). Die Werte für die ED_{50} wurden

Tabelle 1

Hemmung des Wachstums durch Terrazol bei Pilzarten verschiedener taxonomischer Stellung (Agar-Plattentest)
Inhibition of growth by terrazol in fungal species of different taxonomic position (Agar-medium).

Organismus	ED_{50} (ppm)	Organismus	ED_{50} (ppm)
Phytophthora cactorum	< 1	*Verticillium alboatrum*	40
Pythium debaryanum	< 1	*Thielaviopsis basicola*	100
Mucor mucedo	8	*Cochliobolus carbonum*	20
Botrytis cinerea	20	*Cladosporium cucumerinum*	50
Aspergillus niger	> 100	*Schizophyllum commune*	40
Penicillium chrysogen.	90	*Trametes versicolor*	30
Fusarium oxysporum	70	*Rhizoctonia solani*	70

im Agar-Plattentest auf 2% Malzagar gewonnen durch Messung der Hemmung des Radialwachstums. Oomyzeten sind hoch empfindlich, während Asko- und Basidiomyzeten erst durch sehr viel höhere Konzentrationen gehemmt werden. Von mittlerer Empfindlichkeit erwies sich *Mucor mucedo*, der wegen der leichteren Kultivierbarkeit zunächst als Versuchsobjekt ausgewählt wurde.

Für biochemische Untersuchungen fanden junge Keimmyzelien (ca. 12 Std. alt) Verwendung. Sie wurden auf Rotationsschüttlern auf Malzlösung (1%) oder auf einem synthetischen Glukose-Asparagin-Medium (3% Glukose + 0,5% Asparagin + 0,1% KH_2PO_4 + 0,1% K_2HPO_4 + 0,05% $MgSO_4 \cdot 7\,H_2O$) bei 25 °C angezogen.

Sowohl Sporenkeimung wie Mycelwachstum werden durch Terrazol gehemmt (Tab. 2, Abb. 1). Dabei zeigte sich, daß auf Malz-Medium der Pilz weniger empfindlich ist als auf Glukose-Asparagin-Medium, da auf ersterem eine Tendenz

Tabelle 2

Hemmung der Sporenkeimung von Mucor mucedo durch Terrazol (in %)
Inhibition of germination of spores of *Mucor mucedo* by terrazol (in %)

ppm	Stunden 4	6	8	10	24
	%	%	%	%	%
0	—	0	0	0	0
3	—	0	32	13	0
10	—	48	42	20	0
30	—	55	46	25	15
100	—	100	100	100	100

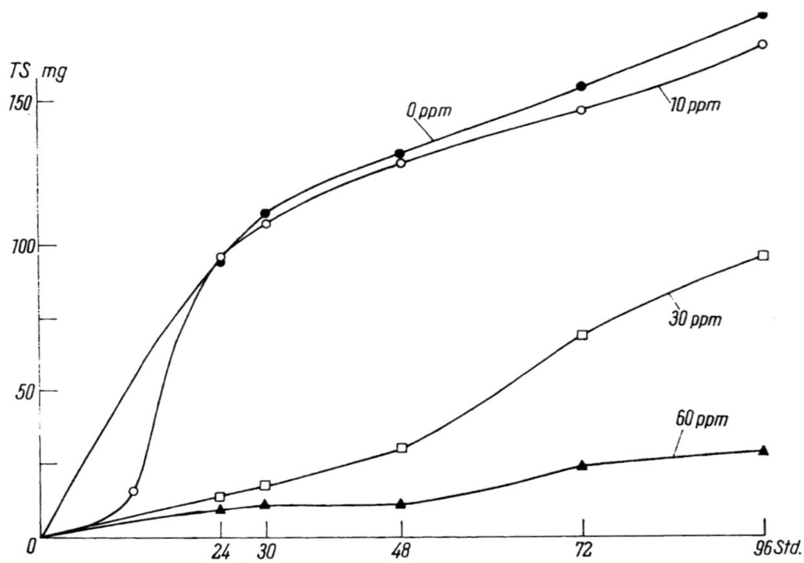

Abb. 1. Wachstumsverlauf von *Mucor mucedo* in Submerskultur auf 1%iger Malzlösung unter der Einwirkung verschiedener Konzentrationen von Terrazol.

zur Überwindung der Hemmung im Laufe der Zeit vorhanden ist, die in Abbildung 1 und Tabelle 2 deutlich erkennbar wird. Nur hohe Konzentrationen von 60 bis 100 ppm führen zu einer nachhaltigen Wuchshemmung. Dadurch ist die Angabe einer ED_{50} etwas problematisch. Berücksichtigt man die Tatsache, daß bei biochemischen Untersuchungen nur kurze Inkubationszeiten benutzt werden, dürfte die ED_{50} für *Mucor* entsprechend Tabelle 2 und 3 etwa bei 10 ppm (4×10^{-5} M) oder darunter liegen, was mit dem Agar-Platten-Test in Übereinstimmung steht. Dieser Wert ist bei kurzer Einwirkungszeit (bis zu 6 Std.) unabhängig vom benutzten Medium.

Tabelle 3

Wuchshemmung von *Mucor mucedo* in Prozent (I%) auf einigen Medien in Submerskultur durch steigende Terrazol-Konzentrationen nach 96 Stunden.
Inhibition of growth in percent (I%) of *Mucor mucedo* on some media in submers culture by increasing concentrations of Terrazol after 96 hours.

Terrazol	1% Malz		3% Malz		Gluk./Asp.		Frukt./Asp.	
ppm	mgTS	I%	mgTS	I%	mgTS	I%	mgTS	I%
0	188	—	541	—	1362	—	709	—
5	206	**+8**	629	**+16**	892	**35**	804	**+14**
10	117	**38**	672	**+24**	565	**59**	796	**+12**
30	42	**78**	190	**65**	26	**81**	14	**81**
60	13	**99**	25	**95**	11	**99**	6	**99**
ED_{50} (ppm)	**15**		**25**		**8**		**20**	

Der Einfluß verschiedener Nährmedien auf die Hemmung des Wachstums in Submerskultur durch Terrazol ist in Tab. 3 dargestellt. Das Wachstum ist am weitaus besten auf Glukose-Asparagin-Medium. Es folgen Fruktose-Asparagin, 3% Malz und 1% Malz, wo die geringsten Trockengewichte in der Kontrolle erreicht wurden. Vergleicht man jedoch die Hemmung (ED_{50}), so ergibt sich die Reihenfolge Glukose > 1% Malz > Fruktose > 3% Malz. Daraus ist erkennbar, daß nicht die Wachstumsintensität mit der Hemmbarkeit korreliert und eine Steigerung der Malzkonzentration zwar eine Wachstumssteigerung bewirkt, die Hemmung durch Terrazol aber abschwächt. Merkwürdig ist, daß der Pilz auf Fruktose als C-Quelle trotz guten Wachstums unempfindlicher als auf Glukose reagiert. Die Werte sprechen dafür, daß mit Ausnahme von Glukose auf anderen C-Quellen bei Terrazol Konzentrationen bis zu 10 ppm die Hemmung ganz oder teilweise überwunden werden kann.

Unter der Einwirkung von Terrazol wird das Spitzenwachstum der Hyphen stark gestört oder ganz unterbunden. Die Hyphenspitzen stellen das Wachstum ein und können kolbig, blasige Deformationen aufweisen mit der Tendenz zur Ausbildung von Ersatzhyphenspitzen, die ebenfalls bald das Wachstum einstellen. Das Myzel vakuolisiert stark (Abb. 2, 3, 4, 5). Gehemmtes Schüttelmyzel wächst in Form kleiner, bräunlicher Kugeln von gummiartiger Konsistenz. Im elektronenoptischen Bild ist in späten Stadien eine Vakuolisierung erkennbar bzw. in niedrigen Konzentrationen (2 ppm) eine Induktion bzw. Vergrößerung von Vakuolen, teilweise auch eine Lysis von Mitochondrien.

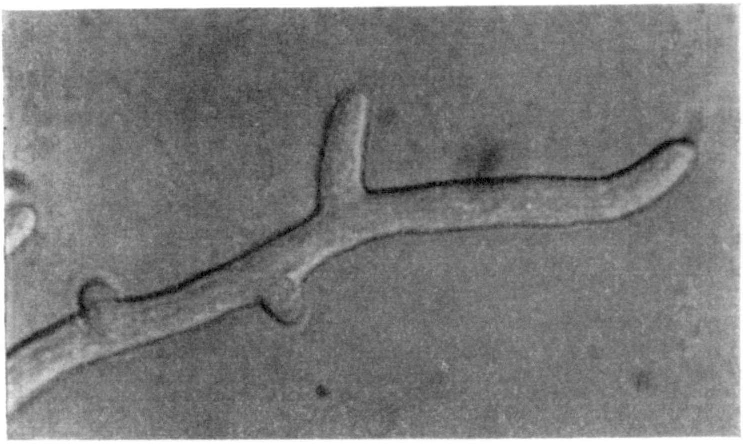

Abb. 2. Normal wachsende Hyphenspitze von *Mucor mucedo* ohne Wirkstoffeinfluß auf Malz-Medium submers kultiviert. Vergr. 1250 : 1

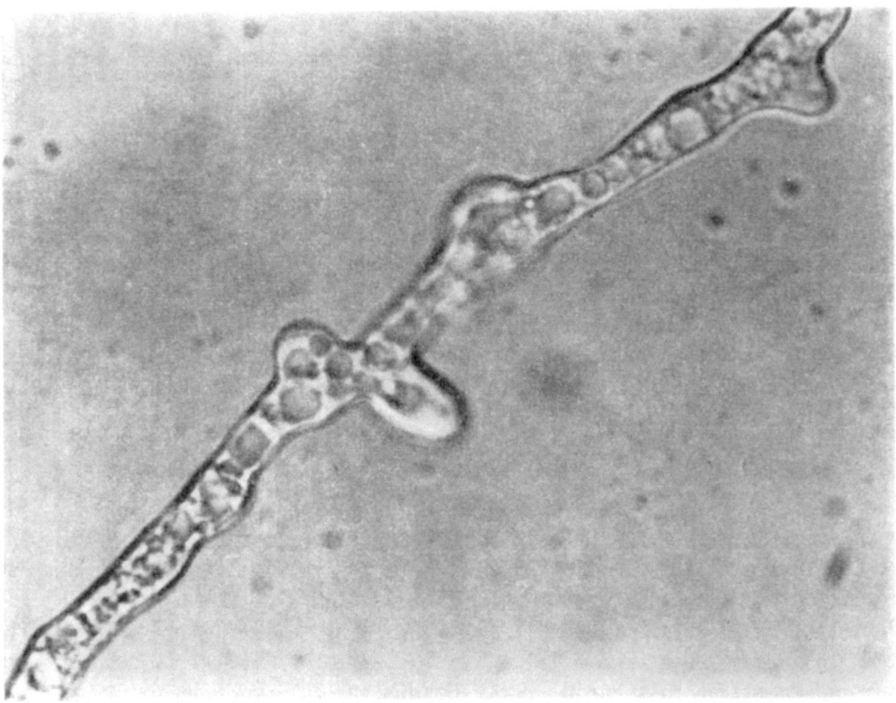

Abb. 3. Stark vakuolisierte Hyphe nach 12 Stunden Einwirkung von 2 ppm Terrazol. Vergr. 1250 : 1

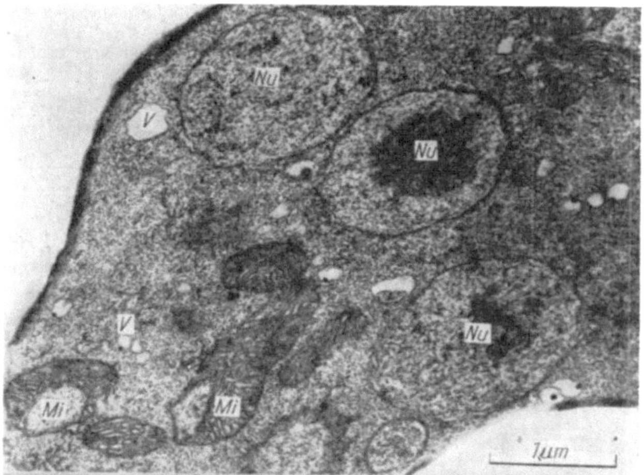

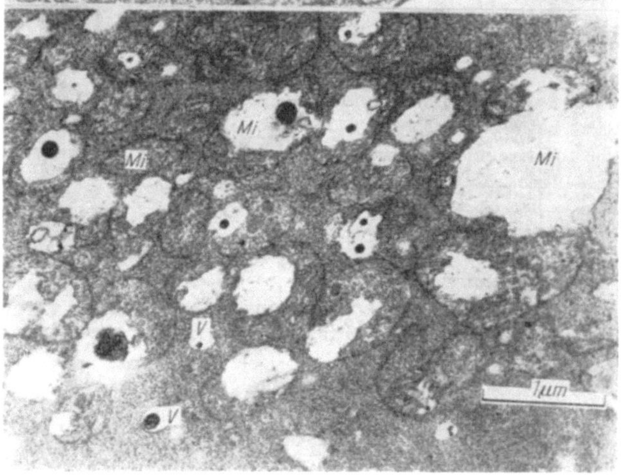

Abb. 4. Hyphenspitze von *Mucor mucedo* ohne Terrazol-Einwirkung OsO_4-Fixierung. Nu = Nucleus, Mi = Mitochondrien, V = Vakuole
Vergr. 24000 : 1

Abb. 5. Hyphenspitze von *Mucor mucedo* nach 12 Std. Einwirkung von 10 ppm Terrazol. (OsO_4-Fixierung.) Mitochondrien teilweise lysiert.
Vergr. 24000 : 1

Zur Aufklärung des Wirkungsmechanismus untersuchten wir die Wirkung von Terrazol auf Membranpermeabilität, Respiration und Fermentation (Tab. 4). Zwar sind leichte Hemmungen der Atmung und Gärung sowie eine Steigerung der K-Ionen Ausscheidung erkennbar, die jedoch erst ab 30 ppm höhere Werte erreichen, während bei 10 ppm die Effekte zu gering sind, um für die starken Wachstumshemmungen verantwortlich gemacht werden zu können. Geprüft wurde ferner

Tabelle 4

Wirkung von Terrazol auf Atmung, Gärung und K^+-Verlust von Keimmyzelien von *Mucor mucedo.*

Effekt of terrrazol on respiration, fermentation and loss of potassium ions of germinating spores of *Mucor mucedo.*

ppm	Hemmung in %		
	Respiration (O_2-Verbrauch) (nach 120 min)	Fermentation (CO_2-Produktion) (nach 60 min)	K^+-Ausscheidung (leakage) in % (nach 120 min)
1.0	8	0	0
3.0	11	5	4
10.0	18	8	4
30.0	21	17	19
100.0	34	24	36

Tabelle 5

Hemmung von Aufnahme und Einbau von ^{14}C-Valin und ^{14}C-Adenin durch Terrazol bei *Mucor mucedo*

Inhibition of uptake and incorporation of ^{14}C-Valin and ^{14}C-Adenin by terrazol in *Mucor mucedo*

	Hemmung in %			
	Aufnahme		Inkorporation	
	^{14}C-Valin	^{14}C-Adenin	^{14}C-Valin	^{14}C-Adenin
1×10^{-3} (248 ppm)	52	—	—	35
1×10^{-4} (25 ppm)	27	24	65	16
3×10^{-5} (7 ppm)	7	—	35	—
1×10^{-5} (2,5 ppm)	5	15	34	4

die Wirkung auf Aufnahme und Inkorporation von ^{14}C-Valin und ^{14}C-Adenin (Tab. 5). Während die Aufnahme bei niederen Konzentrationen nicht stärker beeinträchtigt ist, wird die Valin-Inkorporation in Proteine bereits bei niederen Dosen gehemmt. Der Adenin-Einbau ist dagegen unbeeinflußt. Ob hieraus bereits Schlüsse auf eine primäre Hemmung der Proteinsynthese gezogen werden können, ist noch nicht gesichert. Weitere Versuche hierzu sind in Vorbereitung.

Die starke Hemmung des Spitzenwachstums könnte darauf hinweisen, daß Terrazol in den Lipidstoffwechsel bzw. in die Membransynthese eingreift, wie es für das Fungizid Triarimol (2) bekannt wurde. Die Wirkung auf die Lipidzusammensetzung nach einer Einwirkungszeit von 16 Std. bei Auftragung gleicher Lipidmengen zeigt Abbildung 6. Die Übersicht läßt erkennen, daß deutliche Unterschiede in der quantitativen Zusammensetzung der Lipide auftreten. Da die Inkubationszeit jedoch ziemlich lang ist, wurde zunächst auf eine quantitative Aus-

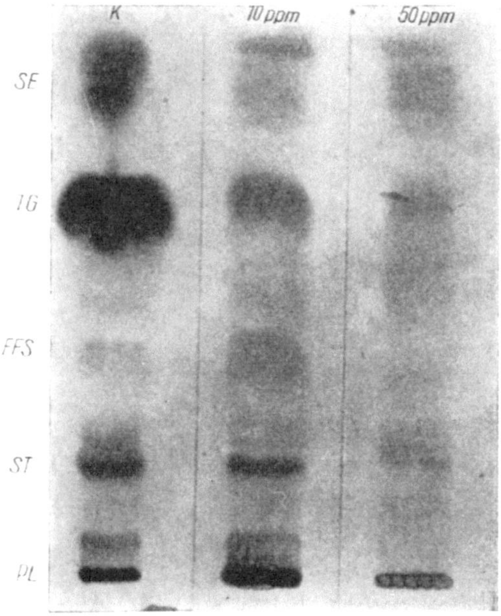

Abb. 6. Dünnschichtchromatogramm der Lipide von *Mucor mucedo* links ohne Wirkstoffzusatz, rechts nach Einwirkung von 10 und 50 ppm Terrazol (16 Std.). Sprühreagenz: Chromschwefelsäure
PL = Phospholipide, ST = Sterole, FFS = Freie Fettsäuren, TG = Triglyzeride, SE = Sterolester

wertung der Dünnschichtplatten verzichtet. Erkennbar ist, daß die Triglyzeride unter Terrazol-Einwirkung reduziert werden. Die Fluorescenz der einzelnen Fraktionen ist deutlich verändert. Aussagefähiger ist jedoch eine Pulsmarkierung der Lipide mit ^{14}C-Azetat, um den Einfluß auf die Synthese der verschiedenen Lipide messen zu können. Die Verteilung der Radioaktivität nach dünnschichtchromatographischer Auftrennung zeigt Abbildung 7. Tabelle 6 demonstriert die Veränderung des Einbaues von ^{14}C-Azetat unter der Einwirkung von Terrazol (3—6 Stunden). Wie der Faktor F ausweist, ist eine Abnahme der Radioaktivität in der Fraktion der Triglyzeride und bei den Sterolestern (?) deutlich. Die Sterol-Synthese ist leicht stimuliert, wobei der Azetat-Einbau in einige Fraktionen auch gehemmt sein kann, was noch überprüft werden muß, da die relativ geringe Aktivität der einzelnen Fraktionen bei der hier verwendeten Methode nicht exakt reproduzierbare Werte ergab. Deutlich stimuliert ist der Einbau in die Phospholipide und besonders in die Fraktion VI. Ähnliche Ergebnisse wurden bei Verwendung von 100 ppm Terrazol erzielt.

Lipidpräparation: Das Myzel wird 2mal mit Phosphatpuffer pH 6,6 gewaschen, die Lipidfraktion nach FOLCH u. a. (3) isoliert und gereinigt.

Dünnschichtchromatographie: Auf Kieselgel-Platten nach Stahl 300 μm Schichtdicke. Laufmittel I: Hexan/Benzol 85/15, Laufmittel II: Hexan/Äthyläther/Eisessig 69/29/2.

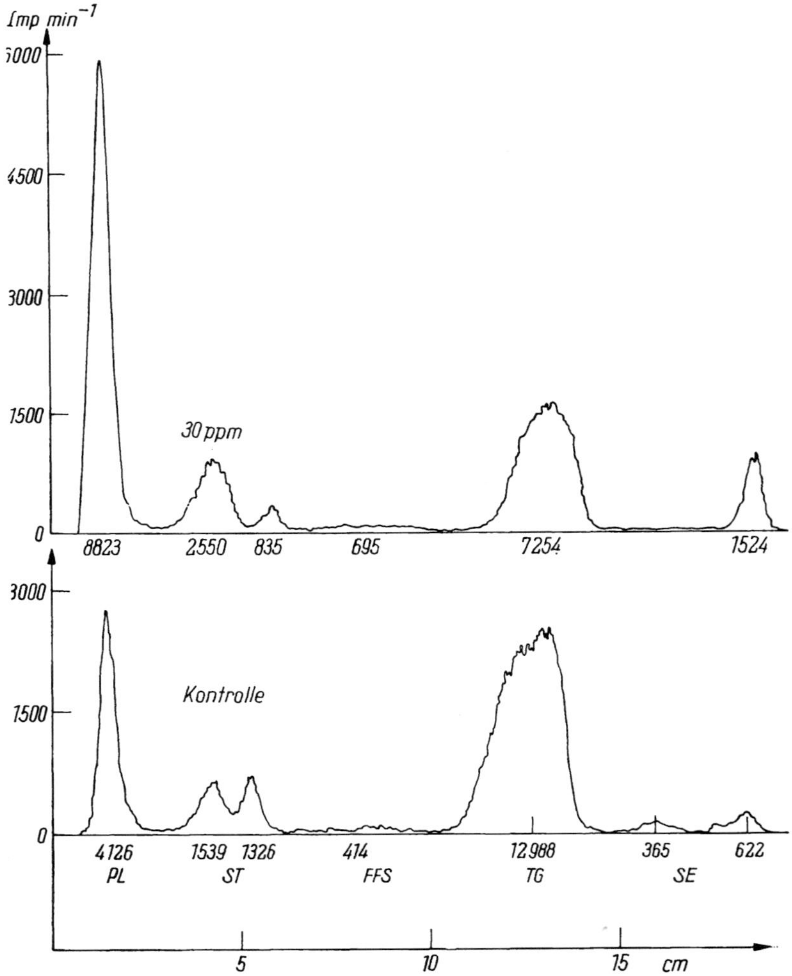

Abb. 7. Verteilung der Radioaktivität in verschiedenen Lipidfraktionen bei dünnschichtchromatographischer Auftrennung nach Pulsmarkierung (2 Std.) mit 200 μCi ^{14}C-Azetat.

Unten: ohne Wirkstoffzusatz, oben: nach Einwirkung von 30 ppm Terrazol (6 Std.).

Nachweisreagenz: 2,7-Dichlorfluorescein (0,2%ig in 96% Äthanol) oder Chromschwefelsäure.

^{14}C-Azetatinkorporation: Das Myzel wurde auf Malz oder Glukose—Asparagin-Medium angezogen und nach Waschen in das Medium nach COURSEN und SISLER (4) überführt. Inkubation von 3—6 Stunden mit verschiedenen Konzentrationen von Terrazol und Zusatz von 200 μCi Azetat pro Kolben, Auswertung nach 2 Stunden. Die Trennung der Fraktionen auf den Dünnschichtplatten erfolgte nach der Methode von FRENCH und ANDERSEN (5), die Radioaktivitätsmessung mittels eines Scanners direkt auf der Platte.

Tabelle 6

Pulsmarkierung der Lipide von *Mucor mucedo* mit ^{14}C-Azetat (2 h) mit und ohne Einwirkung von Terrazol (Verteilung der Radioaktivität in Prozent)

Labeling of lipids of *Mucor mudeco* with ^{14}C-azetat (2 h) with and without action of terrazol (Distribution of radioactivity in percent)

Fraktion	Kontrolle 3 h	20 ppm 3 h	$F_{20/K}$	Kontrolle 6 h	30 ppm 6 h	$F_{30/K}$
I Phospholipide	25,8	29,4	1,1	19,4	40,7	2,1
II Sterole	7,8	7,4	0,9	13,4	15,6	1,1
III Freie Fettsäuren	2,7	5,3	2,0	1,9	3,2	1,6
IV Triglyceride	60,7	52,9	0,8	60,7	33,5	0,6
V Sterolester (?)	2,3	2,2	1,0	1,7	0,01	0,02
VI ?	0,8	2,7	3,0	2,9	7,0	2,4

Wie die oben erwähnten Ergebnisse zeigen, kann unter bestimmten Umständen die durch Terrazol verursachte Wachstumshemmung bei nicht zu hohen Dosen durch *Mucor mucedo* überwunden werden. Die Ursachen könnten eine aktive Entgiftung des Wirkstoffes durch den Pilz sein oder gesteigerte Syntheseraten eines in seiner Synthese blockierten Metaboliten bzw. dessen Aufnahme aus dem Nährmedium. Über die Möglichkeiten einer aktiven Entgiftung des Wirkstoffes ist bisher nichts bekannt. Die breite und relativ einheitliche Wirkung auch gegenüber Asko- und Basidiomyzeten spricht nicht sehr für diese Anschauung. Wir untersuchten nur orientierend die Stabilität gegen UV-Bestrahlung und chemische Oxydation durch H_2O_2. Die Ergebnisse zeigt Abbildung 8. Durch UV-Bestrahlung mittels einer Quarzlampe verändert sich das Spektrum in äthanolischer Lösung bereits nach 10 min deutlich, indem die Absorption abnimmt und ein neuer peak ausgebildet wird. Terrazol ist danach nur von mäßiger UV-Stabilität, wenn auch etwas weniger empfindlich als das polyene Antibiotikum Aureofungin (vgl. S. 66).

Die verringerte Wirkung von Terrazol auf dem komplexen Malzmedium (vgl. Tab. 3) könnte dadurch bedingt sein, daß der Pilz für das Wachstum essentielle Substanzen aus dem Medium aufnimmt, deren Synthese durch den Wirkstoff blockiert ist. Um den Angriffsbereich besser lokalisieren zu können, wurden verschiedene Substanzen auf ihre Fähigkeit geprüft, die Terrazol-Wirkung aufzuheben bzw. zu vermindern.

Im Agar-Platten-Test ergaben Zusätze von Caseinhydrolysat, Hefenukleinsäuren, Cholesterin (0,5—1,0%) keinen Effekt. Auch in Submerskultur mit exakter Trockensubstanzbestimmung konnte durch Zusatz von Tween 20, Lezithin,

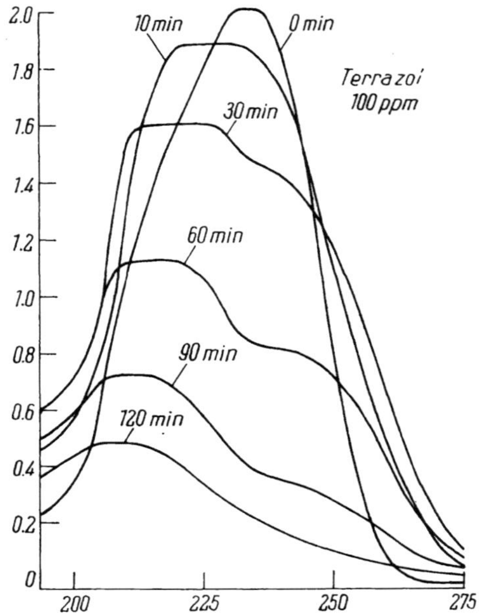

Abb. 8. Veränderung der UV-Absorptionsspektren von 100 ppm Terrazol in äthanolischer Lösung nach verschiedenen Bestrahlungszeiten mit einer UV-Quarzlampe.

Fettsäuren aus verseiftem Leinöl (0,5%) keine Aufhebung der Terrazol-Wirkung nach einer Gesamtversuchszeit von 96 Stunden festgestellt werden. Als Medium diente allerdings 1%ige Malzlösung. In weiteren Versuchen auf Glukose-Asparagin-Medium wurden Lipidextrakte von *Mucor*, von Malz (0,25%) sowie Lezithin (0,25%) und ein komplexes Vitaminpräparat mit wasser- und fettlöslichen Vitaminen (Summavit) (0,1%) geprüft. Zur besseren Dispersion wurden die Lipidextrakte mit 0,5% Tween 20 versetzt, das selbst keine Wirkung hat. Die Ergebnisse sind in Tabelle 7 zusammengestellt. Danach haben die untersuchten Zusätze keine Aufhebung der Terrazol-Wirkung erbracht. Offenbar blockiert das Fungizid nicht die Synthese dieser Verbindungen.

Aus den bisherigen Resultaten kann noch kein endgültiger Schluß hinsichtlich des Wirkungsmechanismus von Terrazol gezogen werden. Auszuschließen ist eine primäre Wirkung auf die Zellmembran, Respiration und Fermentation sowie die RNS-Synthese. In höheren Konzentrationen können leichte Nebenwirkungen auf die Membran auftreten (ab 30 ppm), was unspezifische Reaktionen zur Folge haben kann. Möglich wäre eine Einwirkung auf die Proteinsynthese mit dem Lipidstoffwechsel zusammenhängende Synthesen. Bei der relativ geringen Emp-

Tabelle 7

Wirkung verschiedener Zusätze auf die Wachstumshemmung (I%) von *Mucor mucedo* durch steigende Terrazol-Konzentrationen (Glukose—Asparagin-Medium, 96 Stunden). Die Lipide waren mit 0,5% Tween 20 versetzt.

Effect of different additives on the inhibition of growth (I%) of *Mucor mucedo* by increasing Terrazol concentrations (glucose—asparagin-medium, 96 hours). Lipids were mixed with 0,5% tween 20.

Terrazol ppm	Tween 20 0,5% mg TS I%	Mucor Lipide 0,25% + Tw. mg TS I%	Malz-Lipide 0,25% + Tw. mg TS I%	Vitaminkompl. 0,1% mg TS I%	Lezithin 0,25% + Tw. mg TS I%
0	163 (100%)	217 (133%)	273 (168%)	210 (129%)	261 (160%)
10	114 **30**	106 **51**	87 **68**	123 **41**	124 **52**
30	14 **91**	7 **97**	3 **99**	56 **73**	34 **87**
60	7 **96**	4 **98**	3 **99**	6 **97**	3 **99**

findlichkeit von *Mucor* gegen Terrazol verglichen mit den Oomyzeten ist jedoch denkbar, daß die beobachteten Effekte noch nicht mit dem primären Wirkungsmechanismus identisch sind. Wie der Zusatz von verschiedenen Substanzen zeigt, dürfte der Angriffspunkt nicht in einer Blockierung der Aminosäure-, Fettsäure-, Ergosterin- oder Lezithinsynthese liegen. Auch ein Zusatz von Vitaminen in relativ hoher Dosis vermag die Hemmung nicht aufzuheben. Daher sind weitere Untersuchungen erforderlich, um den Angriffspunkt zu lokalisieren.

Literatur

(1) Wheeler, J. E., R. B. Hine and A. M. Boyle: Phytopathology **60**, 561 (1970).
(2) Ragsdale, N. N., and H. Sisler: Pesticide Biochem. and Physiol. **3**, 20 (1973).
(3) Folch, I., M. Lees and G. H. Sloane Stanley: J. Biol. Chem. **226**, 497 (1957).
(4) Coursen, B. W., and H. D. Sisler: Amer. J. Bot. **47**, 541 (1960).
(5) French, J. A., and D. W. Andersen: J. Chromatogr. **80**, 133 (1973).

Diskussion

Fuchs: Wie Sie zeigten sind die ED_{50}-Werte auf Glukose- bzw. Fruktose-Asparagin-Agar ziemlich unterschiedlich, obwohl doch Glukose und Fruktose biochemisch in gleicher Weise metabolisiert werden? Wie erklären Sie dies? Was ist der Grund dafür, daß Sie Ihre Experimente mit *Mucor mucedo* durchgeführt haben, obwohl es unter den Oomyceten doch empfindlichere Pilze gibt und außerdem *Mucor mucedo* kein phytopathogener Pilz ist?

Lyr: *Mucor* wählten wir aus versuchstechnischen Gründen. Später werden Oomyceten untersucht werden. Der Unterschied zwischen Glukose und Fruktose bezüglich der Empfindlichkeit gegen Terrazol ist z. Z. noch schwer zu erklären. Verschiedene Ursachen sind denkbar.

Schewe: Im von Ihnen gezeigten Chromatogramm der Neutrallipide fällt der ungewöhnlich hohe Anteil unveresterter Fettsäuren auf. Ein solch hoher Anteil ist ungewöhnlich für biologische Systeme. Bei der Lipid-Extraktion ist die Möglichkeit einer Aktivierung von Lipasen und Phospholipasen durch organische Lösungsmittel in Betracht zu ziehen. Sollte dies zutreffen, könnte Terrazol als Hemmstoff von Lipasen und Phospholipasen wirken, da in Gegenwart des Wirkstoffes der Gehalt unveresterter Fettsäuren wesentlich niedriger war.

Vielleicht ist eine Phospholipasehemmung ein neues Prinzip der Fungizidwirkung. Es wäre denkbar, daß Phospholipasen beim Eindringen des Pilzes in die Wirtspflanze die Membran angreifen. In diesem Zusammenhang ist die Schutzwirkung des Procains gegenüber Pilz-Infektionen interessant, über die Prof. Dekker gestern berichtete. Das Procain ist in der Medizin und Biochemie als Lokalanästhetikum und Phospholipase-Hemmstoff im Einsatz.

Lyr: Eine Wirkung des Terrazol auf Phospholipasen haben wir noch nicht untersucht. Sie können bei einigen Pathogenen als Ektoenzyme toxisch wirken, was bei dem nicht-pathogenen *Mucor* natürlich keine Bedeutung hat. Aber für die Membran-Synthese und -umbau könnten wichtige Funktionen hier liegen. Wir werden das überprüfen.

Girbardt: Mir ist nicht bekannt, daß Effekte von Phospholipasen beim Eindringen der Pilze, auch bei Haustorien, eine Rolle spielen.

Josepovits: In einer Arbeit von Woodcock gibt es einige Hinweise, daß Chloralamide eine einheitliche fungizide Wirkung haben. Terrazol kann eigentlich als ein Chloralamid-Derivat angesehen werden. Könnten die von Ihnen beschriebenen Wirkungen des Terrazols auf die Lipid-Zusammensetzung der Chloralamid-Gruppe zugeschrieben werden? Wenn Sie den Thiadiazol-Ring für die Hauptwirkung verantwortlich machen, könnte die Chloralamidgruppe für Nebenwirkungen verantwortlich sein.

Lyr: Wir haben leider keine Derivate untersucht, so daß ich über die Bedeutung einzelner Molekülstrukturen keine Angaben machen kann.

Naumann: Nach der gezeigten Dosis-Wirkungs-Tabelle reagieren die Oomyceten und die Zygomyceten wesentlich empfindlicher als die übrigen Testpilze. Es liegt nahe, da sich die empfindlichen von den unempfindlichen Pilzen durch das Fehlen von Querwänden und teilweise (Oomyceten) in der Zellwandzusammensetzung unterscheiden, bei der Analyse der Terrazol-Wirkung speziell die Zellwandsyntheseprozesse zu analysieren.

Lyr: Ein Einfluß auf die Membransynthese könnte vorliegen, obwohl die Wandstärke als solche unter Terrazol-Einwirkung nicht verändert wird. Wir werden das noch in vitro prüfen, wobei sich natürlich *Mucor* und Oomyceten im Wandaufbau unterscheiden.

Benomyl, after Seven Years

A. FUCHS and G. J. BOLLEN

Research Unit for Internal Therapy of Plants,
Laboratory of Phytopathology, Agricultural University, Wageningen,
The Netherlands

In 1967 the fungicide was introduced (1) which soon was welcomed as the panacea in plant disease control. Born under the codename Du Pont Fungicide 1991, it soon was baptized Benlate, and as such achieved notoriety in the world of plant pathology. Numerous investigators have tested its efficacy against a wide variety of plant diseases, and the number of publications wholly or partially devoted to benomyl, the active substance of Benlate, will be well over a thousand. It is a broad-spectrum fungicide, which is active against the majority of the *Asco-* and *Deuteromycetes* and a number of *Basidiomycetes* (2, 3). However, no activity whatsoever has been reported against the *Oomycetes* and the *Mucorales* among the *Zygomycetes*. The high predictability of its in vivo activity from results of in vitro experiments (cf. 2) might have contributed much to its success in practice.
Having started so successfully, and hence greeted as a real breakthrough in the control of plant disease by systemic fungicides, benomyl has now also been shown to produce adverse effects. Rather shortly after its coming into practical use, the first signs of resistance against benomyl were noticed (4, 5, 6, 7, 8), and now the number of publications reporting this phenomenon may run into some dozens. Even worse, particularly from the view-point of its environmental implications, is the great persistence of benomyl in soils first shown by HINE et al. (9). By many authors persistence, however, seems to be considered an advantage rather than a drawback; according to these views, one of the good properties of benomyl is just its excellent stability, as exemplified by the following references: up to three years after a single application of benomyl by pressure-injection into the soil, elms growing in this soil were still protected against Dutch elm disease (10), although there was a progressive yearly decline in the amount of fungitoxicant in the shoots. It even has been suggested that one application of benomyl to the soil might be effective over several successive crops (11).
Very shortly after the introduction of benomyl it was recognized by several workers that, in dilute aqueous suspension, hydrolysis takes place with the formation of methyl 2-benzimidazolecarbamate, now usually abbreviated as MBC (12, 13). In plants, root-treated with benomyl, MBC was soon found to be the only fungitoxicant present in aerial parts (14, 15). Therefore, this compound is now generally considered to be the actual fungitoxic principle, not only of benomyl, but also of a large variety of other benzimidazole fungicides and even of the group of thiophanates, in which degradative cyclization of the side chains leads to forma-

tion of MBC (or in the case of thiophanate, to the ethyl analogue EBC) (16, 17, 18, 19). Hence, the fungitoxic spectra of benomyl and thiophanates are very similar (20), although in other respects these systemic fungicides behave quite dissimilarly.

Our laboratory in Wageningen has contributed to the knowledge on benomyl and its effects in several respects. Initially, we were just one of a large number of laboratories testing benomyl for its activity against fungal plant diseases (15). Soon, however, certain objectives in our research programme on benomyl and thiophanates became discernible, and we concentrated on the following main topics:

1. Uptake, transport and metabolism of benomyl and thiophanates in plants, examined by the first authors and his co-workers.
2. The mechanism of action of benomyl, and inseparably related to this mode of action the biochemical aspects of acquired and natural resistance, investigated by DAVIDSE.
3. Ecological effects of the practical application of benomyl, mainly studied by the second author and his students; in this connection, the phenomenological aspects of resistance against benomyl received special attention.

From these main tropics several sub-topics arose more recently as, for instance, microbial conversion of benomyl, studied by FUCHS and DAVIDSE.

In the following résumé, for each of these different lines of investigation first the main results already published will be reviewed briefly; subsequently, the more recent advances in each of these topics will be emphasized.

Uptake, Transport and Metabolism in Plants

Contrary to what could be expected on account of their similar conversion to MBC, upon short-term treatment benomyl and the thiophanates were rather different in their effectiveness in protecting plants against fungal diseases, benomyl being superior to thiophanate-methyl, and both exceeding in effectiveness NF 48, a compound closely related to thiophanate-methyl. Quite unexpectedly, the efficacy of MBC under such circumstances was even less than that of any of the parent compounds. These observations led to a series of experiments, in which the effectiveness of MBC, benomyl and thiophanates after short- and long-term treatment was evaluated in relation to the distribution pattern of the common fungitoxicant MBC within plants (21, 22, 23).

In short-term treatments, the plants were immersed with their roots in aqueous suspensions of the fungicides for 2 days and then transferred to fungicide-free garden soil. In MBC- and NF 48-treated plants this resulted in a rapid depletion of the fungicide in the roots and stems, and accumulation of MBC in the leaves present at the time of treatment. Since no redistribution of fungitoxicant takes place, short-term treatment with MBC or with NF 48 afforded protection only of the older leaves, whereas younger leaves, which expanded after termination of the treatment were left entirely unprotected. However, treatment with thiophanate-methyl and in particular with benomyl caused a more even distribution of fungitoxicant over the aerial plant parts. In these cases, apparently sufficient amounts of the parent compounds were retained in the roots to ensure, for at least 5 weeks, a continuous supply of MBC also to the leaves which unfolded after the treatment period. Consequently, protection was more uniform and longer lasting.

Substitution at the N-1 position in the benzimidazole nucleus, as found in benomyl and in the compound which most probably serves as an intermediate conversion product of thiophanate-methyl (22) seems a prerequisite for this retention in the roots and the gradual release of MBC to the other plant parts.

In long-term treatments, in which the plants after being transplanted to garden soil received an additional supply of fungicide as a daily application for one week, no such differences in efficacy between MBC, benomyl and thiophanates were observed; irrespective of the fungicide applied, cucumber plants under such circumstances remained entirely free from powdery mildew. However, as soon as, in the newly expanding leaves, concentrations of MBC (or EBC) decreased below a critical level (0.35 µg/g fresh weight for powdery mildew) symptoms became visible (23). Apparently — and quite as expected —, the function of a reservoir of fungicide in the planting medium is to continuously replenish the amount of the fungitoxicant in the growing plant, to provide, even in the youngest leaves, a concentration exceeding the limiting concentration for symptom expression. Evidently, this limiting concentration will be quite specific for each fungal pathogen. A better insight into distribution patterns of fungitoxicants within plants, and knowledge of the limiting concentration for symptom expression might be of importance to establish more critically the concentrations of fungicide needed to suppress disease symptoms permanently.

As has been implicated above, MBC is the exclusive fungitoxicant and probably the principal metabolite in most plants, when exposed to benomyl treatment. Only in strawberry plants the occurrence of a further breakdown product, viz. 2-aminobenzimidazole (2-AB), has been reported (24). De-esterification, followed by non-enzymatic conversion of the resulting carbamic acid, apparently does not readily take place within plants; the exclusive presence of MBC in the so-called apoplast might be an explanation for this lack of degradation. On the other hand, exposure of plants to 2-AB led to the formation of small amounts of MBC (25), sometimes little above the lower limit of detection (2 ng) of the thin-layer chromatographic bioassay (26), generally employed in all these experiments. It might be inferred, that plants contain (an) enzyme(s) which — probably aspecifically — convert(s) 2-AB into MBC. However, since the concentrations of MBC formed were very low, this conversion does not seem of any practical importance.

The Mechanism of Action of Benomyl

In recent years concentrated efforts have been directed towards solving the problem of the mode of action of benomyl. Although this subject is covered in detail by Davidse (this Symposium), a few remarks are made here.

In the earlier publications (f.i. 27) it was suggested that benomyl (and other benzimidazole fungicides) acted as antimetobolites, and that inhibition occurred at the nucleotide level. In an extensive series of investigations, SISLER and coworkers suggested that, in *Neurospora crassa* and *Ustilago maydis*, DNA-synthesis was one of the possible sites of action of benomyl; in the latter species RNA and protein synthesis were also affected, although to a lesser extent (28). Oxidation of glucose and acetate, however, were unaffected in these fungi, unlike *Saccharomyces pastorianus* (29), in which these oxidation processes were inhibited quite considerably, together with DNA, RNA and protein synthesis. In this yeast species MBC, in contrast to benomyl, did not inhibit oxidation of either glucose or acetate. The activity of MBC was then assumed to involve interference with cytokinesis or mitosis. In support of the latter hypothesis substantial evidence was soon presented by HAMMERSCHLAG and SISLER (30) and, independently, by DAVIDSE (31). Inhibition of DNA-synthesis and of cytokinesis in *Aspergillus nidulans*, *Saccharomyces cerevisiae* and *Ustilago maydis* was then recognized to be a secondary effect and could be attributed entirely to mitotic failure. Further, the resemblance in the effects of MBC and colchicine suggested a similar mode of action, viz. interference with spindle formation. As discussed by DAVIDSE (32) during this Symposium the latter assumption is strongly supported by the results of his experiments.

Ecological Aspects of Practical Application

Because of the considerable differences in sensitivity to benomyl within fungi and the low sensitivity of bacteria and actinomycetes, its practical use may influence the dynamic equilibrium between the various components of the microflora. Especially in soil, competition for the available substrate is so intense, that suppression of some groups will result in an increase in number of less sensitive species. It also means, that in a field soil with a well-balanced pluriformal microflora the general biological activities will usually be influenced only slightly or not at all after administration of a selective pesticide. Therefore, it is not unexpected, that respiration, dehydrogenase activity, cellulolysis and ammonification were not markedly affected after the application of even relatively high doses of benomyl (33, 34).
The extent to which a shift in the components of the microflora, responsible for these activities, will occur is dependent on the persistence of benomyl and the degree of its adsorption to soil constituents. Since benomyl is mainly adsorbed to the organic fraction, the organic matter content of the soil is of fundamental importance for the availability of the fungicide in soil.
Our experiments on the effect of benomyl on the soil microflora are mainly dealing with fungi, both saprophytic and plant parasitic ones. The saprophytes, which are exposed to benomyl during breakdown of benomyl-containing plant residues and after application of the fungicide for the control of root-infecting

fungi, are of special interest because of their synergistic and antagonistic relationships with plant pathogens. With regard to the plant parasitic fungi, we were particularly interested in the fate of resistant species after practical application of the fungicide. Therefore, we studied the fate of both naturally resistent species and of resistant strains within species, "normally" sensitive to benomyl.

The use of a selective pesticide does not imply per sé that this should result in an increase in number of resistant organisms. This will only occur if the pathogen in its natural environment is kept in check by the antagonistic activity of sensitive organisms. This effect will be short-lived when also pesticide-tolerant components of the microflora normally act as antagonists. In the case of benomyl it means, that development of a resistant fungal pathogen may be hampered by benomyl-insensitive bacterial antagonists.

Incidence of wilting of seedlings of Chinese asters planted in a potting soil inoculated with *Phytophthora cryptogea* was significantly higher in soil with benomyl than in the controls without this fungicide. However, two months after addition of benomyl the effect had decreased significantly and again one month later had disappeared completely (35). In a similar experiment, using the same soil and dosis of benomyl (10 μg a.i./g), with *Pythium irregulare* as the pathogen and sugarbeet as the test plant, no significant effect was found one week as well as one month after application of the fungicide. Thus, despite of the fact that the two pathogens are closely related and both insensitive to benomyl their behaviour in the presence of benomyl is markedly different, indicating that such effects as described above are very specific. Apparently, each pathogen has its own spectrum of synergists and antagonists.

In these experiments naturally resistant species were involved. It is not to be expected, that resistant strains within "normally" sensitive pathogenic fungi should react dissimilarly as is demonstrated by the following evidence. A resistant strain of *Penicillium corymbiferum* isolated from lilies caused more rotting of bulb scales when treated with a suspension of benomyl than when left untreated (36). Further, appearance of benomyl resistance in saprophytic fungi epiphytically present on petioles of cyclamen partly restored the antagonism to a likewise resistant strain of *Botrytis cinerea*, which caused soft rot of these petioles (37).

A relatively slight difference in benomyl sensitivity can also result in a change in dominance of plant pathogens ("disease trading" sensu KREUTZER (38)) as has been shown in a study on the cause of incidence of sharp eyespot in benomyl-sprayed rye (39). In treated plots, discolouration of the culm base, mainly caused by Fusaria, decreased but sharp eyespot, caused by *Rhizoctonia solani*, was significantly more frequent than in the controls. In vitro, the isolates of *R. solani* were, however, not resistant to the fungicide; they were merely less sensitive than those of the two *Fusarium* species most frequently isolated from the culm bases. Increased development of the strain of *R. solani* in the presence of benomyl could also be ascribed to a decrease of the antagonistic activity exerted by the microflora of the rhizosphere soil (39).

Our experiments on rye were carried out in 1970. In line with our experience, in the same year in field experiments in England benomyl and thiabendazole treatment caused a more than 100% increase in the incidence of sharp eyespot in wheat (40). In our experiments, high dose rates of fungicide were applied (2.4 kg a.i./ha). Since 1970, many data have been published on the minimum dose rates of benomyl required for the successful control of several cereal diseases (41). It remains to be seen whether after application of such low dose rates the same phenomenon as outlined above should have occured.

Despite of lack of downward transport of benomyl via the phloem, spray treatment resulted in a shift in the fungal flora present on the root system. Three weeks after spraying rye grown under greenhouse conditions with a dose of 160 mg a.i./m^2 very sensitive species like *Chaetomium* spp., *Cylindrocarpon* sp. and *Fusarium* spp. were less frequent on roots of sprayed plants than on those of untreated ones. This effect decreased with time, so that nine weeks after the treatment, among normally frequently isolated fungi, only *Aureobasidium bolleyi* and *Papulaspora* sp. were still less frequently isolated from the roots of sprayed plants (42). The presence of fungitoxicant in roots and rhizosphere soil of the rye plants in field as well as greenhouse experiments, causing the effects described, could be readily ascribed to run-off of benomyl along the stems.

In spite of the relatively great persistence of benomyl many authors who studied its influence on the soil mycoflora, conclude that the saprophytic fungi are not appreciably affected (43, 44, 45, 46). However, from the above-mentioned effects of the fungicide on microbial antagonism it can be inferred, that benomyl does influence the activity of saprophytes. Since bacteria and actinomycetes are only slightly or not at all affected at dose rates applied under field conditions (cf. 33, 34), it is likely that the decrease of the antagonistic activity towards *Rhizoctonia* and *Botrytis* will be due to a shift within the mycoflora.

As indicated above, in the presence of a selective fungicide actively growing sensitive fungi may be replaced by tolerant ones. Since benomyl acts mainly as a fungistaticum, it principally affects the fungi in an active metabolic state. The soil dilution plate method, used by the above-cited authors, except KAASTRA-HÖWELER and GAMS (45), will, however, especially yield colonies from spores and other structures with a low metabolic activity cf. 47). Thus, counts of the total fungal flora obtained by soil dilution plate techniques (46) or similar methods do not provide conclusive evidence on the qualitative effects of benomyl on the mycoflora. Therefore, a soil-washing method was used to obtain more relevant information about the fungi present as mycelium (48).

Since metabolic activity depends upon the nutrient composition of the soil, a mere fungistaticum can not be expected to exert any effect in a soil deprived from an adequate substrate. Therefore, we tested the effect of benomyl on the mycoflora of a potting soil amended with easily utilizable carbon and nitrogen sources (Table 1). The potting mixture had been prepared one year before and kept under moist conditions at outdoor-temperatures to reduce the initially available easily utilizable nutrients to a minimum before the experiment was started. As is shown in Table 1 in benomyl-treated soil, resistant species belonging to the *Mucoracaee* (viz. *Mucor* spp., *Rhizopus* spp., *Zygorhynchus* sp. and *Absidia* sp.) only increased in number in the presence of extra nutrients. *Trichoderma* spp., a group in which until now no resistance has been recorded, could clearly only successfully compete for the extra substrate in the absence of benomyl. The tolerant *Mortierellaceae* and the sensitive *Chrysosporium* spp. in this soil turned out to be autochthonous rather than zymogenous. Their frequency was not significantly affected by the fungicide.

KAASTRA-HÖWELER and GAMS (45), who also used the soil-washing technique, reported that even very sensitive species were not inhibited after addition of benomyl (10 µg a.i./g). They assumed the low colonization ratios of soil particles by fungi to be ascribable to low metabolic activity.

Table 1

Effect of nutrients on soil mycoflora in presence and absence of benomyl.
Soil: potting mixture, organic matter content 58.9 %, pH 4.9; incubation: 1 month at 20 °C; method of isolation: washing technique, soil-extract agar.

Groups of most frequently isolated fungi	Frequency of isolation (%)[a]			
	−N		+N[b]	
	−B	+B[c]	−B	+B
Mucoraceae	1	0	16	71
Mortierellaceae	56	38	0	1
Trichoderma spp.	13	17	52	12
Chrysosporium spp.	6	15	0	0

a: from 100 washed soil particles per treatment
b: 5 g of ingredients of Czapek-Dox medium + 100 g NH_4NO_3 kg (300 g dry weight) of potting soil
c: 10 µg benomyl/g (dry weight) of soil

In some studies (43, 44, 46) Penicillia are especially mentioned as fungi being sensitive in vitro, but not influenced by benomyl in soil. Apart from the above-mentioned objections against the use of the soil dilution plate method for this type of research, it should be realized that resistance is not uncommon in *Penicillium* species, particularly in those of the *P. brevicompactum* series (7). The choice of Penicillia as a criterion to draw any conclusion on the effect of benomyl on soil fungi, therefore, seems rather inappropriate; in doing so, one should at least test the isolates for their sensitivity to the fungicide.

The situation created in the experiment given in Table 1 may reflect field conditions where residues of sprayed crops arrive in the soil as a substrate for microbes. This prompted us to compare breakdown of rye straw benomyl-sprayed crops with that of straw from untreated plots; in both instances, breakdown was examined in the same soil, in which the plants were grown. Two months after burying the straw, decomposition measured as the loss in dry weight was virtually similar in both cases. Some sensitive fungi were isolated from both straw samples; *Trichoderma* spp., however, were obtained from 24% of particles from the straw of untreated crops, but not at all from that of benomyl-sprayed rye.

Microbial Conversion of Benomyl

In relation to conversion of benomyl in plants, and as a corollary to the phenomena of persistence of benzimidazoles and of resistance against benomyl in normally benomyl-sensitive fungi, there arose an interest in microbial conversion of benomyl.

Research on the effects of benomyl and related benzimidazoles on bacteria has been rather limited so far, and has been mainly concentrated on their mutagenic activity (49, 50, 51). In *Salmonella typhimurium* the mutagenic mode of action of benzimidazoles, among which MBC, was shown to involve base substitutions, which made it seem possible that MBC was incorporated into DNA in place of a purine base. With *Echerichia coli*, and benzimidazole as a mutagenic agent, Seiler (50) succeeded in identifying benzimidazole mononucleotide as one of the hydrolysis products of the bacterial DNA. Therefore, MBC-mononucleotide may possibly be one of the bacterial conversion products of MBC.

Already in 1971, in a preliminary note (52) breakdown of Benlate was reported to be accomplished by some isolates belonging to the genus *Achromobacter*. Microbial degradation of benomyl in soil has been more thoroughly investigated recently in laboratory (53, 54) and field studies (55). They showed that in soil, benomyl is rapidly converted to MBC, and then, much more slowly, to 2-AB. The latter conversion involved a loss of fungitoxic activity; this decrease in fungitoxicity was shown to be closely related to microbial activity. Using 2-^{14}C-benomyl, the "half-life" of "total benzimidazoles" appeared to depend on the soil type, and was about 4 to 12 months in bare soil (55); in humus-rich soils the concentration of fungicide, however, decreased at a much faster rate and, after 6 months, in these soils fungitoxicity was below 10% of the original activity (54). Using a soil percolation technique, Helweg (53, 54) succeeded to enrich for several bacterial and fungal strains, which were capable of growing on agar plates with benomyl as the sole source of carbon and nitrogen. In these experiments, decomposition of benomyl was assessed by the formation of clear zones in the cloudy agar around bacterial colonies, as well as by the loss of fungitoxic activity in these zones.

Because we were especially interested to know whether bacteria would be able to break down benomyl with ring cleavage of the heterocyclic nucleus, we followed a somewhat different experimental approach (56). Using enrichment techniques and media of different compositions, but invariably containing benomyl, we isolated many strains of fluorescent Pseudomonads, which in pure culture grew very well in media containing benomyl as the sole carbon source, but failed to grow when 2-AB or benzimidazole was the sole source of carbon. Similar observations with a large series of pure cultures of different bacterial species indicated, that in the case of benomyl these strains probably used the butylcarbamoyl side chain as their C-source. As has been mentioned before, this side chain is easily split off in aqueous suspensions of benomyl, giving rise to butylamine. The isolation of the Pseudomonads is consistent with the results of DEN DOOREN DE JONG (57) who showed already half a century ago, that alkylamines were an excellent source of carbon for, among others, *Pseudomonas* species.

Since relatively high concentrations of benomyl (up to 0.5%) were employed in the enrichment media, the thin-layer chromatographic bioassay mentioned above (26) was not very suitable for a quantitative measurement of minor changes in concentration due to breakdown of benomyl, or more precisely MBC, to non-fungitoxic degradation products. This problem was overcome by adding trace amounts of 2-^{14}C-MBC to these media, together with some inorganic salts (NH_4Cl, K_2HPO_4 and $MgSO_4$) and as carbon source, either benomyl or Na-lactate. Na-lactate was used for two reasons; firstly, it strongly promotes enrichment of *Pseudomonas* species, which are well known for their degradative abilities, and secondly, breakdown of MBC may take place only in the presence of another organic compound, which serves as the source of carbon and energy. Several of the enrichment cultures thus obtained rapidly lost part or all of the radioactivity present, indicating a rapid breakdown of 2-^{14}C-MBC. This breakdown was followed more closely by growing mixed cultures of bacteria (obtained by subculturing from enrichment cultures) in a medium as indicated above. The cultures were aerated with CO_2-free air; the $^{14}CO_2$ produced was absorbed in a 1:2 mixture (v/v) of ethanolamine and 2-methoxyethanol. At intervals, aliquots of this CO_2-trapping solution were analyzed for radioactivity by liquid scintillation counting; at the same time aliquots from the culture medium were subjected to thin-layer chromatographic analysis. Radioactive breakdown products on the developed thin-layer chromatograms were detected by radioscanning. The mixed cultures, in which fluorescent Pseudomonads were predominant, produced radioactive metabolites only in the presence of Na-lactate. After 4 days, 2-AB was produced, followed after another 3 days by CO_2; a third product was formed after another 11 days (Fig. 1). The formation of this third product was somewhat unexpected, since it arose after $^{14}CO_2$-evolution had passed its maximum rate; it seemed, therefore, a product of assimilation rather than of breakdown. On the other hand, it might be a conversion product, such as MBC-mononucleotide, liberated by lysis of the ageing bacterial culture. However, since the medium employed was not buffered and, during incubation, the pH gradually increased to 10, it was not possible to rely completely on these results.

Therefore, in a subsequent experiment the experimental conditions were changed as follows: a medium containing 1 g NH_4Cl and 0.5 g $MgSO_4$, and 1 g benomyl as the only C-source per liter of 1/15 M phosphate buffer, pH 7.0, to which c. $38.10^{-2}\mu Ci$ 2-^{14}C-MBC was added, was inoculated with Benlate-treated greenhouse soil, and $^{14}CO_2$-production and formation of other breakdown products followed by the methods outlined above. Moreover, at each sampling time the bacterial population was examined qualitatively by subculturing on agar plates of different compositions. As shown in Figure 2 from 14 days onwards there was a distinct $^{14}CO_2$-evolution, preceded by the production of 2-AB. Again, when $^{14}CO_2$-formation was clearly decreasing the third, as yet unknown product appeared, with a

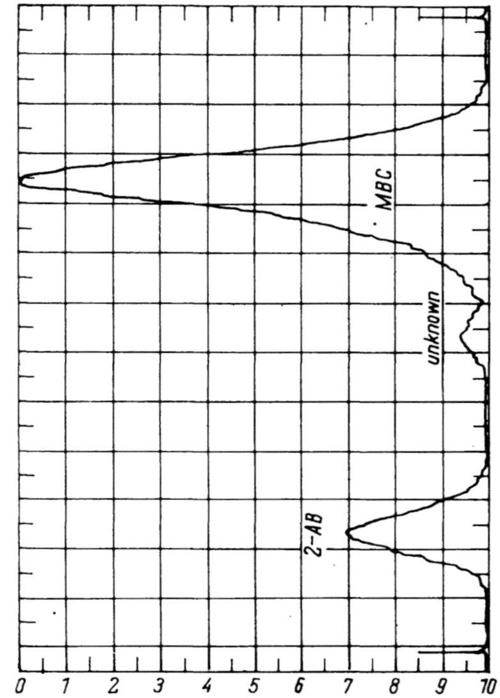

Fig. 1. TLC radioscan of aliquot of mixed bacterial culture after 15.5 days of incubation, showing original 2-^{14}C-MBC, 2-aminobenzimidazole (2-AB) and a trace of a third unknown metabolite. Medium (75 ml) containing 1 g NH_4Cl, 2 g K_2HPO_4, 0.5 g $MgSO_4$, 5 g Na-lactate + 38.10^{-2} μCi 2-^{14}C-MBC. Merck DC-Alufolie Kieselgel 60 F 254; solvent chloroform/methanol 9 : 1.

maximum concentration when $^{14}CO_2$-evolution had almost ceased (Fig. 3). The compound did not co-chromatograph with benzimidazole; as a matter of fact, formation of such a breakdown product would be rather unexpected at this stage of MBC-breakdown, and also has not been found by Baude et al. (55). These facts, and the observation that benzimidazole did not support bacterial growth in enrichment cultures indicate that benzimidazole is probably not a metabolite of MBC. The data rather suggest, that ring cleavage of the benzimidazole nucleus occurs at the 2-AB stage, with immediate formation of $^{14}CO_2$. When this occured (after 25—30 days incubation) two different bacterial species were predominant in the "enrichment" medium; they have been isolated as pure

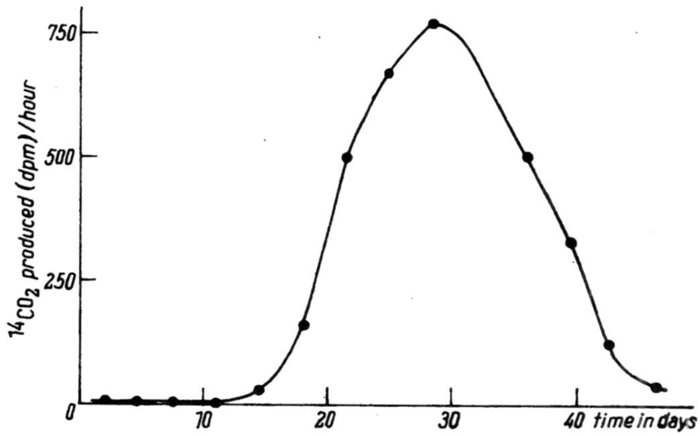

Fig. 2. $^{14}CO_2$-evolution in relation to time, in mixed bacterial culture. Medium (100 ml) containing 1 g NH_4Cl, 0.5 g $MgSO_4$, 1 g benomyl + 38.10^{-2} μCi 2-^{14}C-MBC in 1/15 M phosphate buffer pH 7,0.

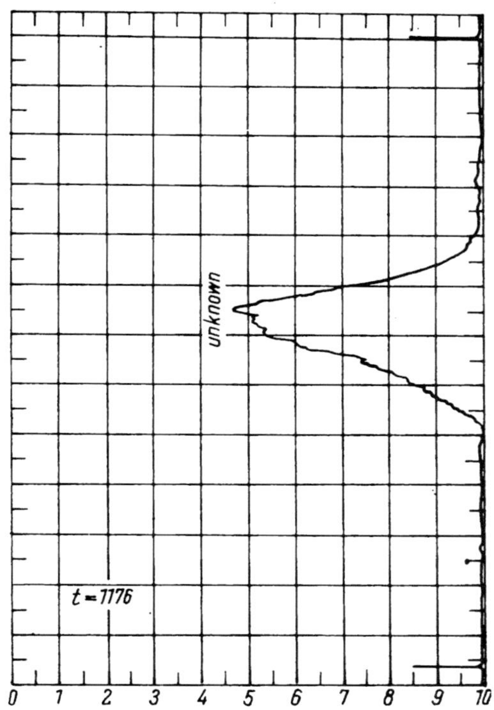

Fig. 3. TLC radioscan of aliquot of mixed bacterial culture (same as in Fig. 2) after 46.5 days of incubation, showing unknown metabolite. Merck DC-Alufolie Kieselgel 60 F 254; solvent chloroform/methanol 9 : 1.

strains, but have not been identified so far. Inoculated together in the same medium as described above, they failed, however, to break down MBC to any appreciable extent. Apparently, several different bacterial species are simultaneously or successively engaged in MBC-breakdown: an example of co-metabolism. Even in the latter "enrichment" culture degradation was exceedingly slow; although 2-^{14}C-MBC had disappeared almost completely after 36 days, this affected the total amount of benomyl very little. Since it is known that benomyl, although it is hydrolyzed in dilute aqueous suspensions, at high concentrations is largely present as the parent compound (cf. 58; see also 23), evidently, radiolabelled MBC was gradually replaced and "diluted" by newly formed non-radioactive MBC. Therefore, the quantitative breakdown of 2-^{14}C-MBC was accompanied by an only small decrease in the amount of benomyl; thus, the rate of breakdown of 2-^{14}C-MBC did by no means reflect the overall rate of degradation of benomyl. The results of these experiments on bacterial degradation of benomyl thus confirm its great persistence.

Not only bacteria are capable of benomyl degradation. Fungi also are able to degrade MBC, the common conversion product of benomyl and thiophanate-methyl (59). Both the sensitive fungus *Pellicularia sasakii* and the insensitive fungus *Alternaria mali*, when growing in low concentrations (5 µg/ml) of thiophanate-methyl, were shown to metabolize the parent compound within a few hours to MBC, and further to 5-hydroxy-MBC, already well-known as an animal metabolite of benomyl (60, 61); in addition, in *P. sasakii*, a third, as yet unknown product was formed. Remarkably, conversion by the insensitive species *A. mali* was more rapid than conversion by *P. sasakii*. In our laboratory, DAVIDSE (62) made similar observations using strains of *Aspergillus nidulans* and sublethal concentrations of benomyl.

These results clearly show, that fungi, even those sensitive to benomyl and thiophanate-methyl, might possess a detoxification mechanism, which ceases to function effectively when these fungi are exposed to lethal concentrations of the fungicide.

In conclusion, although benomyl ranks high as a systemic fungicide, the occurence of resistance in a number of fungi should be a reason for some caution regarding its practical use. Its side-effects in disturbing the microbial balance in the soil ecosystem as well as its great persistence involve another risk which should not be neglected.

Literature

(1) DELP, C. J., and H. L. KLOPPING: Plant Dis. Reptr **52**, 95—99 (1968).

(2) BOLLEN, G. J., and A. FUCHS: Neth. J. Pl. Path. **76**, 299—312 (1970).

(3) EDGINGTON, L. V., K. L. KHEW and G. L. BARRON: Phytopathology **61**, 42—44 (1971).

(4) SCHROEDER, W. T., and R. PROVVIDENTI: Plant Dis. Reptr **53**, 271—275 (1969).

(5) HOITINK, H. A. J., and A. F. SCHMITTHENNER: Plant Dis. Reptr **54**, 427—430 (1970).

(6) NETZER, D., E. DISHON and J. KRIKUN: Proc. VIIth Int. Congr. Pl. Prot. (Paris) 222 bis 223 (1970).

(7) BOLLEN, G. J.: Neth. J. Pl. Path. **77**, 187—193 (1971).
(8) BOLLEN, G. J., and G. SCHOLTEN: Neth. J. Pl. Path. **77**, 83—90 (1971).
(9) HINE, R. B., D. L. JOHNSON and C. J. WENGER: Phytopathology **59**, 798—801 (1969).
(10) BIEHN, W. L.: Plant Dis. Reptr **57**, 35—37 (1973).
(11) JACOBSEN, B. J., and P. H. WILLIAMS: Plant Dis. Reptr **54**, 456—460 (1970).
(12) CLEMONS, G. P., and H. D. SISLER: Phytopathology **59**, 705—706 (1969).
(13) PETERSON, C. A., and L. V. EDGINGTON: J. Agr. Food Chem. **17**, 898—899 (1969).
(14) SIMS, J. J., H. MEE and D. C. ERWIN: Phytopathology **59**, 1775—1776 (1969).
(15) FUCHS, A., A. L. HOMANS and F. W. DE VRIES: Phytopath. Z. **69**, 330—343 (1970).
(16) SELLING, H. A., J. W. VONK and A. KAARS SIJPESTEIJN: Chem. Ind. 1625—1626 (1970).
(17) VONK, J. W., and A. KAARS SIJPESTEIJN: Pestic. Sci. **2**, 160—164 (1971).
(18) SOEDA, Y., S. KOSAKA and T. NOGUCHI: Agr. Biol. Chem. **36**, 817—823 (1972).
(19) SOEDA, Y., S. KOSAKA and T. NOGUCHI: Agr. Biol. Chem. **36**, 931—936 (1972).
(20) BOLLEN, G. J.: Neth. J. Pl. Path. **78**, 55—64 (1972).
(21) DAVIDSE, L. C., and A. FUCHS: Gewasbescherming (Abstr.) **2**, 140—142 (1971).
(22) FUCHS, A., G. A. VAN DEN BERG and L. C. DAVIDSE: Pestic. Biochem. Physiol. **2**, 191 bis 205 (1972).
(23) FUCHS, A., D. L. FERNANDES and F. W. DE VRIES: Neth. J. Pl. Path. **80**, 7—18 (1974).
(24) SIEGEL, M. R.: Phytopathology (Abstr.) **62**, 789 (1972).
(25) FUCHS, A., J. HAANSTRA-VERBEEK and F. W. DE VRIES: Acta bot. neerl. (Abstr.) **22**, 170 (1973).
(26) HOMANS, A. L., and A. FUCHS: J. Chromatog. **51**, 327—329 (1970).
(27) BARTELS-SCHOOLEY, J., and B. H. MACNEILL: Phytopathology **61**, 816—819 (1971).
(28) CLEMONS, G. P., and H. D. SISLER: Pestic. Biochem. Physiol. **1**, 32—43 (1971).
(29) HAMMERSCHLAG, R. S., and H. D. SISLER: Pestic. Biochem. Physiol. **2**, 123—131 (1972).
(30) HAMMERSCHLAG, R. S., and H. D. SISLER: Pestic. Boichem. Physiol. **3**, 42—54 (1973).
(31) DAVIDSE, L. C.: Pestic. Biochem. Physiol. **3**, 317—325 (1973).
(32) DAVIDSE, L. C.: This Symposium.
(33) HOFER, I., TH. BECK and P. WALLNÖFER: Z. PflKrankh. PflSchutz **78**, 398—405 (1971).
(34) FAASSEN, H. G. VAN: Soil Biol. Biochem. **6** (1974).
(35) BERG, G. A. VAN DEN, and G. J. BOLLEN: Acta bot. neerl. (Abstr.) **20**, 256—257 (1971).
(36) RATTINK, H., and M. P. BEUZENBERG: Bloembollencultur **83**, 398—399 (1972).
(37) DOMMELEN, L. VAN, and G. J. BOLLEN: Acta bot. neerl. (Abstr.) **22**, 169—170 (1973).
(38) KREUTZER, W. A.: In: J. G. HORSFALL and A. E. DIMOND (ed.), Plant pathology, an advanced treatise. Vol 3, p. 431—476, New York: Academic Press, Inc. 1960.
(39) HOEVEN, E. P. VAN DER, and G. J. BOLLEN: Acta bot. neerl. (Abstr.) **21**, 107—108 (1972).
(40) PREW, R. D., and A. H. MCINTOSH: Report Rothamsted Experimental Station for 1970, part I, p. 136 (1971).
(41) FEHRMANN, H., and H. SCHRÖDTER: Phytopath. Z. **74**, 161—174 (1972).
(42) PLATENKAMP, R. H. G., and G. J. BOLLEN: Acta bot. neerl. (Abstr.) **22**, 168—169 (1973).
(43) MARAITE, H., and J. R. DECALLONNE: Meded. Fac. Landb. wetensch. Rijksuniv. Gent **36**, 336—342 (1971).
(44) PONCHET, J., and R. TRAMIER: Annls Phytopath. **3**, 401—406 (1971).
(45) KAASTRA-HÖWELER, L. H., and W. GAMS: Neth. J. Pl. Path. **79**, 156—158 (1973).
(46) PEEPLES, J. L.: Phytopathology **64** (1974).
(47) GAMS, W., and D. PARKINSON: Ber. Geobot. Inst. Eidg. Techn. Hochschule, Stiftung Rübel, 1960, **32**, 176—186 (1961).

(48) PARKINSON, D., and S. T. WILLIAMS: Pl. Soil **13**, 347—355 (1961).
(49) SEILER, J. P.: Mutation Res. **15**, 273—276 (1972).
(50) SEILER, J. P.: Mutation Res. **17**, 21—25 (1973).
(51) SEILER, J. P., and H. LIMACHER: Chimia **27**, 68—70 (1973).
(52) WEEKS, R. E., and H. G. HEDRICK: Bact. Proc. 1971 Abstr. A 78, p. 14 (1971).
(53) HELWEG, A.: Soil Biol. Biochem. **4**, 377—378 (1972).
(54) HELWEG, A.: Tidsskr. PlAvl **77**, 232—243 (1973).
(55) BAUDE, F. J., H. L. PEASE and R. F. HOLT: J. Agr. Food Chem. (1974).
(56) FUCHS, A., and F. W. DE VRIES: Submitted to Pestic. Biochem. Physiol.
(57) DOOREN DE JONG, L. E. DEN: Bijdrage tot de kennis van het mineralisatieproces. Thesis, Delft (1926).
(58) BAUDE, F. J., J. A. GARDINER and J. C. Y. HAN: J. Agr. Food Chem. **21**, 1084—1090 (1973).
(59) YASUDA, Y., S. HASHIMOTO, Y. SOEDA and T. NOGUCHI: Ann. Phytopath. Soc. Japan **39**, 49—52 (1973).
(60) GARDINER, J. A., R. K. BRANTLEY and H. SHERMAN: J. Agr. Food Chem. **16**, 1050 bis 1052 (1968).
(61) GARDINER, J. A., J. J. KIRKLAND, H. L. KLOPPING and H. SHERMAN: J. Agr. Food Chem. (1974).
(62) DAVIDSE, L. C.: In preparation.

Diskussion

KNOLL: Haben Sie das Zurückhalten von Benomyl in den Wurzeln unmittelbar nachgewiesen, oder erschließen Sie es aus MBC-Nachweisfolgen in verschiedenen Blättern? Haben Sie damit vergleichbare Ergebnisse nach MBC-Applikation erhalten?
FUCHS: Bei Tomaten wurden äquimolare Lösungen von Benomyl, Thiophanat-Methyl und NF 48 bzw. MBC in Form der erhitzten Lösungen dieser Wirkstoffe über die Wurzeln appliziert. Danach wurden die Pflanzen wieder eingetopft. Im Blutungssaft, der nach bestimmten Zeitintervallen auf fungitoxische Substanzen untersucht wurde, konnte stets nur MBC nachgewiesen werden. Nur im Falle von Benomyl und etwas weniger bei Thiophanat-Methyl war MBC noch nach längerer Zeit vorhanden. Das weist darauf hin, daß diese zwei Substanzen gewissermaßen in den Wurzeln gespeichert werden und ständig MBC nachliefern.
VAN DER KERK: Did you investigate whether 2-aminobenzimidazole could be the precursor of the "unknown transformation product" of benomyl?
FUCHS: So far, this has not been examined; but we intend to carry out such an experiment with ^{14}C-labeled 2-AB.
BOCHOW: Haben Sie Erfahrungen über Wechselwirkungen systemischer Verbindungen in der Pflanze, besonders zwischen Systemfungiziden, z. B. Benomyl, und Wachstumsregulatoren? In eigenen Beobachtungen (Untersuchungen von Dr. NOWAK und Dr. JACOB, Berlin) konnten Wechselwirkungen zwischen Wachstumsregulatoren und systemischen Benzimidazol-Derivaten festgestellt werden.
In Versuchen mit 4 Wochen alten Tomatenpflanzen, die 8 und 15 Tage nach Versuchsbeginn über die Wurzel mit $3 \cdot 10^{-4}$ molarer Benomyl-Lösung und am 9. Tag

über die Blätter mit 0,5%iger Ethrel-Lösung behandelt wurden, verminderte Benomyl die Ethrel-Wirkung. 0,05% und 0,1% CCC, am 4. und 2. Tag vor sowie am 2., 4. und 7. Tag nach der künstlichen Infektion mit *Phialophora cinerescens* über die Wurzel appliziert, reduzierten bei Nelken der Sorte *Scania* die typischen, äußerlich sichtbaren Welkesymptome. 0,2% CCC ergab keine deutliche Wirkung auf den Verlauf und die Symptomausprägung der Welkekrankheit. Eine einmalige Behandlung der Wurzeln mit einer 0,1%igen Benlate-Suspension am 30. Tag nach der Infektion unterdrückte die Welkesymptome nahezu vollständig. Stengelquerschnittsbonituren und Infektionskontrollen ergaben übereinstimmende Ergebnisse. Bei kombinierter Anwendung von CCC und Benomyl an oben genannten Applikationsterminen war die Benomyl-Wirkung nicht an äußeren Welkesymptomen erkennbar. Benlate mit 0,1% CCC ergab im gleichen Versuch sogar stärkere Welkesymptome als alleinige CCC-Applikation. 0,05 und 0,2% CCC neben 0,1% eines Versuchspräparates von Thiabendazol verstärken die Welkesymptome erheblich, 0,2% CCC sogar über die Werte der infizierten, nicht mit Fungizid behandelten Pflanzen hinaus. Stengelquerschnittsbonituren und Infektionskontrollen bestätigten, daß die fungizide Wirkung des Thiabendazol durch 0,2% CCC aufgehoben wird. Darüber hinaus trugen phytotoxische Wirkungen der Kombination beider Substanzen zur verstärkten Symptomausprägung bei. Wurden nicht infizierte Nelkenpflanzen in gleicher Weise mit CCC und Thiabendazol behandelt, bewirkte 0,2% CCC starke Vergilbungen, Kombinationen von CCC und Benomyl nicht.
Es ist noch nicht klar, ob ausschließlich die fungizide Wirkung von Benomyl bzw. Thiabendazol durch CCC gemindert bzw. unterbunden wird, oder ob physiologische Veränderungen in der Pflanze hervorgerufen werden, die bei Infektion dem Krankheitserreger Vorschub leisten.

FUCHS: Wir verfügen über keine eigenen experimentellen Erfahrungen. Aus der Literatur und aus der Praxis gibt es aber Hinweise über Cytokinin ähnliche Wirkungen von Benomyl. Wuchsstoff-Effekte im Sinne größeren Längenwachstums und höheren Frischgewichtes deuten sich auch in unseren Versuchen mit Tomaten und Erbsen an. Bei der Interpretation derartiger Beobachtungen ist jedoch Vorsicht geboten.

LYR: Benomyl übt zweifellos eine Nebenwirkung auf den pflanzlichen Stoffwechsel aus. Da bestimmte Wachstumsregulatoren den Metabolismus der Pflanzen in Richtung auf eine Beschleunigung der Altersprozesse beeinflussen, ist durchaus eine Wechselwirkung zwischen Systemfungiziden und Wachstumsregulatoren zu erwarten.

FEHRMANN: In vielen Freilandversuchen des Pflanzenschutzdienstes der Bundesrepublik und des Institutes für Phytopathologie der Universität Gießen haben sich bei gleichzeitiger oder zeitlich nacheinander erfolgter Anwendung von Benomyl und CCC keine Anhaltspunkte für antagonistische oder synergistische Wirkungen beider Substanzgruppen ergeben.

REINBOTHE: Bemerkungen zum bakteriellen Abbau von MBC: Auf Grund der relativen Strukturanalogie von MBC bzw. 2-AB zum Guanin könnte man vermuten, daß 2-AB analog dem GTP bzw. GMP bei der Folsäure-Synthese, bzw. dem Guanin bei der Riboflavin-Bildung durch eine Cyclohydrolase-Reaktion umgesetzt wird, bei der das Imidazol-C-Atom als CO_2 oxydativ herausgespalten wird. Eine unspezifische Reassimilation von gebildetem CO_2 ist unwahrscheinlich, da nur die eine, unbekannte Verbindung des MBC-Abbaus markiert wurde. Die unbekannte Verbindung könnte ein Nucleosidphosphat von MBC oder 2-AB sein. Bei geringer Nucleotid-Konzentration wird das Substrat vollständig in $^{14}CO_2$ und den nicht markierten Molekülrest umgesetzt, während bei Voll-Induktion einer postulierten Cyclohydrolase, die mit einem der genannten Enzyme identisch sein könnte, das Substrat, Nucleosidphosphat, analytisch faßbar wird, da jetzt die CO_2-Eliminierungsreaktion geschwindigkeits-begrenzend wird. Das ist natürlich eine Spekulation. Natürlich könnte auch intermediär auftretende Ameisensäure über aktives Formiat spezifisch in ein Purin inkorpiert werden, und zwar in die C-Atome 2 und 8 des Purinringsystems.

LYR: Warum werden Regenwürmer durch Benomyl abgetötet? Welcher Wirkungsmechanismus liegt hierbei vor? Wir fanden, daß die Acetylcholinesterase von Lumbricus und einigen Nematoden durch Benzimidazolderivate nicht beeinflußt wird.

FUCHS: Das Benomyl-Molekül ist sicher physiologisch eine sehr wirksame Substanz, wobei zu bedenken ist, daß diese Aktivität nicht nur auf das MBC, sondern auch auf das aus der Butylcarbamoyl-Seitenkette entstehende Butylisocyanat und auf den Benzimidazolkern zurückgeführt werden muß. Benomyl rein phänomenologisch als Fungizid zu betrachten, bedeutet, diese breite physiologische Aktivität außer acht zu lassen. Wirkungen auf andere Organismen sind durchaus zu erwarten. Welcher Wirkungsmechanismus dem Einfluß auf Regenwürmer zugrunde liegt, ist meines Wissens nicht bekannt.

BUCHENAUER: Ergänzend möchte ich bemerken, daß Thiabendazol sehr toxische Eigenschaften gegenüber Regenwürmern besitzt. Thiabendazol (TBZ) wurde ursprünglich als Anthelmintikum entwickelt und wird als solches auch heute noch weltweit eingesetzt. Über die anthelmintische Wirkungsweise von TBZ wurde vor einigen Jahren in der Zeitschrift „Nature" berichtet. Möglicherweise besitzen Benomyl bzw. MBC und TBZ bei Regenwürmern gleiche oder ähnliche Wirkungsmechanismen.

Mode of Action of Methyl Benzimidazol-2-yl Carbamate (MBC) and Some Biochemical Aspects of Acquired Resistance against this Fungicide in Aspergillus nidulans

L. C. Davidse

Research Unit for Internal Therapy of Plants, Laboratory of Phytopathology, Agricultural University, Wageningen, The Netherlands.

Soon after the introduction of the systemic fungicide benomyl, the first reports on acquired resistance against this compound and related benzimidazole derivatives appeared in the literature. Since this phenomenon might be related to the biochemically selective action of this fungicide, we decided to study the mode of action together with the mechanism of resistance, because results in one field might also bring about progress in the other field.

Aspergillus nidulans was chosen as the test organism, because of its sensitivity to benomyl and the easiness of obtaining resistant mutants, which can be defined genetically (1). Benomyl-resistant mutants of *A. nidulans* can be obtained by plating UV-irradiated conidia on a medium containing benomyl or thiabendazole (TBZ). With the latter medium, we were able to isolate TBZ-resistant strains, which were cross resistant to benomyl, together with TBZ-resistant strains, which did not show cross resistance, but, on the other hand, displayed an increased sensitivity to benomyl (Fig. 1).

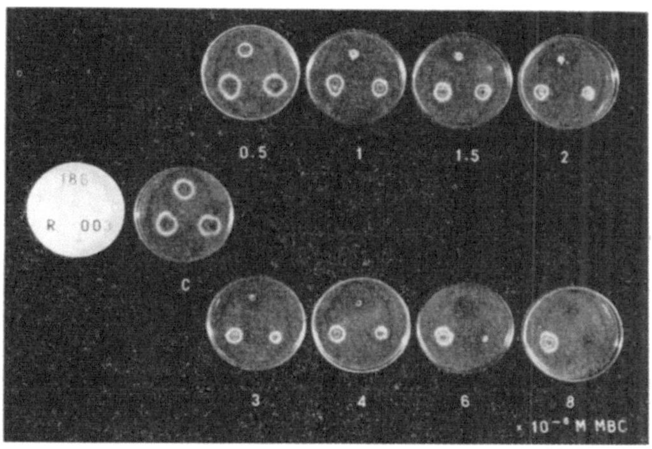

Fig. 1. Growth of three strains of *Aspergillus nidulans* in the presence of MBC.
Strain 003, wild type.
Strain 186, highly sensitive to MBC, moderately resistant against TBZ.
Strain R, resistant against MBC, resistant against TBZ.

Genetical work done by van Tuyl (see Ref. 2) at our laboratory proved both resistance and increased sensitivity to benomyl to be caused by a mutation within one and the same gene, located on linkage group VIII.

We started our work on the mode of action of benomyl in *Aspergillus nidulans* when Clemons and Sisler (3) had just shown DNA synthesis or some closely related processes such as nuclear or cell division, to be involved in the mode of action of MBC, the actual fungitoxic principle of benomyl and thiophanate-methyl. When MBC was added to liquid cultures of *Aspergillus nidulans*, strain 003, only a slight inhibition of growth, measured as increase in dry weight was observed after 3 hr of incubation, while the increase in DNA and RNA content of the cultures was much more inhibited (Ref. 4, Fig. 2). Here the inhibition became evident after 2 hr and proved to be progressive with time, so that after 8 hr of incubation with the toxicant, synthesis of DNA and RNA was inhibited for almost 100%. At this time, the DNA content of the cultures was almost doubled. This led us to believe that MBC might act on mitosis and, therefore, determinations were made of the number of nuclei in germ tubes at different times of incubation with MBC. Although, there was no inhibition of increase in dry weight, there was a pronounced inhibition of increase in number of nuclei (Ref. 3, Fig. 3). Further, increase in DNA and RNA content was again inhibited only after a few hours. The average DNA content per nucleus increased till nearly twice the initial content (Ref. 4, Fig. 5), since DNA synthesis is not inhibited at once. Evidently, the inhibition of DNA synthesis after 2 hr of incubation in the presence of MBC was the result of arrested mitotic activity. Due to the asynchronous character of the cultures, nuclei will become arrested in increasing number in some stage of mitosis, resulting in a progressive inhibition of DNA synthesis.

When these results were submitted for publication (4), a paper by Hammerschlag and Sisler (5) appeared, in which they described the effect of MBC on mitosis in *Ustilago maydis* and *Saccharomyces cerevisiae*. They also considered mitotic failure due to MBC to be the primary effect.

The antimitotic activity of MBC shows a striking resemblance with the antimitotic activity of colchicine, and its derivative colcemid, in animal and higher plant cells (6—8), and might suggest a similar mode of action (4, 5). The mechanism of action of colchicine is considered to involve binding of the compound to microtubular protein, preventing the normal assembly of microtubule subunits into spindle fibers. Assuming similar binding of MBC to fungal microtubular protein, resistance and increased sensitivity in *Aspergillus nidulans*, which are due to mutations in one and the same gene, might be understood. These phenomena could be due to a change in affinity, either lower or higher, of the microtubular protein to MBC, caused by a structural modification, brought about by mutation of the coding gene.

Preliminary binding studies were carried out by subjecting cell free extracts of MBC treated mycelium to gel filtration on Sephadex G-100 columns. Fractions were assayed for the presence of MBC with a thin-layer chromatographic bioassay (9). These experiments showed that binding occured between MBC and a

macromolecule, because MBC was present in the macromolecular fractions. Binding was highest in cell-free extracts of strain 186, and lowest in those of strain R. Binding in cell-free extracts of the wild type, 003, was intermediate.
Because of the time consuming and laborious character of the MBC detection method, a more rapid and sensitive method was developed, in which has been made use of radiolabeled MBC and an in vitro binding assay. Cell-free extracts were incubated with 2-^{14}C-MBC for two hours and subjected to gel filtration on Sephadex G-100 columns. A typical elution profile of the radioactivity in such an experiment is shown in Fig. 2. The benomyl sensitivity of the three strains is

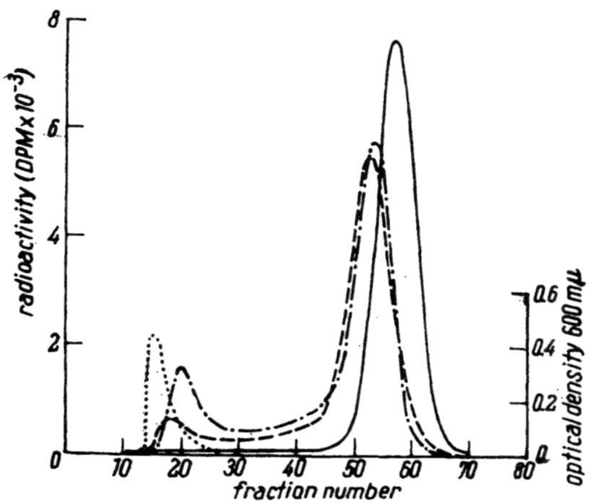

Fig. 2. G-100 Sephadex column chromatography of cell-free extracts of three strains of *Aspergillus nidulans*, made up in 0.05 M potassium phosphate buffer, pH 6.8 containing, 0.1 M KCl, 0.005 M $MgCl_2$, 0.1 mM GTP, and incubated for 2 hr with 2-^{14}C-MBC ($2,7 \times 10^{-6}$ M) at 4 °C.
A 43 ml column was loaded with 1 ml of the incubation mixture. Radioactivity was determined in each 1 ml fraction.
×——× Radioactivity, extract strain 003 (37.5 mg protein/ml)
○——○ Radioactivity, extract strain 186 (42.0 mg protein/ml)
●——● Radioactivity, extract strain R (40.0 mg protein/ml)
▲·········▲ Elution profile of Blue Dextran in a parallel experiment.

reflected in the amount of radioactivity present in the fractions containing macromolecules. The binding activity in cell-free extracts in vitro was of the same magnitude, as that obtained with cell-free extracts of mycelium incubated in vivo with MBC.
The elution volume, at which the bound radioactivity was eluted, gives some information about the molecular weight of the binding macromolecule. From this elution volume and the elution volume of Blue Dextran the molecular weight of the MBC binding macromolecule was estimated at approximately 100,000 daltons.

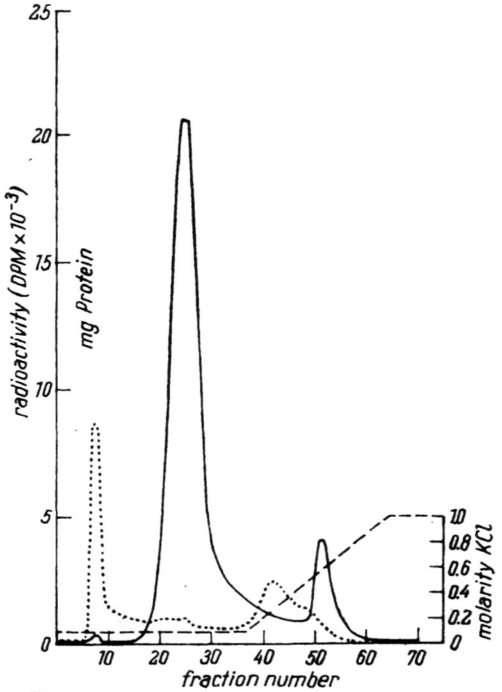

Fig. 3 a

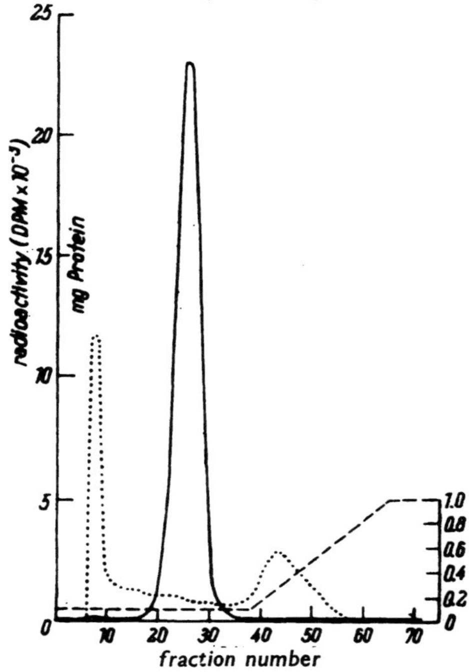

Fig. 3 b

Fig. 3. DEAE-Sephadex A 50 column chromatography of cell-free extracts of strain 186 (Fig. 3 a) and strain R (Fig. 3 b) of *Aspergillus nidulans*. Columns (34 ml) were loaded with 4 ml of the incubation mixture (for details see text Fig. 2) and were eluted first with buffer containing 0.1 M KCl followed by a linear gradient of 0.1–1 M KCl. Radioactivity (•——•) and protein (×··········×) was determined in 1 ml of each 2 ml fraction.

The MBC-binding substance was further characterized by chromatography on DEAE-Sephadex A 50 anion exchanger. This method was employed because of the supposed identity of the MBC-binding substance with microtubular protein. HABER et al. (10), using this method in studies on colcemid inhibition of *Saccharomyces cerevisiae,* were able to identify a colcemid binding substance in cell-free extracts as microtubular protein. The acidic character of microtubular protein, due to the large number of aspartic and glutamic acid residues, is the basis of its retention on this type of ion exchanger (10). When the MBC-binding macromolecule is identical with microtubular protein, the same elution properties might be anticipated.

Elution profiles of radioactivity and protein in experiments with cell-free extracts of strain 186 and strain R, incubated with 2-^{14}C-MBC, are shown in Figure 3a and 3b, respectively. Columns were eluted first with buffer containing 0.1 M KCl, followed by a linear gradient of 0.1—1.0 M KCl. Using extracts of strain 186, activity was eluted in two peaks, one with the bed volume of the column and the other at 0.45—0.75 M KCl, while with extracts of strain R the activity was eluted in one single peak with the bed volume of the column.

On the basis of the retention properties on DEAE ion exchangers and the estimated molecular weight of 100.000 daltons, there is good reason to believe, that the MBC binding macromolecule is identical with microtubular protein. Assuming, that this binding prevents assembly of microtubular subunits into functional spindle fibers, the mode of action of MBC should be based on the complex-forming ability of the compound with microtubular protein. Resistance to MBC in *A. nidulans,* in its turn, might be due to a mutationally induced lower affinity of the microtubular protein to MBC. In addition, it is worth mentioning, that no binding activity could be detected in cell-free extracts of resistant strains of some *Penicillium species* (12), while extracts of normally sensitive strains did show binding activity. Also in cell-free extracts of *Alternaria brassicicola,* a naturally benomyl resistant fungus, no binding of MBC occured.

Possibly the mechanism of resistance found in *A. nidulans* can be seen as a general mechanism of resistance against benomyl either natural or mutationally induced.

Literature

(1) HASTIE, A. C., and S. G. GEORGOPOULOS: J. Gen. Microbiol. **67**, 371—373 (1971).

(2) VAN TUYL, J. M., L. C. DAVIDSE and J. DEKKER: Neth. J. Plant Path. **80** (1974) In press.

(3) CLEMONS, G. P., and H. D. SISLER: Pestic. Biochem. Physiol. **1**, 32—43, (1971).

(4) DAVIDSE, L. C.: Pestic. Biochem. Physiol. **3**, 317—325 (1973).

(5) HAMMERSCHLAG, R. S., and H. D. SISLER: Pestic. Biochem. Physiol. **3**, 42—54 (1973).

(6) TAYLOR, E. W.: J. Cell. Biol. **25**, 145—160 (1965).

(7) BORISY, G. G., and E. W. TAYLOR: J. Cell. Biol. **34**, 525—533 (1967).

(8) BORISY, G. G., and E. W. TAYLOR: J. Cell. Biol. **34**, 535—548 (1967).

(9) HOMANS, A. K., and A. FUCHS: J. Chromatog. **51**, 327—329 (1970).

(10) HABER, J. E., J. G. PELOQUIN, H. O. HALVORSON and G. G. BORISY: J. Cell. Biol. **55** 355—367 (1972).
(11) WEISENBERG, R. C., G. G. BORISY and E. W. TAYLOR: Biochemistry **7**, 4466—4479 (1968).
(12) BOLLEN, G. J.: Neth. J. Plant Path. **77**, 178—193 (1971).

Diskussion

GIRBARDT: Da bisher keine Unterschiede in Aufbau und chemischer Zusammensetzung zwischen mikrotubulären Proteinen aus Pilzen und höheren Eukaryoten gefunden wurden, ist es schwer vorstellbar, daß Benomyl den mikrotubulären Apparat des Wirtes nicht treffen soll. Andererseits ist die Unwirksamkeit spindelwirksamer Stoffe wie Colchizin, Vinca-Alkaloide und bis auf wenige Ausnahmen auch Colcemid, bei Pilzen vielfach bestätigt. Wenn die Colchizin-Bildungsstelle von MBC besetzt wird, wäre der Prozeß verständlich. Ist eine spezifische Bindungsaktivität des isolierten Proteins für Colchizin oder Colcemid nachgewiesen? Es kann möglich sein, daß die spezifischen, am Kern assoziierten Körperchen des Pilz-Kernes, die als MTOC (mitosis organizing centres) wirken, die eigentlichen Angriffspunkte sind. Liegen dazu Untersuchungen vor?
DAVIDSE: Since colchicine and colcemid have no effect on fungal growth, it seems improbable that fungal microtubular protein should have similar properties as microtubular protein from higher plants and animals with reagard to binding of colchicine or colcemid. At this moment experiments are being carried out to isolate the MBC-binding protein, in order to compare its properties with those of colchicine-binding proteins. It can not be excluded, that the MBC-binding protein is identical with proteins from MTOC.
FEHRMANN: Perhaps it should be possible to prove the localization of MBC in the area of microtubuli by means of micro-autoradiography with tritium labeled MBC.
DAVIDSE: Because of the instability of the MBC protein complex under in vitro experimental conditions, it seems hardly conceivable that such a procedure could be succesful.
FALKOWSKI: I have a question concerning the type and strength of the bond between MBC and the protein. Is it a chemical bond or a physical. Can it be broken by action of organic solvents, like trichloroacetic acid?
DAVIDSE: Almost certainly a physical binding is involved, since after treatment with TCA unchanged MBC can be recovered.
LYR: Wie stellen Sie sich die „Bindung“ von MBC vor? Bei den fraglichen Proteinen muß eine spezielle Aminosäuren-Sequenz mit besonders hoher Affinität für den Wirkstoff vorhanden sein. Gibt es dazu Angaben?
DAVIDSE: At this moment, details about the characteristics of the binding site can't be given.
SISLER: Have you considered using radiolabeled colcemid or colchicine to determine whether these compounds bind to the same molecule as MBC?

DAVIDSE: We have in mind to carry out such experiments in the near future.
JACOB: Have you made some experiments about the influence of benomyl on processes of plasma-streaming or phloem transport, which are also related probably to the function of microtubules?
DAVIDSE: We didn't carry out such experiments. It is known however, that MBC exerts many different physiological activities.
BUCHENAUER: There exists cross resistance between thiabendazole (TBZ) and MBC. Is it possible, that the thiazolyl-group of TBZ can react by its chemical structure with the same protein subunits of the microtubule as the carbamat-group of MBC?
DAVIDSE: Our opinion is, that both MBC and TBZ can bind to the same binding site of the protein, due to some similar characteristics of these compounds.

Zur Wirkung von Carboxin auf das Elektronentransportsystem tierischer Mitochondrien

T. SCHEWE, S. RAPOPORT, G. BÖHME und W. KUNZ[1]

Institut für Physiologische und Biologische Chemie der Humboldt-Universität Berlin und Physiologisch-chemisches Institut der Medizinischen Akademie Magdeburg

Carboxin gehört zu den wenigen Systemfungiziden, dessen molekularer Wirkort zumindest in den wesentlichen Grundzügen in den letzten Jahren aufgeklärt werden konnte. Untersuchungen von MATHRE (2) sowie SHIVELY und MATHRE (3) an intakten Zellen carboxinempfindlicher Pilze zeigten, daß durch Carboxin die Verwertung von Acetat stark, die von Glukose dagegen nur partiell gehemmt wird; außerdem kommt es zum Austritt von Anionen, der vermutlich eine Folge der Akkumulation von Dikarbonsäuren des Citratzyklus ist. An isolierten Mitochondrien fand MATHRE, daß nur die Oxydation von Succinat gehemmt wird, während die Oxydation von NADH und NADH-abhängigen Substraten sowie die Atmungskettenphosphorylierung unbeeinflußt bleiben (4). Die Wirkung auf das Succinatoxydase-System wurde von WHITE an einer partikulären Präparation derselben bestätigt (5). Die von LYR et al. gefundene Unempfindlichkeit von löslicher Succinatdehydrogenase von *Trametes versicolor* (6) war jedoch ein Hinweis dafür, daß Succinatdehydrogenase selbst nicht der Angriffspunkt ist, sondern eine nachfolgende Komponente des Elektronentransportsystems. In ihrer kürzlichen Arbeit kamen ULRICH und MATHRE zu der Schlußfolgerung, daß der Wirkort von Carboxin mit dem von Thenoyltrifluoraceton (TTFA) identisch sei (7). Unsere Untersuchungen dienten der weiteren Einengung des Wirkortes von Carboxin. Als Untersuchungsobjekt benutzten wir isolierte Rattenleber-Mitochondrien sowie Elektronentransportpartikel (ETP) und lösliche Succinatdehydrogenase (Succ.-DH) aus Rinderherz-Mitochondrien. Tierische Mitochondrien haben gegenüber Mitochondrien aus Pilzen den Vorteil der Abwesenheit des alternativen Atmungsweges, der die Aufklärung der Wirkungsweise von Atmungshemmstoffen bei Pilzen sehr kompliziert.

1. Untersuchungen an Rattenleber-Mitochondrien

Polarographische Atmungsmessungen ergaben mit 10 mM Succinat bei $3 \cdot 10^{-5}$ M Carboxin 73% und bei $1{,}5 \cdot 10^{-4}$ M 79% Hemmung des O_2-Verbrauches im Zustand 3, während die Atmung mit β-Hydroxybutyrat oder Glutamat unter den gleichen Bedingungen nahezu unbeeinflußt blieb. Abbildung 1 zeigt den Einfluß

[1] Über die hier dargestellten Experimente wurde bereits an anderer Stelle berichtet (1).

von Carboxin und TTFA auf das Differenzspektrum (reduzierter Zustand 5 minus oxydierter Zustand 2). Beide Hemmstoffe unterdrücken die Reduktion aller Cytochrome durch Succinat. Folglich muß sich ihr Wirkort auf der Substratseite von Cytochrom b befinden. Diese Aussage wird durch die Messung des Redoxwechsels im Cytochrom b-Bereich mit Hilfe der Doppelwellenlängenspektralphotometrie beim Wellenlängenpaar 563/577 nm bestätigt. Wie aus Abbildung 2 ersichtlich

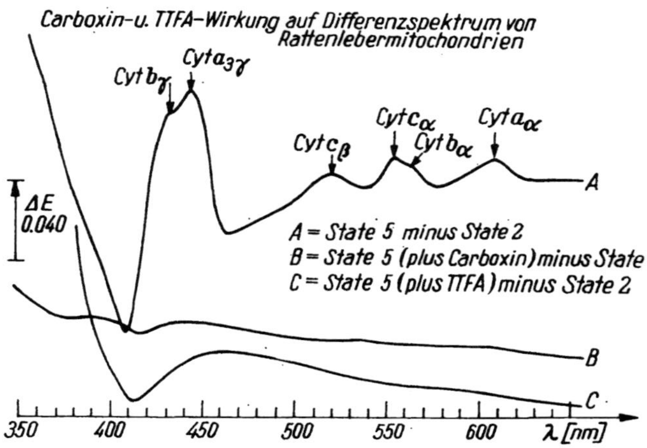

Abb. 1. Carboxin und TTFA-Wirkung auf Differenzspektrum von Rattenleber-Mitochondrien.

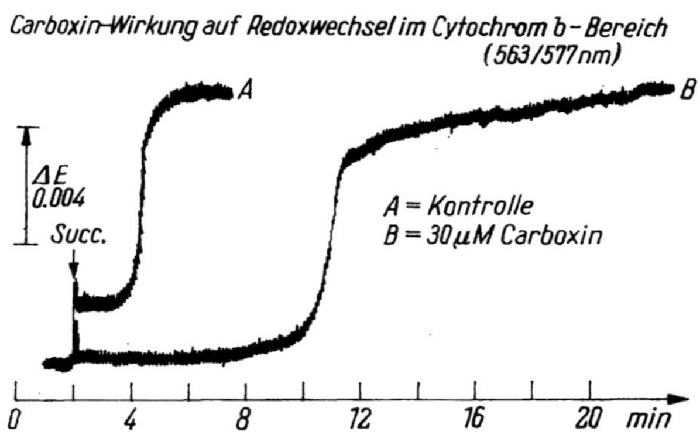

Abb. 2. Carboxin-Wirkung auf Redoxwechsel im Cytochrom b-Bereich (563 bis 577 nm).

ist, verhindert Carboxin den Übergang vom oxydierten Zustand 2 zum aktiven Zustand 3 nach Succinatzugabe; die Atmungsgeschwindigkeit ist dabei so stark verlangsamt, daß bis zum Beginn der Anaerobiose (Zustand 5) die ca. vierfache

Zeit benötigt wird. Diese Verzögerung stimmt mit der rund 75%igen Hemmung bei den polarographischen Atmungsexperimenten überein.
Zur weiteren Einengung der Wirkorte von Carboxin und TTFA untersuchten wir den Redoxwechsel im Bereich der Fe—S-Proteine und Flavoproteine mit Hilfe der Doppelwellenlängenspektralphotometrie bei 465/510 nm (Abb. 3). Zur maximalen Oxydation der Glieder der Atmungskette wurden die Phosphorylierungs-

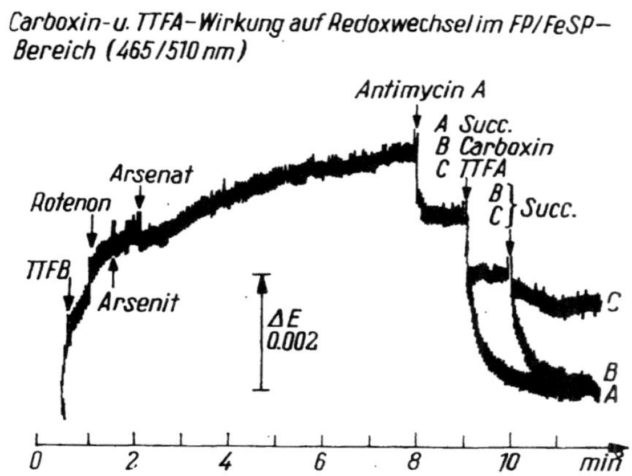

Abb. 3. Carboxin und TTFA-Wirkung auf Redoxwechsel im FP/FeS-Bereich (465—510 nm).

reaktionen mit Tetrachlortrifluormethylbenzimidazol (TTFB) und Arsenat entkoppelt. Die Nachlieferung von Reduktionsäquivalenten über NAD-abhängige Dehydrogenasen und die α-Lipoamiddehydrogenase wurden durch Rotenon bzw. Arsenit blockiert. Um eine Hemmung der Succ.-DH durch Oxalacetat infolge der Aufoxydation der Pyridinnukleotide zu verhindern, wurde Cysteinsulfinsäure zum Testansatz zugesetzt, die als Substrat der Aminotransferase dem Oxalacetatanstau entgegenwirkt. Infolge der Unterbrechung des Elektronenabflusses zum O_2 mit Antimycin A, stellt sich ein neues Redoxgleichgewicht im FeS-Flavoprotein-Bereich ein. Zusatz von Succinat bewirkt unter diesen Bedingungen eine vollständige Reduktion, die durch TTFA, nicht aber durch Carboxin verhindert wird. Da die Spektralphotometrie den Redoxwechsel der Flavoproteine und der FeS-Proteine immer gemeinsam erfaßt, untersuchten wir das gleiche System fluorimetrisch. Auf diese Weise gelingt es, den Redoxwechsel der Flavoproteine separat zu messen. Wie aus Abbildung 4 ersichtlich ist, hemmen Carboxin und TTFA die Reduktion der Flavoproteine durch Succinat im gleichen Ausmaß. Daraus folgt, daß die in Abbildung 3 dargestellten Kurvenverläufe in Gegenwart von Carboxin und TTFA eine unterschiedliche Reduktion der FeS-Region widerspiegeln, d. h. TTFA, nicht aber Carboxin unterbindet die Reduktion dieser Region. Die in Abbildung 4 sichtbare geringe Fluoreszenzzunahme nach Sukzinatzusatz in Gegenwart eines der beiden Hemmstoffe ist auf die Reduktion des

Flavins der Succ. DH zurückzuführen. Für die etwa dreifache Fluoreszenzänderung in Abwesenheit der Hemmstoffe sind sehr wahrscheinlich die High-potential-Flavoproteine verantwortlich, die vermutlich selbst kein Bestandteil der Atmungskette sind, sondern vor dem Antimycinblock, aber hinter den Wirkorten von Carboxin und TTFA in diese einmünden (8). Auf Grund der dargestellten Ergebnisse lokalisieren wir den Wirkort beider Hemmstoffe im FeS-Bereich, wobei Carboxin auf der O_2-Seite des Wirkortes von TTFA angreift.

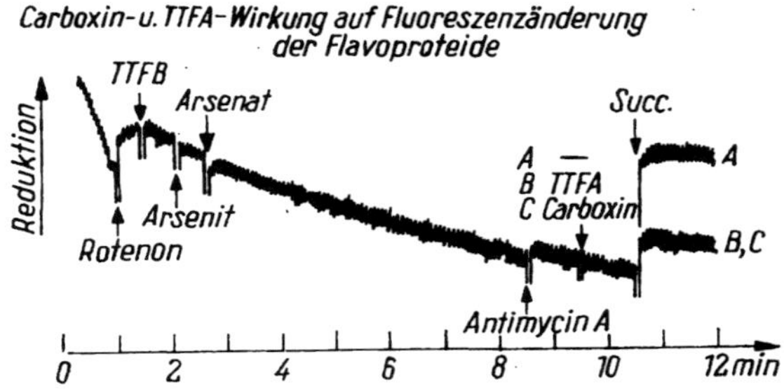

Abb. 4. Carboxin- und TTFA-Wirkung auf Fluoreszenzänderung der Flavoproteine.

2. Untersuchungen an Rinderherz-ETP und löslicher Succ.-DH

In Tabelle 1 ist die Hemmbarkeit verschiedener Enzymsysteme der Atmungskette dargestellt. Während die NADH-Oxydase von ETP erst bei hohen Konzentrationen und die TTFA-empfindliche lösliche Succ.-DH sowie die Succinat-Phenazin-Reduktase überhaupt nicht gehemmt wurden, waren alle partikulären succinatdehydrierenden Systeme, an denen das FeS-Proteinsystem des Succinat-Ubichinon-Oxydoreduktase-Komplexes beteiligt ist, stark durch Carboxin hemmbar.

Tabelle 1

Hemmbarkeit verschiedener Enzymsysteme durch Carboxin

System	Endkonzentration für	
	50% Hemmung	90% bzw. Maximalhemmung
$NADH-O_2$ (ETP)	$1 \cdot 10^{-3}$ M	$3 \cdot 10^{-3}$
Succ.-O_2 (ETP)	$3 \cdot 10^{-6}$ M	$2 \cdot 10^{-5}$
Succ.-Coenzym Q_2(ETP)	$4 \cdot 10^{-6}$ M	$2 \cdot 10^{-5}$
Succ.-Cytochrom c(ETP)	$2 \cdot 10^{-5}$ M	
Succ.-PMS-DCIP (ETP) lösl. Succ.-DH (TTFA-hemmbares Rohpräparat)	nicht hemmbar mit $5 \cdot 10^{-4}$ M	

Im Gegensatz zu Rattenleber-Mitochondrien war die Succinat-Oxydase von ETP durch $2 \cdot 10^{-4}$ M Carboxin zu 100% hemmbar. Die Succinat-Ubichinon-Oxydoreduktase war auf Grund unspezifischer Nebenreaktionen des als Endacceptor benutzten Dichlorphenolindophenols (DCIP) nur zu 75% hemmbar. Wie Abbildung 5 zeigt, war die Hemmung dem Logarithmus der Carboxinkonzentration proportional. Zusatz von Humanserumalbumin in der Endkonzentration 3 mg/ml hatte keinen Einfluß auf die Carboxinhemmung von ETP.

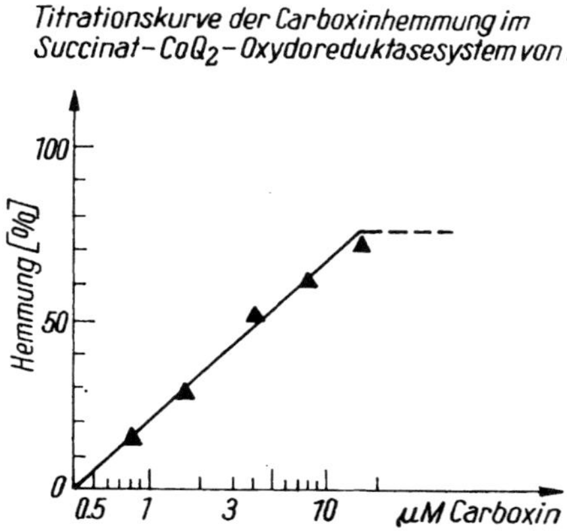

Abb. 5. Titrationskurve der Carboxinhemmung im Succinat-CoQ_2 Oxydoreduktasesystem von ETP. Detaillierte Angaben zu den Experimenten, siehe (1).

In Tabelle 2 ist die gleichzeitige Einwirkung von zwei Hemmstoffen auf die Succinat-Ubichinon-Oxydoreduktase dargestellt. Carboxin wirkt sowohl zum TTFA als auch zum Atmungshemmstoff RF, einem Protein aus Kaninchenretikulozyten, (9) antagonistisch, unabhängig von der Reihenfolge der Zugabe. Dagegen wirken TTFA und RF, für die ein identischer Wirkort im Succinatoxydasesystem angenommen wird (10), untereinander synergistisch. Das antagonistische Verhalten zwischen Carboxin und TTFA ist dadurch zu erklären, daß durch die Bindung des einen Hemmstoffes und die dadurch verursachte Konformationsänderung die Bindung des zweiten Hemmstoffes an seinen Wirkort bei den bereits gehemmten ETP begünstigt ist, so daß im Testansatz keine wesentliche Zunahme des Hemmeffektes beobachtet werden kann. Bei zwei am gleichen Wirkort angreifenden Hemmstoffen reagiert dagegen der zweite Hemmstoff bevorzugt mit den noch ungehemmten ETP, da nach der Bindung des ersten Hemmstoffes der Wirkort für den zweiten besetzt ist. Folglich resultiert im Idealfall eine Additivität; der Synergismus zwischen TTFA und RF ist eine Folge der sigmoiden Titrationskurve von RF im Succinat-Ubichinon-Oxydoreduktasesystem (10). Die antagonistische Wirkung von Carboxin und TTFA deutet auf unterschiedliche, aber benachbarte Wirkorte hin und steht in Einklang mit den spektralphotometrischen Untersuchungen an Rattenlebermitochondrien.

Tabelle 2

Kombinierte Einwirkung von Carboxin, TTFA und RF auf das Succinat-Coenzym Q_2-Oxydoreduktasesystem von ETP

Exp. Nr.	Hemmstoff	ΔE_{600}/min	Hemmung (%) bez. auf ETP-Kontrolle	bez. auf ETP plus TTFA oder RF
I	—	0,110		
		0,105		
	a) Carboxin	0,055	49	
	(4,25 µM)	0,054		
	b) TTFA	0,060	44	
	(5 µM)	0,060		
	c) RF	0,067	33	
		0,078		
	a + b	0,042	57	23
		0,050		
	b + a	0,050	56	21
		0,045		
	a + c	0,055	50	26
		0,052		
	c + a	0,048	54	32
		0,050		bez. auf ETP plus RF
II	—	0,094		
		0,090		
	a) TTFA	0,064	27	
	(10 µM)	0,070		
	b) RF	0,066		
		0,074	24	
	a + b	0,032		
		0,032	65	54
	b + a	0,024	74	66
		0,024		

3. Schlußfolgerungen

Die differenzspektroskopischen Untersuchungen an Rattenleber-Mitochondrien sowie die Hemmung der Succinat-Ubichinon-Reduktase von ETP beweisen, daß Carboxin auf der Substratseite von Cytochrom b und Ubichinon angreift. Andererseits zeigen die spektralphotometrischen Messungen im FeS-Flavoprotein-Bereich sowie die Unempfindlichkeit von löslicher Succ.-DH, daß das Flavin der Succ.-DH selbst nicht der Wirkort sein kann. Für drei Kriterien wurde eine unterschiedliche Wirkung von TTFA und Carboxin nachgewiesen:

1. succinat-induzierter Redoxwechsel im FeS-Flavoprotein-Bereich
2. Succinat-PMS-DCIP-Oxydoreduktase von ETP
3. lösliche Succ.-DH

Alle drei Aktivitäten werden durch TTFA, nicht aber durch Carboxin gehemmt, d. h. Carboxin greift substratferner als TTFA an. Für die Wirkung beider Hemmstoffe auf das Elektronentransportsystem ziehen wir folgende Schlußfolgerungen (Abb. 6).

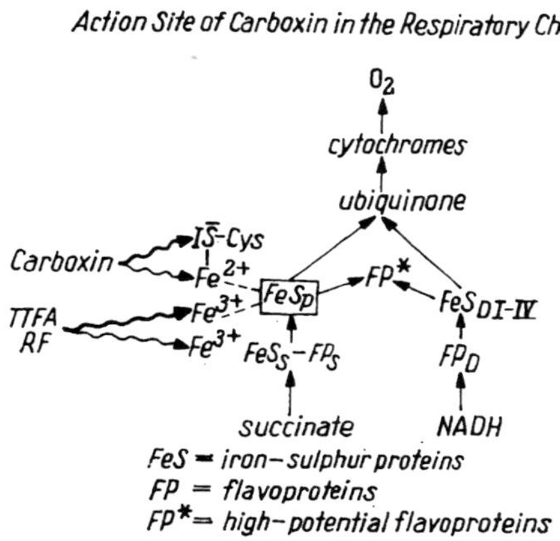

Abb. 6. Schema der Wirkorte von Carboxin und TTFA im Elektronentransportsystem.

Carboxin und TTFA wirken beide auf das FeS-Protein$_p$, das möglicherweise aus mehr als einer Komponente besteht (11). TTFA als typischer Fe^{III}-Komplexbildner reagiert mit der oxydierten Form von FeS_p und verhindert dadurch dessen Reduktion. Carboxin läßt diesen Redoxwechsel noch zu und reagiert dann mit der Fe^{II}-Form von FeS_p, so daß die nachfolgende Oxydation über die Atmungskette unterbunden wird. Hauptwirkorte von Carboxin sind vermutlich nicht die Fe^{II}-Atome selbst, sondern die S-Brücken zwischen Fe und der Polypeptidkette. Es wurde ein Modell des Komplexes zwischen Carboxin und seinem Rezeptor entwickelt, über das in einem anderen Beitrag dieses Symposiums berichtet wird (12).

Literatur

(1) Schewe, T., S. Rapoport, G. Böhme und W. Kunz: Acta biol. med. germ. **31**, 73—86 (1973).

(2) Mathre, D. E.: Phytopathology **60**, 671—676 (1970).

(3) Shively, O. D., and D. E. Mathre: Can. J. Microbiol. **17**, 1465—1470 (1971).

(4) MATHRE, D. E.: Pestic. Biochem. Physiol. **1**, 216—224 (1971).
(5) WHITE, G. A.: Biochem. biophys. Res. Commun. **44**, 1212—1219 (1971).
(6) LYR, H., G. RITTER und G. CASPERSON: Z. allg. Microbiol. **12**, 271—280 (1972).
(7) ULRICH, J. T., and D. E. MATHRE: J. Bacteriol. **110**, 628—632 (1972).
(8) RAGAN, C. I., and P. B. GARLAND: Eur. J. Biochem. **10**, 399—410 (1969).
(9) RAPOPORT, S., und W. GERISCHER-MOTHES: Hoppe-Seyler's Z. physiol. Chem. **302**, 167 bis 178 (1955).
(10) SCHEWE, T., CH. HIEBSCH und S. RAPOPORT: Acta biol. med. germ. **29**, 189—206 (1972).
(11) ALBRACHT, S. P. J., H. VAN HEERIKHUIZEN and E. C. SLATER: Biochim. Biophys. Acta **256**, 1—13 (1972).
(12) LYR, H., T. SCHEWE, W. MÜLLER und D. ZANKE: Dieses Symposium.

Diskussion

JOSEPOVITS: Eine Frage zur Steigerung der Fluoreszenz von Flavoproteinen durch Zugabe von Carboxin: Kann man die beobachtete schwache Steigerung durch eine Reduktion eines Teils der Flavoproteine bei gleichzeitiger Oxydation des Carboxins erklären, oder könnte es sich um einen Resonanz-Energie-Austausch zwischen beiden Molekülen handeln?
SCHEWE: Die Fluoreszenzänderung ist sehr wahrscheinlich unmittelbar auf die Succinodehydrogenase zurückzuführen und nicht die Folge der Wechselwirkung von Carboxin mit der Atmungskette; erstens kommen RAGAN und GARLAND zu gleichen Ergebnissen, zweitens erhielten wir gleiche Fluoreszenzänderungen mit Carboxin und TTFA, chemisch völlig unterschiedlichen Verbindungen. Beide Hemmstoffe verändern lediglich das Fließgleichgewicht zwischen den Gliedern der Atmungskette.

Zum Problem der Selektivität sowie der Struktur-Rezeptor-Beziehungen von Carboxin und seinen Analogen

H. Lyr, T. Schewe, W. Müller und D. Zanke

Institut für Pflanzenschutzforschung Kleinmachnow
der Akademie der Landwirtschaftswissenschaften der DDR
und Institut für Physiologische und Biologische Chemie der Humboldt-Universität Berlin

Einleitung

Der biologische Wirkort von Carboxin konnte in den wesentlichen Grundzügen aufgeklärt werden. Wie in dem Beitrag von Schewe et al. (1) ausgeführt wird, wirkt Carboxin auf den Succinatschenkel des mitochondrialen Elektronentransportsystems an einem Ort auf der Substratseite von Ubichinon und Cytochrom b sowie auf der Sauerstoffseite des Wirkortes von TTFA. Diese Untersuchungen erfolgten an tierischen Elektronentransportsystemen, die nicht über den bei Pflanzen und Mikroorganismen verbreiteten cyanid- und antimycinresistenten alternativen Oxydationsweg verfügen. In diesem Beitrag wird zunächst auf die möglichen Beziehungen zwischen dem Carboxinwirkort und dem alternativen Atmungsweg eingegangen. Als ein weiteres offenes Problem wird auf die Ursache der relativ selektiven Wirkung von Oxathiinen gegenüber einigen Pilzgruppen (*Basidiomycetes, Helotiales, Sordariales, Chaetomiales*) (2) eingegangen. Schließlich ist der Wirkungsmechanismus von Carboxin am Rezeptor bisher unbekannt. Ausgehend von den bisherigen Kenntnissen über die Carboxinwirkung und den Aufbau des Elektronentransportsystems wird ein Modell des Carboxin-Rezeptorkomplexes vorgestellt.

1. Angriffsort von Carboxin und Abzweigung des alternativen Atmungsweges

Bei ihren Untersuchungen der Antimycin-A resistenten Atmung von *Ustilago maydis* kamen Sherald und Sisler (3) zu der Annahme, daß Carboxin, ebenso wie Benzhydroxamsäure, α,α'-Dipyridyl, 8-Oxychinolin und Diphenylamin selektiv den alternativen Atmungsweg hemmen. Diese Vermutung steht jedoch im Widerspruch zur nachgewiesenen Hemmung der Atmung von Rattenleber-Mitochondrien und Rinderherz-ETP (1). Hierzu wurden einige Untersuchungen an *Rhodotorula mucilaginosa* durchgeführt, die wie andere *Rhodotorula*-Arten über eine gut ausgebildete cyanidunempfindliche Endoxydation verfügt (4). Mit Antimycin A (1 µg/ml) tritt die bekannte charakteristische Atmungsstimulierung ein. 8-Oxychinolin und Benzhydroxamsäure hemmen wirksam die Antimycin resistente Atmung, wobei letztere wahrscheinlich durch Metabolisierung keinen so nachhaltigen Effekt hat. Zugabe von Fe^{++}, nicht aber von Fe^{+++}, hebt die Hemmung durch 8-Oxichinolin weitgehend auf (Abb. 1).

Sowohl TTFA (10^{-3} M) als auch 8-Oxichinolin (10^{-3} M) geben mit Antimycin A einen deutlichen synergistischen Effekt, der zu einer fast völligen Blockierung der Atmung führt (Abb. 1 und 2). Dieser Synergismus kommt dadurch zustande,

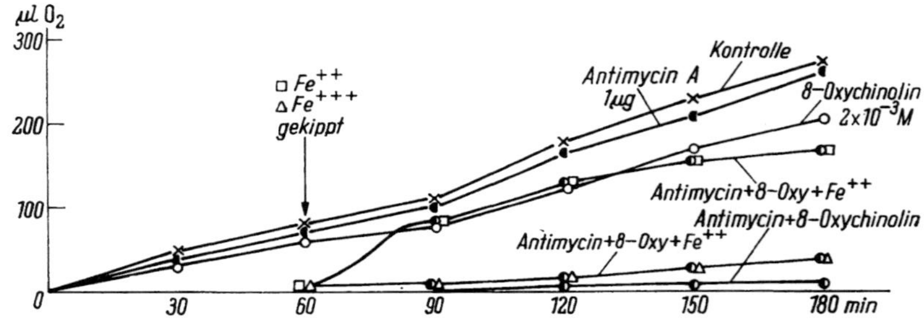

Abb. 1. Wirkung von Antimycin A und 8-Oxychinolin einzeln und in Kombination auf den O_2-Verbrauch von *Rhodotorula mucilaginosa* (Substrat: Glukose). Nach 60 min wurde $FeCl_2$ bzw. $FeCl_3$ zugesetzt.

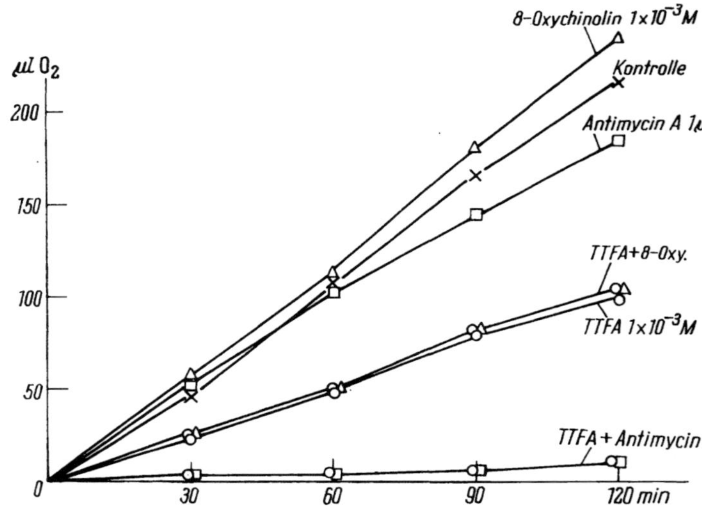

Abb. 2. Wirkung von Antimycin A, 8-Oxychinolin und TTFA (2-Theonyltrifluorazeton) einzeln und in Kombination auf den O_2-Verbrauch von *Rhodotorula*-Zellen im Warburg-Versuch.

daß Antimycin A einmal den Hauptweg der Atmungskette vollständig blockiert, gleichzeitig aber den Alternativweg stimuliert, so daß erst durch Zugabe des zweiten Hemmstoffes eine Hemmung des O_2-Verbrauches eintritt. In gleicher Weise wirkt Carboxin synergistisch mit Antimycin A (Abb. 3), wobei eine Restatmung auch bei 6 · 10^{-5} M noch bestehen bleibt. Carboxin hemmt offenbar den alternativen Atmungsweg nicht vollständig; zu bemerken ist, daß auch der O_2-Verbrauch von Pilz- und Rattenlebermitochondrien sich aus ungeklärten Gründen durch Carboxin ebenfalls nur zu maximal 75% hemmen läßt (1).

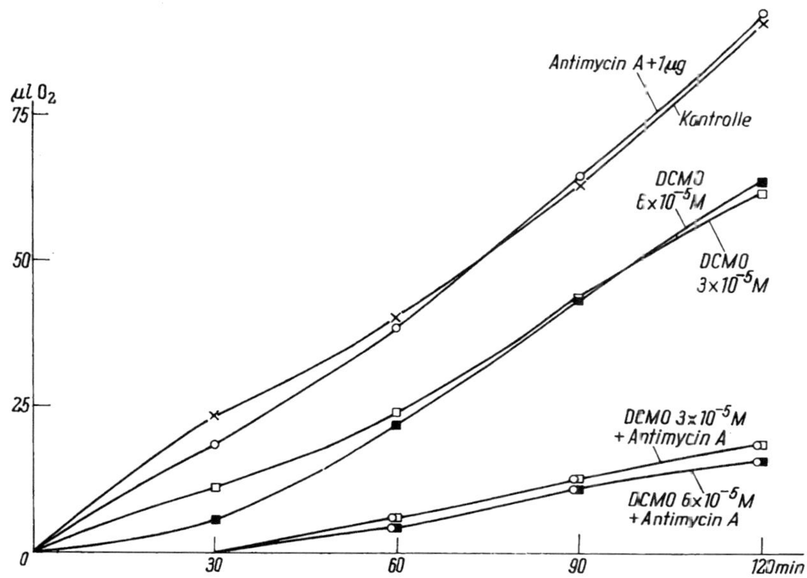

Abb. 3. Wirkung von Antimycin A und DCMO einzeln und kombiniert auf den O_2-Verbrauch von *Rhodotorula*-Zellen.

TTFA und 8-Oxychinolin geben nur bei niedriger Konzentration von TTFA (3 · 10^{-4} M), nicht aber bei 10^{-3} M einen synergistischen Hemmeffekt. Ein solcher ließ sich zwischen Carboxin und 8-Oxychinolin grundsätzlich nicht nachweisen. Dieses Verhalten steht mit den nachgewiesenen unterschiedlichen Wirkorten von Carboxin und TTFA in Einklang (1).

Aus den vorliegenden Ergebnissen und den uns zur Verfügung stehenden Literaturdaten leiteten wir folgende Hypothese für die Natur des alternativen Atmungsweges ab:

Das mit dem Succinat-Ubichinon-Reduktasekomplex (Komplex II) assoziierte $FeSP_P$, das Wirkort der Atmungshemmstoffe TTFA und Carboxin ist, ist gleichzeitig die terminale Oxydase für den alternativen Atmungsweg, indem es autoxydabel wird. Voraussetzung und begrenzender Schritt für seine Autoxydation ist die Bildung eines oxygenierten Komplexes mit der reduzierten Form von $FeSP_P$; O_2 reagiert dabei mit den freien Koordinationsstellen der Fe^{II}-Zentralatome, die in den FeS-Proteinen die Koordinationszahl 4 aufweisen; Fe-Komplexe erreichen jedoch im allgemeinen eine maximale Koordinationszahl von 6. Diese koordinative Bindung des O_2 am Fe^{II} wird durch bestimmte Komplexbildner gehemmt, indem sie Koordinationsstellen blockieren. Der Wirkort der Hemmstoffe des Atmungskettenhauptweges (TTFA und Carboxin) sowie der Hemmstoffe des Nebenweges (8-Oxichinolin und Benzhydroxamsäure) ist somit die gleiche Komponente des Elektronentransportsystems ($FeSP_S$). Die relative Unwirksamkeit der letzteren auf den Hauptweg ist dadurch zu erklären, daß sie die freien Koordinationsstellen am Fe besetzen, ohne den Redoxwechsel zu unterbinden, so daß die normale Atmungskette ablaufen kann. TTFA verändert dagegen vermutlich drastisch das Redoxpotential von $FeSP_P$, so daß eine Elektronenaufnahme von den Überträgern auf der Substratseite von $FeSP_P$ (FP_S und $FeSP_P$) aus thermodynamischen Gründen nicht mehr möglich ist. Carboxin verhindert dagegen die Elektronenabgabe der reduzierten Form von $FeSP_P$ auf die in der Atmungskette folgenden Überträger (Ubichinon und b-Cytochrome) und verhindert durch Besetzung der freien Koordinationsstellen am Fe gleichzeitig wie 8-Oxychinolin die für die Autoxydation notwendige Bildung des oxygenierten Komplexes. TTFA und Carboxin sind somit sowohl Hemmstoffe des Haupt- als auch des Alternativweges. Die Verhältnisse sind im folgenden Schema (Abb. 4) dargestellt.

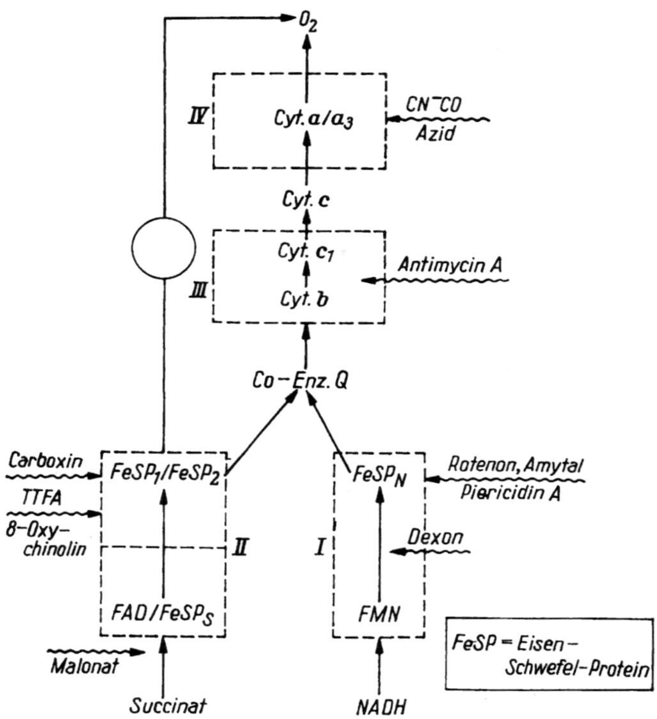

Abb. 4. Schema der Atmungskette mit Angabe der Angriffsorte einiger Fungizide und Atmungsinhibitoren.

Für diese nach unserer Kenntnis erstmalig geäußerte Hypothese sprechen folgende Argumente:

— Die von vielen Autoren diskutierte zusätzliche alternative Oxydase scheint nicht zu existieren, da im Elektronentransportsystem von Organismen mit cyanid- und antimycinresistenter Atmung weder ein verändertes Cytochromspektrum noch ein höherer FeSP-Gehalt (5) noch die für die FeSP charakteristischen EPR-Signale (6) nachgewiesen werden konnten. Da alle bisher bekannten Hemmstoffe des alternativen Oxydationsweges Fe-Komplexbildner sind, muß eine Fe-haltige Komponente eine entscheidende Rolle im alternativen Atmungsweg spielen.

— WEDDING et al. (7) zeigten, daß Succinat ein besseres Substrat als Malat, α-Ketoglutarat und Isocitrat für den Alternativweg ist; somit liegt die Abzweigung des Alternativweges am wahrscheinlichsten auf dem Succinatschenkel des Elektronentransportsystems vor dem Kreuzungspunkt von Succinat- und NADH-Oxydation. Dies steht nicht in Widerspruch zu der Tatsache, daß NADH-abhängige Substrate ebenfalls über den Alternativweg oxydiert werden können, insbesondere nach Zusatz eines Entkopplers, denn das Redoxpotential dürfte genügend hoch sein, um eine Reduktion über die Strecke NADH-FP_D-$FeSP_D$-Ubichinon-$FeSP_S$ zu ermöglichen.

— Die Stimulierung des Alternativweges durch entweder Cyanid (7) oder Antimycin A (3) erklärt sich dadurch, daß durch die Blockierung der Cytochromkette alle Glieder der Atmungskette auf der Substratseite des Blockes und folglich auch $FeSP_S$ zunächst in den voll reduzierten Zustand überführt werden und somit die Bildung des $Fe^{II}SP_S$-O_2-Komplexes begünstigt wird. Der Redoxzustand von $FeSP_S$ ist für das Ausmaß des Alternativweges von Bedeutung, da die „alternative Oxydase“ zum O_2 eine geringere Affinität als z. B. die Cytochromoxydase aufweist (3).

— Die von SHERALD und SISLER beobachtete Konkurrenz zwischen O_2 und 8-Oxichinolin (3) einerseits und die hier gezeigte Aufhebung der 8-Oxychinolinhemmung durch Fe^{++}, nicht aber Fe^{+++} andererseits sprechen eine analoge Bindung von O_2 und Hemmstoff an den freien Koordinationsstellen von Fe^{II}. Für den Fe^{III}-Komplexbildner Benzhydroxamsäure wurde eine Kompetition zum O_2 nicht beobachtet.

— GEORGOPOULOS und SISLER (8) beschrieben eine Mutante von *Ustilago maydis*, die einerseits carboxinresistent war, andererseits nicht über einen funktionstüchtigen Alternativweg verfügte, wie aus der hohen Antimycinempfindlichkeit des O_2-Verbrauches zu schließen war. Die Mutation mußte somit eine Komponente betreffen, die sowohl für die Carboxinempfindlichkeit als auch für den Alternativweg verantwortlich ist, folglich $FeSP_S$. Die aus diesen Versuchen ebenfalls denkbare Schlußfolgerung, daß sich der Wirkort von Carboxin auf dem Alternativweg, nicht aber auf dem Hauptweg befindet, wie sie z. B. von WHITE (9) sowie SHERALD und SISLER (3) geäußert wurde, scheidet aus, da auch die Atmungskette tierischer Mitochondrien durch Carboxin hemmbar ist.

— Wenn $FeSP_S$ gleichzeitig Bestandteil des Hauptatmungsweges und des alternativen Oxydationsweges ist, erhebt sich die Frage, warum bei tierischen Mitochondrien $FeSP_S$ nicht autoxydabel ist. Aus der vergleichenden Struktur-Wirkungsanalyse der Oxathiinderivate an ETP verschiedener Pilze und von Rinderherz geht hervor, daß bei den einzelnen Spezies deutliche strukturelle Unterschiede im Carboxinwirkort bestehen müssen (s. U.). Diese Unterschiede in der Rezeptorregion können auch die unterschiedliche Fähigkeit zur O_2-Bindung erklären. Es läßt sich vermuten, daß $FeSP_S$ im Laufe der Evolution bei tierischen und zum Teil auch bei pflanzlichen Systemen seine reversible Autoxystabilität zugunsten der energetisch gesehen effektiveren Cytochromkette vollkommen bzw. weitgehend verloren hat, was einen erheblichen Selektionsvorteil bedeutete.

— Nach der allgemein gültigen Auffassung entsteht beim alternativen Oxydationsweg Wasser und nicht H_2O_2 wie bei der Wirkung vieler Oxydasen mit Flavinnatur. Die Bildung von Wasser setzt die Übertragung von 4 Elektronen auf O_2 voraus. Der Succ.-DH-Komplex enthält pro Flavin 8 Fe-Atome, wovon 4 vermutlich auf $FeSP_S$ entfallen; durch diese 4 Fe^{II}-Atome könnte über einen Mehrzentrenmechanismus ohne peroxidische Zwischenstufen ähnlich wie bei der Cytochromoxydase die O_2-Reduktion erfolgen.

2. Zur Ursache der selektiven Wirkung der Oxathiine

Carboxine sind seit ihrer Entdeckung als ziemlich selektive Systemfungizide bekannt, die nur gegenüber einigen Pilzgruppen von hinreichender Wirkung sind (9, 2). Folgende Ursachen wären für die Selektivität prinzipiell möglich:

— eine selektive Detoxikation
— eine unterschiedliche Aufnahme durch die Zelle
— Penetrationsunterschiede der inneren Mitochondrienmembran
— eine unterschiedliche Struktur des Rezeptors

Die ersten beiden Möglichkeiten können nach den Arbeiten von Lyr et al. (10, 11) prinzipiell ausgeschlossen werden. Zur weiteren Klärung dieser Frage wurden von den Pilzen *Trametes versicolor* (empfindliche Art) und *Trichoderma viride* (unempfindliche Art) Mitochondrien und ETP präpariert und die Wirkung einer Reihe von Oxathiinderivaten hinsichtlich der Hemmung im Succino-Dehydrogenase-System untersucht (Abb. 5 und 6). Weiterhin wurde ein Spektrum von Oxathiinderivaten bezüglich ihrer Wirkung auf das Succinat-Cytochrom c-Reduktase- und NADH-Oxydasesystem von Rinderherz-ETP getestet (Tab. 1). Die Ergebnisse wurden untereinander und mit dem Oktanol-Wasser-Verteilungsquotienten (logP-Werte) durch lineare Regression verglichen. In Tabelle 2 sind die Korrelationen zwischen den lg P-Werten und den biologischen Wirksamkeiten angegeben. Es ist ersichtlich, daß ETP aus *Trametes* und aus Rinderherz eine mäßige Korrelation zum Hydrophobizitätsparameter zeigen, während ETP aus *Trichoderma* keiner solchen Abhängigkeit unterliegen. Aus den relativ niedrigen

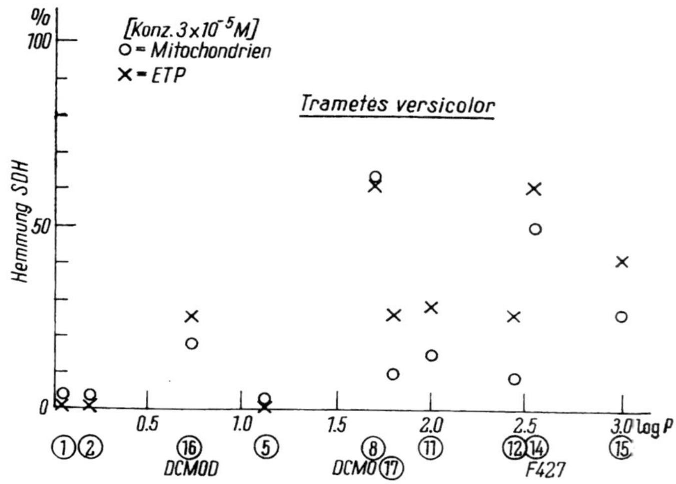

Abb. 5. Hemmung der SDH-Aktivität von Mitochondrien und ETP von *Trametes-versicolor* durch diverse Oxathiin-Derivate in Abhängigkeit vom Verteilungskoeffizienten (log P).

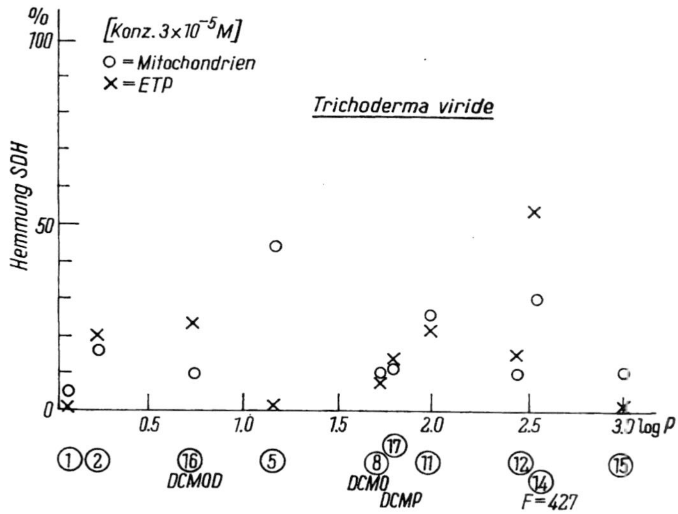

Abb. 6. Hemmung der SDH-Aktivität von Mitochondrien und ETP von *Trichoderma viride* durch diverse Oxathiin-Derivate und Analoge in Abhängigkeit vom Verteilungskoeffizienten (log P).

Werten für die Korrelationsquotienten geht hervor, daß die Hydrophobizität nicht allein für die Struktur-Wirkungsbeziehungen verantwortlich gemacht werden kann, sondern daß vermutlich auch elektronische und sterische Parameter ein-

Tabelle 1

Vergleich der ED_{50}-Werte für ETP verschiedener Herkunft für diverse Carboxin-Derivate

Nr.	Derivat	log P	Trametes [Mol]	Trichoderma [Mol]	Rinderherz [Mol]
1	Carboxinsäure	0,04	5×10^{-4}	5×10^{-4}	$4,5 \times 10^{-4}$
2	Carboxinsäureamid	0,22	5×10^{-4}	3×10^{-4}	—
16	DCMOD	0,74	3×10^{-4}	5×10^{-4}	$2,0 \times 10^{-4}$
5	-tert. butylamid	1,16	5×10^{-4}	5×10^{-4}	—
8	DCMO	1,73	1×10^{-5}	2×10^{-4}	$2,1 \times 10^{-5}$
17	DCMP (Pyran)	1,80	2×10^{-4}	5×10^{-4}	$4,5 \times 10^{-4}$
11	-hexyl-amid	1,99	2×10^{-4}	2×10^{-4}	$2,2 \times 10^{-5}$
12	-p-chlorphenyl	2,62	3×10^{-4}	3×10^{-4}	35×10^{-5}
14	-o-phenyl (F 427)	2,54	2×10^{-5}	1×10^{-5}	11×10^{-5}
15	-naphthylamid	3,05	1×10^{-4}	5×10^{-4}	—

Tabelle 2

Korrelation der Empfindlichkeit gegenüber Oxathiinderivaten und -analoga der verschiedenen Systeme untereinander

Korrelation zwischen den Systemen*	Korrelations-koeffizient R	Anzahl der Verbindungen
$ETP_{Trametes}/ETP_{Trichoderma}$	0,47	10
$ETP_{Rinderherz}$ (Succ.)/$ETP_{Trametes}$	0,87	10
$ETP_{Rinderherz}$ (Succ.)/$ETP_{Trichoderma}$	0,51	10
$Mito_{Trametes}/Mito_{Trichoderma}$	0,19	10
$Mito_{Trametes}/ETP_{Trametes}$	0,95	7
$Mito_{Trichoderma}/ETP_{Trichoderma}$	0,78	7
$ETP_{Rinderherz}$ (Succ.)/$ETP_{Rinderherz}$(NADH)	0,66	19

* Es wurden die Logarithmen der Wirksamkeiten korreliert.

Tabelle 3

Korrelation zwischen dem Hydrophobizitätsterm lg P und der Atmungshemmung bei verschiedenen Systemen durch Oxathiinderivate und -analoga

lg P als Funktion von lg Wirksamkeit des Systems	Korrelations-koeffizient (R)	Anzahl der Verbindungen
$ETP_{Rinderherz}$ (Succinat-Cyt. C)	0,82	19
$ETP_{Trametes}$	0,77	10
$ETP_{Trichoderma}$	0,14	10
$ETP_{Trametes}/Mito_{Trametes}$	0,75	10
$ETP_{Trichoderma}/Mito_{Trichoderma}$	0,09	10
$ETP_{Rinderherz}$ (NADH-Oxydase)	0,76	19
$ETP_{Rinderherz}$ (Succinat)/$ETP_{Rinderherz}$ (NADH)	0,72	19

gehen. Die Zunahme der Wirkung auf *Trametes*-Mitochondrien mit der Hydrophobizität ist nicht durch einen mit steigender Hydrophobizität begünstigten Transport durch die Mitochondrienmembran bedingt. Erstens zeigen die Wirkungen auf ETP und Mitochondrien aus *Trametes* untereinander eine sehr gute Korrelation (Tab. 3), wobei die Regressionsgerade nicht durch den Nullpunkt geht, d. h. für die Wirkung auf Mitochondrien ist ein Schwellenwert der ETP-Wirkung erforderlich, mit anderen Worten: Es ist eine von der Struktur des Wirkstoffes unabhängige Membranbarriere vorhanden. Zweitens nimmt der Quotient $\frac{\lg \text{ETP-Effekt}}{\lg \text{Mito-Effekt}}$ mit der Hydrophobizität zu, d. h. mit steigender Hydrophobizität wird paradoxerweise der Transport durch die Mitochondrienmembran scheinbar erschwert. Dieses unerwartete Verhalten erklärt sich durch Bindung an unspezifische Orte durch hydrophobe Wechselwirkungen. Mit der Hydrophobizität nimmt z. B. auch die NADH-Oxydasehemmung von Rinderherz-ETP zu, die vermutlich eine solche unspezifische Membranbindung widerspiegelt. Schwer überschaubar sind die Verhältnisse bei *Trichoderma*. Vermutlich sind hier strukturabhängige Transportbarrieren zum Wirkort oder eine andere strukturelle Anordnung der Rezeptorregion die Ursache für die vergleichsweise geringe Carboxinempfindlichkeit. Die Membranpenetrationsfähigkeit spielt jedoch keine Rolle, da Mitochondrien und ETP sich in der Empfindlichkeit kaum unterscheiden. Auffällig ist bei *Trichoderma* die im Vergleich zu *Trametes* gute Wirksamkeit der Verbindungen mit niedrigen P-Werten.

Die Struktur-Wirkungsbeziehungen der Oxathiine zeigen bei den einzelnen Spezies deutliche Unterschiede. Dabei ergeben sich bei Abwandlung des Oxathiinringes weniger Speziesunterschiede als bei Abwandlung bzw. Substitution des Phenylrestes. Die Wirkungen auf ETP von *Trametes* und Rinderherz korrelieren noch relativ gut, während die *Trichoderma*-ETP-Werte sehr schlecht mit denen der beiden übrigen Spezies korrelieren.

Aus diesen Befunden geht hervor, daß die Ursachen der Selektivität und der relativen Wirksamkeit der einzelnen Verbindungen am ehesten in ihrer Affinität zum Rezeptor zu suchen sind. Dabei spielt die Lipophilie der Verbindung nicht die entscheidende Rolle, wie sie Mathre (12) diskutiert. Der hydrophobe Term ist nur ein Faktor neben vermutlich sterischen und elektronischen Einflüssen. Das unterschiedliche Verhalten der verschiedenen Spezies ist nur durch strukturelle Unterschiede in der Rezeptorregion zu erklären. Denkbar wären Abwandlungen in der Aminosäuresequenz der Proteinkomponente. Auf dieser Grundlage könnte auch die unterschiedliche Autoxydabilität des $FeSP_S$ und damit die Funktionstüchtigkeit des alternativen Atmungsweges erklärt werden. Für das Vorhandensein phylogenetischer Unterschiede in der Rezeptorstruktur spricht die bei Pilzen zu beobachtende gruppenspezifische Reaktionsweise. Bemerkenswert ist die relativ gute Korrelation zwischen Rinderherz-ETP und *Trametes*-ETP. Das spricht für einen prinzipiell gleichen Aufbau der Carboxinrezeptorregion bei carboxinempfindlichen Pilzen und bei Säugetieren.

Die prinzipielle Universalität der Carboxinwirkung auf das Elektronentransport-

system steht im Widerspruch zu seiner Selektivität, die primär aus quantitativen Unterschieden in der Affinität des Rezeptors resultiert. Mitochondrien aus höheren Pflanzen und aus Rattenleber sind weniger empfindlich als Mitochondrien von Pilzen sensitiver Gruppen.
Für die praktische Anwendung sind darüber hinaus Fragen der Aufnahme durch die Pflanze, der Stabilität in der Pflanze und Verteilung im System der Pflanze von Bedeutung.

3. Mögliche Struktur-Rezeptor-Wechselwirkung von Carboxin

Die Struktur der mitochondrialen Fe—S-Proteine und damit auch das $FeSP_S$ ist bisher unbekannt. Wir mußten daher zur Erklärung der Carboxinwirkung auf die Strukturmodelle der einfacher aufgebauten und besser charakterisierten Ferridoxine zurückgreifen (13). Danach sind die vierfach koordinierten Fe-Atome untereinander durch zwei säurelabile S-Brücken verbunden, während über zwei Cysteinbrücken die Bindung zur Polypeptidkette zustande kommt. Dieser Cystein-Schwefel sollte durch den Einfluß des Fe-Zentralatoms eine hohe nukleophile Kraft besitzen, die eine Wechselwirkung mit dem Carboxinmolekül erlaubt. Eine schematische Vorstellung gibt Abbildung 7.

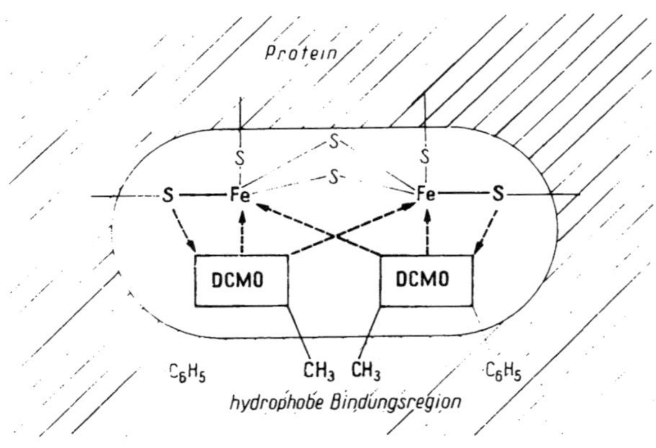

Abb. 7. Grundschema der Wechselbeziehungen von DCMO mit Atomen des Eisen—Schwefel-Proteins des SHD-Komplexes.

Nach den in der Literatur vorliegenden Modellen sind Fe—S-Proteine mindestens 2kernige Komplexe ($FeSP_P$ enthält vermutlich sogar 4 Fe-Atome). Auf Grund dieser Struktur dürfte eine Bindung von 2 Carboxinmolekülen pro 2 Fe-Atome vorliegen, die über einen Mehrzentrenmechanismus des Fe—S-Systems gebunden sind. Allem Anschein nach befindet sich die Fe—S-Gruppierung in einer hydrophoben Tasche, deren Natur noch nicht geklärt ist. Daher kommt der Hydrophobizität der Carboxinderivate eine gewisse, wenn auch nicht entscheidende Bedeutung zu. Wahrscheinlich ist gerade diese Regionart — bzw. gruppenspezifischen Abänderungen — phylogenetischer Art unterworfen, was durch unterschiedliche Aminosäuresequenzen erklärt werden könnte. Die Modellvorstellung, die in einer späteren Publikation noch präzisiert werden soll, erlaubt es, alle wesentlichen Eigenschaften der Carboxinderivate zu deuten, was für die Richtigkeit der Vorstellungen spricht.

Literatur

(1) SCHEWE, T., S. RAPOPORT, G. BÖHME und W. KUNZ: Acta biol. med. germ. **31**, 73 (1973).
(2) RITTER, G., E. KLUGE und H. LYR: Zeitschr. f. Allgem. Mikrobiol. **13**, 243 (1973).
(3) SHERALD, J. L., and H. D. SISLER: Plant & Cell Physiol. **13**, 1039 (1972).
(4) MATSUNAKA, S., S. MORITA and S. F. CONTI: Plant Physiol. **41**, 1364 und 1370 (1966).
(5) DIZENGREMEL, P., M. CHAUVEAU et C. L. LANCE: C. R. Acad. Sci. Paris **277**, 239 (1973).
(6) DOWNIE, J. A., and P. B. GARLAND: Biochem. J. **134**, 1051 (1973).
(7) WEDDING, R. T., C. C. MCCREADY and J. L. HARLEY: New Phytologist **72**, 1 (1973).
(8) GEORGOPOULOS, S. G., and H. D. SISLER: J. Bacteriol. **103**, 745 (1970).
(9) EDGINGTON, L. V., and G. L. BARRON: Phytopathology **57**, 1256 (1967).
(10) LYR, H., G. RITTER und G. CASPERSON: Zeitschr. Allgem. Mikrobiol. **12**, 271 (1972).
(11) LYR, H., G. RITTER und L. BANASIAK: Zeitschr. Allgem. Mikrobiol. (1974).
(12) MATHRE, D. E.: Agricult. & Food Chem. **19**, 872 (1971).
(13) ORME-JOHNSON, W. H.: Ann. Review Biochem. **42**, 159 (1973).
(14) PIERSON, E. et al.: J. Amer. Chem. Soc. **70**, 1450 (1948).

Diskussion

SISLER: Do you know of other inhibitors that act exactly in the same manner as carboxins?
SCHEWE: No, in my opinion no inhibitor is known, which acts analogous to carboxin.
SISLER: Do you believe the complex affected by oxathiins is the terminal oxidase of the alternate pathway?
SCHEWE: Yes. Carboxin does not act on the flavoprotein of the succinate dehydrogenase, but on the component next following in the respiratory chain, the iron-sulphur-protein FeS_P.
SISLER: There is a theory that mitochondria are organelles which were captured by a primative ancester of fungal and animal cells. Possibly the main electron transport system was contributed by the captured organelles and the alternate pathway may have been contributed by the non-mitochondrial fungal ancestor. The succinoxidase system has a peculiar relationship to the electron transport system. Possibly the two systems became joined together through the succinoxidase complex. The association may be loose in some fungal cells which may lead to sensitivity to oxathiins. In such cells it may be possible to dissociate a functional alternate electron transport system. Your studies contribute valuable

information to our understanding of the relationship of normal and alternate respiratory systems in fungal cells.

SISLER: Did you consider the question why acetate respiration is stronger inhibited than that of glucose?

SCHEWE: As we know (RITTER, KLUGE und LYR (1973)) these fungi posses a high rate of oxidative pentose phosphate pathway and pentose phosphate cycle. Via this pathway glucose, but not acetate can be quantitatively metabolised in CO_2 and NADPH according to the following scheme:

$$\begin{array}{l} \qquad C_6 \rightarrow C_5 + CO_2 + NADPH \\ \qquad \uparrow \\ 3C_5 \rightarrow 2C_6 + C_3 \end{array}$$

NADPH may enter the mitochondrium by indirect mechanisms and be oxidised via transhydrogenase and respiratory chain shunting the succinate oxidation, which is the action site of carboxin. In the presence of antimycin A the NADPH-oxidation is only possible via the alternative respiratory pathway, which branches from the succinate dehydrogenase region; therefore in the presence of antimycin A a high inhibition by carboxin has to occur. You have described this effect in your publication together with Sherald.

REINBOTHE: Ist die Steigerung des O_2-Verbrauchs durch 8-Oxichinolin signifikant und wie ist sie zu erklären?

SCHEWE: Man darf die Spezifität des 8-Oxichinolins nicht überschätzen. Diese Verbindung ist ein universeller Fe-Komplexbildner und die Fe^{++}-Komplexe sind autoxydabel; sollten die Pilzzellen Fe^{++} akkumulieren können, so könnte durch 8-Oxichinolin ein künstlicher O_2-Verbrauch verursacht werden, der mit der Mitochondrien-Atmung nichts zu tun hat.

REINBOTHE: Über die Bindung des Eisens im FeSP der Komplexe I und II der Atmungskette ist nichts bekannt. Auch für die gut untersuchten Ferredoxine bestehen alternative Strukturvorstellungen. Weiterreichende Aussagen über das Redox- und Komplexierungs-Verhalten von Nicht-Häm-Eisen im FeS-Protein können erst gemacht werden, wenn Strukturvorstellungen erarbeitet sind.

SCHEWE: Die Struktur der FeS-Proteine ist tatsächlich noch nicht vollständig aufgeklärt. Entscheidend für unser Modell war jedoch die bei den Ferredoxinen heute allgemein akzeptierte Koordinationszahl 4; wir vermuten, daß diese auch für die mitochondrialen FeS-Proteine zutrifft, da für die Wechselwirkung mit den übrigen Gliedern der Atmungskette freie Koordinationsstellen vorhanden sein müssen und die maximale Koordinationszahl für Fe-Komplexe 6 ist. Daß das Fe in den FeS-Proteinen der Atmungskette einen Redoxwechsel unterliegt, geht aus Untersuchungen mittels der EPR-Spektroskopie hervor.

REINBOTHE: Stimmt das entwickelte Modell der Carboxin-Wirkung am Komplex II der Atmungskette mit experimentellen Werten vom Verhältnis von Cystein-Schwefel, säurelabilem organischem Schwefel, Nicht-Häm-Eisen und Flavin überein und berücksichtigt es mögliche Resonanzstrukturen von FeS_P?

SCHEWE: Das Verhältnis von Fe zu säurelabilem Schwefel ist in den FeS-Proteinen der Atmungskette grundsätzlich 1:1. Bei der Aufstellung unseres Wirkstoff-Rezeptor-Modells berücksichtigen wir die aus der Röntgenstrukturanalyse bekannten Bindungsabstände bei den Ferredoxinen sowie die Raumstruktur des Carboxins. Unser Modell ist somit kein bloßes Phantasiegebilde.
DEKHUIJZEN: Ich habe eine Frage bezüglich der Korrelationskoeffizienten. Sie haben mit 10^{-5} M Carboxin gearbeitet. Wie kann man beim Einsatz nur einer Konzentration Korrelationskoeffizienten erhalten. Ist außerdem 10^{-5} M nicht eine sehr hohe Konzentration für isolierte Mitochondrien?
LYR: Wir haben immer Konzentrationsreihen von 10^{-4} bis 10^{-6} M getestet. Um die Tabellen nicht zu komplizieren, habe wir $3 \cdot 10^{-5}$ M ausgewählt, da die Ergebnisse nicht prinzipiell unterschiedlich waren, jedoch bei unempfindlichen Systemen die Hemmung sonst zu schwach würde.
SCHEWE: Bei den Angaben für Rinderherz-ETP handelt es sich um echte ED_{50}-Werte, die aus der Titrationskurve der Hemmung ermittelt wurden.
JACOB: Bei der erkannten selektiven Unterschiedlichkeit der Carboxine auf die Vorgänge in der Atmungskette verschiedener Pilzgruppen könnte auch die Wirkung auf die Mitochondrien höherer Pflanzen unterschiedlich sein. Ist dafür der Gebrauch von leicht isolierbaren Rinderherz-Mitochondrien als Modell-Vergleich als ausreichend zu betrachten?
SCHEWE: Das Elektronentransportsystem von Pilzen, höheren Pflanzen und Tieren ist prinzipiell gleichartig aufgebaut, wenn man von den Nebenwegen bei Pflanzen und Pilzen absieht, die ohne Bedeutung für die Energiegewinnung der Zelle sind. Es ist bisher kein Atmungshemmstoff bekannt, der den Hauptweg der Atmungskette selektiv bei bestimmten Taxa hemmt. Dies rechtfertigt die Verwendung des funktionell einfachen Elektronentransportsystems von tierischen Mitochondrien.
HANDKE: Kann der Alternativweg der Respiration bei Pilzen zur ATP-Bildung führen? Könnte die Selektivität der Carboxin-Wirkung auch damit erklärt werden, daß Permeationsunterschiede an der Zellmembran vorliegen oder dort, eventuell auch im Plasma, Adsorption oder ähnliche Bindungen erfolgen?
SCHEWE: Im Falle der Succinat-Oxydation nicht. Bei der Oxydation NAD-abhängiger Substrate, wie z. B. Malat, kann pro NADH 1ATP über den Koppelungsort I entstehen, also deutlich weniger als über den Hauptweg.
LYR: Bei Blockierung des Hauptweges der Atmung wird bei vielen Organismen mit gut ausgebildetem Alternativweg das Wachstum auf ca. $^1/_3$ reduziert, was demonstriert, daß noch 1 ATP gebildet wird.
KÖHLER: In der Elektronentransportkette der Photosynthese unterscheidet man zwischen verschiedenen Möglichkeiten, den Elektronenfluß vom Wasser zum $NADPH^+$ zu hemmen. Es gibt Hemmstoffe, die eine Hemmung der Elektronentransportkette auf direkte Weise, ferner solche, die eine Hemmung des „coupling factor" herbeiführen. Weiter gibt es sogenannte Entkoppler, die die Kontrollfunktion des Phosphorylierungssystems aufheben und damit eine mögliche Hemmung eines Hemmstoffes der Photophosphorylierung. Wurden Entkoppler eingesetzt, um festzustellen, ob die untersuchten Hemmstoffe Carboxin, TTFA

und 8-Oxichinolin echte Hemmstoffe der Elektronentransporte der Atmungskette sind?

Schewe: Mathre hat nachgewiesen, daß Caboxin keine Entkoppelungswirkung ausübt.

Köhler: In den Chloroplasten der höheren Pflanzen und Chlorophyceen ist es möglich, die Photosysteme I und II durch eine Reihe verschiedener Methoden zu separieren, was eine Messung dieser beiden Systeme auf getrennte Weise erlaubt. Man kann ferner diese beiden Teilsysteme des Gesamtelektronentransportes in Einzelreaktionen zerlegen und diese Einzelreaktionen messen. Ist es möglich analog dazu den Hauptweg vom Nebenweg zu trennen, um beide getrennt zu messen und damit zu charakterisieren?

Wenn es von mir richtig verstanden wurde, sind die vorliegenden Ergebnisse offenbar an intakten Mitochondrien mit der vollständigen Elektronentransportkette gewonnen worden. Es dürfte vage sein, daraus zu schlußfolgern, daß 2 Elektronentransportwege in Gestalt eines Haupt- und Nebenweges in den Mitochondrien einer Reihe von Pilzarten vorliegen.

Schewe: Mir ist nicht bekannt, daß es jemals gelungen ist, bei ETP von Arten mit alternativem Atmungsweg durch Fraktionierung Hauptweg und Alternativweg strukturell zu trennen, wie es etwa möglich ist, Rinderherz-ETP in die einzelnen Komplexe zu zerlegen. Die Existenz des Alternativweges ist für viele Pilze und einige höhere Pflanzen aber durch viele in der Literatur belegte Untersuchungen eindeutig gesichert.

Detoxifikation des Carboxins

H. Lyr, G. Ritter und C. Polter

Institut für Pflanzenschutzforschung, Kleinmachnow,
Akademie der Landwirtschaftswissenschaften der DDR, und
Institut für Forstwissenschaften Eberswalde, DDR

Die therapeutische Wirkung von Systemfungiziden ist von ihrer spezifischen Wirkung und ihrer Stabilität gegen Abbau abhängig. Carboxin wird in Boden und Pflanze nach verschiedenen Autoren zu nicht pilz-toxischem Sulfoxid oxydiert. Letzteres kann weiter in Spuren zum wieder fungiziden Sulfon oxydiert werden. Damit ist der oxydative Entgiftungsprozeß hinsichtlich der auftretenden Produkte weitgehend geklärt.

Nicht klar ist, welche Enzyme die Oxydationen ausführen. Weiter ist ungeklärt, ob Kulturpflanzen das Carboxin auch hydrolytisch spalten. Nach Chin und Mitarbeitern (3, 4) bauen Gerste und Weizen Carboxin nicht hydrolytisch ab, sondern entgiften es nur durch andere Vorgänge. Neben der Oxydation wurde Bindung an Fraktionen der pflanzlichen Zellwand beobachtet. Baumwolle enthielt nach Carboxin-Behandlung neben dem Sulfon nicht identifizierte Abbauprodukte (1). Nach Entgiftung von Carboxin in Bohnen ließ sich aus einer polymeren-gebundenen Abbau-Fraktion mit Säure freies Anilin extrahieren (12). Daraus schlossen die Autoren auf hydrolytischen Abbau der Verbindung in der Bohnenpflanze.

Bacillus sphaericus kann adaptiv eine Aryl-Acylamidase bilden, die Carboxin und Pyrocarbolid spaltet (6, 7, 13). Eine Aryl-Acylamidase isolierten Frear und Still bereits 1968 (8) aus Reis. Sie bewiesen damit, daß Enzyme dieses Typs in Pflanzen vorkommen. Das Enzym aus Reis spaltet bestimmt substituierte Propionanilide. Es wurde in anderen Gramineen nicht gefunden.

Wir gewannen jetzt aus Sommergerste eine Aryl-Acylamidase, die wie das Enzym aus Reis aliphatische Anilide vorzugsweise spaltet, daneben aber auch andere, darunter die im Praxis-Einsatz befindlichen Fungizide mit Carboxamid-Bindung.

Ergebnisse

1. Zur oxydativen Detoxifikation des Carboxins

Von mehreren geprüften Pilz-Arten konnte besonders *Ustilago maydis* Carboxin in nennenswertem Umfang zum Sulfoxid oxydieren, und zwar im Licht intensiver als in der Dunkelheit. In Spuren wird auch das Sulfoxid zum Sulfon des Carboxins weiter oxydiert. Die Oxydation erfolgt wahrscheinlich in den Mitochondrien, denn Pilz-Mitochondrien oxydieren, ebenfalls lichtbeeinflußbar, Carboxine (Tab. 1).

Durch eine Reihe von thermisch inaktivierten, riboflavinhaltigen Enzymen konnte Carboxin in vitro oxydiert werden. Wirksam waren Glucoseoxydase, D-Aminosäureoxydase und Cytochrom-C-Reduktase (Tab. 2). Aus ^{14}C-Anilin-markiertem Fungizid wurde auch $^{14}CO_2$ gebildet.

Tabelle 1

Oxydation von Carboxin durch Mikroorganismen und isolierte Mitochondrien im Licht (L) und Dunkel (D) (Inkubation 20 Stunden bei 25 °C).

Zellen		% Carboxin	% Carboxin-Sulfoxid	% Carboxin-Sulfon
Ustilago zeae	L	9,0	90,0	1,0
	D	64,0	32,0	4,0
Saccharomyces fragilis	L	93,0	6,0	1,0
	D			
Mitochondrien mit 50 mM Malat				
Trametes versicolor (Carboxin — empfindlich)	D	82,5	15,5	2,0
Aspergillus niger	L	61,0	39,0	0,0
(Carboxin — unempfindlich)	D	87,5	11,0	1,5

Tabelle 2

Wirkung von 3000 ppm hitzedenaturierter Flavin-Enzyme auf Carboxin im Licht (L) und Dunkelheit (D).

Variante		% Carboxin	% Carboxin-Sulfoxid	% Carboxin-Sulfon
Kontrolle	L	95,0	4,0	1,0
(+ H_2O)	D	99,0	1,0	0,0
Glukoseoxydase	L	66,0	31,0	3,0
	D	87,0	9,0	4,0
D-Aminosäureoxydase	L	40,0	58,0	1,0
	D	94,0	5,0	1,0
Cytrochrom C-Reduktase	L	62,0	30,0	7,0
	D	87,0	6,0	7,0

In prinzipieller Übereinstimmung mit RAGSDALE und SISLER (11) wurde gefunden, daß Carboxin in vitro durch Riboflavin lichtabhängig oxydiert wird. Diese Riboflavin-Wirkung konnte durch Katalase aufgehoben werden (Tab. 3). Es wird von der Arbeitshypothese ausgegangen, daß Riboflavin über die Bildung von H_2O_2 bei der Carboxin-Oxydation wirksam wird.

Diese Vorstellung konnte dadurch wahrscheinlich gemacht werden, daß H_2O_2 und H_2O_2-erzeugende Systeme wie Glukose + Glukoseoxydase eine starke Oxydation des Carboxins hervorrufen. Genauso wie die Riboflavin-Wirkung konnte die Peroxid-Wirkung durch H_2O_2-abbauende Enzyme wie Katalase und Peroxydase

Tabelle 3

Oxydation von Carboxin durch Riboflavin (10^{-4} M) im Licht (L) und in Dunkelheit (D) (Inkubation 24 Stunden bei 25 °C)

Varianten		% Carboxin	% Carboxin-Sulfoxid	% Carboxin-Sulfon
Kontrolle	L	94,6	4,4	1,0
	D	99,0	1,0	0,0
Riboflavin	L	8,6	82,4	9,0
	D	85,8	13,1	1,1
Riboflavin + Katalase	L	36,5	53,5	10,0
	D	92,5	7,5	0,0

Tabelle 4

Oxydation von Carboxin durch H_2O_2 (Inkubation 24 Stunden bei 25 °C) und Aufhebung der Peroxydation durch H_2O_2-abbauende Enzyme.

Varianten	% Carboxin	% Carboxin-Sulfoxid	% Carboxin-Sulfon
Kontrolle	95,0	4,0	1,0
+ H_2O_2 (0,1%)	57,0	42,0	1,0
+ H_2O_2 + Peroxydase	93,0	4,0	3,0
+ Glukoseoxydase + Glukose	0,0	96,0	4,0
+ Glukoseoxydase + Glukose + Katalase (200 µl)	92,0	8,0	0,0

aufgehoben werden (Tab. 4). Beim Einfluß von H_2O_2 auf Carboxin handelt es sich um einen oxydativen Angriff auf das Schwefel-Atom des Oxathiin-Rings, denn H_2O_2 verhindert die atmungs-hemmende Wirkung von Carboxin und seinem o-Phenylderivat F 427; auf die entsprechenden Wirkungen des Sulfons und Pyrocarbolids hat es dagegen keinen Einfluß.

Mitochondrien von carboxin-empfindlichen und -unempfindlichen Pilzen oxydieren das Fungizid mit etwa gleicher Geschwindigkeit. Dies ist ein Hinweis, daß Unempfindlichkeit nicht die Folge verstärkter Fähigkeit zur Detoxifikation ist.

Die vorliegenden Ergebnisse beweisen nicht, daß in vivo die Carboxin-Oxydation über H_2O_2-liefernde Enzym-Systeme erfolgt, lassen dies aber sehr gut vorstellbar erscheinen. Der starke Licht-Einfluß auf diesen Vorgang macht das Wirksamwerden von Flavin-Enzymen denkbar.

2. Zur Spaltung der Carboxamid-Bindung des Carboxins durch Aryl-Acylamidase aus Gerste

In Anlehnung an FREAR und STILL (8) wurde aus Sommergerste-Blättern ein Enzym isoliert, das o-Chlorpropionanilid ähnlich gut wie das Reis-Enzym spaltet, und zwar mehr als 30 Stunden lang mit gleichbleibender Geschwindigkeit (Abb. 1).

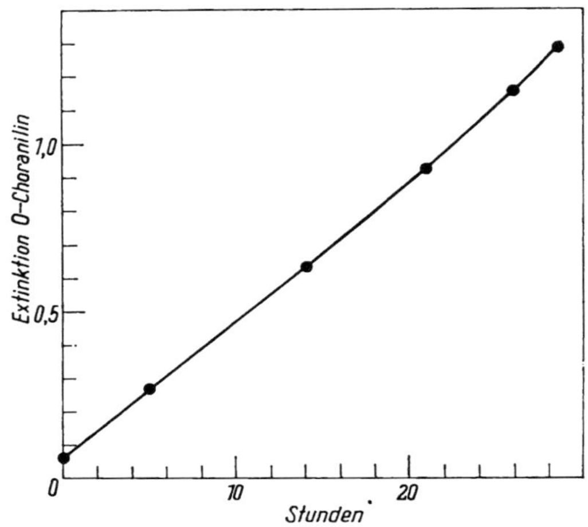

Abb. 1. Spaltung von o-Chlorpropionanilid durch Aryl-Acylamidase in Phosphat-Puffer pH 7,5 bei 28 °C. Enzym angereichert durch Gel-Filtration in Sephadex G-50.

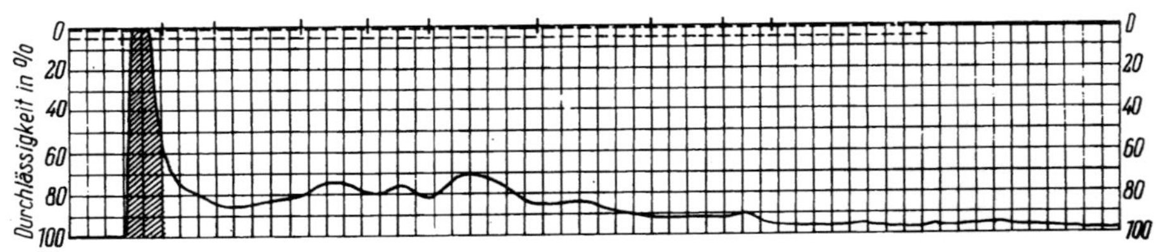

Abb. 2. Nachweis von Aryl-Acylamidasen-Aktivität im Elutionsprofil der Sephadex G-50-Filtration. Elution mit Phosphatpuffer 0,05 M pH 7,5 bei 7° C.

Carboxin-Beizung des Saatgutes beeinflußte die aus Jungpflanzen extrahierbaren Enzym-Mengen nicht. Das Enzym wird nicht adaptiv gebildet. Es kann nur in Anwesenheit von SH-Schutzstoffen mit nennenswerter Ausbeute isoliert werden und greift Monuron nicht an. Damit stimmt es auch in diesen Eigenschaften mit dem Reis-Enzym überein. Nach Gelchromatographie in Sephadex G-50 enthielt nur die erste Protein-Fraktion Enzym-Aktivität (Abb. 2). Das angereicherte Enzym ist bemerkenswert stabil gegen hohe Temperaturen. Bei 30 Minuten dauernder Einwirkung inaktivieren es erst Temperaturen über 50 °C deutlich (Abb. 3). Es besitzt ein breites pH-Optimum, dessen Lage ebenfalls mit derjenigen des Reis-Enzyms übereinstimmt (Abb. 4). Mehrfaches Auftauen und Wiedereinfrieren inaktiviert das Enzym dagegen weitgehend. Nach zweimaligem Auftauen tief gefrorenen Enzyms betrug die Aktivität z. B. $^{1}/_{3}$ des Ausgangswertes (Abb. 5).

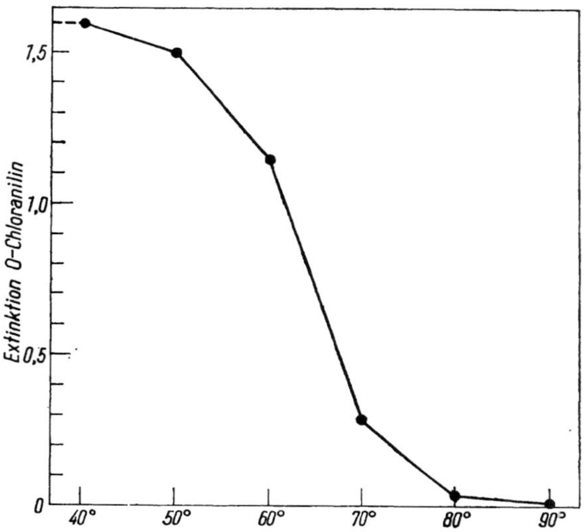

Abb. 3. Inaktivierung von Aryl-Acylamidase in Phosphatpuffer pH 7,5 durch 30 Minuten dauernde Einwirkung verschieden hoher Temperaturen. Als Maß für den Aktivitätszustand des Enzyms wurde 20 Stunden lang nach der Temperatureinwirkung die Spaltung von o-Chlorpropionanilid gemessen.

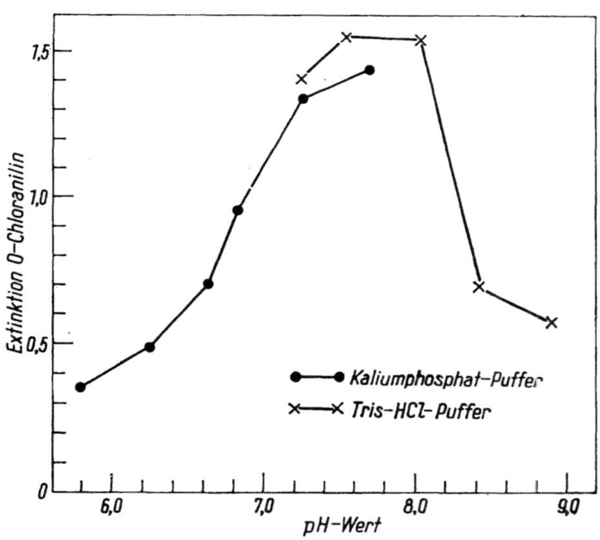

Abb. 4. Abhängigkeit der Spaltung von o-Chlorpropionanilid durch Aryl-Acylamidase vom pH-Wert der Puffer-Lösung. Eingesetzt wurden isomolarer Kaliumphosphat-Puffer und Tris-HCl-Puffer.

Vom Enzym werden Anilide mit „nicht-aliphatischem“ Säurerest mit einer Reaktionsgeschwindigkeit von 1 bis 15% derjenigen des Vergleichssubstrates o-Chlorpropionanilid gespalten. Im Langzeitversuch, bis 100 Stunden, spaltete es 14 verschiedene, als Beispiel ausgewählte Carboxanilide. Carboxanilide mit unterschiedlich substituierten aromatischen oder heterozyklischen Säuren werden nahezu mit gleicher Geschwindigkeit umgesetzt. Bei übereinstimmender Substitution nimmt die Spaltbarkeit in der Reihenfolge Oxathiin-Ring, aromatischer Ring,

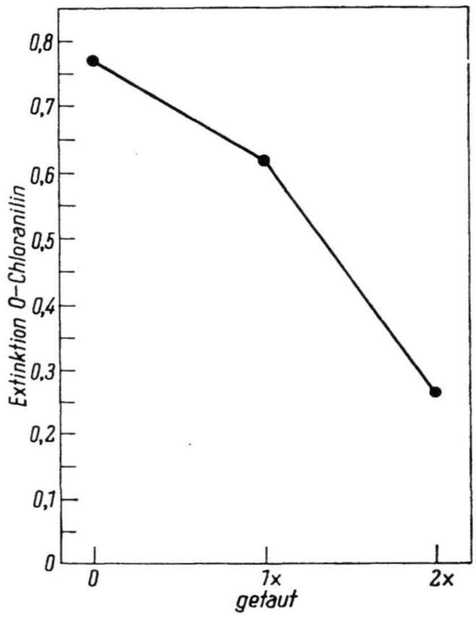

Abb. 5. Einfluß von mehrfachem Einfrieren und Wiederauftauen auf die Aktivität von Aryl-Acylamidase in Phosphatpuffer pH 7,5, gemessen an der Intensität der Spaltung von o-Chlorpropionanilid.

Hydrofuran-Ring etwas zu. Das Sulfon des Carboxins ist gegen enzymatischen Angriff etwas widerstandsfähiger als Carboxin selbst. Verschiedene Substitution der 2-Position hat beim aromatischen Ring geringen Einfluß auf die Spaltbarkeit der 3-Carboxamid-Bindung. Sie nimmt in der Folge Methyl, Hydroxyl, Jod zu (Abb. 6).

Substitution des Anilin-Rings erleichtert die Spaltung der Carboxamid-Bindung, und zwar sowohl bei elektronenziehenden als auch bei elektronendrückenden Substituenten. Von den Toluidin-Derivaten ist die m-Verbindung am stabilsten. Die o-Verbindung wird am leichtesten gespalten. Das o-Chlor-Carboxanilid ist dagegen geringfügig stabiler als die p-Chlor-Verbindung (Abb. 7).

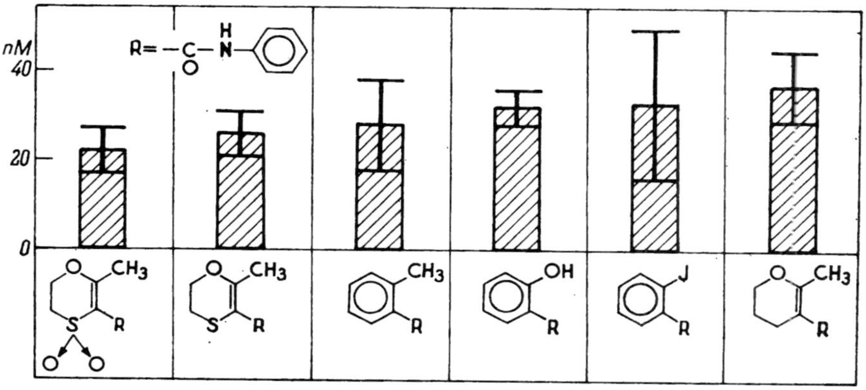

Abb. 6. Spaltung verschiedener aromatischer und heterozyklischer Anilide durch Aryl-Acylamidase in Phosphatpuffer pH 7,5.

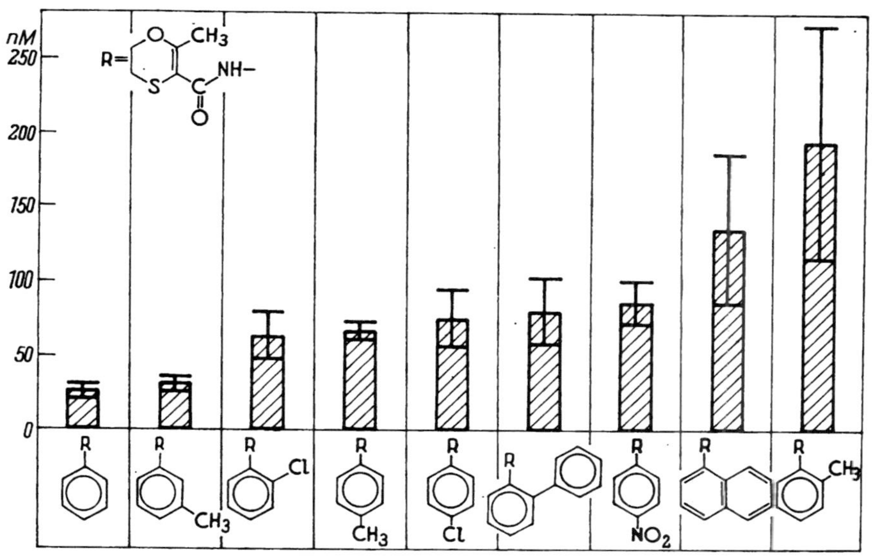

Abb. 7. Spaltung verschiedener anilin-substituierter Carboxin-Derivate durch Aryl-Acylamidase in Phosphatpuffer pH 7,5.

Danach kann die Beeinflussung der Spaltung der Carboxamid-Bindung durch Substitution des Anilin-Rings weder allein durch elektronische Einflüsse noch allein durch sterische Faktoren erklärt werden. Hydrophobe Wechselwirkungen zusammen mit sterischen Faktoren könnten eine Erklärung für die besonders leichte Spaltbarkeit der o-Methyl-Verbindung liefern. Für eine detaillierte Analyse reichen die analysierten Struktur-Varianten noch nicht aus.

An den Ergebnissen ist vorläufig von Interesse, daß wir in Gerste eine Aryl-Acylamidase als konstitutionelles Enzym finden konnten, die zwar gegenüber Carboxin und Oxicarboxin nur geringe Aktivität besitzt, trotzdem aber die bisherige Ansicht, daß Carboxin in Gerste nicht hydrolytisch gespalten wird, in Frage stellt. Es läßt sich aus den Versuchen nicht ableiten, daß das in vitro nachgewiesene Enzym in vivo wirksam wird. Potentiell könnte aber die Aryl-Acylamidase, trotz ihrer schwachen Wirksamkeit gegenüber Carboxin, an der Carboxin-Detoxifikation in erheblichem Umfang beteiligt sein. Das Enzym spaltet in der Zeiteinheit zwar nur 5% der molaren Mengen, die vom Vergleichssubstrat o-Chlorpropionanilid umgesetzt werden, ist aber in Blättern offensichtlich in nennenswerten Mengen vorhanden. In der Arbeit von CHIN und Mitarbeitern (3) wurde darauf hingewiesen, daß die Carboxin-Entgiftung in Gerste z. T. durch Bindung an Lignin-Bestandteile erfolgt. Wir nehmen in Übereinstimmung mit SNEL und EDGINGTON (12) an, daß vor einer derartigen Bindung die Carboxamid-Bindung gespalten wird und erst das freie Anilin gebunden wird. Daß von CHIN und Mitarbeitern (3) kein freies Anilin bei der Detoxifikation gefunden wurde, wäre erklärlich, wenn die Bindung des Anilins schneller erfolgt als seine Bildung durch enzymatische Freisetzung aus dem Anilid.

Zur Methodik

Hefen wurden nach DEAK und KOTYN (5) kultiviert, Hyphen-Pilze in 3%iger Malz-Lösung auf dem Rotationsschüttler bei 25 °C im Dunkeln. Mitochondrien wurden aus *Trametes versicolor*, *Penicillium chrysogenum* und *Aspergillus niger* nach LYR und Mitarbeitern (10) isoliert Bernsteinsäure-Dehydrogenase-Aktivität wurde nach BERNATH und SINGER (2) bestimmt. $^{14}CO_2$ wurde an Hyamin 10-X adsorbiert und im Szintillations-Spektrometer gemessen. Protein wurde nach der Lowry-Methode bestimmt (9).

Für die Untersuchung des oxydativen Carboxin-Abbaus dienten Ansätze mit $3 \cdot 10^{-4}$ M ^{14}C-Carboxin (0,2 mC pro mMol) in 0,1 M Phosphat-Puffer pH 6,4. Sie wurden in 50 ml Erlenmeyer-Kolben bei 100 Rotationen pro Min., 25 °C und teilweise bei 2000 Lux geschüttelt. In geeigneten Zeitabständen wurden Proben entnommen, mit 1 ml Chloroform eine Stunde extrahiert. Die Extrakte wurden durch Dünnschichtchromatographie (Kieselgel G, Chloroform zu Aceton = 9 : 1) aufgetrennt. Entwickelt wurde im Jod-Dampf. Die Radioaktivität wurde am Scanner gemessen.

Sommergerste wurde 5 Wochen im Freiland kultiviert und die oberirdische Pflanzenmasse geerntet. Sie wurde gründlich gewaschen, sortiert und die Blätter abgetrennt und zerkleinert. Die Extraktion der Aryl-Acylamidase, Bestimmung ihrer Aktivität und erste Anreicherungsschritte erfolgten in Anlehnung an FREAR und STILL (8). Die wichtigsten Arbeitsgänge der Enzym-Gewinnung nach der Zerkleinerung des Blattmaterials waren: Lyophilisierung, Reinigung mit Aceton, Extraktion mit Puffer unter SH-Schutz, Zentrifugieren, Ammonsulfat-Fraktionierung, Dialyse, Gelfiltration an Sephadex G-50. Enzym-Bestimmungen wurden an den aktiven Fraktionen der Ammonsulfat-Fraktionierung und der Gelfiltration ausgeführt. Von allen Derivaten des Anilins bzw. Naphthylamins, die als Spaltprodukte auftreten konnten, wurden die Adsorptionsmaxima durch Aufnahme der Spektren der gekuppelten Verbindungen ermittelt.

Literatur

(1) ALLAM, A. J., and J. B. SINCLAIR: Phytopathology **59**, 1548 (1969).
(2) BERNATH, P., and T. P. SINGER: In Methods in Enzymology **5**, 597 (1962).
(3) CHIN, W. T., G. M. STONE and A. E. SMITH: J. agr. Food Chem. **18**, 709–712 (1970).
(4) CHIN, W. T., G. M. STONE and A. E. SMITH: J. agr. Food Chem. **18**, 731–732 (1970).
(5) DEAK, T., and A. KOTYK: Folia microbiol. **13**, 205 (1968).
(6) ENGELHARDT, G., P. R. WALLNÖFER and R. PLAPP: Appl. Microbiol. **22**, 284 (1971).
(7) ENGELHARDT, G., P. R. WALLNÖFER and R. PLAPP: Appl. Microbiol. **26**, 709–718 (1973).
(8) FREAR, D. S., and G. G. STILL: Phytochemistry **7**, 913–920 (1968).
(9) LOWRY, O. H., N. J. ROSEBROUGH, N. J. FARR and F. J. RANDALL: J. biol. Chem. **193**, 265 (1951).
(10) LYR, H., G. RITTER und G. CASPERSON: Z. allg. Mikrobiol. **12**, 275 (1972).
(11) RAGSDALE, N. N., and H. D. SISLER: Phytopathology **60**, 1422 (1970).
(12) SNEL, M., and L. V. EDGINGTON: Phytopathology **60**, 1708–1716 (1970).
(13) WALLNÖFER, P., und G. ENGELHARDT: Arch. Mikrobiol. **80**, 315 (1971).

Diskussion

LEROUX: In wheat and barley after seed treatments with labeled carboxine, we found great amounts of sulfoxid in roots, seeds and leaves. We never found oxycarboxine in these plants. But we observed that in roots and seeds hydrolysis occurs. From the compounds of hydrolytic cleavage, aniline combines with various compounds of root and seed-cells and these are not translocated into leaves.

LYR: In der Pflanze vollziehen sich gleichzeitig zwei unabhängige Prozesse: Akkumulation und Detoxifikation. Es könnte sein, daß als Gesamtbilanz in Blättern bei Carboxin der erste und in Wurzeln der zweite Prozeß überwiegt.

DE WAARD: Oxidative breakdown of insecticides in insects often occurs by means of microsomal oxidations. For this type of reaction NADPH is necessary. Does this type of reaction takes place in fungi or plants, using carboxin?

Is a substrate, f.i. succinate necessary for the mitochondrial oxidation of carboxin?

LYR: Mikrosomale Oxydationssysteme haben wir nicht untersucht, da die Verteilung des Carboxins in der Zelle schwer feststellbar ist. Diese Systeme enthalten ebenfalls Flavinenzyme. Es ist wahrscheinlich, daß mehrere flavinhaltige Enzyme an der Detoxifikation beteiligt sind.

Als Substrat wurde bei den Versuchen mit Mitochondrien Malat eingesetzt.

SCHEWE: Bemerkung zur Frage, ob mikrosomale NADPH-Oxydase an der H_2O_2-Bildung in der Zelle beteiligt ist.

In ihren kürzlichen Arbeiten hat die Gruppe von CHANCE nachgewiesen, daß bei Rattenleber-Mitochondrien eine H_2O_2-Bildung über eine Abzweigung vom Hauptweg der Atmungskette möglich ist. Die Oxydation des Carboxin setzt somit nicht die Beteiligung der Mikrosomen voraus.

SCHEWE: Bemerkung zur Peroxydation von Carboxin: Wenn die Peroxydation von Carboxin durch Katalase und Peroxydase in Zellhomogenaten ausgeführt wurde, wäre eine Steigerung der Carboxin-Oxydation durch H_2O_2 durch Peroxydase zu erwarten. Zu beachten ist, daß zwischen Katalase- und Peroxydase-Wirkung nur ein quantitativer Unterschied vorliegt, der von der H_2O_2-Konzentration abhängt. Bei niederer H_2O_2-Konzentration überwiegt die Peroxydase-Wirkung, bei hohen Konzentrationen die Katalasewirkung. In ihren Experimenten wirkte die Peroxydase vermutlich als Katalase.

LYR: Ich stimme dem zu.

REINBOTHE: Die Rolle von Flavinenzymen ohne Substrat für die H_2O_2-Bildung erscheint hier unklar. Vom freien Riboflavin ist bekannt, daß es im Licht seine eigene Seitenkette „aboxydiert", wobei Lumichrom entstehen kann. Möglicherweise entsteht hierbei H_2O_2. Mit Sicherheit entsteht Wasserstoffperoxyd in Gegenwart von Fe^{++}, da das Riboflavin die Oxydation von Fe^{++} zum Fe^{+++} katalysiert, welches als $Fe(OH)_3$ ausfällt. H_2O_2 tritt aber nur intermediär auf, da es sofort spontan zerfällt. Es ist fraglich, ob man Flavinenzyme mit Riboflavin parallelisieren kann, da das Redoxverhalten der Flavinnucleotide durch die Bindung in den Proben entscheidend beeinflußt wird.

RITTER: Ich habe diese Versuche nur zur Bestätigung der Ergebnisse der Versuche mit freiem Riboflavin durchgeführt und das Enzym vor dem Versuch termisch inaktiviert.

Untersuchungen zum biochemischen Wirkungsmechanismus von Dexon

W. Halangk und T. Schewe

Institut für Physiologische und Biologische Chemie
der Humboldt-Universität Berlin

Aus den Untersuchungen von Tolmsoff (1) geht hervor, daß Dexon (p-Dimethylaminobenzoldiazosulfonsaures Natrium) die Atmungskette von sowohl empfindlichen Pilzen (*Pythium ultimum*) als auch resistenten Pilzen (*Rhizoctonia solani* und *Sclerotinia fructicola*) hemmt. Auf die Zellen und isolierten Mitochondrien der resistenten Pilze wirkt Dexon jedoch nur, wenn deren strukturelle Integrität durch Hypotonizität oder Einwirkung von Detergenzien aufgehoben wird. Daraus geht hervor, daß Dexon zumindest bei Pilzen ein universeller Atmungshemmstoff ist und die Selektivität möglicherweise in einer unterschiedlichen Penetrationsfähigkeit der Mitochondrieninnenmembranen für den Hemmstoff begründet ist. Der eigentliche Hemmstoff ist vermutlich nicht Dexon selbst, sondern ein unbekanntes unbeständiges Sekundärprodukt, das durch Lichteinwirkung entsteht. Ausgehend von seinen Befunden, daß die NADH-Cytochrom c-Reduktase, nicht aber die Succinatoxydase durch Dexon gehemmt wird, leitete Tolmsoff die Schlußfolgerung ab, daß der Wirkort analog dem des Rotenons sei. Unsere Untersuchungen gingen von folgenden Fragestellungen aus:

1. Ist Dexon ein universeller Atmungshemmstoff, d. h. wirkt er auch auf die Atmungskette tierischer Mitochondrien?
2. Was ist der genaue Wirkort in der Atmungskette?
3. Werden auch andere, dem Wirkort in der Atmungskette analoge Systeme durch Dexon gehemmt?

1. Wirkung auf Rinderherz-ETP

Wie aus Tabelle 1 ersichtlich ist, ist die NADH-Oxydation durch Elektronentransportpartikeln (ETP) aus Rinderherz-Mitochondrien gegenüber Dexon hoch empfindlich, während die Succinatoxydation nicht beeinflußt wird. Nach Lage-

Tabelle 1

Dexon-Empfindlichkeit von Rinderherz-ETP

System	Konzentration für	
	50% Hemmung	90% Hemmung
NADH-O_2	1,4 μM	2,8 μM
Succinat-O_2	2 mM	—

rung frisch angesetzter Dexonlösungen im Kühlschrank fällt die Wirksamkeit des Dexon auf Grund seiner Instabilität in Wasser stark ab. Die NADH-Oxydasehemmung steigt annähernd linear mit der Dexonkonzentration an.
Abbildung 1 zeigt den zeitlichen Verlauf des Hemmeffektes. Nach Start der Enzymreaktion mit NADH erfolgt eine stetige Zunahme des Hemmeffektes. Diese Verzögerung der Hemmung wird durch eine Vorinkubation der ETP mit Dexon nicht verhindert. Die Vorinkubation bewirkt lediglich eine Erhöhung des Ausmaßes der zeitlich verzögert eintretenden Hemmung. NAD^+ (2,5 mg/ml) führt

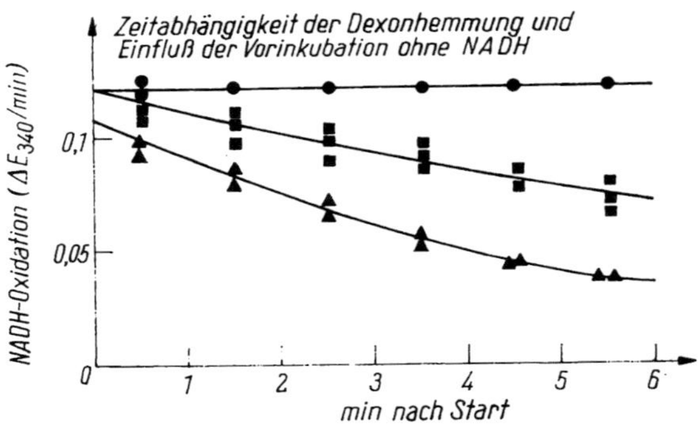

Abb. 1. Zeitabhängigkeit der Dexonhemmung und Einfluß der Vorinkubation ohne NADH
ohne Dexon
mit 0,53 μM Dexon, ohne Vorinkubation
mit 0,53 μM Dexon mit 5 min Vorinkubation

zu einer leichten Verzögerung des Hemmeffektes, während FAD (0,1 mM) keinen Effekt ausübt. Zusatz von Humanserumalbumin zum Meßansatz (1 mg/ml) beeinflußt die Hemmung ebenfalls nicht. Den synergistischen Effekt von NADH auf die Dexonhemmung, der mit einem von Tolmsoff beobachteten analogen Verhalten bei Pilz-Mitochondrien übereinstimmt, erklären wir damit, daß entweder die Bildung des eigentlichen Hemmstoffes aus dem Dexon oder die Reaktion des Hemmstoffes mit dem Wirkort, der vermutlich eine redoxaktive Komponente ist, einen Elektronenfluß durch die Atmungskette zur Voraussetzung hat; folglich kann erst nach Substratzugabe die Wirkung des Hemmstoffes einsetzen. Denkbar wäre die Bildung eines intermediären Flavinsemichinons, das über einen radikalischen Mechanismus irreversibel mit der aktiven Form des Dexons reagiert.
Zur Einengung des Wirkortes von Dexon in der Atmungskette wurde der Einfluß auf verschiedene NADH-abhängige Reaktionen der Atmungskette von ETP sowie auf Präparationen löslicher mitochondrialer NADH-Dehydrogenase getestet. Ein Wirkort auf der O_2-Seite von Ubichinon kam auf Grund der Unempfindlichkeit der Succinatoxydase von vornherein nicht mehr in Frage. Wie aus Tabelle 2 hervorgeht, werden außer der NADH-Ubichinon-Reduktase auch die NAD-Ferricyanid- und die NADH-Menadion-Reduktase gehemmt. Diese Reaktionen laufen

nicht über die Fe—S-Region des Komplexes I der Atmungskette und sind daher nicht durch Rotenon hemmbar. Auch die lösliche, artifizielle NADH-Cytochrom c-Reduktase nach MAHLER (2) sowie eine durch Alterung einer NADH-Cytochrom c-Reduktase (3) gewonnene NADH-Ubichinon-Reduktase waren nur partiell bzw. überhaupt nicht rotenon-hemmbar, wurden jedoch nahezu vollständig durch Dexon gehemmt. Aus diesen Ergebnissen folgt, daß Dexon substratnäher als Rotenon in der Atmungskette angreift. Der Wirkort ist vermutlich das FMN der NADH-Dehydrogenase der Atmungskette.

Tabelle 2

Hemmung verschiedener NADH-Dehydrogenase-Systeme von Rinderherz-Mitochondrien

System	Hemmung [%] mit 4 μM Dexon	16 μM Dexon	Rotenon-Empfindlichkeit des Systems
NADH-O_2 (ETP)	40	97	+
NADH-CoQ_1 (ETP)	35	93	+
NADH-Menadion (ETP)	56	84	—
NADH-Ferricyanid (ETP)	54	82	—
NADH-Cytochrom c (löslich)	94	94	(+) (partiell)
NADH-CoQ_1 (löslich)	73	94	—

2. Wirkung auf andere NADH-Dehydrogenasen

Auf Grund der Wirkortanalyse in der Atmungskette wurde von uns eine Reihe weiterer Flavinenzyme auf ihre Dexonhemmbarkeit untersucht. Die Ergebnisse sind in Tabelle 3 zusammengefaßt. Außer der partikulären und löslichen NADH-

Tabelle 3

Wirkungsspektrum von Dexon

Dexon-hemmbare Systeme	Dexon-unempfindliche Systeme
NADH-Dehydrogenase der mitochondrialen Atmungskette (strukturgebunden und löslich)	Succinat-Dehydrogenase NADH-Cytochrom b_5-Reduktase aus Mikrosomen (Rattenleber, Stierhoden)
NADH-Dehydrogenase auf der äußeren Oberfläche der Innenmembran von Pflanzen-Mitochondrien	lösliche NADH-Oxydase aus E. coli dicoumarol-unempfindliche NADH-Dehydrogenase aus Rattenlebercytosol
DT-Diaphorase aus Rattenlebercytosol mit NADH als Substrat	DT-Diaphorase aus Rattenlebercytosol mit NADPH als Substrat

Dehydrogenase der Atmungskette war auch die rotenonunempfindliche Oxydation von externem NADH durch isolierte Blumenkohl-Mitochondrien dexonhemmbar. Diese Fähigkeit aller pflanzlichen Mitochondrien ist nach von Jagow und Klingenberg auf eine zweite, für extramitochondriales NADH zugängliche NADH-Dehydrogenase zurückzuführen, die auf dem Niveau von Ubichinon oder Cytochrom b in den Hauptweg der Atmungskette einmündet (4).
Durch Dexon nicht gehemmt wurden dagegen die NADH-Cytochrom b_5-Reduktase aus Rinderherz- und Stierhoden-Mikrosomen sowie eine bakterielle lösliche NADH-Oxydase.

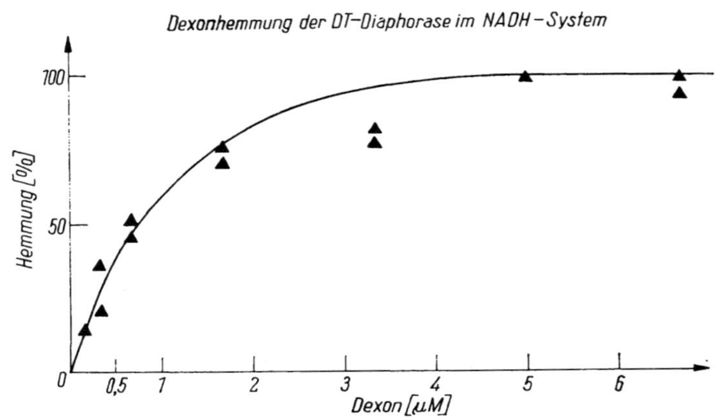

Abb. 2. Dexonhemmung der DT-Diaphorase im NADH-System

Etwas kompliziert waren die Verhältnisse bei den NADH-Dehydrogenasen des Rattenlebercytosols. Während die dicoumarol-unempfindliche NADH-Dehydrogenase (6) nicht gehemmt wurde, war der dicoumarolhemmbare Anteil der gesamten Dehydrogenaseaktivität, der auf die DT-Diaphorase (5) zurückzuführen ist, auch durch Dexon hemmbar. Die DT-Diaphorase reagiert sowohl mit NADH als auch die NADPH. Ihre NADPH-Dehydrogenaseaktivität wurde jedoch nur durch Dicoumarol, nicht aber durch Dexon gehemmt. Daraus folgt, daß Dexon selektiv die NADH-Dehydrogenaseaktivität der DT-Diaphorase hemmt.

3. Schlußfolgerungen

Aus den vorliegenden Ergebnissen folgt, daß Dexon nicht nur die Atmungskette von Pilz-Mitochondrien, sondern auch tierischer Mitochondrien hemmt. Dexon ist daher als universeller Atmungshemmstoff anzusehen. Sein Wirkort ist eindeutig von dem des Rotenons verschieden und ist sehr wahrscheinlich mit dem Flavin der NADH-Dehydrogenase identisch. Außer dem Atmungskettenenzym werden auch weitere NADH-abhängige Flavinenzyme gehemmt. Dexon ist vermutlich ein Gruppenreagens auf bestimmte NADH-Dehydrogenasen mit Flavinnatur. Über die strukturellen und funktionellen Voraussetzungen für eine Dexonhemmbarkeit können z. Z. noch keine Aussagen getroffen werden. Es lassen sich weder eindeutige Beziehungen zur Natur der prosthetischen Gruppe (FMN oder FAD) noch zur Stereospezifität der Dehydrierung ableiten; als sicher erscheint lediglich, daß die funktionelle Beteiligung eines Metalls nicht die Voraussetzung für die Hemmung durch Dexon ist.

Literatur

(1) Tolmsoff, W. J.: Dissertation Abstracts **26**, 5707 (1966).
(2) Mahler, H. R., N. K. Sarkar, L. P. Vernon and R. A. Alberty: J. biol. Chem. **199**, 585—606 (1952).
(3) Hatefi, V., and J. S. Rieske: Meth. Enzymol. **10**, 225—231 (1967).
(4) von Jagow, G., and M. Klingenberg: Eur. J. Biochem. **12**, 583—592 (1970).
(5) Ernster, L., L. Danielson and M. Ljunggren: Biochem. Biophys. Acta **58**, 171—188 (1962).
(6) Zinsmeyer, J., W. Schönfeld und C. Wagenknecht: Acta biol. med. germ. **28**, 63—71 (1972).

Diskussion

Lyr: Wie ist die Permeabilität tierischer Mitochondrien für Dexon?
Schewe: Wir haben intakte Säugetiermitochondrien hinsichtlich Dexon-Hemmbarkeit nicht untersucht, da dies nicht Zielstellung unserer Arbeit war. Da es sich beim Dexon um eine negativ geladene Verbindung handelt, ist prinzipiell mit einer Permeationsbarriere an der Mitochondrien-Innenmembran zu rechnen, wie bei anderen Anionen. Nach Tolmsoff kann bei empfindlichen bzw. unempfindlichen Pilzen eine unterschiedliche Penetrationsfähigkeit für die Selektivität verantwortlich gemacht werden. Wir fanden weiterhin Dexonempfindlichkeit bei Mitochondrien aus Weizenkeimen.
Lyr: Läßt die Hemmbarkeit anderer Dehydrogenasen den Schluß zu, daß es sich um einen multisite-Inhibitor handelt, oder sind die anderen Dehydrogenase-Effekte nur als sekundär zu betrachten?
Schewe: Dies ist möglich, doch sind unsere Untersuchungen hier noch nicht ausreichend. Das Atmungsketten-Enzym reagierte am empfindlichsten auf Dexon.
Sisler: Are some soluble NADH oxidases not inhibited by Dexon? Is it possible you washed away a soluble NADH oxidase that can function in the electron transport system by intact animal cells and makes them insensitive to Dexon.

SCHEWE: This possibility cannot be excluded. We have only found a Dexon insensitivity for the soluble NADH oxidase from *E. coli*.

FEHRMANN: Kann man die unterschiedliche Wirksamkeit von Dexon bei Vertretern der *Oomycetales* vielleicht auf eine verschiedenartige Struktur von NADH-Dehydrogenasen zurückführen?

HALANGK: Bei den von TOLMSOFF untersuchten Pilz-Arten wurde gezeigt, daß die selektive Wirkung nicht auf unterschiedlicher Struktur des Flavin-Enzyms, sondern unterschiedlicher Penetration des Hemmstoffes durch die Mitochondrien-Innenmembran begründet ist.

Untersuchungen zur Wirkungsweise von Tridemorph

H. BERGMANN, H. LYR, E. KLUGE und G. RITTER

Institut für Pflanzenschutzforschung Kleinmachnow der Akademie der Landwirtschaftswissenschaften der DDR

Unter den systemisch wirkenden Fungiziden ist die Verbindung N-Tridecyl-2,6-dimethylmorpholin, bekannt als Tridemorph, für die landwirtschaftliche Praxis sehr bedeutsam, da sie mit gutem Erfolg besonders zur Bekämpfung echter Mehltau-Erkrankungen eingesetzt werden kann.

Nach POMMER et al. (1) wirken bereits 0,01%ige Tridemorph Lösungen gut gegen *Erysiphe graminis* bei Gerste. Aber auch auf eine Reihe anderer Pilze verschiedener systematischer Gruppen wirkt Tridemorph hemmend (2, 3, 4, 5).

In Tabelle 1 ist die Tridemorph bedingte Wachstumshemmung (ED_{50}) für eine kleine Auswahl von Pilzen verschiedener systematischer Gruppen dargestellt. Während die untersuchten Oomyceten relativ unempfindlich gegenüber Tridemorph reagieren, stellt sich bei Betrachtung aller anderen untersuchten Pilz-

Tabelle 1

Wachstumshemmung (ED_{50}) verschiedener Pilze durch Tridemorph (Angabe der Konzentration in ppm)

Oomyceten	
Phytophthora cactorum	> 300
Pythium debaryanum	60
Endomyceten	
Torulopsis candida	30
Trichosporon fermentans	< 0,3
Rhodotorula mucilaginosa	> 30
Ascomyceten	
Botrytis cinerea	0,4
Erysiphe graminis	0,02
Fusarium oxysporum	300
Verticillium albo-atrum	< 0,3
Gloeosporum fructigenum	10
Colletotrichum lindemuthianum	30
Basidiomyceten	
Gloeosporus adustus	4
Rhizoctonia solani	40
Deuteromyceten	
Alternaria solani	5

gruppen Tridemorph als ein breitenwirksamer Wirkstoff dar. Auf viele Ascomyceten wirkt Tridemorph toxischer als auf Basidiomyceten. Grundsätzlich hemmt Tridemorph auch nichtpathogene Pilze, z. B. auch verschiedene hefeartige Pilze. Die Empfindlichkeit von *Erysiphe graminis* wird jedoch von keinem anderen der bisher untersuchten Pilze erreicht. Auffällig ist, daß z. T. verwandtschaftlich eng nebeneinanderstehende Pilze um Größenordnungen unterschiedlich auf Tridemorph reagieren (vgl. (6)). Unsere Untersuchungen richteten sich auf die Aufklärung der Wirkungsweise von Tridemorph.

Tabelle 2

Bestimmung der K^+-Ionen-Ausscheidung (mg/gTM) von *Torulopsis candida* nach Behandlung mit 10^{-4} mol Tridemorph

Kultur-Dauer in Stunden	Kontrolle (ohne Behandlung mit Tridemorph)	Behandlung mit 10^{-4} mol Tridemorph
0,5	53,1	51,5
1,0	51,5	49,2
1,5	51,5	49,2
2,0	49,2	51,5
2,5	46,9	46,9
3,0	49,2	49,2
3,5	51,5	51,5

Zur Überprüfung der Wirkung von Tridemorph auf die Permeabilität der Zellmembran wurde bei *Torulopsis candida* unter dem Einfluß der Tridemorph-Konzentration, die das Wachstum um 50% hemmte, die K^+-Ionen-Ausscheidung gemessen (Tabelle 2).

Die Ergebnisse zeigen, daß Tridemorph unter diesen Bedingungen keinen Einfluß auf die K^+-Ausscheidung hat, und somit nicht entscheidend auf die Zellmembran einwirkt.

In weiteren Untersuchungen wurde ermittelt, ob Tridemorph Einfluß auf die Synthese im Bereich des Protein- und Nukleinsäure-Stoffwechsels hat. Mit Hilfe der ^{14}C-Markierung wurden bei *Torulopsis candida* Aufnahme und Inkorporation von Valin und Adenin nach Einwirkung verschiedener Tridemorph-Konzentrationen bestimmt (Tabelle 3).

Die Ergebnisse der Tabelle 3 zeigen, daß sich erst bei Konzentrationen, die das Wachstum um 50% hemmen, deutliche Hemmungen der Aufnahme und der Inkorporation von Valin und Adenin ergeben und sprechen gegen eine primäre Wirkung des Tridemorph auf diese Synthese-Bereiche.

Bei der weiteren Suche nach einem Wirkort bzw. der Wirkungsweise erwies sich, daß bei Tridemorph bedingter Wachstumshemmung von *Torulopsis candida* eine Hemmung der Atmung erfolgt.

Ausgehend von den gegenwärtigen Vorstellungen zum Ablauf der Endoxydation, setzten wir zur Klärung der Art der Beeinflussung der Atmung spezifische Inhibitoren ein. In Abbildung 1 sind die Versuchsanordnungen und die Ergebnisse dargestellt.

Tabelle 3

Inkorporations- bzw. Aufnahmehemmung von Valin bzw. Adenin durch Tridemorph bei *Torulopsis candida* (in % gegenüber der unbehandelten Kontrolle)

Konz. (mol)	Aufnahme Valin	Adenin	Inkorporation Valin	Adenin
$3 \cdot 10^{-4}$	27	27	36	36
10^{-4}	5	9	30	22
$3 \cdot 10^{-5}$	5	4	10	11
10^{-6}	0	0	0	0

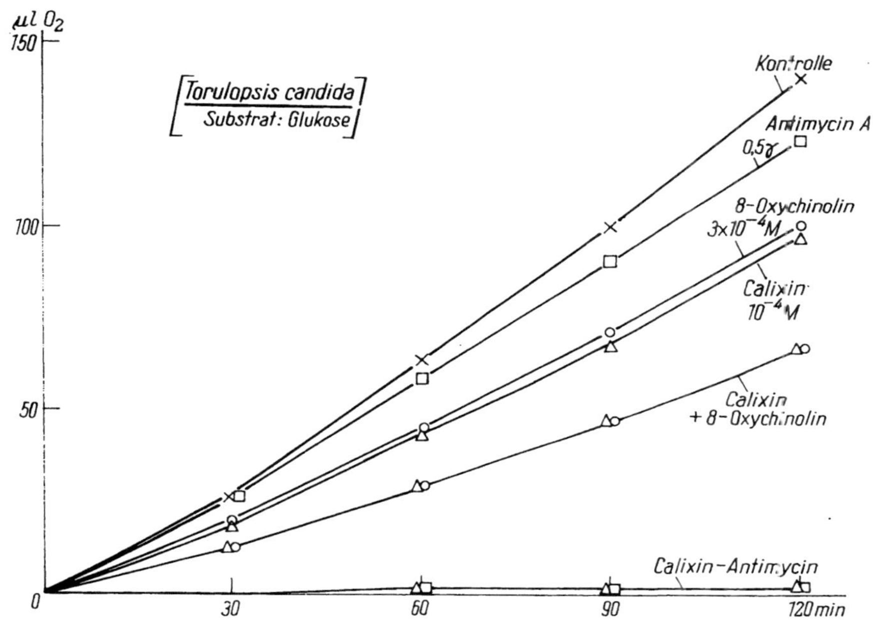

Abb. 1.

Tridemorph (10^{-4} M) hemmt die Atmung um etwa 30%. 8-Oxichinolin ($3 \cdot 10^{-4}$M), als spezifischer Hemmstoff des Alternativweges der Endoxydation (7, 8), bewirkt ebenfalls eine Hemmung dieser Größenordnung. Beide Komponenten kombiniert wirken additiv. Bei Erhöhung der Konzentration an 8-Oxichinolin auf 10^{-3} M ist eine geringfügige weitere Erhöhung der Atmungshemmung zu verzeichnen; die additive Wirkung mit Tridemorph bleibt jedoch aus. Dieses Ergebnis führte uns zunächst zu der Vorstellung, einen gemeinsamen Angriffspunkt beider Wirkstoffe anzunehmen.

Während bei der niedrigen Konzentration an 8-Oxichinolin eine nicht vollständige Blockierung des Alternativweges der Endoxydation vorliegen könnte und die Wirkung von Tridemorph an dieser Stelle die Blockierung verstärkt, könnte die höhere Konzentration an 8-Oxichinolin den Alternativweg vollständig unterbinden, so daß eine Tridemorph-Wirkung sich nicht sichtbar manifestieren kann.

Durch Antimycin A (0,5 µg) wird eine schwache Hemmung der Endoxydation erreicht. Das entspricht den Erwartungen, da Antimycin A zwar den Hauptweg der Atmungskette — bekanntlich im Bereich des Cytochroms b — blockiert, den Alternativweg jedoch durch Überführung aller Glieder der Atmungskette auf der Substratseite des Blockes in den voll reduzierten Zustand — und den dadurch bedingten Redoxzustand von $FeSP_P$ — stimulieren könnte (7, 8). Gemeinsame Gabe von Antimycin A (0,5 µg) und Tridemorph (10^{-4} M) ergibt eine stark synergistische Wirkung und führt praktisch zu einer vollständigen Hemmung der Endoxydation.

Die Erklärung des synergistischen Effektes durch die Wirkung von Tridemorph über den Alternativweg erscheint uns unwahrscheinlich:

- man müßte einen Wirkort ähnlich dem des Carboxin annehmen. Im Gegensatz zu Carboxin ist jedoch auf Grund der Struktur von Tridemorph die Bildung eines Komplexes mit einem FeS Proteinkomplex nicht wahrscheinlich.
- Des weiteren wäre die fungistatische bzw. fungizide Wirkung von Tridemorph schwer verständlich, da die Gewinnung von Energie durch den unbeeinträchtigten Hauptweg nicht beeinflußt wäre.

Im Zusammenhang mit Ergebnissen von Müller und Schewe (9) und in Analogie zu der Erklärung synergistischer Wirkung zwischen Kaliumthiocyanat und Antimycin A auf den Elektronentransport in Mitochondrien von *Arum maculatum* (10) diskutieren wir folgende Erklärung der synergistischen Wirkung von Tridemorph und Antimycin A: Für Tridemorph könnten die Mitochondrienmembranen eine Transportbarriere darstellen, so daß die Wirkung von Tridemorph begrenzt wird und erst bei sehr hohen Konzentrationen ansteigt. Diese Barriere erklärt sich durch das bestehende Membranpotential, das bei ungestörtem Ablauf der konventionellen Elektronentransportkette durch die stattfindende ATP-Synthese ständig aufrecht erhalten wird bzw. regeneriert wird.

Für das Vorhandensein einer Barriere spricht die zeitabhängige Wirkung von Tridemorph. Eine derartige Membranbarriere wurde bereits bei isolierten Rattenlebermitochondrien nachgewiesen (11).

Durch Antimycin A wird die Synthese von ATP blockiert, dadurch das Membranpotential abgebaut, so daß Tridemorph schnell penetrieren kann und die Endoxydation über verschiedene Wirkorte unterbinden kann.

Die mit niedriger Konzentration an 8-Oxichinolin erhaltene additive Wirkung mit Tridemorph ist unter diesem Gesichtspunkt schwer zu deuten.
In weiteren Untersuchungen sollen die dargelegten Vorstellungen überprüft werden.

Literatur

(1) POMMER, E. H., S. OTTO und J. KRADEL: Proc. 5th. British Insectic. Fungic. Conf. 2, 347—353 (1969). (Publ. 1970).
(2) POMMER, E. H., und J. KRADEL: Meded. Fac. Landbouw. Rijksuni. Gent **36**, 120—125 (1971).
(3) KRADEL, J., und E. H. POMMER: Meded. Fac. Landbouw. Rijksuni. Gent **36**, 343—347 (1971).
(4) SCHLÜTER, K., und H. C. WELTZIEN: Meded. Fac. Landbouw. Rijksuni. Gent **36**, 1159 bis 1164 (1971).
(5) VAN DER KERK, G. J. M.: Europ. Mediter. Plant Proctect. Organ., **10**, 5—21 (1973).
(6) KLUGE, E.: In IV. Reinhardsbrunner Symposium der Sektion Mikrobiol. der Biolog. Ges. DDR 1974, Berlin Akademie-Verlag, S. 19—25.
(7) SHERALD, J. L., and H. D. SISLER: Plant Cell Physiol. **13**, 1139 (1972).
(8) LYR, H., T. SCHEWE, W. MÜLLER und D. ZANKE: In: IV. Reinhardsbrunner Symposium der Sektion Mikrobiol. der Biolog. Ges. DDR 1974, Berlin Akademie-Verlag, S. 153—166.
(9) MÜLLER, W., und T. SCHEWE: In: IV. Reinhardsbrunner Symposium der Sektion Mikrobiol. der Biolog. Ges. DDR 1974, Berlin Akademie-Verlag, S. 189—196.
(10) PALMER, J. M.: Phytochemistry 11, 2957—2961 (1972).
(11) SCHEWE, T., S. RAPOPORT, G. BÖHME und W. KUNZ: IV. Reinhardsbrunner Symposium der Sektion Mikrobiol. d. Biolog. Ges. DDR 1974, Berlin Akademie-Verlag, S. 145—152.

Diskussion

FUCHS: Hat die Tatsache, daß Tridemorph an mehreren Stellen in der Atmungskette eingreift, vielleicht etwas mit der sehr selektiven Wirkung von Tridemorph, sogar innerhalb nahe verwandter Pilzarten zu tun?
BERGMANN: Die gegenwärtig vorhandenen Kenntnisse bieten diesbezüglich keine Interpretationsmöglichkeit.
FUCHS: Speziell die unterschiedliche Wirkung von Tridemorph auf verschiedene Verticillium-Arten ist einer gleichartigen Wirkung von Triforine auffallend ähnlich.
BERGMANN: Die extrem unterschiedliche Empfindlichkeit der Verticillium-Arten wurde auch bei uns gefunden. Ein weiteres Beispiel verschiedenartigen Verhaltens bilden hochempfindliche *Trichosporum*-Arten im Vergleich zur relativen Unempfindlichkeit von *Torulopsis candida*.
HANDKE: *Fusarium oxysporum* wies mit 300 ppm/ED_{50} nahezu die höchste Resistenz unter allen Versuchsobjekten auf, besonders unter den sonst sehr sensiblen Ascomyceten. Gibt es Befunde an anderen Fusarium-Arten?

BERGMANN: *Fusarium nivale* mit 50 ppm/ED_{50}. Andere Befunde aus der Literatur sind mir nicht bekannt.

BUCHENAUER: Sind bisher gegenüber Tridemorph resistente Stämme, besonders bei *Erysiphaceen* aufgetreten? Da nach Ihren Untersuchungsergebnissen Tridemorph an 3 verschiedenen Stellen der Atmungskette angreift, dürfte mit einem schnellen Auftreten von Tridemorph-Resistenz wohl nicht zu rechnen sein.

BERGMANN: Es sind bisher keinerlei Resistenzerscheinungen in der Literatur beschrieben worden.

FEHRMANN: Gegenüber Ethirimol konnte WOLFE (England) bei einer großen Zahl von Freilandproben mit großer Sicherheit und in beträchtlichem Ausmaß Resistenz feststellen. Gleichgerichtete Untersuchungen mit Tridemorph führten nicht zu gesicherten Resultaten, was für die Auffassung von Dr. BUCHENAUER spricht.

DEKHUIJZEN: Wie erklären Sie, daß die Atmung intakter Zellen von *Cladosporium cucumerinum* durch hohe Tridemorph-Konzentrationen nicht gehemmt wird, während niedere bereits das Wachstum hemmen?

BERGMANN: Unsere Untersuchungen sprechen für eine Blockierung der Energielieferung über den Hauptweg der Endoxydation. Wenn der Alternativweg intakt bleibt, könnte wegen ungenügender Effektivität der energie-bildenden Prozesse das Wachstum gehemmt, die Atmung jedoch unbeeinflußt bleiben. Andererseits könnte ungehinderte Tridemorph-Aufnahme durch die Zelle Wachstumshemmung auslösen, während die von uns diskutierte Permeationsbarriere einer Mitochondrienmembran eine unbeeinflußte Atmung zuläßt.

DEKHUIJZEN: Bei *Cladosporium* könnte bei langsamer Aufnahme der O_2-Verbrauch bis zu 6 Stunden über den Alternativweg normal ablaufen. Energiegewinn und somit auch das Wachstum würden blockiert, ähnlich dem Einfluß von Antimycin A.

BOCHOW: Ist aus dem relativ breiten Angriff von Tridemorph auf die Atmungskette abzuleiten, daß es weniger fungistatisch, sondern stärker letal für die Pilzzelle wirkt?

BERGMANN: Das kann man nicht davon ableiten.

MÜLLER, S.: Welchen Zusammenhang sehen Sie zwischen der relativ hohen Phytotoxizität sowie der Warmblütertoxizität von Tridemorph und dessen fungizider Wirkung?

BERGMANN: Die Phytotoxizität ist in unserem System wesentlich niedriger als die Fungitoxizität. Über Warmblütertoxizität gibt es Literaturangaben.

KLUGE: Auf die Frage von Herrn S. MÜLLER sei ergänzend bemerkt, daß die ED_{50} der Phytotoxizität von Tridemorph bei einem TTC-Test an Modellpflanzen bei 75 ppm lag. Sensitive Pilze, z. B. Mehltau erwiesen sich als wesentlich empfindlicher, andere lagen im genannten Bereich.

Zur Wirkung von Tridemorph auf Elektronentransportpartikel aus Rinderherz-Mitochondrien

W. MÜLLER und T. SCHEWE

Institut für Physiologische und Biologische Chemie
der Humboldt-Universität Berlin
(Direktor: Prof. Dr. Dr. Dr. h. c. S. M. RAPOPORT)

Die Aufklärung des biologischen Angriffspunktes von System-Fungiziden ist zu einem Schlüsselproblem der gegenwärtigen Pflanzenschutzmittelforschung geworden. Für eine Reihe von System-Fungiziden wurde festgestellt, daß sie als Atmungshemmstoffe wirken. Dazu gehören u. a. Carboxin (1, 2, 3), Dexon (4, 5) und Pyrrolnitrin (6). Wir untersuchten daher den Einfluß weiterer Verbindungen auf das Elektronentransportsystem und stellten dabei eine Wirksamkeit von Tridemorph (3,5-Dimethyl-N-tridecyl-morpholin) (Abb. 1) fest. Als Testobjekt be-

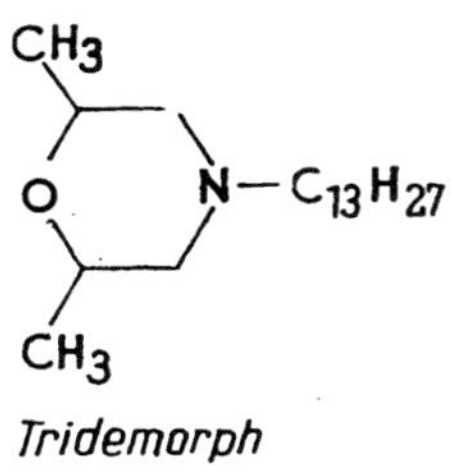

Abb. 1. Strukturformel von Tridemorph (3,5-Dimethyl-N-Tridecylmorpholin)

nutzten wir Elektronentransportpartikel aus Rinderherz-Mitochondrien (ETP) (7). Hierbei handelt es sich um nach außen umgestülpte vesikuläre Bruchstücke der Mitochondrien-Innenmembran, die alle Enzyme der Atmungskette enthalten und daher in der Lage sind, NADH sowie Succinat zu oxydieren.

1. Wirkung auf Teilsysteme der Atmungskette

Tabelle 1 zeigt die Halbhemmungskonzentrationen von Tridemorph auf verschiedene enzymatische Teilreaktionen des Elektronentransportsystems. Am empfindlichsten reagieren die NADH-Ubichinon-Reduktase und die von ihr abhängige NADH-Oxydase mit einer ED_{50} von etwa $5 \cdot 10^{-6}$ M. Um eine Größenordnung weniger empfindlich reagieren die Succinat-Cytochrom c-Reduktase und die Cytochromoxydase. Dagegen werden unter Bedingungen, wo die genannten Systeme nahezu vollständig gehemmt werden, die Succinat-Ubichinon-Reduktase und die NADH-Ferricyanid-Reduktase (NADH-Dehydrogenase) überhaupt nicht beeinflußt. Daraus geht hervor, daß Tridemorph selektiv bestimmte Elektronenübertragungsschritte blockiert. In Abbildung 2 ist der Aufbau des Elektronentransportsystems einschließlich der Angriffspunkte der verwendeten Elektronendonatoren und -acceptoren dargestellt. Unter Hinzuziehung der in Tabelle 1 an-

Tabelle 1

Halbhemmungskonzentrationen (ED_{50} [M]) von Tridemorph auf verschiedene Teilsysteme der Atmungskette

System	ED_{50} [M]
NADH-O_2	$6{,}5 \cdot 10^{-6}$
NADH-Ferricyanid	$> 2{,}3 \cdot 10^{-5}$
NADH-Ubichinon (CoQ_1)	$4{,}5 \cdot 10^{-6}$
Cytochrom c-O_2	$5{,}5 \cdot 10^{-5}$
Succinat-Cytochrom c	$3{,}2 \cdot 10^{-5}$
Succinat-Ubichinon (CoQ_2)-DCPIP	$> 1{,}0 \cdot 10^{-4}$

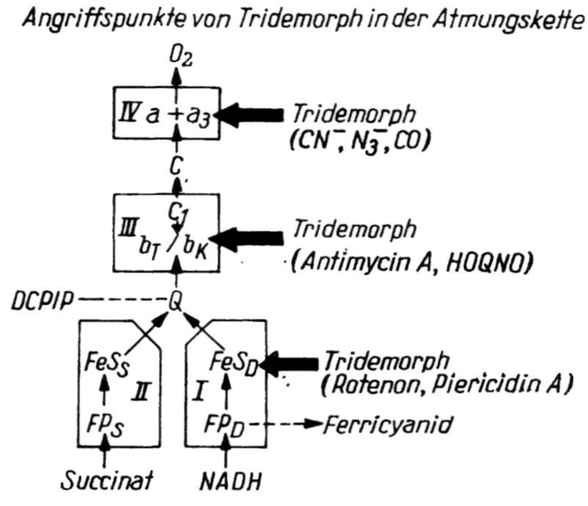

Abb. 2. Aufbau des Elektronentransportsystems in Rinderherz-Mitochondrien mit den Angriffspunkten der verwendeten künstlichen Elektronenacceptoren Ferricyanid und DCPIP (Dichlorphenolindophenol) und den von uns ermittelten Wirkorten von Tridemorph.

gegebenen Ergebnisse ergibt sich, daß Tridemorph mindestens an drei Stellen das Elektronentransportsystem blockiert. Die Wirkorte befinden sich zwischen dem Flavoprotein D (NADH-Dehydrogenase) und Ubichinon, zwischen Ubichinon und Cytochrom c sowie zwischen Cytochrom c und O_2. Diese Regionen entsprechen den Komplexen I, III und IV nach Green.

2. Differenzspektroskopische Untersuchungen

Zur Bestätigung und weiteren Einengung der Wirkorte von Tridemorph wurden differenzspektroskopische Untersuchungen durchgeführt (Abb. 3). Kurve A zeigt das normale Differenzspektrum reduzierter ETP minus oxydierter ETP mit den typischen Banden für die einzelnen Cytochrome der Atmungskette.

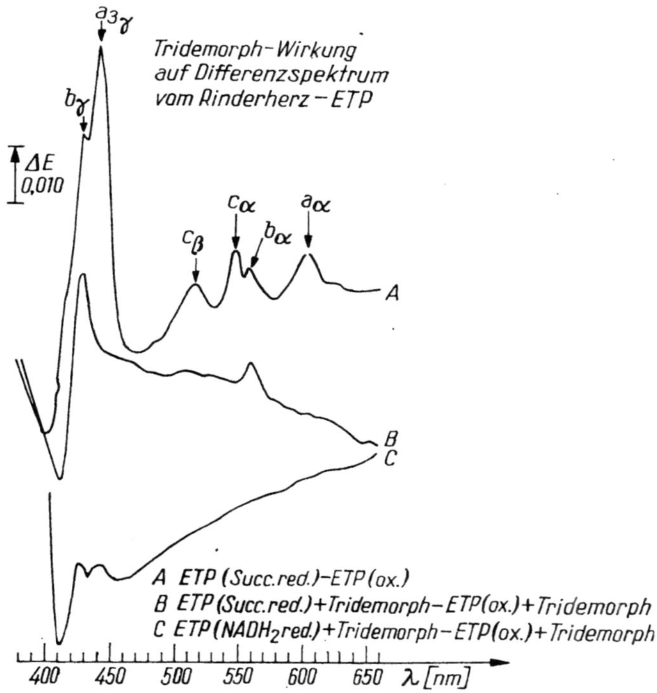

Abb. 3. Einfluß von Tridemorph auf das Differenzspektrum von ETP. Die Ansätze enthielten 1,3 mg ETP-Protein, Lösungsmittel oder Hemmstoff und Puffer ad. 1 ml. Ein solcher Ansatz wurde als voll oxydierter Zustand als Referenz benutzt. Vor Reduktion eines zweiten Ansatzes mit Succinat (29,5 mM) oder NADH (1,2 mM) wurde die über der Küvette befindliche Luft mit Stickstoff weggespült. Der voll reduzierte Zustand hatte sich bei Reduktion mit Succinat nach 3 und mit NADH nach 4 min Inkubation eingestellt. T = 22 °C. Start des Spektrums nach 3 bzw. 4 min Inkubation.

Als Reduktionsmittel wurde entweder Succinat oder NADH verwendet. Dabei ergeben sich identische Spektren mit der Ausnahme, daß in den NADH-reduzierten Ansätzen eine etwas geringere Peak-Höhe für die α- und γ-Bande von Cytochrom b auftrat. Nach vorherigem Zusatz von Tridemorph (0,81 μmol/mg Protein) zum succinat-reduzierten Ansatz (Kurve B) erfolgt nur noch eine partielle Reduktion des Cytochrom b. Ein annähernd gleiches Differenzspektrum wurde mit Antimycin A anstelle von Tridemorph erhalten. Daraus geht hervor, daß Tridemorph analog zum Antimycin A auf die b-Cytochrome wirkt und dadurch die Reduktion der nachfolgenden Glieder der Atmungskette (Cytochrom c und a/a_3) unterbindet. Bei Reduktion der ETP mit NADH (Kurve C) unterdrückt Tridemorph (0,16 μmol/mg Protein) dagegen die Reduktion sämtlicher Cytochrome. Dieses Verhalten steht im Gegensatz zu dem des Antimycin A und bestätigt das Vorhandensein eines weiteren Wirkortes auf der Substratseite von Cytochrom b und Ubichinon, dem vermutlichen Kreuzungspunkt von Succinat- und NADH-Oxydation.

3. Vergleich der Wirkung von Tridemorph und Antimycin A

Zur näheren Charakterisierung des Wirkortes von Tridemorph auf die Cytochrom b-Region wurde das Succinat-Cytochrom c-Reduktase-System der ETP benutzt, das die beiden übrigen nachgewiesenen Wirkorte nicht umfaßt. Abbildung 4 zeigt die Titrationskurven von Tridemorph und Antimycin A. Während

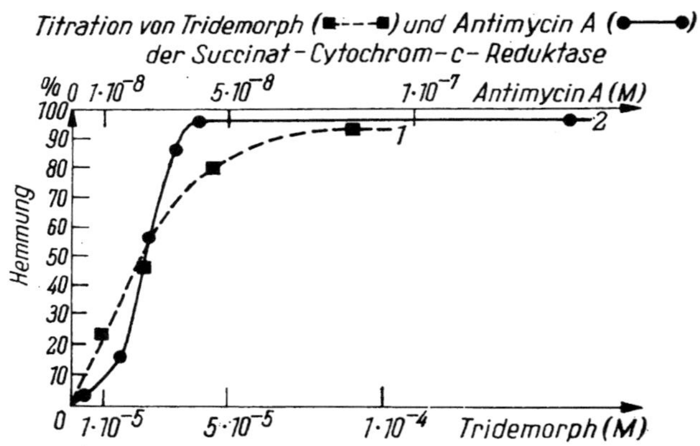

Abb. 4.

Antimycin A den typischen sigmoiden Kurvenverlauf ergab (8), trat für Tridemorph eine hyperbolische Titrationskurve auf. Die Wirksamkeiten beider Hemmstoffe unterscheiden sich um etwa drei Größenordnungen. Bei gleichzeitiger Zugabe beider Hemmstoffe deutet sich eine Additivität der Hemmungen an (Tab. 2). Diese Additivität erklärt sich aus der Konkurrenz beider Hemmstoffe um den gleichen Wirkort. Sie wird besonders deutlich, wenn die Hemmungen von Tridemorph auf ETP und auf den Ansatz ETP plus Antimycin A miteinander verglichen werden. Im Falle verschiedener, voneinander unabhängiger Wirkorte wären diese Hemmungen identisch. Allerdings wäre auf Grund der sigmoiden Titrationskurve von Antimycin A unter der Voraussetzung identischer Wirkorte eine höhere Hemmung, d. h. ein synergistischer Effekt durch beide Hemmstoffe zusammen zu erwarten. Dieses Ausbleiben des synergistischen Effektes erklären wir dadurch, daß in Gegenwart von Antimycin A das Tridemorph in stärkerem Maße an die beiden übrigen Wirkorte gebunden wird. Unter Einbeziehung aller

Tabelle 2

Kombinierte Einwirkung von Tridemorph und Antimycin A auf das Succinat-Cytochrom c-Reduktase-System von ETP

Hemmstoff	ΔE_{550}/min	Hemmung (%)	
		bez. auf ETP-Kontrolle	bez. auf ETP plus Antimycin A
—	0,139		
a) Tridemorph (4,8 · 10^{-5} M)	0,046	67	
b) Antimycin A (2,5 · 10^{-8} M)	0,073	48	
a + b	0,010	93	86
—	0,147		
a) Tridemorph (2,4 · 10^{-5} M)	0,093	37	
b) Antimycin A (1,6 · 10^{-8} M)	0,113	23	
a + b	0,062	57	45

dieser Aspekte gelangen wir zu der Schlußfolgerung, daß ein Wirkort von Tridemorph identisch mit dem des Antimycins A ist. Möglicherweise unterscheiden sich jedoch beide Hemmstoffe außer in der Affinität zum Wirkort auch im Wirkmechanismus, wofür die unterschiedlichen Titrationskurven sprechen.

4. Reversibilität der Tridemorph-Wirkung

Die Hemmung durch Tridemorph tritt sowohl im Succinat-Cytochrom c-Reduktase-System als auch im NADH-Oxydase-System nach Zusatz des Hemmstoffes augenblicklich ein. Eine Vorinkubation bis zu einer Stunde führte nicht zu einer signifikanten Erhöhung der Hemmung. Daraus geht hervor, daß die Wirksamkeit von Tridemorph auf ETP nicht durch kinetische Faktoren, wie zum Beispiel durch einen behinderten Transport zum Wirkort, bestimmt wird, sondern thermodynamisch determiniert ist, d. h. durch die Affinität des Wirkstoffes zum Rezeptor.

Human-Serum-Albumin hebt die Hemmung in diesen beiden Systemen auf. In Abbildung 5 ist die prozentuale Aufhebung des Hemmeffektes gegen das molare Verhältnis zwischen Tridemorph und Albumin aufgetragen. Bei einem molaren Verhältnis von 1:1 ergibt sich eine Aufhebung von etwa 25%. Eine 50%ige Aufhebung des Hemmeffektes wird bei einem Verhältnis von Tridemorph zu Albumin von 0,5 erreicht. Unter der Voraussetzung, daß eine Bindung von Tridemorph an die ETP einer Hemmung des Elektronentransportes entspricht, folgt aus diesen Werten, daß die Bindungskonstante von Tridemorph an die ETP vermutlich

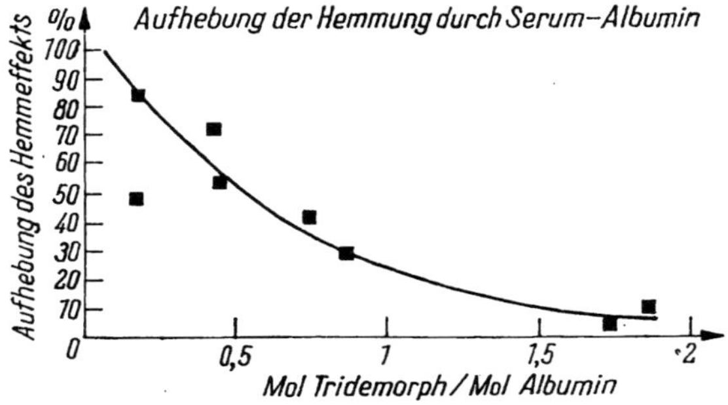

Abb. 5. Die Tridemorph-Konzentration wurde zwischen $9{,}7 \cdot 10^{-5}$ M und $9{,}0 \cdot 10^{-6}$ M und die Human-Serum-Albumin-Konzentration zwischen $1{,}4 \cdot 10^{-4}$ M und $5{,}2 \cdot 10^{-5}$ M variiert. Es wurden Ergebnisse sowohl aus Messungen der NADH-Oxydase als auch der Succinat-Cytochrom c-Reduktase benutzt.

größer ist als die an Albumin, daß sich aber beide Bindungskonstanten in der gleichen Größenordnung befinden. Eine genaue Analyse dieser Bindungsgleichgewichte ist gegenwärtig noch nicht möglich, da die Anzahl der Bindungsorte sowohl an ETP als auch an Albumin nicht bekannt ist. Die in Abbildung 5 dargestellte Kurve gehorcht einer e-Funktion mit einem Korrelationskoeffizient von 0,94. Das Ausmaß der Aufhebung der Tridemorphhemmung in Gegenwart von Albumin war unabhängig vom Zeitpunkt der Zugabe von Hemmstoff und Albumin. Diese Ergebnisse zeigen eine vollkommene Reversibilität der Tridemorph-Wirkung auf das Elektronentransportsystem.

5. Schlußfolgerungen

Die vorliegenden Untersuchungen zeigen, daß Tridemorph reversibel an mindestens drei verschiedenen Wirkorten im mitochondrialen Elektronentransportsystem angreift (Abb. 2). Die Angriffspunkte entsprechen den einzelnen Wirkorten von Rotenon, Antimycin A und Cyanid. Auffällig ist, daß Tridemorph alle Abschnitte des Elektronentransport-Systems hemmt, die gleichzeitig Orte der Energiekonservierung sind. Analoge Wirkorte sind auf Grund der prinzipiellen biologischen Einheitlichkeit des mitochondrialen Elektronentransportsystems auch bei fungalen Mitochondrien zu erwarten. Durch die Mehrpunkthemmung würde bei Pilzen auch bei Ausnutzung der bei pflanzlichen Systemen bekannten Nebenwege der Atmungskette keine mitochondriale ATP-Synthese mehr möglich

sein, so daß auf dieser Basis die fungizide Wirkung erklärt werden könnte. Die Wirkung eines Fungizids als multipotenter Atmungshemmstoff wurde bereits am Beispiel des Pyrrolnitrins (6) gezeigt.
Tridemorph wirkt nicht auf isolierte Rattenleber-Mitochondrien (9). Daraus läßt sich ableiten, daß intakte Mitochondrien verschiedener Spezies sich möglicherweise in der Permeation für Tridemorph unterscheiden. Das ist vermutlich die Grundlage für die biologische Selektivität von Tridemorph, die für ein System-Fungizid notwendig ist.

Literatur

(1) MATHRE, D. E.: Pesticide Biochem. Physiol. **1**, 216—224 (1971).
(2) WHITE, G. A.: Biochem. Biophys. Res. Commun. **44**, 1212—1219 (1971).
(3) SCHEWE, T., S. RAPOPORT, G. BÖHME und W. KUNZ: Acta biol. med. germ. **31**, 73—86 (1973).
(4) TOLMSOFF, W. J.: Dissertation Abstr. **26**, 5707.
(5) HALANGK, W., und T. SCHEWE: Dieses Symposium.
(6) LAMBOWITZ, A. M., and W. S. CAROLYN: J. Bacteriol. **112**, 1020—1022 (1972).
(7) CRANE, F. L., I. L. GLENN and D. E. GREEN: Biochim. et Biophys. Acta **22**, 475—487 (1956).
(8) BRYŁA, J., Z. KANIUGA and E. C. SLATER: Biochim. Biophys. Acta **189**, 317—326 (1962).
(9) BÖHME, G.: Persönliche Mitteilung.

Diskussion

KÖHLER: Wurden andere Proteine eingesetzt, um ähnliche Wirkungen wie mit Albumin zu erzielen, und kann eine entsprechend hohe Konzentration von Albumin die Hemmwirkung des Tridemorph gänzlich aufheben?
MÜLLER: Letzteres war der Fall. Andere Proteine haben wir nicht eingesetzt.
KÖHLER: Hat das Albumin einen ähnlichen Effekt wie SH-Gruppen-Protektoren bei empfindlichen Enzymproteinen mit SH-Gruppen, z. B. Triosephosphatdehydrogenase?
MÜLLER: Nein. Es handelt sich um eine Konkurrenz der beiden Systeme, ETP und Albumin, um Tridemorph. Unsere Untersuchungen mit Albuminzusatz hatten lediglich das Ziel, die hydrophobe Bindungsaffinität des Tridemorph grob abzuschätzen. Als Schutzstoff dürfte Albumin wegen fehlender Penetrationsfähigkeit kaum in Frage kommen.
DEKHUIJZEN: Albumin dürfte den fettsäureartigen Rest abbinden und eine ähnliche Funktion wie bei der Präparation von Mitochondrien gegen lytisch wirkende Fettsäuren haben.
DE WAARD: Hat Tridemorph eine entkoppelnde Wirkung auf die ATP-Bildung bei der oxydativen Phosphorylierung? Ist die Wirkung gleich der von Oligomycin?
SCHEWE: Nach einer persönlichen Mitteilung von BÖHME (Magdeburg) hat Tridemorph auf Rattenleber-Mitochondrien schwach entkoppelnde Wirkung. Tride-

morph wirkt nicht wie Oligomycin. Bei den von uns als Testobjekte benutzten ETP ist die Atmung unabhängig von ADP und Phosphat. Im Gegensatz zur Oligomycin-Hemmung wird die von Tridemorph verursachte Hemmung durch den Entkoppler 2,4-Dinitrophenol nicht aufgehoben.

Sisler: Was tridemorph charged at the pH of your experimental conditions. There was probably hydrophobic binding through the C_{13} alkyl chain and interaction of the morpholine charged group with a negative charged carboxyl group. Any specificity would probably be directed by the morpholine group. The compound is a cationic surface-active agent. It seems doubtful whether action is always limited to electron transport.

Mode of action of the organophosphorus fungicide pyrazophos

M. A. DE WAARD

Laboratory of Phytopathology, Wageningen, the Netherlands.

The organophosphorus fungicide pyrazophos (Afugan, Curamil) has been introduced in 1969 under the codename Hoe 2873 (2). The chemical name of the compound is 0,0-diethyl 0-(6-ethoxycarbonyl-5-methylpyrazolo(1,5-a)pyrimid-2-yl) phosphorothioate. The compound is fungitoxic towards a number of powdery mildew fungi and *Piricularia oryzae* (1,3). In foliar spray tests, the fungicide displayed a protective as well as a curative action against *Sphaerotheca fuliginea* on cucumber. Upon application via the roots, the systemic activity in the leaves appeared to be restricted to the vein system suggesting a rather limited apoplastic transport (3).
The phosphate analogue of pyrazophos (PO-pyrazophos) and another structural analogue, 2-hydroxy-5-methyl-6-ethoxycarbonylpyrazolo(1,5-a)pyrimidine (PP), proved not to be fungitoxic against powdery mildew fungi (1).
This paper deals with the mechanisms of fungitoxic action of pyrazophos. First, we examined whether the toxicity could be due to an inhibition of the activity of carboxylesterases. These enzymes were shown to be present in *S. fuliginea*; they are chemically related to acetylcholinesterase. The mechanism of action of organophosphorus insecticides is based on inhibition of the activity of the latter enzyme in insects.
Effects of pyrazophos and PO-pyrazophos on esterase activity of *S. fuliginea* were studied by measuring residual esterase activity after pre-incubation of conidial suspensions with these chemicals. Enzyme activity was assayed with α-naphthyl acetate as a substrate (3). PO-pyrazophos appeared to inhibit carboxylesterase activity significantly stronger than pyrazophos (Fig. 1). Similar results were obtained when inhibition of esterase activity in conidia and hyphae of the fungus was investigated in situ on cucumber leaves, using histochemical methods. In these experiments, plant were sprayed with 10^{-4} M aqueous solutions of pyrazophos and PO-pyrazophos, two days after inoculation with *S. fuliginea* conidia. At intervals, leaf discs were punched out and kept at $-22\,°C$ until use. Ten days after applying the chemicals, esterase activity was demonstrated in the discs by incubating them in a solution of α-naphthyl acetate and diazoblue. Upon hydrolysis of α-naphthyl acetate, the hydrolysis product α-naphthol reacts with diazoblue, resulting in control treatments in the in situ development of a blue colour. In fungal mycelium on PO-pyrazophos treated discs, esterase activity appeared to be inhibited more strongly than in pyrazophos treatments (Table 1). Inhibition

by PO-pyrazophos gradually decreased with time while pyrazophos apparently exerted an increasing inhibitory activity; the latter effect might be due to the lethal effect of this chemical on the fungus. On control and PO-pyrazophos treated leaf discs normal hyphal growth and sporulation, was observed. Fungal growth on

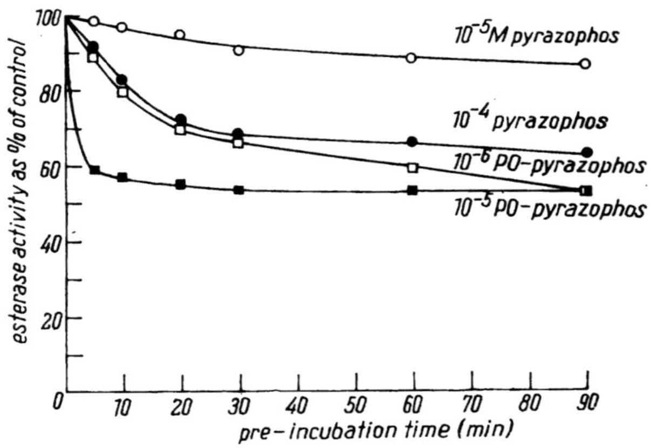

Fig. 1. Esterase activity in *Sphaerotheca fuliginea* conidia in relation to time of pre-incubation of a conidial suspension with inhibitor; final concentrations of inhibitors: 10^{-5} (0—0) and 10^{-4} M (• — •) pyrazophos or 10^{-6} (□—□) and 10^{-5}M (■ — ■) PO-pyrazophos. After pre-incubation, 0.4 ml of the mixture was diluted with 10 ml 3.12×10^{-4} M α-naphthyl acetate in 0.04 M phosphate pH 7. Residual esterase activity was determined by measuring the α-naphthol-diazoblue complex formation after 20 min of incubation.

Table 1

Histochemical demonstration of esterase activity in conidia and hyphae of *Sphaerotheca fuliginea* on cucumber leaves. Plants were sprayed with 10^{-4} M pyrazophos and PO-pyrazophos in water containing 0.0025% Tween 20, 2 days after inoculation. Esterase activity is given on an arbitrary scale from 0: no activity, to +++++: activity as in control treatment.

days after application	control	pyrazophos	PO-pyrazophos
0	+++++		
1	+++++	+++	+
2	+++++	+++	+
5	+++++	++	++
7	+++++	+	++
10	+++++	±	++++

pyrazophos treated leaf discs, on the other hand, stopped immediately after application of the chemical. Therefore, no correlation was found between the fungitoxicity of pyrazophos and PO-pyrazophos and their esterase inhibitory activity.

Hence, in *S. fuliginea* the mode of action of pyrazophos is most probably not based on inhibition of esterase activity.

Further experiments on the mechanism of action of pyrazophos were performed with *P. oryzae* (3). It was shown that 10^{-3} M aqueous solutions of the fungicide hardly affected the incorporation of ^{14}C-thymidine, ^{14}C-uridine and ^{14}C-phenylalanine into mycelial cell fractions of the fungus, indicating that neither nucleic acid nor protein synthesis were influenced. Contrary to the organophosphorus fungicides Hinosan (O-ethyl S,S-diphenyl phosphorodithioate) and Kitazin (0,0-diethyl S-benzyl phosphorothioate) pyrazophos did not induce leakage of ^{32}P-orthophosphate from mycelial cells, suggesting that no interference with cell membrane permeability occurred. Oxygen uptake by mycelial suspension of the fungus was slightly inhibited (3).

In view of the weak effects of pyrazophos on several metabolic processes and because of the low fungitoxicity of the chemical to mycelial growth during incubation periods of two hours, it was inferred that not pyrazophos itself but some metabolite could be the actual fungitoxic principle. Therefore, a study on the metabolism of pyrazophos in *P. oryzae* was undertaken. Mycelial suspensions were incubated with 10^{-3} M aqueous solutions of pyrazophos; after one day of incubation, the medium was acidified with perchloric acid, centrifuged and the supernatant extracted with toluene. Aliquots of the toluene fraction were spotted on thin layer silicagel plates (Merck F 254). These were developed with ether or benzene/acetone 3:1. Fungitoxic substances on the chromatograms were bioassayed using *Ascochyta pisi*, *Cladosporium cucumerinum* and *Fusarium culmorum* as test fungi (Fig. 2). In this way two fungitoxic substances were detected. They were identified by co-chromatography as PO-pyrazophos and PP. In these bioassays, pyrazophos was found not to be toxic towards the fungi tested. In the toluene-extracted culture filtrate no further fungitoxic substances were detected. Mycelial growth of *P. oryzae* in culture media proved to be inhibited by PP at low pH values only, viz. pH 4—5; this can probably be explained by a dissociation of PP at pH's higher than 5.7, being the pK value of the compound. At pH 4.0, the toxicity of PP for growth of dense mycelial suspensions in liquid glucose, yeast extract medium during two hours appeared to be higher than that of pyrazophos and PO-pyrazophos (Table 2).

The results outlined above suggest that metabolites of pyrazophos might play an important role in the mechanism of action of the fungicide. Therefore, we also studied some metabolic effects of PO-pyrazophos and PP on *P. oryzae* (3). Effects on oxygen uptake were measured polarographically, using mycelial suspension in 0.04 M phthalate buffer pH 4.0 containing 2% glucose (Table 3). Addition of PP immediately decreased oxygen uptake to about 56% of the control; after three hours of incubation with PP oxygen uptake had further decreased to about 36% of the control. Inhibition by pyrazophos and PO-pyrazophos was much lower than that by PP at both incubation times tested. Effects of PP on nucleic acid and protein synthesis were measured as increases in DNA, RNA and protein contents of cultures of *P. oryzae*. In these experiments, mycelial suspensions were

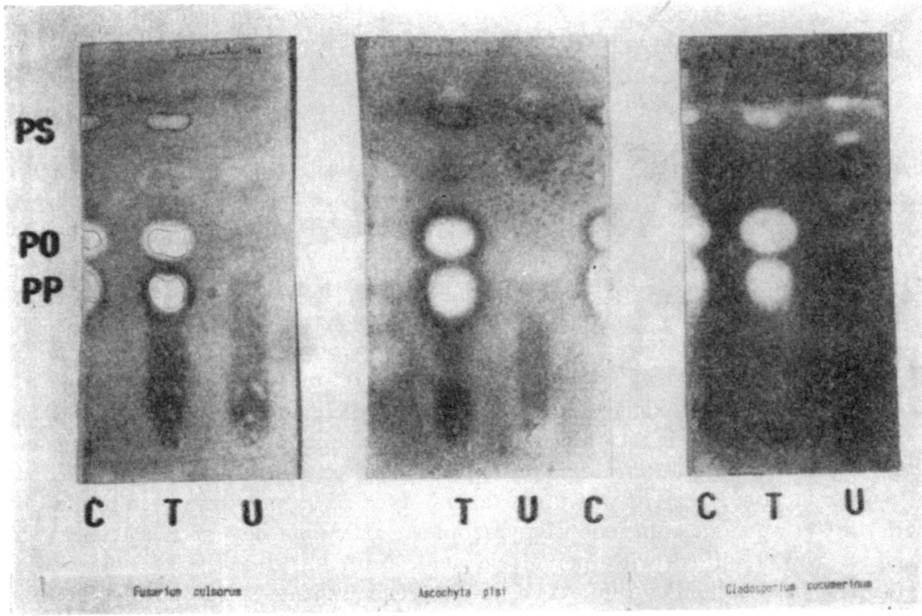

Fig. 2. TLC-bioassays of toluene extracts of culture media of *Piricularia oryzae*, incubated for 22 hours with 10^{-3} M pyrazophos and subsequently acidified with perchloric acid to a final concentration of 0.5%. Solvent: benzene/acetone 3:1. Test fungi: *Fusarium culmorum* (left), *Ascochyta pisi* (middle), *Cladosporium cucumerinum* (right). C: reference compounds pyrazophos (PS), PO-pyrazophos (PO) and PP; T and U: extracts of mycelium with and without 10^{-3} M pyrazophos, respectively.

Table 2

ED_{50}-values of pyrazophos, PO-pyrazophos and PP for mycelial growth of *Piricularia oryzae* in liquid 2% glucose, 0.5% yeast extract medium, made in 0.05 M Mc Ilvaine buffer pH 4.0 and in 0.05 M phosphate buffer pH 7.0, respectively. Growth period: 2 hours. Initial dry weight: $\pm$ 20 mg/10 ml mycelial suspension.

	ED_{50}-value (M)	
	pH 4.0	pH 7.0
pyrazophos	$> 10^{-3}$	$> 10^{-3}$
PO-pyrazophos	5×10^{-4}	4×10^{-4}
PP	10^{-4}	$> 10^{-3}$

incubated with various concentrations of PP for 6 hours. The results indicate that the metabolite exercises strong inhibitory effects on fungal DNA, RNA and protein synthesis. These inhibitory effects were proportional inhibition of increases in dry weight (Table 4).

Table 3

Effect of 5×10^{-4} M pyrazophos, PO-pyrazophos, and PP on oxygen uptake of mycelial suspensions of *Piricularia oryzae* in 0.04 M phthalate buffer pH 4.0, containing 2% glucose. The compounds were added to the suspensions as solutions in acetone. Equal amounts of acetone were used in controls.

	oxygen uptake as % of control	
	immediately after addition of the compound	3 hours after addition of the compound
control	91.6	99.4
pyrazophos	75.6	93.1
PO-pyrazophos	87.3	100.7
PP	56.4	35.6

Table 4

Effect of PP on increase in DNA, RNA and protein in mycelial suspensions of *Piricularia oryzae* during a 6 hour incubation period.

	mycelial growth as % of control	increase as % of control			% of mycelial dry weight		
		DNA	RNA	protein	DNA	RNA	protein
control (t = 0 h)	—	—	—	—	0.19	6.28	17.3
control (t = 6 h)	—	—	—	—	0.18	6.08	16.5
3×10^{-5}M PP (t = 6h)	82.5	78.2	83.0	—	0.18	6.19	—
1×10^{-4}M PP (t = 6h)	58.5	43.5	59.3	61.2	0.16	6.09	17.5
3×10^{-4}M PP (t = 6h)	6.0	0.0	13.5	11.6	0.18	5.90	19.5

On the basis of the results described above the following hypotheses on the mechanism of action of PP and, possibly, of pyrazophos after its metabolic conversion into this breakdown product can be put forward (3). First, the action of PP is aspecific and directly inhibits both oxygen uptake and synthetic processes to a certain degree, which results in a total inhibition of mycelial growth. Secondly, PP interferes specifically with oxygen uptake and, hence, indirectly inhibits biosynthetic processes. According to the latter view, a partial inhibition of oxygen uptake could also result in a complete inhibition of fungal growth. Investigations on effects of PP on mitochondrial respiration are in progress in order to further elucidate the site of toxic action.

Literature

(1) BELAL, M. H.: Studien zur chemischen Bekämpfung des echten Mehltaues. Dissertation der Georg-August Universität, Göttingen, 1971.

(2) MARIOUW SMIT, F.: Meded. LandbHoogesch. OpzoekStns Gent **34**, 763—771 (1969).

(3) WAARD, M. A. DE: Mechanisms of action of the organophosphorus fungicide pyrazophos. Thesis Agricultural University, Wageningen, 1974. In press.

Diskussion

Sisler: Are PO-Pyrazophos and PP translocated in the plant or is pyrazophos the translocated species?

de Waard: We did not performe studies on transport of PO-pyrazophos and PP in plants. Neither compound displays in vivo fungitoxicity. Hence an eventual formation from pyrazophos or translocation of both metabolites in the plant would be of minor importance with respect to the mechanism of fungitoxic action of pyrazophos.

Lyr: Pyrazophos wirkt im Agarplattentest nur gegen wenige Pilzarten stark hemmend, bei pH 5,5. *Piricularia* ist ausnehmend empfindlich (3 ppm = ED_{50}), während *Fusarium*-Arten über 100 ppm vertragen und *Penicillium*, der das Medium stark ansäuert, ebenfalls über 100 ppm benötigt, um im Wachstum gehemmt zu werden. Wie erklären Sie das? Sollten *Piricularia* und *Erysiphe* eine spezifische Esterase haben, die bei anderen Pilzen nicht vorkommt?

de Waard: The toxicity of pyrazophos to growth of fungi in vitro is not pH dependent. This is only true for the breakdown product PP, which has a dissociable hydroxylgroup. The basis for the selective toxicity of pyrazophos towards *P. oryzae* and possibly powdery mildew fungi might be a selective breakdown of the fungicide into PO-pyrazophos and PP, because in the pyrazophos-insensitive fungi *P. debaryanum* and *S. cerevisiae* no breakdown of the chemical was found.
It is not known whether specific breakdown enzymes (esterases, phosphatases, microsomal oxidation enzymes) occur in sensitive fungi. It is also possible that in these fungi pyrazophos can be broken down by a general mechanism after a selective uptake.

Bochow: You have shown the protective effect and curative effect of your compound in the case of control of powdery mildew in cucumber. Did you prove these effects in vivo also in other host-parasite combinations, for example in rice and *Piricularia*, and could you find there any differences in the intensity of curative effects compared with the respective protective effect?

de Waard: We found that pyrazophos also displayed a protective effect against barley powdery mildew and against *P. oryzae* on barley. The curative fungitocixity of pyrazophos against these fungi was not investigated.

Lyr: Wenn die Hemmung der Atmung eine Hauptwirkung ist, sollte eine Phosphatausscheidung durch ATP-Abbau nachweisbar sein, was bei Ihnen nicht der Fall war. Phosphat ist kein guter Indikator für Membraneffekte, es sei denn, eine Membran wird sehr massiv angegriffen.

de Waard: Effects on cell membrane permeability were studied by incubating mycelial suspensions of *P. oryzae* with ^{32}P-orthophosphate for two hours. After washing the mycelium, the fungicide was immediately added and the efflux of ^{32}P was measured.
I doubt whether within two hours of incubation, incorporation of ^{32}P-orthophosphate in ATP is so significant that an eventual breakdown of ATP should cause an efflux of radioactivity from the mycelium into the medium.

Die Hemmung der Chitinsynthese in vivo

G. Ritter

Institut für Forstwissenschaften Eberswalde, DDR

Die Polymerisation von N-Acetylglucosamin zu Chitin als Zellwandkomponente vieler Pilze ist eines der klassischen Beispiele für biochemische Unterschiede zwischen *Eumycetes* und höheren Pflanzen. Wirkstoffe, die die Chitinsynthese selektiv hemmen, kommen somit potentiell als antifungale und ggf. auch als insektizide Verbindungen in Betracht.

Als spezifische Hemmstoffe der Chitinsynthese sind in den letzten Jahren die Polyoxin-Antibiotika, vor allem das Polyoxin D, bekannt geworden. Auf Grund der Strukturanalogie mit UDP-N-Acetylglucosamin dürfte die Substanz als kompetitiver Hemmstoff der Chitinsynthetase bei der Polymerisationsreaktion wirken (4, 5, 6, 13).

Als weitere Inhibitoren der Chitinbildung wurden die Phosphororganika Kitazin und Hinosan beschrieben, die jedoch nicht die Chitinsynthetase selbst hemmen, sondern wahrscheinlich über Membranschädigungen wirksam werden bzw. Transportmechanismen beeinträchtigen (3, 12).

Die Wirksamkeit anderer Fungizide auf die Chitinsynthese ist bisher sehr wenig untersucht; wobei je nach den Wirkmechanismen — soweit diese bekannt sind — unterschiedliche Effekte erwartet werden können.

Mit Hilfe eines in vivo-Tests wurden daher 20 fungizide Substanzen auf ihre Hemmwirkung gegenüber dem Einbau von markiertem Glucosamin in die Zellwände von *Rhodotorula rubra* geprüft.

Methodik

Der Testorganismus (*Rhodotorula rubra* (Demme) Lodder) wurde im Medium nach Deak und Kotyk (2) 15 h bei 25 °C in Schüttelkultur angezogen, in Phosphatpuffer nach Sörensen pH 6,4 zweimal gewaschen und auf eine Zelldichte von ca. 6 mg TS/ml nephelometrisch eingestellt. Die endgültige Trockensubstanzbestimmung im Ansatz erfolgte nach Trocknung durch Wägung. Von der Zellsuspension wurden 4,0 ml mit 0,5 ml Hemmstofflösung (bzw. Lösungsmittel als Kontrolle) versetzt und 60 min bei 25 °C auf der Schüttelmaschine vorinkubiert. Danach erfolgte Zugabe von 0,5 ml D-Glucosamin-Hydrochlorid (^{14}C- bzw. ^{3}H-markiert; 1,0 μCi, 1,0 μMol/ml) und weitere Inkubation unter gleichen Bedingungen. In Intervallen von 60 min wurden 1,0 ml-Proben in je 1,0 ml Trichloressigsäure (10 %) pipettiert und 5 min im kochenden Wasserbad erhitzt. Nach Zentrifugation erfolgte die Aktivitätsmessung aliquoter Teile des Überstandes im Tricarb-Szintillationsspektrometer (Packard 314 EX-2).

Durch Differenzbildung gegenüber gleich behandelten Standardproben ohne Zellen wurden die Einbauraten bzw. die prozentuale Chitinsynthesehemmung berechnet.
Die Bestimmung der Aufnahmehemmung unter Wirkstoffeinfluß erfolgte in entsprechender Weise, jedoch ohne Behandlung mit Trichloressigsäure.

Ergebnisse und Diskussion

Die Resultate des Einbau-Hemmungstests mit intakten Zellen von *Rhodotorula rubra* sind in Tabelle 1 zusammengestellt. Neben den Versuchen mit D-Glucosamin-Hydrochlorid wurden in einigen Fällen Paralleltests mit ^{14}C-N-Acetyl-glucosamin durchgeführt, die sehr ähnliche Werte ergaben, so daß auf eine Wiedergabe hier verzichtet werden kann.

Tabelle 1
Hemmwirkung fungizider Substanzen auf die Chitinsynthese von *Rhodotorula rubra* (Inkubationszeit: 120 min)

Testsubstanz	ED_{50} [M]
Chitinsynthese-Inhibitoren	
Polyoxin D	$4 \cdot 10^{-5}$
Kitazin	$2 \cdot 10^{-4}$
Membranaktive Substanzen	
Nystatin	$2 \cdot 10^{-7}$
Pimaricin	$1 \cdot 10^{-5}$
Aureofungin	$1 \cdot 10^{-7}$
Atmungs-Inhibitoren	
Carboxin	$3 \cdot 10^{-6}$
Oxycarboxin	$2 \cdot 10^{-4}$
F 427	$1 \cdot 10^{-4}$
Pentachlorphenol	$2 \cdot 10^{-5}$
Calixin (Tridemorph)	$3 \cdot 10^{-4}$
Hemmstoffe der Kern- bzw. Zellteilung	
Benomyl (KT)	$1 \cdot 10^{-4}$
Thiabendazol (KT)	$6 \cdot 10^{-4}$
Thiophanat (KT)	$1 \cdot 10^{-3}$
Griseofulvin (KT)	$> 1 \cdot 10^{-3}$
Chloroneb (ZT)	$4 \cdot 10^{-4}$
Purinsynthese-Inhibitoren	
Dimethirimol	$6 \cdot 10^{-4}$
Ethirimol	$> 1 \cdot 10^{-3}$
Hemmstoffe unbekannter Wirkung	
Pentachlornitrobenzol	$4 \cdot 10^{-4}$
Cela W 524	$2 \cdot 10^{-4}$
Toluylsäureanilid	$6 \cdot 10^{-5}$

Es fällt auf, daß neben den bekannten Chitinsyntheseinhibitoren Polyoxin D und Kitazin auch Atmungsgifte und besonders membranaktive Substanzen starke Hemmwirkungen aufweisen. Ihnen gegenüber fallen die übrigen Wirkstoffe, die die Kern- bzw. die Zellteilung sowie die Purinsynthese inhibieren, um 1—3 Zehnerpotenzen ab.

Im Bereich der Atmungsinhibitoren liegt wohl kaum eine Spezifität auf die Chitinsynthese selbst vor. Oxathiine, Pentachlorphenol und Calixin (Tridemorph) greifen mit Sicherheit an ganz verschiedenen Stellen des Atmungsweges ein; im Endeffekt dürften sie die Bildung energiereicher Verbindungen hemmen (ATP, UTP, Acetyl-CoA), die für die Bereitstellung des UDP-N-Acetylglucosamin erforderlich sind.

Jedoch sind für die genannten Verbindungen auch Sekundärwirkungen bekannt, die für die Chitinsynthesehemmung zusätzliche Bedeutung besitzen könnten. So wirkt Pentachlorphenol nicht nur blockierend auf die oxydative Phosphorylierung, sondern beeinträchtigt auch die Membranstabilität und verändert ähnlich wie Sorbose die Wandzusammensetzung z. B. bei *Neurospora crassa* durch Verminderung der Glucankomponenten (1).

Ähnliches gilt für die Oxathiine, die nicht nur die Succino-Dehydrogenaseaktivität der Mitochondrien hemmen, sondern auch Protoplastenlysis und z. T. K^+-Ausscheidung bewirken (7). Da ferner die ED_{50}-Werte für die Hemmung von Respiration und SDH-Aktivität isolierter Mitochondrien bei Carboxin und Oxycarboxin ähnliche Größenordnung aufweisen wie die ED_{50} der Chitinsynthesehemmung (8), können erst in vitro-Tests mit Enzympräparaten endgültige Aussagen darüber bringen, ob eine zusätzliche Nebenwirkung von Oxathiin-Derivaten auf die Chitinsynthese vorliegt.

Daß die Polyen-Antibiotika Nystatin, Pimaricin und Aureofungin als membranaktive Substanzen die Chitinbildung beeinträchtigen oder auch völlig blockieren können, ist verständlich, da einmal das UDP-N-Acetylglucosamin, wahrscheinlich als Glycolipid, durch die Zellmembran zum Syntheseort transportiert werden muß und da ferner die Chitinsynthetase partikulär, also wohl membrangebunden, vorliegt. Die ED_{50}-Konzentrationen von Aureofungin und Nystatin liegen in dem sehr niedrigen Bereich von 10^{-7} M und werden von keiner anderen Testsubstanz unterschritten. Insbesondere die spezifischen Wirkstoffe Polyoxin D und Kitazin sind deutlich weniger effektiv.

Gerade bei solchen Substanzen, welche die Membranstruktur primär schädigen, könnte man vermuten, daß sie in unserem zellulären Test bereits die Aufnahme von Glucosamin in die Zelle hemmen, wodurch die Koppelung mit UTP und damit die Chitinsynthese primär unterbunden wären. Es zeigt sich jedoch (Abb. 1), daß bei Aureofungin eine Synthesehemmung von 50% schon bei weit geringerer Konzentration bewirkt wird als die adäquate Aufnahmehemmung des als Tracer benutzten ^{3}H-Glucosamin. Das Verhältnis der ED_{50}-Werte beträgt etwa 1:10. Auch Wachstumshemmung und Membranlysis werden erst durch höhere Aureofunginkonzentrationen bewirkt (9). Damit dürfte die Chitinsynthesehemmung bereits durch lokale Inaktivierung von Transport- oder Synthesebereichen in der Membran ausgelöst werden, d. h. stärkere Membrandestruktion ist nicht erforderlich. Inwieweit zusätzlich eine Primärwirkung auf die Chitinsynthetase selbst vorliegt, kann auf Grund dieser Versuche noch nicht entschieden werden. Die Befunde belegen jedoch, daß membranaktive Substanzen zumindest als indirekte Chitinsyntheseinhibitoren Bedeutung erlangen können, sofern ihre phytotoxischen Grenzkonzentrationen genügend hoch liegen.

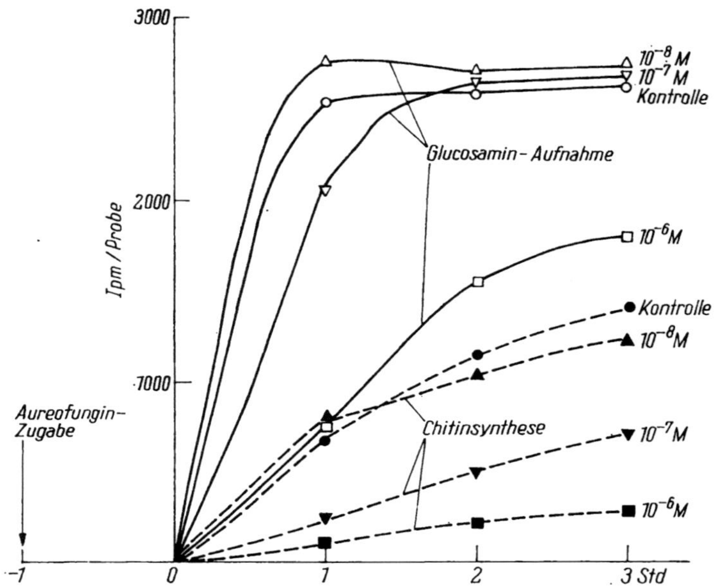

Abb. 1. Wirkung von Aureofungin auf die Chitinsynthese und die Aufnahme von ^{3}H-Glucosamin in Zellen von *Rhodotorula rubra*.

Pentachlornitrobenzol (PCNB) ist bezüglich seines Hauptwirkmechanismus bisher schwer einzuordnen. Es verursacht Wachstumshemmung und morphologische Veränderungen (kolonieartiges Wachstum infolge Ausbildung kurz verzweigter, geschwollener Hyphen) bei *Neurospora crassa*, verbunden mit einer Abnahme des Hexosamingehalts in den Hyphenwänden (10, 11). Threlfall (15) berichtet über ähnliche morphologische Effekte bei *Aspergillus nidulans*, jedoch bei erhöhtem Gehalt an Hexosamin unter der Einwirkung von PCNB. Da gleichzeitig der Hexosegehalt in den Hyphenwänden abnimmt, dürfte ein Primäreffekt von PCNB auf die Chitinsynthese auszuschließen sein, obwohl die antifungale Wirkung auf solche Pilzgruppen beschränkt ist, die chitinhaltige Zellwände besitzen (14).

Die hohen ED_{50}-Werte der übrigen geprüften Fungizide deuten darauf hin, daß diese Hemmstoffe der Kern- bzw. Zellteilung und der Purinsynthese wohl kaum direkt auf die Chitinbildung einwirken.

Zelluläre Tests der benutzten Art sind zwar experimentell leicht und als Routineverfahren durchzuführen, sie besitzen aber eine erhebliche Unschärfe in Bezug auf den primären Wirkmechanismus. Die Ergebnisse sind daher nur unter Berücksichtigung weiterer physiologischer bzw. biochemischer Fakten interpretierbar. Eindeutige Aussagen über mögliche Primäreffekte unserer Testsubstanzen auf die bei der Chitinsynthese beteiligten Enzyme sollen in vitro-Versuche liefern, die in Vorbereitung sind.

Literatur

(1) Crocken, B., and E. L. Tatum: Biochem. et biophys. acta **156**, 1—8 (1968).
(2) Deak, T., and A. Kotyk: Folia microbiol. **13**, 205 (1968).
(3) de Waard, M. A.: Neth. J. Pl. Path. **78**, 186—188 (1972).
(4) Endo, A., and T. Misato: Biochem. Biophys. Res. Comm. **37**, 718—722 (1969).
(5) Endo, A., K. Kakiki and T. Misato: J. Bact. **104**, 189—196 (1970).
(6) Isono, K., K. Asahi and S. Sukuzi: J. Am. Chem. Soc. **91**, 7490—7505 (1969).
(7) Lyr, H., W. Luthardt und G. Ritter: Z. Allg. Mikrobiol. **11**, 373—385 (1971).
(8) Lyr, H., G. Ritter und G. Casperson: Z. Allg. Mikrobiol. **12**, 271—280 (1972).
(9) Lyr, H., E. Kluge und G. Ritter: In: System-Fungizide, Symposium Reinhardsbrunn (dieser Band), (1974).
(10) Macris, B., and S. G. Georgopoulos: Phytopath. **59**, 879—880 (1969).
(11) Macris, B., and S. G. Georgopoulos: Z. Allg. Mikrobiol. **13**, 415—423 (1973).
(12) Maeda, T., H. Abe, K. Kakiki and T. Misato: Agr. Biol. Chem. **24**, 700—709 (1970).
(13) Ohta, N., K. Kakiki and T. Misato: Agr. Biol. Chem. **34**, 1224—1234 (1970).
(14) Reavill, M. J.: Ann. Appl. Biol. **41**, 448—460 (1954).
(15) Threlfall, R. J.: J. Gen. Microbiol. **71**, 173—180 (1972).

Diskussion

de Waard: You classified Kitazin as an inhibitor of chitin synthesis. Probably, this is based on the finding that Kitazin causes an accumulation of intermediates of chitin synthesis. We found the same results for Hinosan. Furthermore, we found an effect on cell membrane permeability as both compounds can induce a leakage of ^{32}P-orthophophate. Therefore, we consider it to be possible that inhibition of chitin synthesis is a secondary effect due to a disruption of the cell membrane.
Ritter: I fully agree with you; we should have placed Kitazin among the membrane active substances and it was only by historical reasons why we placed it together with polyoxine D.
Lyr: Können Sie, Herr de Waard, sagen, warum Polyoxin so unterschiedlich auf verschiedene Ascomyceten wirkt?
de Waard: I cannot explain the selectivity in the spectrum of antifungal activity of polyoxin. In the case of Kitazin and Hinosan we found that the oomycete

Pythium debaryanum is sensitive to these chemicals; this again might indicate that inhibition of chitin synthesis is not the primary site of action.

REINBOTHE: Gibt es Vorstellungen, ob Polyoxin D die Aktivierung von Glucosamin oder die Chitinpolymerisation hemmt?

RITTER: Für Polyoxin D ist mit großer Wahrscheinlichkeit nachgewiesen, daß es als kompetitiver Hemmstoff der Chitinsynthetase wirkt, da es strukturell dem UDP-N-Acetylglucosamin sehr ähnlich ist.

REINBOTHE: Wird Glucosamin nur in Richtung Chitinsynthese metabolisiert? Haben Sie bewiesen, daß die Verbindung nur in Chitin und nicht in andere Zellwandbestandteile eingebaut wird? Um sicher zu sein, müßte man Chitinkriterien haben, d. h. eine chemische oder enzymatische Depolymerisation durchführen, um die Markierung der Chitinbausteine nachzuweisen.

RITTER: Das eingesetzte ^{14}C-Glucosamin wird fast völlig in die Zellwand eingebaut, was durch Messung eventuell auftretenden $^{14}CO_2$ kontrolliert wurde. Außerdem ist bekannt, daß Glucosamin sehr spezifisch der Wandsynthese dient und nur in geringem Umfang metabolisiert wird.

LYR: Es ist merkwürdig, daß nach unseren Ergebnissen, Oxicarboxin eine Lysis von Hefeprotoplasten auslöst, was kaum mit der Atmungshemmung erklärt werden kann.

RITTER: Das könnte eine Sekundärwirkung auf die Membran sein, die indirekt auch die Chitin-Bildung beeinträchtigt.

LYR: In welchen Konzentrationen wirken die untersuchten Polyene auf die K^+-Ausscheidung von *Rhodotorula* oder ähnlichen Organismen?

RITTER: Die ED_{50}-Werte für die K^+-Ausscheidung durch Aureofungin sind fast identisch mit den ED_{50}-Konzentrationen für die Chitinsynthese-Hemmung, was sehr für einen Membraneffekt sprechen dürfte.

FALKOWSKI: Among the polyene macrolide antibiotics there are few exceptions having a broader antifungal spectrum. These exceptions are for instance pimaricin and aureofungin. I would like to ask you have you any idea, if this broader spectrum is a result of another mode of action or rather of facilitated transport across the cell wall?

RITTER: At this moment I have no special idea, but perhaps one should consider besides the sterol-polyene relationship is really the only mode of action of this group of compounds. Furthermore differences in biological activity might be explainable by different sterole composition. Thirdly different transport velocities across the cell wall could play a role as well according to molecular size of the molecules.

Zur Kurativwirkung von Systemfungiziden bei bodenbürtigen Pflanzeninfekten

H. BOCHOW und A. M. BASIONY

Bereich Pflanzenschutz der Sektion Gartenbau der Humboldt-Universität Berlin

1. Problemstellung

Es ist ein besonderer Vorteil in der Wirkung von Systemfungiziden, daß sie nicht nur protektive, sondern auch kurative Effekte auf die Pathogenese pilzlicher Pflanzenkrankheitserreger ausüben können. Vom praktischen Aspekt einer gezielten Bekämpfung pflanzlicher Mykosen ist dem Ausmaß des kurativen Effektes erhebliches Interesse beizulegen, da sich über die Nutzung dieses spezifischen Momentes für die Anwendung von systemischen Substanzen im Vergleich zu den herkömmlichen Kontakt- oder ausschließlichen Protektivfungiziden neue und erweiterte Möglichkeiten erschließen lassen.
Kurative Wirkungen sind nach postinfektionellen Applikationen von Systemfungiziden verschiedentlich beobachtet worden. Dies gilt sowohl für Infekte durch bodenbürtige Pathogene, wie z. B. gefäßparasitäre Formen von *Fusarium oxysporum* oder *Verticillium albo-atrum* (1, 5, 6, 7, 8, 10) als auch für ausgesprochene Blattparasiten, wie z. B. Erysiphaceen (2) oder Rostpilze (3) bei unterschiedlichen Pflanzen und Bedingungen. Die Intensität der festgestellten Kurativeffekte wird in den einzelnen Fällen, je nach vorliegender Wirt-Parasit-Kombination und angewandtem Wirkstoff sowie gegebenen Prüfkonstellationen, jedoch sehr verschieden angegeben. So liegen Hinweise über fungitoxische Wirkungen von Systemfungiziden vor, die auch noch bei relativ später Applikation im Verlauf der Pathogenese einer pilzlichen Pflanzenkrankheit eintraten, während in anderen Beispielen auf engere zeitliche Grenzen eines kurativen Effektes verwiesen wird. Übereinstimmend sind alle bisherigen Befunde dahingehend, daß die Wirkung eines Systemfungizids auf die Unterdrückung eines in oder an der Pflanze parasitierenden Pilzes mit dem Zeitpunkt der Applikation nach vollzogener Infektion abnimmt und jeweils die höchsten Effekte unmittelbar vor oder nach der Inokulation erzielt werden. Es erscheint notwendig, Einblick zu gewinnen, von welchen Faktoren die Intensität der Kurativwirkung eines Systemfungizides abhängig ist, d. h. ob die gleichen Bedingtheiten wie für den Protektiveffekt gelten oder welche Besonderheiten die Pathogenese einer pflanzlichen Mykose oder des Wirkstoffes als maßgeblich für den Grad kurativer Erscheinungen bei einer Behandlung erkrankter Pflanzen anzusehen sind. Bei der Testung von Triforine (2) gegen *Erysiphe* an Gerste und Hafer stellte man z. B. fest, daß der kurative Effekt direkt vom Anwendungszeitpunkt des Wirkstoffs und seiner Konzentration ab-

hängig ist. Es erhebt sich die Frage, ob dies die allein entscheidenden Parameter sind auch bei Berücksichtigung verschiedener Wirt-Parasit-Kombinationen.
Zur Gewinnung von Informationen führten wir Testungen mit den systemfungiziden Benzimidazol-Derivaten Benomyl, Thiophanat-methyl und Thiabendazol über deren Kurativeffekt auf zwei unterschiedliche bodenbürtige Mykosen, hervorgerufen durch *Rhizoctonia solani* und *Verticillium albo-atrum*, durch.

2. Material und Methoden

Als Systemfungizide wurden Benomyl in der Formulierung mit 50% Aktivsubstanz (AS) und Versuchsmuster von Thiophanat-methyl mit 76,9% AS und Thiabendazol mit 20% AS verwendet. Vergleichsweise kam auch ein Thiuram-Präparat als Kontaktfungizid mit 85% AS zum Einsatz. Die Systemfungizide wurden in Aufwandmengen von 7.5 mg AS Benomyl, 30,8 mg AS Thiophanat-methyl und 6,0 mg AS Thiabendazol sowie Thiuram mit 212,5 mg AS je Liter Substrat appliziert. Als Substrate dienten natürlicher schwach humoser Sandboden (B) und in einigen Versuchen auch Hohenbockaer Quarzsand (Q). Die Substrate wurden entweder mit dem Testpilz *Rhizoctonia solani* oder *Verticillium albo-atrum*, in einigen Fällen auch durch beide Pilze zusammen inokuliert. Die Substratinokulation erfolgte bei *R. solani* mit 200 mg Myzel/l und bei *V. albo-atrum* durch Hinzusetzen von 2 Vol.-% eines pilzdurchwachsenen Maismehl-Quarzsand-Gemisches. Als Testpflanze, über deren Befall die Wirkung der Fungizide geprüft wurde, setzten wir mit verschieden langer Wachstumszeit bei *R. solani* ausgesäten Senf (*Sinapis alba*) oder Setzlinge von Tomaten (*Lycopersicon esculentum*) und bei *V. albo-atrum* ausschließlich Tomaten ein. Die Fungizidapplikation erfolgte in vergleichsweiser Staffelung zum Zeitpunkt des Aussetzens und damit der Inokulation der Pflanzen (also adinokulativ) sowie in Abständen zu mehreren Tagen und Wochen postinfektionell während der Wachstumszeit der Wirte in jeweiliger Gegenüberstellung zu einer unbehandelten Kontrolle. Gewertet wurde der Erkrankungsgrad der Testpflanzen bei *R. solani* über die Ermittlung eines Krankheitsindex von 0—100 und *V. albo-atrum* über den entsprechenden Welkeindex (9). Alle Versuche liefen je nach gewählter Wachstumszeit der Testpflanzen in verschieden dimensionierten abflußfreien Plastgefäßen mehrfach wiederholt im Gewächshaus unter vergleichbaren ökologischen Bedingungen je Versuchseinheit.

3. Versuchsergebnisse

Abbildung 1a zeigt den Effekt einer adinokulativen und postinfektionellen Applikation von Benomyl, Thiophanat-methyl und Thiabendazol vergleichsweise zu Thiuram auf den Befall von 45 Tagen nach der Inokulation gewachsenen Tomatenpflanzen durch *Rhizoctonia solani* in einem Substrat, das gleichzeitig mit *Verticillium albo-atrum* verseucht war. Man erkennt bei allen drei Systemwirkstoffen im Vergleich zum Kontaktfungizid ein geringeres Abklingen des Einflusses auf den *Rhizoctonia*-Befall bei postinfektioneller Applikation bis zu 3 Wochen nach der Beimpfung der Pflanzen. Der steile Anstieg des Werteverlaufes beim Thiuram-Einsatz, der bei den letzten Applikationsterminen gegenüber der Kontrolle schon zu keiner nennenswerten Unterdrückung des *Rhizoctonia*-Befalles mehr führen konnte, hebt den stärkeren Kurativeffekt der Systemfungizide, der ausgehend von einer unterschiedlichen Initialwirkung prinzipiell gleich verläuft, hervor. Abbildung 1 b gibt die Verhältnisse für die gleichen Testpflanzen gemessen am Befall

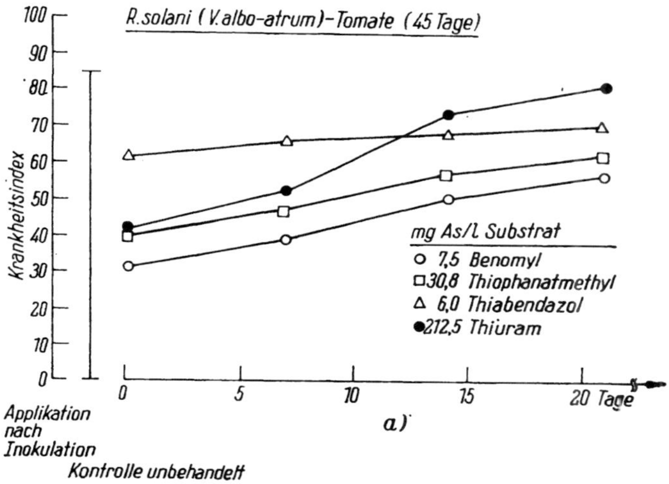

Abb. 1a. Wirkung postinfektioneller Systemfungizidapplikationen auf den Befall von Tomaten durch *Rhizoctonia solani*. Substrat verseucht mit *R. solani* und *Verticillium albo-atrum*. Befallstestung 45 Tage nach Inokulation der Pflanzen.

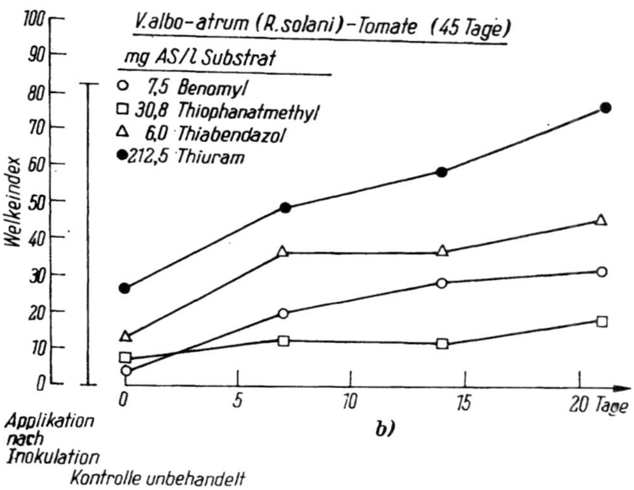

Abb. 1b. Wirkung postinfektioneller Systemfungizidapplikationen auf den Befall von Tomaten durch *Verticillium albo-atrum*. Substrat verseucht mit *V. albo-atrum* und *Rhizoctonia solani*. Befallstestung 45 Tage nach Inokulation der Pflanze.

durch *Verticillium albo-atrum* wieder. Auf Grund der weit günstigeren Initialwirkung der Systemfungizide gegenüber der Tracheomykose wird wiederum ohne nennenswert große Unterschiede zwischen den drei systemaktiven Verbindungen, das Bestehen einer größeren Kurativwirkung im Vergleich zu dem Kontaktfungizid noch deutlicher. Setzt man zum Vergleich der kurativen Wirkung einer Systemfungizidapplikation in verschiedenen Versuchen den jeweiligen Grad der erreichten Unterdrückung des Pilzbefalles bei der Pflanze ins Relative, so ergibt sich für den Effekt eines postinfektionellen Einsatzes von Benomyl in Quarzsand (Q) — und Boden (B)-substrat bei der Wirt-Parasit-Kombination *Sinapis-Rhizoctonia* nach Befallstestungen 14 und 30 Tage alter Pflanzen die in Abbildung 2 dargestellte

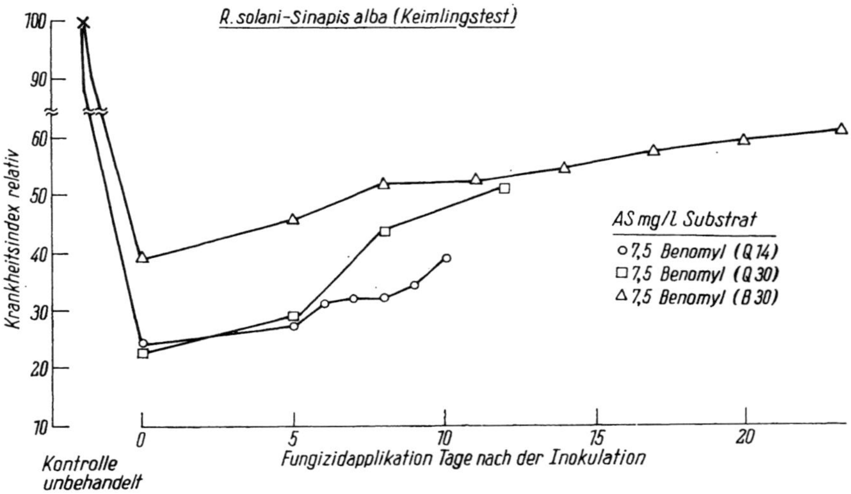

Abb. 2. Wirkung postinfektioneller Applikationen von Benomyl auf den Befall von *R. solani* an *Sinapis alba* in Quarzsand (Q)- und Boden(B)-Substrat. Befallstestung 14 oder 30 Tage nach Inokulation.

Relation. Es zeichnet sich eine klare Beziehung der Intensität des Kurativeffektes zum Applikationszeitpunkt der Fungizide ab, wobei in keinem Fall einer postinfektionellen Anwendung günstigere oder gleich intensive Effekte erzielbar waren wie bei adinokulativem Fungizideinsatz. Die Initialwirkung des Benomyl lag im Quarzsand-Substrat entsprechend der geringeren Adsorptionsverluste höher als im Boden-Substrat, dennoch ergab die Fungizidapplikation 5 Tage nach der Inokulation der Testsämlinge unter diesen Bedingungen keinen günstigeren Kurativeffekt als im Boden. Im Gegenteil, es verlor sich unter den anfangs vorteilhafteren Wirkungskonstellationen im Quarzsandmilieu bei späteren Fungizidapplikationen der Unterdrückungseffekt auf den Krankheitserreger schneller als im Boden. Die Intensität eines Initialeffektes bei adinokulativer Systemfungizidapplikation scheint demnach nicht generell mit der Stärke des Kurativeffektes positiv zu korrelieren.

Sachlogisch war eine Abhängigkeit der Effektivität postinfektioneller Fungizidapplikationen von dem jeweiligen Ausmaß des Krankheitsgrades der Pflanzen zum Zeitpunkt der Fungizideinwirkung zu erwarten. Mit der Wirt-Parasit-Kombination *Sinapis-Rhizoctonia* setzten wir zu diesem Zweck Parallelversuche — postinfektionell Benomyl-behandelt und unbehandelt — an und korrelierten den Erkrankungsgrad der unbehandelten Pflanzen zum Zeitpunkt der Fungizidapplikation mit dem durch diese Applikation erzielten Bekämpfungserfolg auf die Erkrankung, gemessen in Prozent Befallsreduktion gegenüber der entsprechend unbehandelten Kontrolle. Es ergibt sich die in Abbildung 3 aufgezeigte signifikante

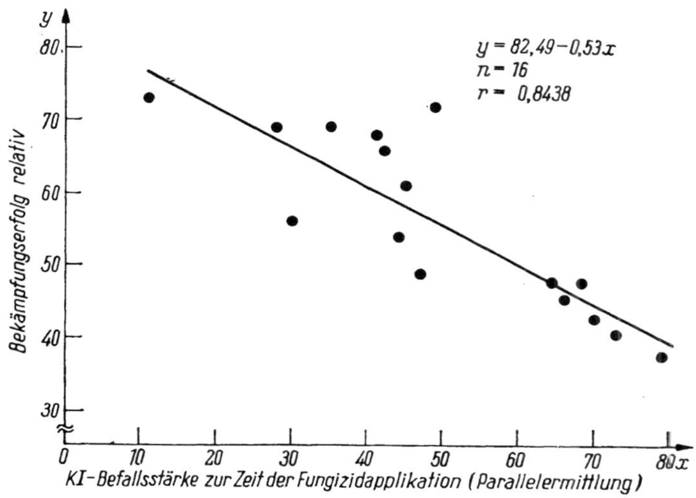

Abb. 3. Beziehung zwischen Befallsstärke von Pflanzen durch *R. solani* zur Zeit postinfektioneller Systemfungizidapplikationen (Parallelermittlung) und erzieltem Bekämpfungseffekt der Fungizidbehandlungen.

Beziehung. Je vorangeschrittener der Befallsverlauf, d. h. je höher der Erkrankungsgrad der Pflanzen durch den *Rhizoctonia*-Pilz, um so niedriger lag der Bekämpfungseffekt postinfektioneller Fungizidbehandlungen, respektive deren kurativer Einfluß. Die Beziehungen machen deutlich, daß jeweils nur eine Hemmung des Erregers im Ablauf der Pathogenese anzunehmen ist, nicht ein letaler Effekt.

Ausgehend von dieser Grundkonstellation mußte erwartet werden, daß je nach den Besonderheiten des Befallsgeschehens und des Ablaufs der Pathogenese bei *R. solani* und *V. albo-atrum* auch Unterschiede im Kurativeffekt der Systemfungizide eintreten. In der Abbildung 4 ist die Wirkung postinfektioneller Applikationen von Benomyl, Thiophanatmethyl und Thiabendazol auf die Pathogenese von *R. solani* und *V. albo-atrum* an 45 Tage in getrennt inokulierten Substraten angewachsenen Tomatenpflanzen wiedergegeben. Als Maßstab gilt der nach Abschluß der Versuche ermittelte Krankheits- oder Welkeindex der Pflanzen relativ zur unbehandelten Kontrolle = 100. Man erkennt, daß trotz größerer Initialwirkung der Systemwirkstoffe auf die Verticilliose das Abklingen ihrer Reduktionswirkung auf den Befall bei postinfektionellen Behandlungen steiler verläuft als im Falle von *Rhizoctonia*. Insbesondere für Thiophanat-methyl und Thiabendazol läßt sich aus diesen Resultaten eine geringere Intensität des Kurativeffektes auf die Verticilliose im Vergleich zum *Rhizoctonia*-Befall ableiten. Stellt man bei den zwei unterschiedlichen Wirt-Parasit-Kombinationen, *Sinapis-Rhizoctonia* und *Lycopersicon-Verticillium*, die Wirkung postinfektioneller Benomyl-Behand-

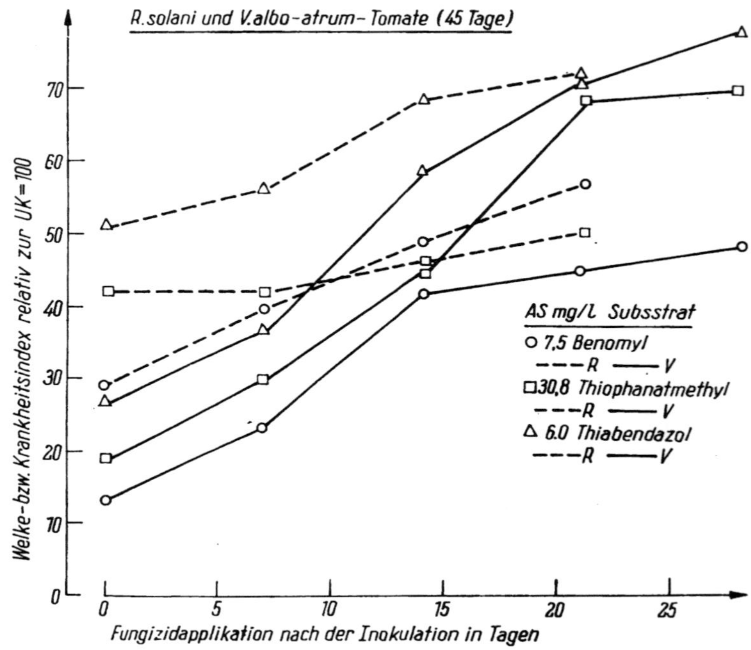

Abb. 4. Wirkung postinfektioneller Systemfungizidapplikationen auf den Befall von *R. solani* bzw. *V. albo-atrum* an Tomaten. Befallstestung 45 Tage nach Inokulation der Pflanzen.

lungen als Wertevergleich im jeweils erzielten Bekämpfungseffekt bezogen auf den Erfolg bei adinokulativer Applikation gegenüber, so entsteht die in Abbildung 5 wiedergegebene Beziehung. Aus ihr wird auch für Benomyl der geringere Kurativeffekt auf die Verticilliose und die günstigere Situation beim *Rhizoctonia*-Befall deutlich. Man kann nun die unterschiedliche Beeinflussung der Pathogenese beider Erreger wiederum getrennt hinsichtlich der Beziehung zwischen Initialeffekt der Systemfungizidbehandlung und zu erwartendem Kurativeffekt prüfen. Es ergibt sich dann bei dem in Abbildung 6 dargestellten Vergleich der

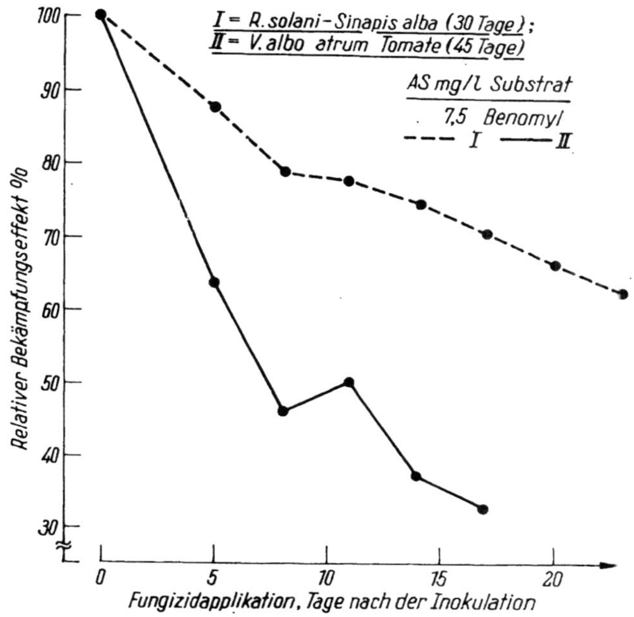

Abb. 5. Relativer Bekämpfungseffekt postinfektioneller Benomyl-Applikationen (Kurativeffekt) bei der Wirt-Parasit-Kombination *Sinapis-Rhizoctonia* (Befallstestung 30 Tage nach Pflanzeninokulation) und *Lycopersicon-Verticillium* (Befallstestung 45 Tage nach Pflanzeninokulation).

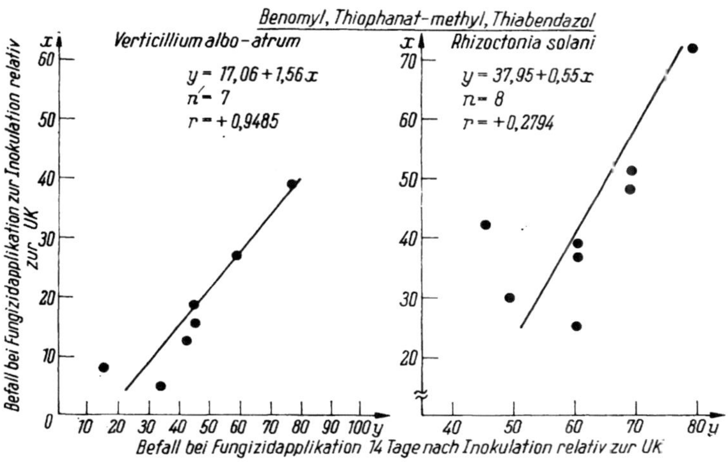

Abb. 6. Beziehungen des Effekts einer Systemfungizidapplikation adinokulativ und postinfektionell (14 Tage) bei der Unterdrückung von Befall durch *V. albo-atrum* und *R. solani*, gemessen am Befallswert nach Versuchsabbruch je Behandlungsvariante relativ zur Kontrolle.

erreichten Befallsunterdrückung (relativ zur unbehandelten Kontrolle) bei adinokulativem Einsatz von Benomyl, Thiophanat-methyl und Thiabendazol gegenüber der Unterdrückung nach 14-Tage währender postinfektioneller Systemfungizidanwendung ein Zusammenhang, jedoch nur gesichert für *Verticillium* nicht aber — wie bereits den Werten aus Abbildung 2 zu entnehmen war — für *Rhizoctonia*. Es bestätigt sich somit die schon getroffene Feststellung, daß nicht generell von der Intensität einer Initialwirkung auch auf die Intensität der Kurativwirkung bei den verwendeten Systemwirkstoffen und den betreffenden Wirt-Parasit-Kombinationen geschlossen werden kann. Dominierender Faktor für die Intensität des Kurativeffektes scheint vielmehr die Spezifik des pathogenen Verhaltens des zu bekämpfenden Erregers zu sein.

4. Diskussion

Die vorgestellten Versuchsergebnisse lassen zur Frage der Einschätzung des Kurativeffektes von wurzelapplizierten Benzimidazol-Derivaten auf zwei Typen bodenbürtiger Pflanzeninfekte, der Verticilliose und der *Rhizoctonia*-Keimlings- und Wurzelfäule, Schlußfolgerungen zu. So kann zunächst das prinzipielle Bestehen von kurativen Wirkungen der über die Wurzel den Pflanzen verabfolgten Systemfungizide auf beide Formen der bodenbürtigen Pflanzeninfekte hervorgehoben werden. Die Kurativeffekte postinfektioneller Fungizidapplikationen erwiesen sich jedoch stets geringer als die Wirkung ad- oder präinfektioneller Behandlungen, wobei eine eindeutig negative Beziehung zur Zeit der postinfektionellen Applikation zu sehen ist. Im Pflanzensystem führten die postinfektionellen Applikationen nicht zu letalen sondern nur zu hemmenden Wirkungen auf die parasitierenden Erreger, so daß die Zeitabhängigkeit des Kurativeffektes der Fungizide vom jeweiligen Ausmaß des vorangeschrittenen Erkrankungsgrades her generell meßbar erscheint. Für eine allgemeine Einschätzung ist jedoch wichtig, daß offenbar keine prinzipiell gültige positive Beziehung zwischen initialem Protektiveffekt oder der in-vitro-Wirkung eines Systemfungizides und der kurativen Wirkung besteht, sondern die Spezifik der Pathogenese diese Beziehung überlagert. Der systemisch infizierende Gefäßparasit *Verticillium albo-atrum* ist z. B. gegenüber Benomyl (4) über 10mal sensibler als der nicht systemisch infizierende Pilz *Rhizoctonia solani*. Die ED_{50} beläuft sich beim ersteren auf 0,2 ppm und beim letzteren auf 3,0 ppm. Trotz dieser großen Fungizidempfindlichkeit und deutlich besserer Unterdrückungsmöglichkeit durch protektiv oder zu Beginn des Ablaufes der Pathogenese angesetzter Fungizide, ist der Kurativeffekt der Wirkstoffe gegenüber dem nicht systemisch infizierenden Bodenpilz *R. solani* größer. Da bei anderen nicht systemisch vom Boden aus die Pflanze infizierenden Pathogenen, wie z. B. *Cercosporella herpotrichoides*, in noch unveröffentlichten Versuchen von uns gleichfalls relativ hohe Kurativeffekte gegenüber der Unterdrückung des Gefäßparasiten *Verticillium* zu beobachten waren, wird angenommen, daß von den zwei unterschiedlichen Verhaltenstypen der bodenbürtigen Erreger künftige

Ableitungen zur Einschätzung kurativer Effekte möglich sind. Nach einer Manifestation systemischer Infekte erscheint ihre nachhaltige Hemmung durch systemisch aktive Fungizide in der Pflanze problematischer als bei Lokalinfekten. Es bleibt offen, inwieweit ähnliche Relationen sich auch bei Blattparasiten und Blattapplikationen von Fungiziden finden lassen.
Praktischerseits darf der Kurativeffekt von Systemfungiziden nicht überschätzt werden, denn die größtmögliche Entfaltung des Wirkungsmechanismus der Verbindungen in der Pflanze liegt prä- bzw. adinfektionell und somit in protektiver Ebene.

Literatur

(1) Buchenauer, H., und D. C. Erwin: Phytopathology **61**, 433—434 (1971).
(2) Drandarevski, Ch. A.: Z. Pflanzenkrankh. **79**, 582—594 (1972).
(3) Ebenebe, Ch.: Z. Pflanzenkrankh. **80**, 551—566 (1973).
(4) Edgington, L. V., K. L. Khew und G. L. Barron: Phytopathology **61**, 42—44 (1971).
(5) Fletcher, J. T., und J. A. Martin: Pl. Path. **21**, 182—187 (1972).
(6) Gould, C. J., und V. L. Müller: Plant Disease Reporter, Washington **54**, 377—380 (1970).
(7) Maraite, H., und J. R. Decallone: Meded. Fac. Landbouwwetensch. Rijksuniv. Gent **36**, 336—342 (1971).
(8) Maraite, H., und J. A. Meyer: Netherl. J. Pl. Path. **77**, 1—5 (1971).
(9) Skadow, K.: Zbl. Bacteriol., Parasitenkd., Infektionskrankh. u. Hygiene, Abt. II, **123**, 715—735 (1969).
(10) Thanassoulopoulos, C. C., und W. J. Hooker: Phytopathology **60**, 196—203 (1970).

Diskussion

Naumann: Wurden Untersuchungen über die Verteilung postinfektionell angewandter Systemfungizide parallel zu den Krankheitsermittlungen durchgeführt, um aus etwaigen Parallelen die geringere Wirkung gegen Vertizillosen zu erklären?
Bochow: Untersuchungen in dieser Richtung erscheinen notwendig, sie wurden von uns geplant und sollen in der nächsten Zeit durchgeführt werden. Zur Zeit liegen noch keine Ergebnisse vor.
Lyr: Benzimidazol-Fungizide sind natürlich nicht besonders günstig für den kurativen Einsatz gegen Tracheomykosen, was aus dem Wirkungsmechanismus zu erklären ist. Bei einem Pilz wie *Verticillium*, der zahlreiche Mikrosporidien in der Pflanze bilden kann, ist deren Abtötung sehr schwierig, da die Verbindungen nur fungistatische Effekte haben. Es ist leider ein Problem vieler Systemfungizide, daß sie keine Fungizide sind.
Bochow: Es wäre mit unterschiedlich fungizid wirkenden systemischen Substanzen dieser Sachverhalt zu prüfen.

KÖHLER: Von Benzimidazol-Derivaten ist bekannt, daß sie die ATP-Bildung in den Chloroplasten der höheren Pflanzen entkoppeln. Wurden Versuche mit ganzen, intakten und nicht infizierten Pflanzen angestellt, aus denen eventuell hervorgeht, ob die Pflanzen durch die Systemfungizide in ihrem Wachstum beeinflußt werden? Es ist denkbar, daß bei entsprechend hohen Konzentrationen eine makroskopisch nicht feststellbare Beeinflussung des Metabolismus der Wirtspflanze mit empfindlichen biochemisch-physiologischen Methoden nachweisbar wäre. Möglicherweise führt die Messung der CO_2-Aufnahme der Licht- und Dunkel-Atmung schon zu aufschlußreichen Ergebnissen. Alle diese Vorgänge sind über kürzere Zeiträume registrierbar und müssen nicht ihren Niederschlag in den von Frau Dr. FOCKE angeführten Parametern finden.

BOCHOW: Es wurden bisher keine Untersuchungen zu Stoffwechselbeeinflussungen an behandelten, nicht infizierten Pflanzen durchgeführt. Hinsichtlich des Pflanzenwachstums wurden keine signifikanten Unterschiede zwischen Fungizid-behandelten und unbehandelten nicht infizierten Proben festgestellt. Wir setzen Fungizid-Dosen ein, die noch nicht im Bereich der Phytotoxizität lagen.

FUCHS: Wie wurden die Fungizide bei prä-, ad- und postinfektioneller Anwendung über die Wurzeln appliziert? Wenn ein Gießverfahren verwendet wurde, ist der Gehalt des Bodens bzw. der Böden an organischem Material doch sicher in hohem Maße entscheidend dafür, wieviel Substanz der verschiedenen Fungizide aufgenommen wird und wie lange die Aufnahme anhält. Damit ist natürlich ein Einfluß auf die in der Zeiteinheit von der Pflanze aufgenommene Fungizid-Menge und damit auf den Grad der Symptomausprägung der untersuchten Tracheomykosen gegeben.

BOCHOW: Es wurde das Gießverfahren angewandt. Die Untersuchungen wurden sowohl im Quarzsand ohne organische Substanz als auch im Boden durchgeführt, wobei die Ergebnisse prinzipiell gleich waren. Unterschiedliche Aufnahme des Fungizids bei verschiedenen Bodenverhältnissen ist sicher gegeben. Die Auswertung der Ergebnisse erfolgte jedoch stets durch Bezug auf die Primärapplikation des Fungizids unter den Bodenbedingungen, so daß nur der Zeitfaktor der Applikation als Variable erscheint. Im übrigen waren die Versuchsgefäße so bemessen, daß beim Gießverfahren eine völlige Durchdringung des Substrates erreicht werden konnte, so daß alle Wurzeln der Testpflanze mit dem Fungizid in Kontakt kamen.

FOCKE: Als zusätzliche Beantwortung der Frage von Herrn KÖHLER sei vermerkt, daß intakte, nicht infizierte mit Benomyl und Thiophanat-Methyl zum Zeitpunkt des Ährenschiebens behandelte Winterweizenpflanzen im Vergleich zu unbehandelten keine Abweichungen in der Ährenbildung und Abreife zeigten. Kornzahl pro Ähre, Kornmasse pro Ähre, Tausendkornmasse und Ertrag zeigten zwischen behandelten und nicht behandelten Pflanzen keine Differenzen.

BOCHOW: Maßgebend für den Effekt auf die Pflanze dürfte die Fungizid-Menge sein, die in der Zeiteinheit appliziert wird. Sie wurde in unseren Versuchen bewußt konstant gehalten.

KNOLL: Bemerkung zum Diskussionsbeitrag von Prof. LYR: Nach unseren Erfahrungen werden innerhalb der Pflanzen durchaus Konzentrationen der hier zur Diskussion stehenden Systemfungizide erreicht, die einen echt fungiziden Effekt bewirken, obschon auch Konzentrationen unterhalb dieser Schwelle für die praktische Anwendung wichtig sind.

KNOLL: Wie haben Sie ausgeschlossen, daß den Krankheitssymptomen ähnliche Phytotoxizitätserscheinungen, die insbesondere bei Thiabendazol zu erwarten sind, die Ergebnisse verfälschen?

BOCHOW: Das Ausschließen von Phytotoxizitätserscheinungen ist in der Tat ein wichtiges aber auch schwieriges Vorhaben. Es kann bei in vivo-Versuchen nur von der behandelten, aber nicht infizierten Kontrolle als Vergleich ausgegangen werden. Bei Tomaten als Testpflanzen wurden die Fungizid-Dosen so gewählt, daß sie noch nicht phytotoxisch wirksam waren. Darüber hinaus wurden Bonituren der Gefäßbräunung im Stengel der infizierten Pflanzen vorgenommen. Ferner erfolgte der Bezug des Krankheitsablaufs nach postinfektioneller Fungizid-Applikation auf die Erstbehandlung, bei der die Fungizide auf das jüngste Pflanzenstadium trafen. Sie hätten dann am stärksten phytotoxisch wirken müssen.

Fungizide Wirkung von Triforine

J. Demečko

Forschungsinstitut für agrochemische Technologie, Bratislava-Predmestíe ČSSR

Einleitung

Obwohl seit der Synthese der neuen Verbindung Triforine (Cela W 524), chemische Formel N,N'-(4-Piperazindiyl-bis-[2,2,2-trichloräthyliden])-bis-[formamid] nur einige Jahre vergangen sind (1), ist von ihren biologischen Eigenschaften, von ihrer Wirkungsbreite, von ihrem Wirkungsgrad, teilweise auch von ihrem Wirkungsmechanismus verhältnismäßig viel bekannt (2, 3, 4, 5, 6). Besonders in der letzten der zitierten Studien (6) werden Wirkungsbreite und Wirkungsgrad sehr ausführlich behandelt.
In Labor und Gewächshausversuchen haben wir die biologische Wirksamkeit von Triforine und einigen anderen Mitteln verglichen, unter die wir auch die mit der Chiffre VUAgT-866/72 gekennzeichnete Verbindung eingereiht haben.

Material und Methoden

Triforine 20 EC (derzeit unter dem Handelsnamen Saprol bekannt) wurde in Versuchen in vitro und in vivo mit folgenden systemischen Fungiziden verglichen: Benlate (Benomyl), Topsin M (Methylthiophanate), Milcurb (Methirimol), Milgo (Ethirimol), Calixin (Tridemorph) und VÚAgT-866/72. Die Untersuchung der Fungitoxizität von Triforine und Vergleichsmitteln erfolgte mittels der Myzelwachstumshemmungsmethode auf Agarplatten mit den Pilzen: *Ophiobolus graminis, Helminthosporium gramineum, Piricularia oryzae* und *Alternaria sp.* Zu 13,5 ml 2%igen, mit Malzextrakt versetztem Agar wurden bei 40°C Temperatur 1,5 ml wäßrige Suspension (Emulsion, Lösung) der geprüften Fungizide beigemengt. Die Inokulation erfolgte durch Auflegen der bewachsenen Seite von 5 mm Agarscheiben in die Mitte der Platten. Die Messungen wurden nach 3–5 Tagen, je nach der Art des Pilzes, durchgeführt. Die Hemmkonzentrationen werden als ED_{50}-Werte angeführt, als die Konzentrationen, die im Vergleich mit der Kontrolle eine 50%ige Verringerung des radialen Wachstums hervorrufen. Der Bereich der geprüften Konzentrationen wurde aus den Resultaten der Orientierungsversuche festgestellt. Die Resultate werden in Tabelle 1 angeführt.
Zur Feststellung und zum Vergleich der Phytotoxizität von Triforine und den Vergleichsmitteln haben wir Filterpapier in Petri-Schalen mit 10 ml Fungizid befeuchtet, die Samen von Gurken bzw. Gerste wurden daraufgelegt und am fünften Tag danach die Länge der Hauptwurzel gemessen. Die Hemmungswirkung der angewandten Konzentrationen ist aus Abbildung 1 und 2 ersichtlich.
Die protektive Wirkung von Triforine und den Vergleichsmitteln haben wir an den Keimblättern von Gurken (Sorte Znojemske nakladačky) ermittelt. Die Blätter wurden nach der Bespritzung auf eine Wasserfläche in Petri-Schalen gelegt und nach dem Trocknen des fun-

Tabelle 1

Fungitoxische Aktivität von Triforine und Vergleichsmitteln in vitro

Fungizide	Formulierung	ED_{50}-Werte auf der Basis der Myzelwachstumshemmung auf Agarplatten in ppm			
		Ophiobolus graminis	*Helminthosporium sativum*	*Piricularia oryzae*	*Alternaria* sp.
Saprol	20% EC	0,1	26	24	4
Benlate	50% SP	0,3	360	0,4	1000
Topsin M	70% SP	1,3	1000	1,8	1000
Milcurb	1,25% L	7,5	1000	300	600
Milgo	80% EC	1,0	1000	—	—
Calixin	75% EC	0,01	100	—	—
VÚAgT-866/72	10% EC	6,0	75	100	316
VÚAgT-866/72	50% SP	1,0	440	160	1000

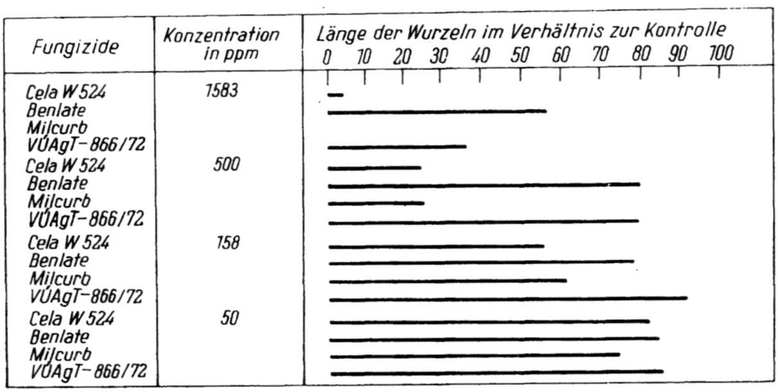

Abb. 1. Phytotoxizität von Triforine und Vergleichsmitteln bei Gurkenwurzeln.

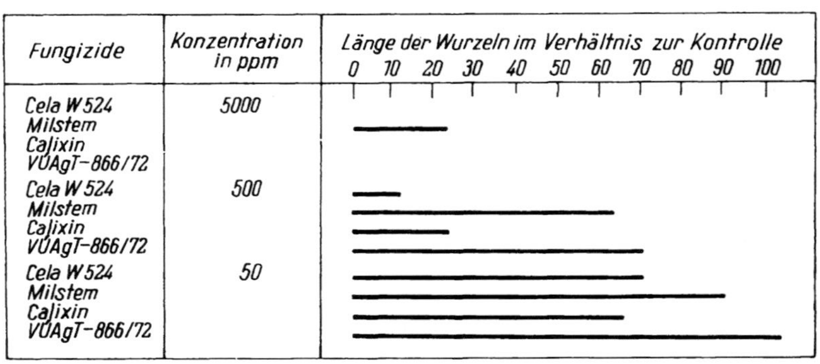

Abb. 2. Phytotoxizität von Triforine und Vergleichsmitteln bei Wurzeln von Gerste.

giziden Belags mit Konidien des Pilzes *Erysiphe cichoracearum* infiziert. Der Wirkungsgrad wurde am 14. Tag nach der Infektion festgestellt. Die Resultate sind in Tabelle 2 angeführt. Bei der Feststellung und dem Vergleich der Tiefenwirkung sind wir nach (7) vorgegangen. Scheiben aus Gurkenblättern mit einem Durchmesser von 12 mm wurden 3 Tage lang auf der Oberfläche der geprüften Suspensionen (Emulsionen, Lösungen) in Petri-Schalen belassen, dann auf Wasser übertragen und mit dem Pilz *E. cichoracearum* infiziert. Die Resultate werden in Tabelle 3 angeführt.

Tabelle 2

Protektive Wirkung von Triforine und Vergleichsmitteln auf abgeschnittenen Gurkenblättern [*Erysiphe cichoracearum*]

Fungizide	Wirkstoffkonzentration in ppm				
	200	100	50	25	12,5
Saprol 20% EC	+++	++	++	+	–
Benlate 50% SP	+++	+++	+++	++	–
Topsin M 70% SP	+++	+++	+++	++	++
VÚAgT-866/82 10% EC	++	+	–	–	–

Wirksamkeit
+++ sehr gut
++ gut
+ schwach
– keine

Tabelle 3

Tiefenwirkung von Triforine und Vergleichsmitteln auf den Gurkenblattscheiben

Fungizide	Wirkstoffkonzentration in ppm			
	7,8	3,9	1,9	1,0
Saprol 20% EC	+++	++	+	–
Benlate 50% SP	+++	++	+	–
VÚAgT-866/72 10% EC	+++	++	+	–
VÚAgT-866/72 50% SP	+	+	–	–

Wirksamkeit
+++ sehr gut
++ gut
+ schwach
– keine

Bei der Feststellung der kurativen Wirkung haben wir die infizierten Blätter auf eine Wasserfläche in Petri-Schalen übertragen und sie nach 96, 120 und 144 Stunden mit den geprüften Fungiziden besprüht. Der Versuch wurde am 10. Tag danach ausgewertet. Die Resultate werden in Tabelle 4 angeführt.

Tabelle 4
Kurative Wirkung von Triforine und Vergleichsmitteln auf den Gurkenblättern in Abhängigkeit vom Anwendungszeitpunkt nach der Infektion [*E. cichoracearum*]

Fungizide	Stunden nach der Infektion	Wirkstoffkonzentration in ppm 200	50	12,5
Saprol 20 EC	96	+++	++	−
	120	++	++	−
	144	++	+	−
Benlate 50 SP	96	+++	+++	+++
	120	++	+	+
	144	++	+	−
Topsin M 70 SP	96	+++	+++	+++
	120	++	++	+
	144	++	++	+
VÚAgT-866/72 10 EC	96	+++	++	−
	120	++	++	−
	144	++	+	−

Wirksamkeit +++ sehr gut
++ gut
+ schwach
− keine

Tabelle 5
Protektive Wirkung von Triforine und Vergleichsmitteln auf in Gefäßen gezogenen Gurkenpflanzen [*Erysiphe cichoracearum*]

Fungizide	Wirkstoffkonzentration in ppm 50	12,5	3,125
Saprol 20% EC	+++	+	−
Benlate 50% SP	+++	+	+
Topsin M 70% SP	++	++	+
Milcurb 1,25% L	+++	++	++
VÚAgT-866/72 10% EC	+++	−	−

Wirksamkeit +++ sehr gut
++ gut
+ schwach
− keine

Die protektive Wirkung von Triforine und Vergleichsmitteln haben wir auch auf Gurken unter Gewächshausbedingungen festgestellt. Diese waren vorher bis zum Keimblattstadium aufgezogen worden. Die Fungizide wurden sowohl auf die Blätter als auch an die Wurzeln appliziert. Die Kontrolle der Wirkung erfolgte am 10. Tag. Die Resultate sind aus Tabelle 5 und 6 ersichtlich.

Tabelle 6
Protektive Wirkung von Triforine und Vergleichsmitteln bei Gurken [Wurzelapplikation]

Fungizide	Wirkstoff in mg/Topf				
	2	1	0,5	0,25	0,125
Saprol	+++	+++	+++	+++	–
Benlate	+++	+++	+++	+++	+
Topsin M	+++	+++	+++	+++	++
Milcurb	+++	+++	+++	+++	+++
VÚAgT-866/72	+++	+++	+++	++	–

Wirksamkeit +++ sehr gut, ++ gut, + schwach, – keine

Ergebnisse und Diskussion

Bei der Anwendung der Myzelwachstumshemmungsmethode auf Agar-Platten mit Beimischung von Fungiziden war Triforine das wirksamste von allen verglichenen Präparaten. Nach Fuchs und Drandarevski (6) wurde in einem Freilandversuch an Gerste gegen *Ophiobolus graminis* keine Wirksamkeit festgestellt. Ebenso hat sich Triforine gegen den Pilz *Piricularia oryzae* weder im Versuch in vitro, noch im Versuch in vivo bewährt. Dies bestätigt die Feststellung von Fuchs et al. (6), daß zwischen der Wirkung von Triforine in vitro und in vivo keine Korrelation besteht. So verhält es sich wahrscheinlich auch mit der Wirkung in vitro bei der Verfolgung der Sporenkeimungshemmung und bei der Myzelwachstumshemmung (s. das Beispiel von *Piricularia oryzae*).
Aus Abbildung 1 kann darauf geschlossen werden, daß Triforine und Milcurb im Vergleich mit Benlate und VÚAgT-866/72 phytotoxischer sind, wenn sie auf keimende Gurkensamen unter Laborbedingungen aufgebracht werden. Bei der Benutzung von Gerstensaatgut (Abbildung 2) hemmen wiederum Triforine und Calixin den Wuchs der Wurzeln stärker als die Präparate Milstem und VÚAgT-866/72, besonders bei der Anwendung von höheren Konzentrationen. Dies führt zum Schluß, daß bei der praktischen Anwendung von Triforine in Form eines Gußmittels zur Wurzelapplikation die vorgeschriebenen Anwendungsdosen berücksichtigt werden müssen, falls keine Symptome von Phytotoxizität hervorgerufen werden sollen. Die protektive Wirkung von Triforine haben wir auf abgeschnittenen Gurkenblättern und unter Gewächshausbedingungen festgestellt (Tab. 2 und 5). Triforine erreicht die Wirkung der zum Vergleich herangezogenen Präparate Benlate und Topsin M nicht. Bei der Benutzung von Gurkenpflanzen in Gefäßen wurde die beste Wirkung auf die Keimblätter bei Milcurb festgestellt.

Bei der Feststellung der Tiefenwirkung mit der Methode nach (7) und unter Benutzung von 12 mm Scheibchen aus den Keimblättern der Gurken war die Wirkung von Triforine derjenigen von Benlate und VÚAgT-866/72 gleich.
Die beste kurative Wirkung mit der Methode der abgeschnittenen Blätter wurde bei Topsin M und Benlate festgestellt. Diese Fungizide wiesen eine sichtbare chemotherapeutische Wirkung auf. 120 Stunden nach der Infektion der Blätter wurde mit einer Konzentration von 12,5 ppm sicherer Schutz der Blätter erreicht. Drandarevski (5) hatte eine kurative Wirkung von Triforine gegen *Erysiphe graminis* auf Gerste bei der Anwendung einer Konzentration von 50 ppm nur 24 Stunden nach der Infektion festgestellt. Nach 3 Tagen wurde nur mehr eine 70%ige Wirkung erreicht. Die Resultate stimmen mit unseren bei Gurken überein.
In einem Orientierungsversuch mit in Gefäßen gezogenen Gurken bei der Anwendung von Triforine als Gußmittel zur Wurzel-Applikation wurden wesentlich günstigere Resultate im Vergleich zu denen bei einer Besprühung erreicht (Tab. 6). Zu der oben angeführten Feststellung gelangen auch Fuchs et al. (6). Dies hängt mit dem Transport und der Translokation der Verbindung im pflanzlichen Organismus zusammen. Die bisherigen Resultate der Labor- und Gewächshausversuche deuten darauf hin, daß das Entwicklungspräparat VÚAgT-866/72 gegen Mehltaukrankheiten aussichtsreich ist. Derzeit werden seine Wirkungsbreite und Wirkungsgrad untersucht.

Zusammenfassung

Bei der Untersuchung in vitro wurde festgestellt, daß von den geprüften systemischen Fungiziden Triforine am wirksamsten war bei Benutzung der Myzelwachstumshemmungsmethode auf Agarplatten. Gute Erfolge wurden auch mit VÚAgT-866/72 erzielt.
Beim Vergleich der protektiven Wirkung von Triforine mit in die Praxis eingeführten systemischen Fungiziden zeigte es sich, daß Triforine die Wirkung von Benlate und Topsin M gegen Gurkenmehltau nicht erreicht. In seiner Tiefenwirkung war es beiden erwähnten Fungiziden gleich. Triforine besitzt eine kurative Wirkung, jedoch erreicht es in geringeren Konzentrationen die Wirksamkeit von Benlate und Topsin M nicht.
Die Wurzelapplikation ist wirksamer als die Besprühung der Blätter. Das Entwicklungspräparat VÚAgT-866/72 ist gegen *E. cichoracearum* an Gurken aussichtsreich.

Literatur

(1) Fuchs, A., S. Doma und J. Vörös: Neth. J. Pl. Path. **77**, 42—54 (1971).
(2) Ebenebe, C., H. Fehrmann und F. Grossmann: Pl. Dis. Reptr. **55**, 691—694 (1971).
(3) Ost, W., V. v. Bruchhausen und C. Drandarevski: Pestic. Sci. **2**, 219—224 (1971).

(4) Fuchs, A., M. Viets-Verweij, J. Vörös und F. W. de Vries: Acta Phytopath. Hung. 6, 347—354 (1971).
(5) Drandarevski, C. A.: Z. PflKrankh.PflSchutz 79, 582—594 (1972).
(6) Fuchs, A., und C. A. Drandarevski: Z. PflKrankh. PflSchutz 80, 403—417 (1973).
(7) Dekker, J.: Meded. LandbHoglsch.OpzoekStns Gent 27, 1214—1221 (1962).

Diskussion

Sisler: In your phytotoxicity tests with triforine, was dwarfing one of the symptoms?
Demečko: Es trat kein Zwergwuchs auf, die Pflanzen wuchsen normal.
Fuchs: Ihre Resultate stimmen weitgehend mit unseren Ergebnissen überein. Speziell die Resultate von in vivo Experimenten sind zum Teil fast sicher auf die unterschiedlichen Abbaugeschwindigkeiten von Triforine in Pflanzen (z. B. hoch in Gurken, viel geringer in Bohnen) zurückzuführen. Auch in bezug auf die Phytotoxizität sind die Resultate sehr ähnlich. Auch wir fanden Phytotoxizitätserscheinungen mit EC_{20}%-Triforine nur bei sehr hohen Konzentrationen. Ich möchte gern noch wissen, ob Sie auch Experimente mit dem 50%igen Suspensionspulver ausgeführt haben und ob diese gleiche Ergebnisse ergeben haben?
Demečko: Uns stand nur ein Präparat mit dem angegebenen Wirkstoffgehalt zur Verfügung.

Vorhersage des Optimaltermins zur Bekämpfung von *Cercosporella herpotrichoides* in Weizen mit systemischen Fungiziden

H. Fehrmann, Göttingen

H. Schrödter, Braunschweig-Völkenrode

In den 50er und 60er Jahren führte starker Befall von Weizen- und auch Gerstefeldern durch den Pilz *Cercosporella herpotrichoides* in Mitteleuropa in sehr vielen Fällen zu starkem Lagern der Bestände, damit aber auch zu einer Erschwerung der Erntearbeiten und zum Teil zu beträchtlichen Ertragsverlusten. Der Erreger der „Halmbruchkrankheit" infiziert vom Boden her die Pflanzen und ruft an der Halmbasis das Symptombild der sog. „Augenflecke" oder „Medaillonflecke" hervor. Bei fortschreitender Pathogenese kann es zur Vermorschung der gesamten Halmbasis und damit zum Umknicken der Pflanzen kommen. Mit der zunehmenden Verwendung des halmverkürzenden Präparates Chlorcholinchlorid (CCC) in Weizen in der Praxis ist zwar die Möglichkeit einer weitgehenden Verhinderung der parasitär bedingten Lagerneigung verbunden, auf der anderen Seite kann CCC aber solche Ertragsschäden nicht unterbinden, die allein auf die physiologische Schädigung der Wirtspflanze durch den Befall mit *C. herpotrichoides* zurückzuführen sind.

In eigenen, ausgedehnten Untersuchungen zur Epidemiologie der Krankheit (2, 5, 6) wurde festgestellt, daß Weizeninfektionen vom Herbst bis in den Frühsommer — von Frostperioden abgesehen — hinein stattfinden können. Herbstinfektionen sind besonders bei getreidedichter Vorfruchtfolge zahlreich, Frühjahrsinfektionen dagegen weniger fruchtfolgeabhängig. Die Krankheit und ihr Erreger breiten sich im Bestand und von Feld zu Feld offensichtlich nur sehr langsam und schleppend aus.

Zur Ermittlung der Abhängigkeit von *C. herpotrichoides* von ökologischen Faktoren wurde eine einfache Methode verwendet: Vom Frühherbst bis in den Sommer hinein wurden etwa zehn Tage alte Weizenpflanzen nach ihrer Voranzucht im Gewächshaus für eine Periode von jeweils sieben Tagen im Freiland in Weizenfeldern in Blumentöpfen eingegraben und damit dem natürlichen „Infektionsdruck" ausgesetzt. Da zwischen Infektion und Erscheinen der Symptome ein extrem langer Zeitraum — sechs bis acht Wochen — vergeht, konnte eine Auswertung der Testpflanzen erst nach dem Abwarten der Inkubationszeit erfolgen (zwischenzeitlich Aufstellung der Töpfe im Gewächshaus). Der Prozentsatz infizierter Testpflanzen kann als Maß für den während der Testwoche im Freiland herrschenden „Infektionsdruck" angesehen werden.

Während der Vegetationsperiode des Weizens wurden am Standort außerdem Temperatur, Luftfeuchtigkeit, Niederschlagsintensität und Windgeschwindigkeit kontinuierlich registriert. Durch eine sehr umfangreiche Korrelationsanalyse, in der die ermittelten Infektionsprozente der Häufung von Stundenwerten der genannten meteorologischen Parameter innerhalb bestimmter, willkürlich festgelegter Klassen während der Testwoche und vorangegangener Sieben-Tage-Perioden einander gegenübergestellt wurden, konnte ein Temperaturoptimum für die Infektion um 8—9 °C und für die Sporenbildung ein solches um 3—4 °C berechnet werden. Für einen optimalen Infektionserfolg ist eine Luftfeuchtigkeit von mindestens 90% notwendig; Perioden mit optimalen Temperatur- und Luftfeuchtebedingungen müssen mindestens 15 Stunden andauern. Niederschlag und Windgeschwindigkeit haben in diesem Zusammenhang nur untergeordnete Bedeutung. Den genannten Berechnungen liegen Messungen der meteorologischen Daten in einer Wetterhütte in 2 m Höhe zugrunde.

Auf der Grundlage dieser Ergebnisse wurde eine Wirkungsfunktion ermittelt, die es ermöglicht, allein aus im Freiland registrierten Temperatur- und Luftfeuchtedaten (Stundenwerte) und Angaben über die erwähnte Mindestdauer von Perioden mit optimalen Temperatur- und Luftfeuchtebedingungen für einen Standort die Infektionswahrscheinlichkeit für einen gegebenen Zeitraum zu berechnen. Wie die Untersuchungen zeigten, ist die Übereinstimmung der Kurven von experimentell ermittelter und berechneter Infektionswahrscheinlichkeit hoch signifikant.

Die Einführung von systemischen Fungiziden, die auf BCM-Basis wirken (Carbendazim, Benomyl, Methylthiophanat), ermöglichte die Entwicklung eines nunmehr praxisreifen Verfahrens zur gezielten Bekämpfung von *C. herpotrichoides* in Winterweizen mit entsprechenden Präparaten (1, 3). Herbstapplikation von Benomyl auf dem Wege der Spritzung wie dem der Beizung hatte sich als relativ unwirksam gezeigt. Als vielversprechend dagegen hatten sich von Beginn an späte Frühjahrsspritzungen herausgestellt, während Applikation im frühen Frühjahr im allgemeinen relativ unwirksam ist.

Die sehr ausgeprägte Abhängigkeit des Bekämpfungserfolges vom Spritztermin demonstrieren Durchschnittswerte aus vier gleichartigen Versuchen des Jahres 1970 (vgl. beigefügte Abbildung, rechte Ordinate): hier wurden zu vier verschiedenen Terminen Einzelspritzungen mit 240 g/ha „Du Pont Benomyl" (= Handelspräparat Benlate; entspricht 120 g/ha Wirkstoff) durchgeführt. Während eine Applikation am 14. 5. zu einem durchschnittlichen Mehrertrag von 9,3% (= 5,0 dz/ha) führte, konnte mit einer Applikation zu den anderen Zeitpunkten kein höherer Mehrertrag als 3,5% erreicht werden (eine Verdoppelung des Fungizidaufwandes am 14. 5. bzw. eine nacheinander durchgeführte Spritzung zu allen vier Terminen im gleichen Versuchsglied ergab in beiden Fällen einen Mehrertrag von 10,9% — beide Maßnahmen sind vergleichsweise unwirtschaftlich). Am 14. 5. waren die Pflanzen 25—30 cm hoch (Beginn des Schossens bis Ein-Knoten-Stadium; Stadium H—I).

In Gewächshausversuchen hatte sich gezeigt, daß eine Spritzung von Benomyl noch *Cercosporella*-Infektionen wirkungsvoll zu erfassen vermag, die bereits rund 40 Tage zurückliegen. Umgekehrt aber trifft das Fungizid Infektionen nach der

Spritzung nur noch über einen Zeitraum von fünf bis zehn Tagen. Das bedeutet einen Wirkungszeitraum des Präparates von rund 50 Tagen, gegen dessen Ende hin es am effektivsten eingesetzt werden kann. Für das gewählte Beispiel (Abbildung) lag der Optimaltermin der Spritzung (14. 5.) nahezu am Ende einer Periode mit erhöhter Infektionswahrscheinlichkeit (etwa 20. 4. bis 25. 5.).

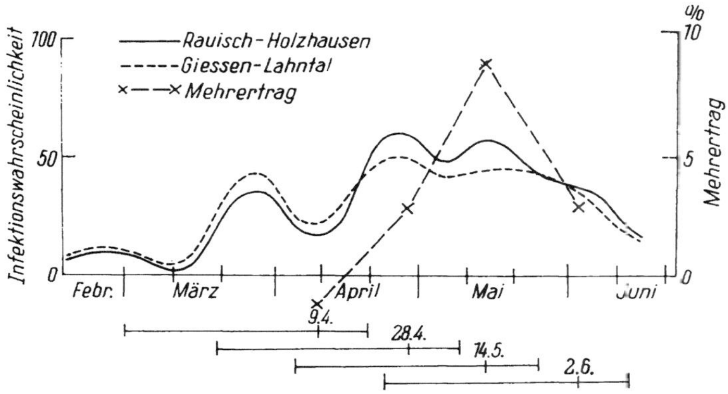

Berechneter Verlauf der Wahrscheinlichkeit der Infektion von Winterweizen durch *Cercosporella herpotrichoides* im Frühjahr 1970 (Registrierung der zugrundegelegten meteorologischen Daten an zwei Standorten im Giessener Raum).
Mehrerträge durch Spritzung von Du Pont Benomyl (240 g/ha) zu verschiedenen Terminen (Durchschnittswerte aus vier Freilandversuchen 1970 im Giessener Raum).
Unter der Abscissenlinie sind die Wirkungszeiträume des Fungizids gegenüber *Cercosporella*-Infektionen bei verschiedenen Applikationsterminen abgetragen.

Im Gegensatz zu vielen anderen Pflanzenkrankheiten besteht bei der Halmbruchkrankheit des Getreides die große Schwierigkeit, daß die optimale Terminierung des Spritztermines sich im allgemeinen kaum nach dem natürlichen Symptombild richten kann: Wegen der extrem langen Inkubationszeit können Bestände bereits stark infiziert sein, ohne daß dies nach außen hin erkennbar ist. Um diesem Problem gezielt zu begegnen, lag es daher nahe, an die Entwicklung eines spezifischen Prognoseverfahrens für den gezielten und zeitgerechten Einsatz von systemischen Fungiziden im Weizenanbau zur Bekämpfung der Halmbruchkrankheit zu denken. Rechnerische Grundlage solcher Bemühungen ist die erwähnte Wirkungsfunktion zur Ermittlung der Infektionswahrscheinlichkeit aus Temperatur- und Luftfeuchtedaten für einen gegebenen Standort und Zeitraum.
Vom Pflanzenschutzdienst der BRD wurden in den Jahren 1972 und 1973 in verschiedenen Klimaräumen Terminspritzungen mit Benomyl zur gezielten Bekämpfung von *C. herpotrichoides* in Winterweizen durchgeführt. Die mit Hilfe eines speziellen EDV-Programmes aus regional ermittelten meteorologischen Daten berechneten und die experimentell ermittelten Optimaltermine zeigten im allge-

meinen eine Abweichung von nur wenigen Tagen (für Freilandergebnisse aus 1972 vgl. 4; Ergebnisse aus 1973 noch unveröffentlicht). Während im Jahre 1972 der beste Bekämpfungstermin je nach Klimaregion zwischen dem 25. 4. und dem 4. 5. lag, spätere Applikationstermine dagegen unwirksamer waren, lagen im Jahre 1973 ganz andere Verhältnisse vor: Da die Periode höchster Infektionswahrscheinlichkeit relativ spät war, waren Spritzungen in den meisten Fällen um so günstiger angesetzt, je später sie erfolgten. (Dies beinhaltet allerdings, daß Applikationen generell nicht mehr erfolgen sollten, wenn das Zweiknotenstadium — Stadium J — der Wirtpflanze wesentlich überschritten ist. Der erreichten Höhe der Pflanzen wegen gelangt danach vermutlich nicht mehr ausreichend Spritzbrühe mit dem nur akropetal transportierbaren Fungizid an die Halmbasis.)
Auf dieser Grundlage wurde im Jahre 1974 in der BRD probeweise ein „*Cercosporella*-Warndienst" eingeführt. Von mehr als 70 bundesweit verteilten Meßstellen des Wetterdienstes werden wöchentlich einmal die entsprechenden meteorologischen Daten der Vorwoche über Fernschreiber nach Offenbach (Zentrale des Wetterdienstes) übermittelt und dort nach deren elektronischer Verarbeitung die Kurven für die regionale Infektionswahrscheinlichkeit fortgeschrieben. Nach Berechnung der je nach Klimaregion voraussichtlich optimalen Bekämpfungstermine werden diese in Karten eingedruckt und letztere umgehend den einzelnen Ämtern des Pflanzenschutzdienstes zugänglich gemacht. In den Karten ist gleichzeitig — mit einem vergröbernden Schraffierungsschema — die regional höchste Infektionswahrscheinlichkeit der Vorwoche eingetragen.
Das geschilderte System arbeitet zwar bisher zufriedenstellend, bedarf aber noch organisatorischer Verbesserungen. Hierbei ist vor allem daran gedacht, den Pflanzenschutzämtern nicht nur vorausberechnete Optimaltermine für die Anwendung systemischer Fungizide, sondern auch die jeweils regional gültigen und wöchentlich fortgeschriebenen Kurven der entsprechenden Infektionswahrscheinlichkeit mitzuteilen, damit eine eigene Urteilsbildung ermöglicht wird.
Die Beantwortung der Frage, wann eine Spritzung optimal terminiert ist, dürfte in nächster Zukunft mit dem umrissenen Verfahren mit hinreichender Sicherheit möglich sein. Offen bleibt immer noch das Problem, ob an einem gegebenen Standort eine Spritzung vom Standpunkt des wirtschaftlichen Pflanzenschutzes und des Umweltschutzes aus auch wirklich gerechtfertigt ist oder nicht. Mit anderen Worten: eine Entscheidungshilfe dafür, ob in einem Weizenbestand ein Fungizid appliziert werden soll oder nicht, kann eine Terminprognose nicht geben. Für eine solche „Standortprognose" sind andere Kriterien entscheidend wie Vorfruchtfolge, Bodenbedingungen, Bestandesdichte und Termin der Aussaat. Klare Richtlinien können hier nur auf der Grundlage eines sehr umfangreichen Datenmaterials erarbeitet werden, das noch nicht vorliegt.

Literatur

(1) FEHRMANN, H.: Nachrichtenblatt Deutscher Pflanzenschutzdienst (Braunschweig), 22, 136–139 (1970).
(2) FEHRMANN, H., und H. SCHRÖDTER: Phytopathologische Zeitschrift, 71, 66–82 (1971).
(3) FEHRMANN, H., und H. SCHRÖDTER: Phytopathologische Zeitschrift, 74, 161–174 (1972).
(4) FEHRMANN, H., und H. SCHRÖDTER: Proc. 7th. Brit. Insecticide and Fungicide Conference, 1973, p. 119 bis 126 (1973).
(5) SCHRÖDTER, H., und H. FEHRMANN: Phytopathologische Zeitschrift, 71, 97–112 (1971 a).
(6) SCHRÖDTER, H., und H. FEHRMANN: Phytopathologische Zeitschrift, 71, 203–222 (1971 b).

Diskussion

LYR: Sie erwähnten einen Mehrertrag von 11%. Ist das ein Durchschnittswert? Wie hoch war die Infektionsbelastung? Wie war die Fruchtfolge? Ist es nötig, sortenspezifische Differenzierungen zu machen? Wann lösen Sie eine Bekämpfung aus? Wo liegt der Schwellenwert? Wird durch Benomyl-Behandlung Rhizoctonia gefördert? In der Literatur gibt es solche Hinweise. Haben Sie dazu Beobachtungen?

FEHRMANN: Der erwähnte Mehrertrag ist ein Durchschnittswert, der in den Pflanzenschutzämtern ermittelt wurde. Die entsprechenden Freilandversuche wurden grundsätzlich auf *Cercosporella* gefährdeten Feldern angelegt, mit Getreide in der Vorfruchtfolge. Die genannte Zahl ist daher nicht als ein allgemeingültiger Durchschnittswert anzunehmen.

Wie hoch die Primär-Belastung war, kann nicht gesagt werden. Sie ist abhängig von der Fruchtfolge. Die Sortenfrage ist wichtig. Es zeigten sich gewisse Sorten-Unterschiede. Bei allen Fungiziden auf BCM-Basis wurden, in gewissen Grenzen unterschiedliche, Mehrerträge erzielt.

Der ökonomische Schwellenwert wurde bisher nicht berechnet. Mit einer Termin-Prognose wird nur eine Entscheidungshilfe für den Pflanzenschutz gegeben. Damit kann man leichter festlegen, wann gespritzt werden soll, nicht aber ob gespritzt werden soll. Die Entscheidung für oder gegen einen Fungizid-Einsatz ist gerade bei *Cercosporella* sehr standortabhängig.

In der Literatur liegen Hinweise über eine Förderung des *Rhizoctonia*-Auftretens durch Benomyl-Behandlung vor (BOLLEN und VAN DER HOEVEN 1973, MARSH 1972). Die an sich sehr überzeugenden holländischen Resultate wurden mit einem Benomyl-Aufwand durchgeführt, der den üblichen Aufwand insgesamt um das 60fache übersteigt. Ob daher *Rhizoctonia* durch Benomyl unter praxisüblichen Bedingungen in gefährlichem Ausmaß gefördert wird, ist nicht bekannt, wird aber geprüft.

SEIDEL: Ihre Untersuchungen führten zur Entwicklung einer Prognose über die Infektionswahrscheinlichkeit. Dies ist, wie ich aus Ihren Ausführungen entnehme,

als erster Schritt zu betrachten. Wichtig erscheint eine Schadprognose; welche Möglichkeiten sehen Sie dafür?
Wir konnten in Produktionsversuchen auch z. T. erhebliche Mehrerträge durch Benomyl erzielen. Uns scheint es jedoch so, daß wir diese Mehrerträge nicht ausschließlich auf den Bekämpfungserfolg von *Cercosporella herpotrichoides* zurückführen sollten, sondern auf eine kombinierte Wirkung auch gegenüber Blatt- und Ährenkrankheiten sowie auf gewisse Nebenwirkungen des Benomyl.

FEHRMANN: Wie bereits gesagt, wurden in der BRD Mehrerträge im Durchschnitt von 10–15% in Versuchen erreicht. Zweifellos ist das nicht nur auf die Bekämpfung von *Cercosporella* zurückzuführen. Durch die Behandlung werden sicher auch *Fusarium*-Arten und *Rhizoctonia* erfaßt. Aber am wesentlichsten ist *Cercosporella*.
Wir können nur eine Termin-, keine Standort-Prognose geben. Es ist nach den vorliegenden experimentellen Daten kaum anzunehmen, daß im Normalfall eine gegen *Cercosporella* gerichtete Fungizid-Anwendung einen wesentlichen Einfluß auf eine ertragsschädigende Wirkung von Ähren- und Blattkrankheiten bei Weizen hat. Dies gilt besonders für *Septoria*, aber auch für Mehltau.

MÜLLER: Wie erklären Sie die plötzliche Wirkungssteigerung nach der Mai-Applikation des Benomyl? Halten Sie eine Stoppel-Behandlung für sinnvoll, und sind entsprechende Versuche unternommen worden? Haben Sie Benomyl gegen *Helminthosporium sativum* eingesetzt und wenn ja, wie ist die Wirkung?

FEHRMANN: Offenbar muß die Behandlung so spät wie möglich erfolgen, um die höchste Wirkung zu erzielen. Bei zu früher Behandlung besteht die Möglichkeit, daß späte Infektionen des Pilzes durch das Fungizid nicht erfaßt werden. Eine Bekämpfung des Pilzes mit systemischen Fungiziden durch Stoppel-Behandlung dürfte nutzlos sein. Mit *Helminthosporium* wurden keine Versuche durchgeführt.

BOCHOW: Es überrascht, daß die besten Wirkungen des Benomyl erst relativ spät nach einer möglichen Infektionsperiode, also schon nach relativ starkem Infiziertsein, erzielt werden. Wie ist das zu erklären? Wäre es möglich, daß die ausschließlich an der Ertragssteigerung gemessenen positiven Ergebnisse überwiegend auf unmittelbare wachstumsverbessernde Effekte des Benomyl zurückzuführen sind? Auch beim Einsatz von CCC mit Benomyl ergibt sich ja ein additiver Effekt!

FEHRMANN: Wie Gewächshaus-Versuche zeigten, werden durch eine Benomyl-Anwendung noch Infektionen erfaßt, die etwa 40 Tage vor der Spritzung eingetreten waren. Der entsprechende Wirkungszeitraum nach der Spritzung ist erheblich kürzer. Damit erklärt sich der überraschende Effekt nach einer Periode mit starken Infektionen.
Es sind Versuche mit CCC allein, Fungizid allein und mit der Kombination beider gemacht worden. CCC zeigte keine oder kaum fungizide Wirkung. Die Kombination beider Wirkstoffe brachte weder synergistische noch antagonistische Wirkung.

STEINBRENNER: Sie haben gute Übereinstimmung der berechneten Befallswerte mit den experimentell ermittelten Befallsraten gefunden. Gelten die berechneten

Befallswerte für alle Fälle, z. B. sowohl für Weizen im 1. Jahr als auch im 2. und 3. Anbaujahr? Sie können nur eine Terminprognose geben, aber noch keine Bekämpfungsnotwendigkeit erkennen. Halten Sie es für möglich, an Hand von bestimmten physiologischen Merkmalen der Pflanzen eine Bekämpfungsnotwendigkeit oder Methode zur Frühdiagnose durchführen zu können?

FEHRMANN: Der Behandlungstermin wird immer der gleiche bleiben, ob im ersten, zweiten oder dritten Anbaujahr.

FOCKE: Liegen bestimmte Methoden vor, die den Prüfarten zur Ermittlung der Befallsprozente vorgegeben werden? Bekannt ist, daß im Erfassungsstadium vorliegende Symptome untypisch und daher schwer zu bonitieren sind.

FEHRMANN: Die Frage ist zu verneinen. Es laufen aber in Bayern (Frau KLEEWITZ, München) Bemühungen, durch eine zeitlich gestaffelte Isolierung des Pilzes in vitro an Getreidepflanzen ausgewählter Testfelder im Frühjahr ein Bild über den tatsächlichen Prozentsatz infizierter Pflanzen zu bekommen. Wegen der langen Inkubationszeit ist dies allein nach Symptomen zu dieser Zeit nicht möglich. Der Aufwand bei dieser Methode ist groß, Entscheidungen für einen bestimmten Standort kann sie trotzdem nicht immer gewährleisten.

SEIDEL: Sie haben nachgewiesen, daß ausschließlich eine Frühjahrsbehandlung effektiv ist, was wir auch für die Nordbezirke der DDR bestätigen können. Auf der anderen Seite zeigten Sie uns, daß mit zunehmender Getreideanbau-Konzentrierung die Herbstinfektion zunimmt. Nehmen Sie an, daß wir eventuell mit zunehmender Getreideanbau-Häufigkeit auch zu einer Herbstbehandlung gezwungen werden könnten?

FEHRMANN: Herbstbehandlungen sind im allgemeinen ohne Erfolg. In diesem Stadium der Vegetation eintretende Bestandslücken und andere Schäden können offenbar danach noch ausgeglichen werden.

NAUMANN: Kann die außerordentlich gute Wirkung der Spätapplikation von Benomyl auch eine Folge der höheren Empfindlichkeit späterer Wachstumsstadien des Parasiten in der Wirtspflanze sein?

FEHRMANN: Im Normalfall wird die empfindlichste Phase der Pilzentwicklung, die Sporenkeimung auf der Pflanzenoberfläche, nicht getroffen.

NAUMANN: Wurde *Ophiobulus graminis* mit in die Untersuchungen einbezogen und gibt es darüber Befunde?

FEHRMANN: Gegenüber *Ophiobulus* zeigte keines der untersuchten Fungizide einen Effekt. Mit BMC-Fungiziden wurden im Freiland nur ganz vereinzelt positive Resultate erzielt, obwohl die Substanzen *Ophiobulus graminis* hemmen können. Die Ursache liegt ganz offensichtlich in der fehlenden Fähigkeit der BMC-Fungizide zu basipetalem Transport.

NAUMANN: Wie ist bei zunehmenden Benomylspritzungen im Getreidebau die Gefahr der Resistenz-Bildung zu beurteilen?

FEHRMANN: Über eine Resistenzentwicklung des Pilzes liegen bisher nur einige orientierende Laborergebnisse vor, dagegen keine Resultate aus Freilanduntersuchungen.

Handke: Auf Ihren elektronenoptischen Bildern war eine Abkapselung der Pilzhyphen zu erkennen, die offenbar nicht von der Wand ausging. Das wäre sehr bemerkenswert. Gibt es eine Erklärung für diese einmalige Erscheinung?
Fehrmann: Bisher gibt es dazu keine eindeutige Erklärung.

Anmerkung: Die elektronenoptischen Bilder, die im Vortrag gezeigt wurden, sind hier nicht reproduziert.

Сравнительная эффективность и специфика действия витавакса, беномила и БМК против головни зерновых культур

Андреева, Е. И., и. Т. С. Прончéнко

Всесоюзный институт химических средств защиты растений (СССР)

Несмотря на появление новых перспективных, малоядовитых препаратов, таких как витавакс (2,3-дигидро-6-метил-5-фенилкарбамоил-1,4-оксатиин), беномил (метил-1-бутилкарбамоил-2-бензимидазол), БМК (2-метил-бензимидазолметилкарбамат) и их аналогов, проблема борьбы с трудно подавляемыми болезнями зерновых культур остается в центре внимания исследователей. Продолжаются работы по изучению новых протравителей, усовершенствованию и повышению эффективности уже известных фунгицидов. Учитывая, что у вредных видов под влиянием химических препаратов, происходит отбор генотипов, устойчивых к ядам, обладающим повышенной вредоносностью, многие исследователи проводят опыты по преодолению этого явления.
В течение ряда лет (1968—1973) на Шереметьевской базе ВНИИХСЗР под Москвой нами в лабораторных и полевых условиях изучались системные протравители семян против различных видов головни и комплекса возбудителей плесневения зерновых культур.

Материал и методы

В лабораторных условиях определяли влияние препаратов на всхожесть, рост корней и стеблей двух сортов пшеницы: ярового сорта ,,Краснозерная" и озимого гибрида ППГ-186.
В вегетационных опытах на искусственно зараженных семенах пшеницы сорта ,,Краснозерная" изучили активность препаратов против пыльной головни пшеницы. (*Ustilago tritici*) и влияние их на всхожесть семян в почвенных условиях. В полевых опытах определяли активность препаратов против возбудителей твердой головни пшеницы (*Tilletia tritici*), головни ячменя (*Ustilago hordei*), головни овса (*Ustilago avenaé*), а также влияние их на всхожесть и урожай. В своих исследованиях наряду с изучением активности новых системных препаратов мы обращали внимание на скорость возникновения устойчивости у пыльной и твердой головни пшеницы к протравителям и при испытании препаратов обращали внимание на этот факт, как меру преодоления устойчивости возбудителей к испытуемым веществам. С этой целью семена, полученные из семян, протравленных изучаемыми протравителями, использовались в последующих опытах и каждый раз обрабатывались этими же препаратами перед посевом в течение 11 генераций.
Изучались следующие протравители: 75% витавакс (фирма Юнироял), 50% беномил (фирма Дюпонт), бавистин (фирма БАСФ), фундазол (ВНР), БМК (ВНИИХСЗР). В качестве эталонов были взяты ГХБ, гранозан при испытании препаратов против

твердой головни и ТМТД в случае определения активности протравителей к комплексу возбудителей плесневения.
Исходный инфекционный материал при изучении препаратов против пыльной головни пшеницы сорта „Краснозерная", получали путем заражения растений в период цветения на участке Одесского селекционно-генетического института с использованием вакуумметода популяцией хламидоспор *Ustilago tritici*.
Для изучения активности препаратов против твердой головни пшеницы и других поверхностных видов головни популяции хламидоспор наносили на семена из расчета *Tilletia tritici* 10 г и *Ustilago avenae* 1 г на 1 кг семян пшеницы.
В случае определения устойчивости головни к препаратам были получены моноспоровые культуры *Ustilago tritici* и *Tilletia tritici*, которые затем использовались для проведения опытов.

Результаты испытаний

Результаты испытаний, представленные в таблицах 1 и 2, показали, что в условиях Московской области на всех испытанных видах и сортах семян 75% витавакс, 50% беномил, 50% фундазол, 50% БМК, 50% бавистин обладали высокой эффективностью по отношению к пыльной и твердой головне пшеницы, головне овса, пыльной головне проса и ячменя. Эти препараты обладали активностью против комплекса возбудителей плесневения.
При рассмотрении данных, характеризующих развитие резистентности у пыльной головни пшеницы (*Ustilago tritici*) к системным фунгицидам установлено (таблица 3), что при использовании семян с зараженностью более 50% развитие устойчивости к беномилу щло довольно интенсивно. Если в первой генерации (F_1) наблюдалось полное подавление головни, то через 7 генераций процент заражения составлял уже 1,3% и к концу опыта (через 11 генераций) достиг 2%. Примерно такое же явление, но выраженное более ярко, наблюдалось у *Tilletia tritici* при применении БМК. При использовании витавакса развитие резистентности у *Ustilago tritici* к нему также имело место, но в меньшей степени. Наибольшее заражение пшеницы пыльной головней при протравливании семян витаваксом наблюдалось только к концу опыта (F_{11}) в отличие от беномила и особенно БМК, у которых уже F_7 развитие пыльной головни было такое же, как при использовании витавакса в F_{11}. Процесс развития устойчивости *Tilletia tritici* к беномилу и БМК мало отличался от развития устойчивости *Ustilago tritici* к этим фунгицидам. Резистентность *Tilletia tritici* по отношению к витаваксу проявлялась слабее и имела место только в F_8, но далее она проявлялась более интенсивно и к F_{11} достигла того же уровня, что и при использовании беномила и БМК.
При селекциях смесью, состоящей из 50% витавакса и 20% беномила, через 11 генераций ослабления чувствительности у взятых нами видов грибов не наблюдалось.

Таблица 1

Активность системных протравителей против болезней пшеницы (Искусственное заражение семян)

Препарат (норма расхода препарата 2 г/кг)	Лабораторные опыты (пшеница яровая ,,Красноверная“)				Вегетационные опыты (пшеница яровая ,,Краснозерная“)		Полевые опыты (пшеница озимая ППГ-186)		
	Всхожесть семян, %	Плесневение семян, %	Величина в см стебля	Величина в см корня	(Искусственное заражение) Всхожесть, %	Пыльная головня %	Всхожесть %	Твердая головня %	Урожай зерна, ц/га
Контроль (семена не протравленные)	86	5,6	5	8	84	63,5	78	21,8	23,1
50% беномил (Дюпонт)	95	0	10	9	93	0,5	75	0,4	33,5
50% БМК (ВНИИХСЗР)	99	1	10	9	94	1,8	79	0,7	30,8
50% фундазол (ВНР)	93	0	11	9	93	0,8	78	0,3	32,5
50% бавестин (БАСФ)	94	1	10	10	94	1,2	78	0,6	31,4
75% витавакс (Юнирояль)	89	2	8	9	87	0,05	73	0,06	34,1
30% ГХБ	88	2	10	10	—	—	84	0,05	23,9
50% ТМТД	91	0	8	8	—	—	85	0,77	31,5
Гранозан	91	0	9	8	—	—	72	0,31	29,4
м%	5,1	3,8	—	—	4,1	6,5	4,8	5,4	3,7
Н.С.Р.	8,3	3	—	—	5,8	10,1	6,5	8,7	4,0

Таблица 2

Эффективность системных протравителей против головни зерновых культур (естественное заражение)

Препарат (норма расхода 2 г/кг)	Просо*		Пшеница			Ячмень			Овес		
	Всхожесть, %	Заражено пыльной головней, %	Всхожесть, %	Заражено пыльной головней, %	Урожай, ц/га	Всхожесть, %	Заражено пыльной головней, %	Урожай ц/га	Всхожесть, %	Заражено пыльной головней, %	Урожай ц/га
Контроль (семена не протравленные)	84	22,0	78	2,1	18,2	74	3,2	14,2	81	5,3	12,8
50% беномил Дюпон	93	0	83	0	21,4	81	0	16,2	84	0,1	14,2
50% БМК	94	1,2	84	0	21,8	83	0	15,8	85	0,8	13,1
50% фундазол (ВНР)	91	0	84	0	22,1	81	0	15,4	83	0,05	14,5
50% бавестин БАСФ	95	1,4	85	0	21,0	84	0	16,0	84	0,7	14,0
75% витавакс Юнироль	85	0	81	0	22,1	82	0	15,9	82	0	14,9
30% ГХБ	—	—	—	—	—	—	—	—	—	—	—
50% ТМТД	88	0	—	—	—	—	—	—	88	0,5	14,5
Гранозан	89	0	—	—	—	—	—	—	89	0	15,0
м%	3,8	5,1	—	6,1	—	4,1	5,2	—	4,7	4,5	4,3
Н.С.Р.	4,5	8	—	6,1	—	2,5	65	—	3,2	5,8	2,1

* Опыты проведены в теплице в вегетационных сосудах

Таблица 3

Развитие резистентности у пыльной (*Ustilago tritici*) и твердой головни (*Tilletia tritici*) к системным фунгицидам

	Репродукция										
	I	II	III	IV	V	VI	VII	VIII	IX	X	XI
	Процент заражения *Ustilago tritici*										
Контроль											
50% беномил	0,1	0,4	0,5	0,8	1,0	1,0	3	1,8	1,5	1,5	2
75% витавакс	0	0	0	0	0,4	0,8	1	1,2	1,2	1,5	1,5
50% БМК	0,4	0,5	0,8	1,2	1,2	1,4	1,8	1,8	2,2	2,4	3
50% беномил + 20% ТМТД	0	0	0	0	0	0,4	0,5	0,6	0,4	0,5	1,5
50% БМК + 20% ТМТД	0	0	0	0	0	0,6	0,8	0,8	1,2	1,5	1,8
50% витавакс + 20% беномил	0	0	0	0	0	0	0	0	0	0	0,04
	Процент заражения *Tilletia tritici*										
Контроль	61	63	54	72	65	74	61	67	69	71	64
50% беномил	0	0	0,1	0,2	0,4	0,8	1,2	1,4	1,5	1,6	1,7
75% витавакс	0	0	0	0	0	0	0	0	0	0,5	1,3
50% БМК	0	0,1	0,5	0,6	0,6	0,7	0,9	1,5	1,8	2,2	2,4
50% беномил + 20% ТМТД	0	0	0,2	0,3	0,4	0,7	1,3	1,5	1,4	1,8	1,7
50% БМК + 20% ТМТД	0	0,1	0,2	0,4	0,6	0,7	0,8	1,6	1,3	1,9	2,5
50% витавакс + 20% беномил	0	0	0	0	0	0	0	0	0	0	0,01

В опытах нами определялись остаточные количества протравителей в разных частях растений и урожае при многократном применении беномила. Беномил определен по методике, разработанной во ВНИИХСЗР (3). Метод основан на извлечении БМК, получаемого в растениях при гидролизе беномила в водных средах этилацетатом с последующим (после подщелачивания в этилацетате) определением с помощью тонкослойной хроматографии ТСХ. Определение витавакса проведено по методу Allam и Sinclair (1).

Результаты опытов представлены в таблице 4. Установлено, что остаточные количества беномила и витавакса в различных частях растений при применении их в качестве протравителей семян пшеницы сорта ,,Краснозерная'' не возрастали до 8—9 репродукции. Небольшое увеличение их имело место в 9-й и 10-й репродукциях. В урожае ни в каких репродукциях остаточные количества беномила и витавакса не обнаружены.

Таблица 4

Содержание остаточных количеств протравителей в растениях и урожае пшеницы сорта ,,Краснозерная"

Препараты (норма расхода 1 г/кг) стадия развития пшеницы	Репродукции					
	I	VII	VIII	IX	X	XI
	Содержание остаточных количеств препарата в мг/кг					
50% беномил						
проростки	—	—	—	0,9	1	1
стадия выхода в трубку (листья)	—	—	—	0,7	0,8	0,8
цветение (колос)	—	—	—	0,5	0,5	0,5
созревание (колос)	—	—	—	следы	следы	0,5
восковая спелость (зерно)	—	—	—	следы	нет	нет
75% витавакс						
проростки	0,9	0,9	0,9	1	1	1
стадия выхода в трубку (листья)	0,7	0,7	0,75	0,8	0,8	0,9
цветение (колос)						
созревание (колос)	0,5	0,5	0,6	0,65	0,7	0,8
восковая спелость (зерно)	следы	следы	следы	следы	0,5	0,5

Выводы

1. В условиях Московской области препараты беномил (Дюпон), БМК (ВНИИХСЗР), фундазол (ВНР), бав стин (БАСФ), витавакс (Юнирояль) обладали высокой активностью против твердой и пыльной головни пшеницы, пыльной головни проса, головни ячменя и овса.

2. Развитие устойчивости у грибов *Ustilago tritici* и *Tilletia tritici* к производным бензимидазола имело место в 7—11 генерациях, к БМК — несколько раньше. Резистентность обоих видов головни к витаваксу развивалась медленнее, чем к беномилу. Возможно, этот факт объясняется тем, что витавакс в отличие от 50% препаратов бензимидазола содержал 75% действующего вещества.

3. Использование смесей беномила и БМК с ТМТД несколько ослабило возникновение устойчивости у указанных выше грибов к препаратам. Полное ослабление, устойчивости у обоих видов головни наблюдалось при применении смеси, содержащей 50% витавакса и 20% беномила.

4. Накопление остаточных количеств при многократном использовании беномила или витавакса в качестве протравителей семян, получаемых воспро-

изведением из протравленных семян, практически не наблюдалось. Остаточные количества витавакса и беномила не обнаружены в урожае зерна в 11-ей репродукции при ежегодном протравливании семян.

Литература

(1) Allam, A. N., and I. B. Sinclair: Phytopath., **59**, 1548 (1968).
(2) Delp, C. I., and H. L. Klopping: Plant Disease Reporter **52**, 95 (1968).
(3) Новикова, К. Ф. (в печати).
(4) Schmeling, B., and M. Kulka: Science **152**, 659 (1966).

Эффективность и особенности действия некоторых системных фунгицидов на мучнистую росу огурцов и пшеницы

Санин, М. А. (СССР)

Мучнистая роса причиняет значительный вред тыквенным, зерновым и другим культурам. Эта болезнь сокращает вегетационный период огурцов и снижает их урожай в Молдавской ССР на 30% (Руденко Н. М., 1965г.), Азербайджанской ССР на 52—56% (Рагимов У. А., 1959), Армянской ССР на 70% (Тетерникова-Бабаян Д. Н., 1959). В отдельные годы в Казахской и Грузинской ССР урожай пшеницы при поражении мучнистой росой снижался на 10 и более процентов. (Турсумбаев, А., 1972, Мжаванадзе А. В., 1972).

Против мучнисторосяных грибов применяют неорганические препараты серы, каратан, морестан, акрекс, дразоксолон и другие. Однако все они обладают лишь контактным действием. Чтобы защитить от болезни развивающиеся молодые растения, обработки фунгицидами контактного действия проводят с короткими интервалами в 7—10 дней. Но при этом не всегда получают хорошие результаты, так как препараты плохо распределяются на растениях, разлагаются, смываются дождем и т.д.

В настоящее время большое внимание исследователей привлекают системные фунгициды, способные проникать в растение и защищать его. Они имеют ряд преимуществ перед контактными препаратами: при их использовании значительно снижается норма расхода и число обработок за вегетационный период, погодные условия на них не влияют, вследствие чего увеличивается продолжительность действия фунгицидов и другие.

Несколько лет тому назад к числу системных веществ можно было отнести лишь некоторые антибиотики. В 1965г. на мировом рынке появились новые синтетические системные фунгицидыкитацин и китацин П для борьбы с пирикуляриозом риса, каликсин против мучнистой росы злаков. в 1972г. — беномил и трифорин для борьбы с мучнистой росой и различными пятнистостями, в 1968г. — диметиримол и этиримол, в 1969г. — топсин и топсин М против мучнисторосяных грибов и другие.

В ВНИИХСЗР в течение ряда лет изучали эффективность и особенности действия на мучнистую росу огурцов и пщеницы беномила (метиловый эфир 1-(бутилкарбамоил)-2-бензимидазолкарбаминовой кислоты) фирмы ,,Дюпон‘‘ США, БАСФ-3460 продукт разложения беномила (метиловый эфир бензимидазолкарбаминовой кислоты) фирмы ,,БАСФ‘‘ ФРГ, БМК (действующее вещество тоже), бенацил (1-феноксиацетил-2-карбометоксиаминобензимидазол), фенацизол (1-феноксиацетилкарбамоил-2-карбометоксиаминобензимидазол) отечественного производства, топсин (1,2-бис-3-этоксикарбомил-3-тиомочевинабензол) фирмы ,,Ниппон Сода" Япония, трифорин (N,N-бис-1-формамид-2,2,2-трихлорэтилпиперазин) фирмы ,,Цела" ФРГ и каратан (2,4-динитро-6-втор.-октилфенилкротонат) фирмы ,,Ром и Хаас" США.

Таблица 1

Препараты	Концентрация по д.в. %	Подавление развития болезни %	
		тепличные опыты	полевые опыты
Беномил	0,025	100,0	98,0
	0,012	97,0	94,0
	0,003	90,0	—
БАСФ-3460	0,025	98,0	97,0
	0,012	95,0	93,0
	0,003	88,0	—
БМК	0,025	99,0	99,0
	0,012	91,0	93,0
	0,003	85,0	—
Фенацизол	0,025	100,0	98,0
	0,012	96,0	92,0
	0,003	87,0	—
Бенацил	0,025	97,0	97,0
	0,012	90,0	89,0
	0,003	80,0	—
Топсин	0,025	99,0	96,0
	0,012	96,0	90,0
	0,003	90,0	—
Трифорин	0,025	95,0	90,0
	0,012	83,0	73,0
	0,003	68,0	—
Каратан (эталон)	0,025	95,0	80,0
	0,012	86,0	75,0
	0,003	60,0	—

Примечание. Развитие болезни в контроле в тепличных и полевых опытах составляло соответственно 87 и 40%.

Исследования проводили в теплице при искусственном заражении растений болезнью и в полевых условиях при естественном развитии болезни. Сорт огурцов во всех опытах ,,Многоплодный ВСХВ", пшеницы — ,,Краснозерная". Повторность опыта трехкратная.

При изучении защитного контактного действия против мучнистой росы огурцов и пшеницы в тепличных и полевых опытах все препараты показали высокую эффективность (табл. 1—4). При этом против мучнистой росы огурцов они действовали сильнее, чем против мучнистой росы пшеницы. Беномил, БАСФ-3460, БМК, фенацизол, топсин и бенацил обладали наиболее высокой эффективностью. Бенацил несколько уступал перечисленным фунгицидам, а трифорин и каратан подавляли развитие болезни слабее, чем все препараты.

Таблица 2

Защитное контактное действие препаратов на мучнистую росу пшеницы.

Препараты	Концентрация, по д.в. %	Подавление развития болезни %	
		тепличные опыты	полевые опыты
Беномил	0,05	98,0	91,0
	0,025	94,0	—
	0,003	78,0	—
БАСФ-3460	0,05	98,0	88,0
	0,025	95,0	—
	0,003	75,0	—
БМК	0,05	99,0	91,0
	0,025	95,0	—
	0,003	73,0	—
Фенацизол	0,05	98,0	90,0
	0,025	93,0	—
	0,003	75,0	—
Бенацил	0,05	92,0	82,0
	0,025	87,0	—
	0,003	62,0	—
Топсин	0,05	98,0	90,0
	0,025	94,0	—
	0,003	74,0	—
Трифорин	0,05	93,0	79,0
	0,025	85,0	—
	0,003	55,0	—
Каратан (эталон)	0,05	97,0	82,0
	0,025	90,0	—
	0,003	50,0	—

Примечание. Развитие болезни в контроле в тепличных и полевых опытах составляло соответственно 87 и 20%.

Искореняющее контактное действие препаратов зависело от срока их применения. Все испытанные фунгициды проявили хорошее искореняющее контактное действие при опрыскивании растений до появления болезни и подавляли развитие болезни в концентратции 0,05% по д.в. на 90—98%. При использовании по проявившемуся заболеванию, когда развитие болезни достигало 15—20% беномил, БАСФ-3460, БМК, фенацизол, бенацил, топсин и каратан также были эффективны и подавляли развитие болезни на 77—90%. Трифорин действовал слабо.

Все фунгициды обладали хорошим защитным системным действием против мучнистой росы огурцов при внесении в почву (табл. 3). Беномил, БАСФ-3460,

Таблица 3

Защитное системное действие препаратов на мучнистую росу огурцов при внесении в почву

Препараты	Доза препарата, мг д.в. на 1 кг почвы	Подавление развития болезни, % на		
		10-ый день	20-ый день	30-ый день
Беномил	1,0	100,0	100,0	100,0
	0,5	98,0	90,0	89,0
	0,25	92,0	80,0	75,0
БАСФ-3460	1,0	100,0	100,0	94,0
	0,5	96,0	88,0	80,0
	0,25	90,0	77,0	53,0
БМК	1,0	100,0	100,0	91,0
	0,5	97,0	92,0	78,0
	0,25	94,0	82,0	55,0
Фенацизол	1,0	100,0	100,0	92,0
	0,5	96,0	88,0	82,0
	0,25	91,0	78,0	72,0
Бенацил	1,0	100,0	100,0	90,0
	0,5	92,0	85,0	75,0
	0,25	80,0	70,0	51,0
Топсин	1,0	95,0	92,0	89,0
	0,5	80,0	76,0	70,0
	0,25	74,0	70,0	48,0
Трифорин	4,0	88,0	50,0	30,0
	2,0	65,0	37,0	0,0
	1,0	55,0	30,0	0,0

Примечание. Развитие болезни в контроле на 10, 20 и. 30-ый день составляло соответственно 60, 70 и 80%.

БМК и фенацизол на 10-ый день после применения в одинаковой степени защищали растения от заражения болезнью. Бенацил и топсин несколько уступали им, а трифорин действовал значительно слабее перечисленных препаратов. Беномил и фенацизол обладали наибольшей продолжительностью действия. На 30-ый день после применения в дозе 0,25 мг д.в. на 1 кг почвы эти препараты подавляли развитие болезни на 75 и 72%, БАСФ-3460, БМК, бенацил и топсин — соответственно на 53, 55, 51 и 48%, трифорин был не эффективен.

Испытанные фунгициды при внесении в почву показали высокую активность и против мучнистой росы пшеницы (табл. 4). Но при этом для достижения эффекта, полученного на огурцах, дозы препаратов необходимо было увеличить. Наиболее сильным действием обладали беномил, БАСФ-3460, БМК и фенацизол. Бенацил и топсин были несколько менее эффективны. Трифорин защищал растения только при внесении в высоких дозах.

Таблица 4

Защитное системное действие препаратов на мучнистую росу пшеницы при внесении в почву.

Препараты	Доза препарата, мг д.в. на 1 кг почвы	Подавление развития болезни, % на	
		10-ый день	20-ый день
Беномил	4,0	96,0	96,0
	2,0	87,0	83,0
	1,0	79,0	76,0
БАСФ-3460	4,0	95,0	93,0
	2,0	85,0	80,0
	1,0	80,0	73,0
БМК	4,0	92,0	90,0
	2,0	85,0	82,0
	1,0	76,0	75,0
Фенацизол	4,0	91,0	89,0
	2,0	78,0	76,0
	1,0	73,0	70,0
Бенацил	4,0	90,0	87,0
	2,0	76,0	73,0
	1,0	60,0	50,0
Топсин	4,0	90,0	88,0
	2,0	85,0	77,0
	1,0	60,0	44,0
Трифорин	16,0	97,0	83,0
	8,0	82,0	78,0
	4,0	78,0	75,0

Примечание. Развитие болезни в указанные дни в контроле составляло 62 и 68%.

Эффективность препататов зависела от влажности почвы. При поддержании почвы во влажном состоянии эффективность препаратов была высокой, при ее пересыхании действие фунгицидов ослабевало. Так, бенлат в дозе 1 мг д.в. на 1 кг почвы в первом случае подавлял развитие мучнистой росы огурцов на 100%, а во втором — на 75%.

При предпосевном протравливании семян все фунгициды, за исключением трифорина, показали высокую эффективность в тепличных условиях (табл. 5). При норме расхода 4,2 и 1 кг д.в. на 1 т. семян. Беномил, БАСФ-3460, БМК и

Таблица 5

Эффективность фунгицидов против мучнистой росы пшеницы при протравливании семян (в теплице)

Препараты	Норма расхода, кг д.в. на 1 т. семян	Подавление развития болезни, % на		
		10-ый день	20-ый день	25-ый день
Беномил	4,0	100,0	100,0	100,0
	2,0	98,0	98,0	93,0
	1,0	88,0	82,0	76,0
БАСФ-3460	4,0	100,0	100,0	100,0
	2,0	96,0	95,0	92,0
	1,0	86,0	81,0	73,0
БМК	4,0	100,0	100,0	100,0
	2,0	98,0	97,0	94,0
	1,0	87,0	80,0	75,0
Фенацизол	4,0	100,0	98,0	96,0
	2,0	97,0	96,0	90,0
	1,0	80,0	78,0	75,0
Бенацил	4,0	100,0	96,0	94,0
	2,0	96,0	92,0	87,0
	1,0	84,0	68,0	62,0
Топсин	4,0	99,0	96,0	95,0
	2,0	96,0	79,0	76,0
	1,0	86,0	66,0	58,0
Трифорин	4,0	60,0	50,0	40,0
	2,0	45,0	40,0	29,0
	1,0	36,0	30,0	0,0

Примечание. Развитие болезни в указанные дни в контроле составляло 60, 62 и 66%.

фенацизол были одинаково активны. Бенацил и топсин несколько слабее защищали растения от заражения болезнью. Трифорин был недостаточно эффективен.

При протравливании семян пшеницы препараты в полевых условиях обладали лишь средней эффективностью (табл. 6). При этом бенлат, БАСФ-3460, фенацизол и топсин подавляли развитие болезни на 72—66%, а при двукратном опрыскивании растений на 91—88%.

Таблица 6

Эффективность препаратов против мучнистой росы пшеницы при протравливании семян и опрыскивании растений в полевых опытах

Препараты	Концентрация, % по д.в. или норма расхода кг д.в. на 1 т. семян	Подавление развития болезни, %
Бенлат (протравливание)	2	72,0
Бенлат (2 опрыскивания)	0,05	91,0
БАСФ-3460 (протравливание)	2	68,0
БАСФ-3460 (2-опрыскивания)	0,05	88,0
Фенацизол (протравливание)	2	66,0
Фенацизол (2 опрыскивания)	0,05	90,0
Топсин (протравливание)	2	70,0
Топсин (2 опрыскивания)	0,05	90,0

Примечание. Развитие болезни в контроле составляло 20%.

Выводы

1. Установлено, что беномил, БАСФ-3460, БМК, фенацизол, топсин и бенацил против мучнистой росы огурцов и пшеницы были эффективнее трифорина и каратана. Препараты против мучнистой росы огурцов действовали сильнее, чем против мучнистой росы пшеницы.
2. Беномил, БАСФ-3460, фенацизол, БМК, бенацил, топсин и каратан обладали хорошим искореняющим контактным действием при использовании как до появления болезни, так и после проявления. Трифорин был эффективен лишь при применении до появления болезни.
3. Наиболее высокое системное действие при внесении в почва проявили беномил, БАСФ-3460, БМК и фенацизол. Бенацил и топсин были несколько менее эффективны. Трифорин обладал наименьшей активностью. При высокой влажности почвы препараты были эффективны, при пересыхании ее действие их ослабевало.
4. При предпосевном протравливании семян пшеницы все препараты за исключением трифорина показали высокую эффективность в тепличных условиях. Трифорин был недостаточно активен. В полевых условиях они обладали средней эффективностью.

Влияние препарата *Benomyl* на некоторые физиологические процессы в листьях яблони при их заражении *Venturia inaequalis* (Cooke)

Й. Ганчева

Институт защиты растений, София — Костинброд, Болгария

О хорошей защите деревьев яблони препаратом беномил против фитопатогенного гриба *Venturia inaequalis* (Cooke), причиняющего заболевание паршу как и против *Podosphaera leucotricha* (Elliet Ev.) Salin. — мучнистой росы — сообщает ряд авторов Byrde et al. (6), Bourdin et al. (7), Wicks, Moller (8), Pripio (9)

Эффективное действие беномила, примененного опрыскиванием листьев яблони показывает, что он обладает и контактным и локально проникающим действием.

В подкрепление такого предположения является и сообщение Stover (11), что беномил, нанесенный на верхнюю поверхность листа банана, проникает на его нижнюю поверхность. Автор полагает, что задержание образовавшихся спор паразитирующих грибов беномилом является следствием физиологического эффекта, оказываемого бензимидазолом. Fuchs et al. (10) также сообщает, что носителем фунгитоксичной активности является его бензимидазольная часть, а действие его связано с нарушением продуцирования энергии и синтеза нуклеиновой кислоты в клетках грибов. Авторы также установили увеличение веса растений гороха, обработанных беномилом.

Вышеуказанные исследования являются доказательством того, что беномил влияет на некоторые физиологические процессы как в растениях и в паразите. На благоприятное влияние фунгицидов в направлении выравнивания физиологических процессов в растении, зараженном данным патогеном, до нормального их протекания в здоровом растении, указывают данные, сообщенные Ниловой и Ксендзовой (3).

В этом направлении интерес представляет исследование влияния беномила на некоторые физиологические процессы в листьях яблони, зараженных конидиоспорами *V. inaequalis* с одной стороны, и с другой, воздействие препарата на эти процессы в здоровых незараженных листьях, что является целью настоящего доклада.

Материалы и методы

Исследования проводились на деревьях яблони сорта Золотое превосходное пятикратно опрысканными во время вегетационного периода беномилом — 0,05% с интервалами в 12—15 дней. Опыты проводились двукратно в течение двух лет на опытном поле Института — станция Костинброд. Удалось проследить влияние беномила на изменение динамики пероксидазной и полифенолоксидазной активности, ферментов, выполняющих существенную роль в окислительных процессах, интенсивность дыхательных процессов и содержание витамина ‚C‘, как продукта восстановительных процессов в листьях яблони.

Анализировались зараженные паршой листья и здоровые незараженные листья, обработанные беномилом. Контролем служили здоровые и зараженные листья, необработанные препаратом беномил.

Пероксидазная активность определялась колориметрическим методом Бояркина (1), полифенолоксидазная активность методом Майера (1954) и интенсивность дыхательных процессов методом Миллера (1953) по количеству CO_2 в мг % выделенному с площади 100 cm^2 свежего материала. Содержание витамина ‚C‘ определялось методом Мурри (1953) путем извлечения соляной кислотой и титрованием дихлорфенолиндофенолом.

Результаты и обсуждение

Анализами обработанных беномилом листьев было установлено, что препарат не одинаково влияет на указенные процессы, происходящие в здоровой и зараженной конидиоспорами *V. inaequalis* а листовой массе.

Пробы из опыта, взятые в 1972 году в интервале 10 дней после последнего опрыскивания деревьев яблони, показали значительное понижение пероксидазной активности здоровых листьев (на 1,3 отн. ед.) по сравнению с пероксидазной активностью здоровых необработанных листьев (контроль). На шестой день пероксидазная активность немного повышается и до 10 дня снова понижается.

Активность пероксидазы в зараженных конидиоспорами *Venturia inaequalis* листьях, необработанных беномилом, была повышенной в пробах, взятых на шестой и десятый день, но после опрыскивания листьев препаратом беномил, количество пероксидазы в зараженных листьях яблони понижается и на 10 день ее количество не отличается от пероксидазной активности обработанных здоровых листьев (рис. 1).

Аналогичные данные получены и при анализе проб, взятых из опытов, проведенных в 1973 году.

Влияние беномила на активность фермента полифенолоксидазы при применении его на здоровых и зараженных паршой также была различной (рис. 2).

Полифенолоксидазная активность здоровых листьев после применения беномила в течение первых 10 дней понижалась. На второй день активность полифенолоксидазы понижается на 0,023 отн. ед. на шестой день на 0,025 отн. ед. и на 10-ый день только на 0,007 отн.ед. по сравнению с активностью этого фермента в необработанных листьях.

Полифенолоксидазная активность в зараженных паршой листьях обработанных деревьев яблони беномилом на второй день повышалась по сравнению с полифенолоксидазной активностью в необработанных здоровых и зараженных листьях. На шестой день активность фермента уменьшается, а на

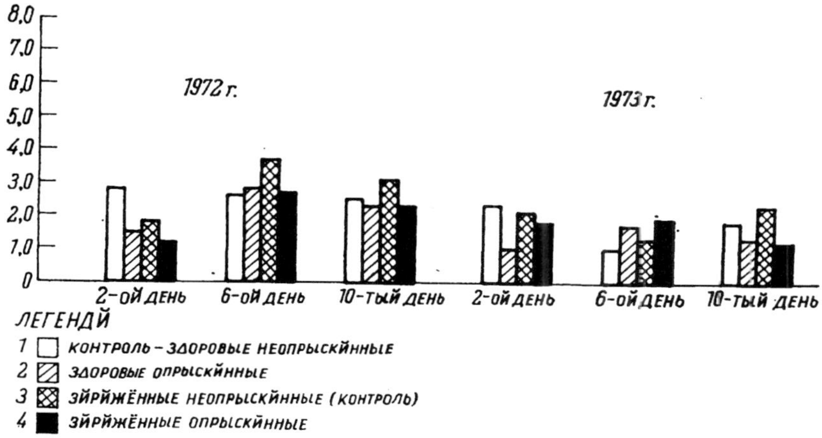

Рис. 1. Пероксидазная активность листьев яблони при обработке беномилом.

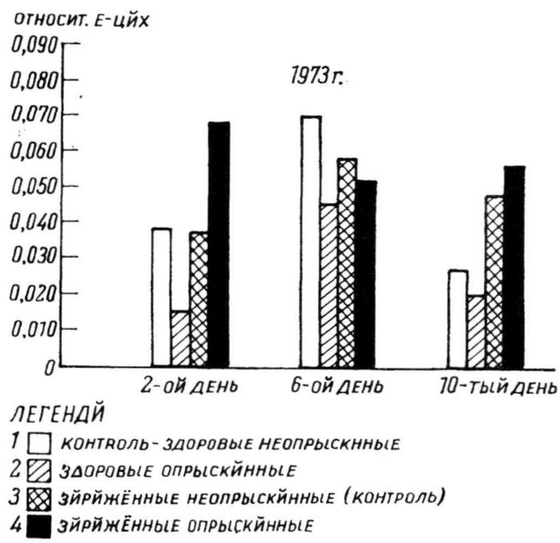

Рис. 2. Полифенолоксидазная активность листьев яблони при обработке беномилом.

десятый день снова увеличивается на 0,008 отн. ед. по сравнению с необработанными зараженными листьями.

Изменение динамики процесса дыхания в листьях яблони под влиянием препарата беномила показано на рис. 3.

В опытах, проведенных в 1972 году, применение беномила на второй день после обработки вызвало повышение интенсивности дыхания в здоровых листьях на 1,9 мг % по сравнению с той в необработанных листьях. Через 6 дней после обработки интенсивность дыхательного процесса понижается на 1,4 мг % и в последующие дни до 10-го дня снова повышалась. Влияние препарата на интенсивность дыхания в здоровых и зараженных паршой листьях в течение 6 дней было аналогично. На 10-ый день интенсивность дыхания в зараженных листьях, обработанных беномилом, была несколько ниже интенсивности дыхания в зараженных и здотовых листьях, необработанных препаратом. Аналогичные результаты получены из анализа листьев, взятых для опыта, проведенного в 1973 году.

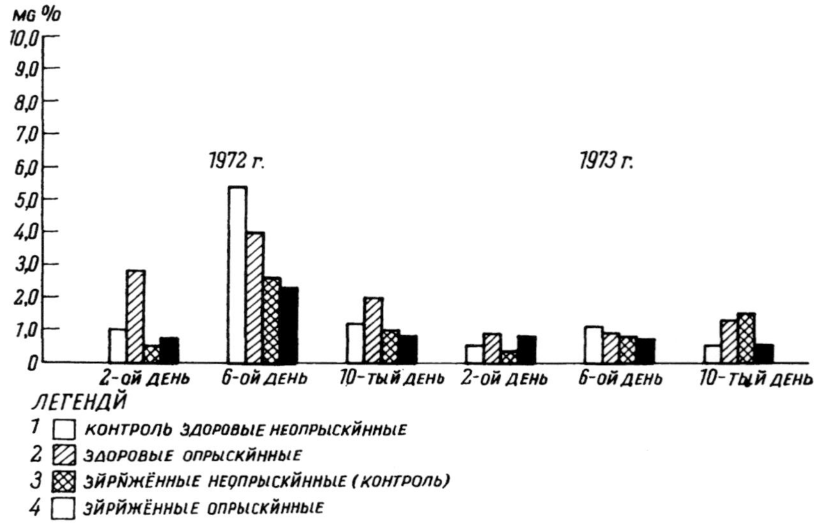

Рис. 3. Интензивность дыхания листьев при обработке беномилом.

Нашими исследованиями установлено, что листья, зараженные конидиоспорами *V. inaequalis* обладали пониженной интенсивностью дыхательного процесса по сравнению со здоровыми листьями. В литературе указывается на то, что интенсивность дыхания в растении обыкновенно повышается при поражении паразитными грибами, которое в значительно большей степени встречается у чувствительных сортов (5). Нашими опытами установлено, что под влиянием беномила на зараженных паршой листьях яблони интенсивность процесса дыхания понижается на 6-ой и 10-ый день еще больше, чем в необработанных препаратом зараженных листьях. Такое дополнительное понижение не может не создать неблагоприятных условий для дальнейшего развития заражения растений конидиоспорами гриба *Venturia inaequalis*.
Исследование, касающееся воздействия беномила на содержание витамина ‚C‘ в вегетативной массе листьев яблони, также дает основание считать, что препарат влияет на обмен веществ в комплексе растение-паразит.

Результаты влияния беномила на содержание витамина ,C' в здоровых и зараженных паршой листьях, обработанных препаратом беномил, показаны на рис. 4.

При анализе здоровых листьев, взятых для опыта в 1972 году, отмечено уменьшение витамина ,C' на второй день после последнего опрыскивания беномилом по сравнению со здоровыми необработанными листьями и значительное увеличение на шестой и десятый день соответственно на 20 мг % и 35 мг % выше количества витамина ,C' в необработанных здоровых листьях.

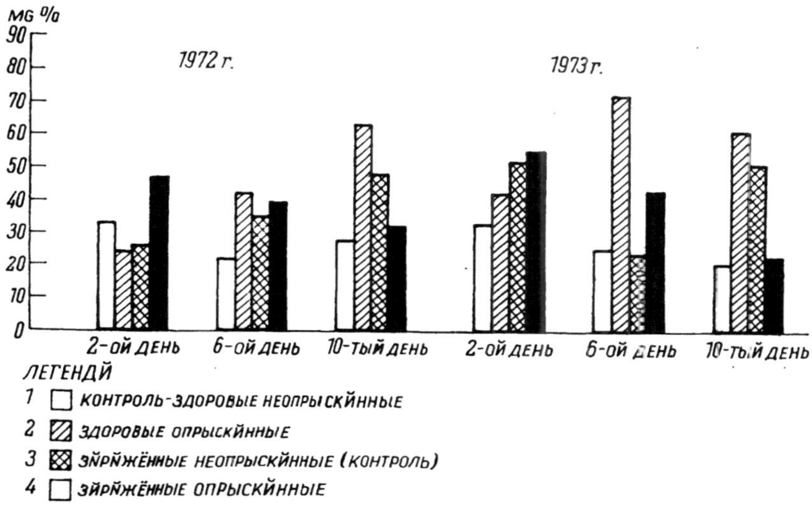

Рис. 4. Содержание витамина C в листьях яблони при обработке беномилом.

В листьях из опыта в 1973 году на незараженных и обработанных беномилом, количество витамина ,C' еще на второй день значительно увеличивается и остается повышенным до десятого дня опыта.

В листьях, зараженных паршой и обработанных беномилом, в оба года проведения опыта было отмечено увеличение количества витамина ,C' в первые шесть дней после проведения последнего опрыскивания их беномилом по сравнению со здоровыми и зараженными листьями, необработанными препаратом. На десятый день после последнего опрыскивания яблони на листьях с проявившимися признаками инфекции *Venturia inaequalis* количество витамина ,C' понижается и приближается к уровню витамина ,C' в здоровых листьях.

Изменения окислительно-восстановительных процессов в листовой массе деревьев яблони под влиянием препарата беномил с одной стороны в здоровых листьях и, с другой — в зараженных паршой листьях может создать барьер в заражении и распространении в листьях яблони *Venturia inaequalis*.

Кроме того, применение беномила на листьях яблони, зараженных паршой, показывает тенденцию к восстановлению интенсивности дыхания и содержания витамина ‚С' до уровня этих процессов в здоровых незараженных *Venturia inaequalis* листьях яблони. Это указывает на то, что препарат беномил повышает защитную способность растений.

Литература

(1) Бояркин, А. Н.: Биохимия, 16, вып. 4. (1951).
(2) Ермаков, А. И., В. В. Арасипович, М. И Смирнова-Иконникова и И. К. Мурри: М. (1952).
(3) Нилова. В. П. и Э. Н. Ксендзова: Химия в сельском хозяйстве **4**, 30—33, (1966).
(4) Сказкин, Ф., Д. Е. Ловчиновская, Т. А. Красносельская, М. С. Миллер и В. В. Аникиев: М. (1953).
(5) Рубин, Б. А.: Агробиология **16**, 894 (1959).
(6) Byrde, R. I., C. W. Harper and B. M. Holgate: Rep. agric. hort. Res. Stat. Univ. Bristol, 146—152 (1968).
(7) Bourdin, J., J. P. Douchet and J. Thiolliere: Phytiat. Phytopharm., **18**, 15—21 (1969).
(8) Wicks, J. T., and I. W. Moller: Exp. Res. **5**, 25—27 (1970).
(9) Pripio, Z.: Biljna Zastita: **15**, 58—61 (1971).
(10) Fuchs, A., A. L. Homans and F. W. de Vries: Phytopathol. Z. **69**, 330—343 (1970).
(11) Stover, R. A.: Plant Dis. Rept. **53**, 830—833 (1969).

Влияние некоторых системно-действующих фунгицидов на содержание сухого вещества, кислот, сахаров и витамина ‚С' в плодах яблони

К. С. Коцев

ЦНИРД „ОРГАХИМ" — Руссе, Болгария

В странах с современным сельским хозяйством все более широкое применение находят фунгицидные препараты для борьбы с грибными заболеваниями разных сельско-хозяйственных культур. Так как обработанная продукция используется прежде всего как пища в свежем или переработанном состоянии, интерес представляет исследовать те изменения, которые наступают в растениях и плодах в результате воздействия этих веществ.

В отношении контактных фунгицидов в литературе можно найти много исследований. Установлено, что серосодержащие препараты усиливают, а системные подавляют дыхание в листьях яблони (6). Дитиокарбаматные фунгициды не оказывают влияния на дыхательные процсссы при абрикосах, персиках и пр. (1). Пероцин 75-Б и Антракол в период нарастания усиливают процесс дыхания, а после окончания роста листьев уменьшается (3). Пероксидазная активность в листьях абрикосов уменьшается под действием дитиокарбаматных фунгицидов (2). Пероцин 75-Б, Антракол и ЕЛ-273 ингибируют пероксидазную активность в листьях растений, содержание каталазы уменьшается (6). Бенлейт, фундазол и метилтопсин не оказывают влияния на дыхательный процесс у груши, в то же время как делон и бавистин проявляют в небольшой мере торможение этих процессов (4).

В Болгарии сделаны исследования в отношении эффективности системнодействующих фунгицидов. Основные исследования однако проведены в отношении одной из самых важных в хозяйственном отношении болезни — *Podosphaera leucotricha*.

Вопрос об эффективности этих препаратов не является обвектом настоящей работы. Но целесообразно сообщить, что вышеуказанные препараты в условиях НРБ эффективны против *Podosphaera leucotricha* не как хемотерапевты, а с преобладающим защитным действием.

В наших условиях, по своей эффективности против *Podosphaera leucotricha* болгарский препарат Тиозол-80 не уступает системнодействующим фунгицидам. Несмотря на то, мы ставили перед собой целью изучить влияние некоторых системных фунгицидов на содержание основных, определяющих качества плодов показателей, как: сухое вещество, вода, органические кислоты, сахары, витамин ‚С'. В Болгарии исследования этого характера не опубликованы.

Материал и методика

Опыт заложен на опытном поле ВССИ ,,В. Коларов" — Пловдив. В качестве экспериментального материала использовали яблони сорта ,,Красный делишес" (насаждению, сформированному как палмета, было 9 лет). На этом сорте мы остановились по следующим соображениям:

1. Он является одним из основных сортов массового производства в нашей стране.
2. Этот сорт является обьектом нападения одновременно двух болезней (*Venturia inaequalis* и *Podosphaera leucotricha*), против которых одновременно действуют системные фунгициды.

Определено содержание сухого вещества, воды, органических кислот, сахаров и витамина ,,С" в плодах, обработанных следующими системными фунгицидами:

1. Бенлейт-50 [метил-1-(бутилкарбамоил)-2-бензимидазолкарбамат], в концентрации 0,08% (по препарату), производство фирмы Du Pont;
2. Метил-топсин-70 [1,2-бис(3-метоксикарбонил-2-тиуреидо) бензол], в концентрации 0,06% (по препарату), производство фирмы Nippon Soda Ltd.;
3. Бавистин [N-тридецил-2,6-диметил-морфолин], в концентрации 0,05% (по препарату), производство фирмы BASF;
4. Фундазол [метил-1-(бутилкарбамоил)-2-бензимидазолкарбамат], в концентрации 0,08% (по препарату), производство фирмы Chinoin;
5. Тиозол-80, смачивающая сера, в концентрации 0,8% (по препарату). Этот препарат мы использовали для сравнения, так как в условиях НРБ применяется в широком масштабе для борьбы против *Venturia inaequalis* и *Podosphaera leucotricha*.
6. Контроль — необработанная.

Во время вегетационного периода провели пять опрыскиваний вышеуказанными фунгицидами, при норме расхода 10 литров рабочего раствора на дерево. Первое опрыскивание провели 9 мая, второе — 18 мая, третье — 31 мая, четвертое — 11 июня и пятое — 18 июня.

Пробы отбирали при полной спелости плодов — 19 сентябре, при этом с каждого варианта (3 дерева с различным положением короны) брали по 40 плодов. Сохранение провели в обычном фруктохранилище, при средней температуре 5—7 °С. Анализы провели три месяца после уборки урожая — 23 декабря 1973 г., когда наступает массовая консумация плодов с фруктохранилищ.

Определение отдельных показателей были проведены по опубликованным для этой цели методики (7). Сухое вещество определяли весовым методом, сушкой при 80 °С до постоянного веса. Общие сахары определяли титриметрическим методом Бертрама, после гидролиза соляной кислотой. Витамин ,С' определяли методом Мури, который основан на редукционных свойствах аскорбиновой кислоты. Голубой краситель 2,6-дихлорфенол-индофенол воостанавливается до бесцветного соединения экстрактом растений, содержащих аскорбиновую кислоту. Органические кислоты определяли прямым титрованием 0,01 н едкой щелочи, пересчитая на яблочную кислоту.

Каждое определение было проведено в четырех повторностях. При этом получились результаты с несущественными разницами между собой. В таблице отражены средние данные:

В приложенной таблице можно увидеть следующее:

1. Содержание сухого вещества в плодах, обработанных системными фунгицидами — бенлейтом, метилтопсином и бавистином — было одинаковым между собой и с контактным фунгицидом Тиозолом-80. В этом отношении исключение составляет фундазол, при применении которого обнаруживается сравнительно меньшее содержание сухого вещества.

Таблица

Содержание сухого вещества, воды, кислот, сахаров и витамина С в плодах, обработанных с некоторыми системными фунгицидами

Препараты	сухое вещество		Вода		Кислоты		Сахаров %	Витамин С мг %
	%	разница в % от контроли	%	разница в % от контроли	%	разница в % от контроли		
Бенлейт 0,08%	20,14	−21,0	79,86	+7,32	0,19	0	12,88	8
Метилтопсин 0,06%	19,55	−23,3	80,45	+8,09	0,17	−10,1	12,76	9
Бавистин 0,05%	20,90	−18,2	79,10	+6,22	0,17	−10,1	12,68	8
Фундазол 0,08%	18,40	−27,7	81,60	+9,58	0,17	−10,1	11,68	8
Тиозол-80 0,8%	20,42	−19,8	78,16	+4,96	0,19	±0	12,91	8
Контроль (необработанная)	25,54	±0	74,46	±0	0,19	±0	12,76	8

В сравнении с контролем, как видно из данных в таблице, содержание сухого вещества понизилось. Это снижение по нашему мнению имеет значение, в особенности для плодов, предназначенных для сушки, переработки в конфитюр и концентраты.

2. Содержание таких органических кислот, как яблочная кислота, в плодах, обработанных метилтопсином, бавистином и фундазолом, ниже, чем в обработанных тиозолом плодах и в контроле, в то время как в обработанных бенлейтом выравнивается с ними.

3. Содержание сахаров в обработанных плодах одинаково как при обработке тиозолом, так и в контроле, за исключением фундазола, при применении которого содержание сахаров немного ниже.

4. Содержание витамина ‚С' в обработанных плодах одинаково с содержанием витамина ‚С' в плодах, обработанных тиозолом, и в контроле, за исключением метилтопсина, при применении которого содержание витамина ‚С' выше, чем при применении остальных препаратов.

Выводы

1. Препараты бенлейт, метилтопсин, бавистин, фундазол и тиозол-80 уменьшают содержание сухого вещества в плодах яблони сорта ,,Красный делишес'', обработанных для борьбы против *Venturia inaequalis* и *Podosphaera leucotricha*.

   Самое большое уменьшение наблюдается при применении фундазола. Это уменьшение сухого вещества снижает качество при хранении плодов, предназначенных для ипользования в свежем состоянии. Но по нашему мнению оно приобретает особое значение для плодов, предназначенных для переработки.
2. Препараты метилтопсин, бавистин и фундазол уменьшают содержание яблочной кислоты в обработанных плодах, по сравнению с тиозолом и контролем, в то время как бенлейт по своему действию выравнивается с ними.
3. Препараты метилтопсин бавистин и фундазол не уменьшают содержание сахаров в обработанных плодах. Небольшое уменьшение обнаруживается при применении фундазола.
4. Испытуемые препараты не оказывают влияния на содержание витамина ‚C' в обработанных ними плодах. Обработка метилтопсином повышает содержание витамина ‚C'.
5. В целом полученные результаты дают нам основнаие считать, что исследуемые препараты снижают в известной мере качества плодов при хранении.

Литература

(1) Каров, Ст.: Научни трудове, Лозарство и овощарство, ВСИ ,,В. Коларов'' Пловдив, т. **XX**, 107—112 (1971—1973).

(2) Каров, Ст.: Научни трудове, Лозарство и овощарство ВСИ ,,В. Коларов'', т. **XX**, 113—117 (1971—1973).

(3) Котецов, П., и К. Коцев: Градинарски и лозарски науку, АСН **7**, 965 (1972).

(4) Котецов, П.: Научни трудове, Лозарство и овощарство ВСИ ,,В. Коларов'' Пловдив, т. **XXII** (1973—1975).

(5) Гуркова, Н.: Дыхание растений, Москва, 1963.

(6) Cristeva, M., and K. Cristev: Symposium on "Plant-parasite relations", Budapest, 1972.

(7) Ермаков, А: Биохимическое руководство для исследования растений, Колос, Москва, 1972.

Zu einigen Fragen der Mobilität von Fungiziden

F. JACOB

Sektion Biowissenschaften der Martin-Luther-Universität
Halle—Wittenberg, DDR

Der systemische Charakter eines Fungizids wie auch anderer Pflanzenschutzmittel wird in dem Tatbestand gesehen, daß unter dem Einfluß eines aufgenommenen Wirkstoffes auch außerhalb des Aufnahmeortes an der Pflanze eine Wirkung erkennbar wird. Meist wird dabei auf den Transport eines Wirkstoffes in der Pflanze geschlossen. WAIN und CARTER (17) wiesen in der Monographie von TORGESON aber bereits darauf hin, daß die systemische Aktivität nicht in jedem Falle einen Translokationsnachweis darstellt. Es könnten z. B. die Produkte eines durch Wirkstoffaufnahme veränderten Stoffwechsels die Fernwirkung innerhalb der Pflanze verursachen. Andererseits wird die Mobilität eines nach der Translokation inaktivierten Wirkstoffes unerkannt bleiben. Beide Fälle mögen Ausnahmen sein und nicht eigentlich systemische Substanzen betreffen. Sie sollen jedoch verdeutlichen, daß in den folgenden Ausführungen nicht die systemische Wirksamkeit, sondern die Frage der Mobilität im Vordergrund stehen soll.

Mit dem Begriff „Mobilität" bezeichnen wir die Eigenschaften einer Substanz, in Pflanzen aufgenommen und transportiert zu werden. Eine Analyse des Mobilitätsverhaltens der heute im Einsatz befindlichen Pestizide dient in erster Linie der Aufklärung der chemischen bzw. physikochemischen Voraussetzungen zur Mobilität mit dem noch fernen Ziel einer gerichteten Synthese von Wirkstoffen mit bestimmten Mobilitätseigenschaften.

Die Aufnahme der Wirkstoffe in pflanzliche Zellen und Gewebe erfolgt mit sehr unterschiedlicher Schnelligkeit, wobei die mehr oder weniger dichte Kutikular-Barriere der Sproßorgane einen stärkeren Widerstand bieten kann, insbesondere, wenn es sich um sehr große Moleküle handelt. Trotz dieser anatomisch bedingten Unterschiede bei der Stoffaufnahme von Sproß und Wurzel, die in Abhängigkeit von Artunterschieden und Entwicklungsalter noch stark variieren können, scheint es keinen prinzipiellen Ausschluß von der Aufnahme für Substanzen geeigneter Größe zu geben. Von dem nach der Aufnahme erfolgenden Ferntransport innerhalb der Pflanze ist aber ein bedeutender Teil der xenobiontischen Stoffe ausgeschlossen. Wir wissen noch sehr wenig über die Art der Bindung in den Zellen, der diese Substanzen als Metabolite oder Konjugate unterliegen. Schließlich kann aber auch eine Adsorption an den Wand- oder äußeren Membranflächen des freien Raumes eintreten, die eine Substanz amobil sein lassen im Gegensatz zu den mobilen. Bekannt ist, daß sehr stark lipophile Substanzen häufig amobil sind. Über eine starke Adsorption quaternärer N-Verbindungen im Apoplasten berichteten EDGINGTON und DIEMOND (7).

Bekanntlich kann der Ferntransport in der Pflanze entweder mit dem Strom des Xylemwassers erfolgen oder mit den Assimilaten im Phloem. Den ersteren Weg bezeichnet man auch als apoplastisch, obwohl für die betreffenden Substanzen in der Endodermis und auch im Xylemparenchym eine symplastische Passage angenommen werden muß, den letzteren Weg als symplastisch. Was wissen wir über die Voraussetzungen, die bei den verschiedenen Substanzen für deren Phloem- oder Xylemmobilität gegeben sein müssen? Es gibt nur wenige Ansätze, und die Analyse der Fungizide konnte bisher wenig dazu beitragen, weil es keine gut phloemmobilen Substanzen bei dieser Pestizid-Gruppe zu geben scheint (2). Wieweit der von NOVEROSKE (13) neu vorgestellte Wirkstoff Dowco 269 eine erste Ausnahme ist, bleibt abzuwarten.

Die Eigenschaft einer Substanz, phloemmobil zu sein, wird vermutlich nicht so sehr in einer spezifischen Anpassung an den Transportvorgang in den Siebröhren, als in der Eignung für den offenbar aktiven Beladungsvorgang der Siebröhren zu sehen sein (1). Vermutlich werden alle Substanzen, denen es gelingt, in die Siebröhren zu gelangen, in ihnen zu den sink-Orten der Assimilate transportiert werden, solange diese Substanzen den Transportmechanismus nicht stören. Wir wissen von dem Ca-Ion, daß es natürlicherweise nie im Phloemsaft gefunden wurde, durch künstlich geschaffene hohe Konzentration in der Umgebung von Siebröhren aber dort hineingelangen und transportiert werden kann (18, 20). Dieser Befund könnte vielleicht auch für eine analoge Erklärung von Feststellungen dienen, wonach bei Applikation von xylemmobilen Substanzen gelegentlich eine gewisse Phloemmobilität gefunden wurde, zumindest, wenn mit sehr hohen Dosen gearbeitet wurde. Daran aber die Hoffnung knüpfen zu wollen, daß es gelingen wird, jede erwünschte Substanz in einem für die praktischen Belange interessanten Umfang dem Phloem aufnötigen zu können, erscheint unrealistisch.

Da die Beladung der Siebröhren mit phloemmobilen Substanzen sehr unterschiedlicher chemischer Gesamtstruktur erfolgt, erschien es sinnvoll, nach Merkmalen ihres Aufbaues zu suchen, die allen phloemmobilen xenobiontischen Stoffen gemeinsam sind. Besonders aussichtsreich erschien das bei den Herbiziden, da zu dieser Wirkstoffgruppe eine größere Zahl phloemmobiler Substanzen gehört. Eine derartige Analyse mobiler Herbizide ergab, daß das Merkmal „phloemmobil“ weder mit der Löslichkeit in Wasser, der Stärke des Abbaues in der Pflanze, noch mit der Anwesenheit von Halogensubstituenten, Carbamat-, Thiocarbamat-, Harnstoff- oder Methylgruppen, korreliert ist, wie auch einiger weiterer Substituenten. Sehr deutlich war jedoch das Auftreten einer freien Karboxylgruppe im wesentlichen auf die phloem- und ambimobilen Herbizide beschränkt (9). Zu dieser Gruppe von Herbiziden gehören aliphatische, aromatische und heterozyklische Stoffe. Für die Beurteilung des Mobilitätsverhaltens wurden nur Ergebnisse der Translokation verwendet, die nach Gabe an intakte Blätter oder Wurzeln erzielt wurden. Alle anderen Fütterungsarten erscheinen ungeeignet.

Eine gewisse Bestätigung unserer für Herbizide getroffenen Feststellungen konnte bei dem Mobilitätsverhalten von Wachstumsregulatoren gefunden werden. Hier stehen diejenigen mit guter Phloemmobilität und dem Besitz einer freien Karboxylgruppe wie IES, Gibberellinsäure, Morphaktin und Alar denjenigen mit fehlender oder zumindest sehr geringer Phloembeweglichkeit ohne Karboxylgruppe gegenüber wie Kinetin, Amo 1618 und CCC. Erst kürzlich erfuhren wir schließlich von einer Mitteilung von CRISP auf dem JUPAC-Kongreß über Pesticide-Chemistry in Israel 1972, daß nach seinen Ermittlungen die Verteilung von Insektiziden in der Pflanze zwar vorrangig auf apoplastischem Wege erfolgt, daß aber in den Fällen ein Eintritt und Transport im Symplasten möglich wird, wenn das Molekül eine Karboxylgruppe besitzt.

Wenn sich so die Meinung verdichtet hat, daß eine Karboxylgruppe eine wichtige Voraussetzung für die Phloemmobilität xenobiontischer Substanzen darstellt, so genügt dieses Merkmal allein jedoch sicherlich nicht, um eine beliebige organische Substanz mobil und phloemmobil werden zu lassen. Bei vielen Insektiziden dürfte einer Phloemmobilität auch die Tatsache im Wege stehen, daß die nur schwer oder nicht von der Pflanzenzelle hydrolysierbaren Phosphorsäureester der xenobiontischen Substanzen offenbar nicht in das Phloem gelangen können im Gegensatz zur Phosphorsäure selbst und ihren nativen Estern (15, 19). Der größte Teil der systemischen Insektizide (80% in der Übersicht von PERKOW (14)) sind aber Ester der Phosphorsäure. Unter den systemischen, mobilen Fungiziden ist Triamphos ein Abkömmling der Phosphorsäure, dessen Transport wie zu erwarten im Xylem erfolgt (11).

Wo finden wir aber bei Fungiziden freie Karboxylgruppen als möglichen Hinweis für eine Phloemmobilität. Als ein Hinweis in dieser Richtung kommen CROWDY und PRAUER (4) bereits zu der Feststellung, daß nur neutrale oder saure Antibiotica leicht transportiert werden. In dem schon zitierten Verzeichnis von PERKOW (14) finden wir Karboxylgruppen bei den Fungiziden Dodemoph, Dodine und Glyodin, die aber alle drei schwach- oder nichtsystemisch sind, vermutlich nur sehr wenig in die Zelle aufgenommen und wenig transportiert werden. Die Ursache dafür ist wohl in der erheblichen Molekülgröße zu sehen: bei Dodemorph ein Cyclododecyl-Ring (12 C), beim Dodine eine ebenso lange Kette und beim Glyodin eine Heptadecyl-Kette (17 C). Bei Dodine konnte CURRY (5) mit einem ^{14}C-markierten Präparat, das er auf Apfelblätter applizierte, keinen nennenswerten Transport feststellen, und in den Untersuchungen von SOLEL und EDGINGTON (16) über das Kutikula-Durchdringungsvermögen von Fungiziden vermochte Dodine in der Versuchszeit von 2 bis 3 Tagen die Kutikula der Apfelblatt-Oberseite gar nicht und die der Unterseite nur in Spuren zu durchdringen. Bei derartig großen Molekülen wird aber ein weiteres Problem für die erwünschte Entwicklung phloemmobiler Fungizide erkennbar. Die hierfür geeigneten Verbindungen dürfen eine Molekülgröße nicht überschreiten, welche ein Durchdringen der Kutikular- und Außenwandschichten verhindern würde. Diese enge Grenze ist bei den durch Wurzeln aufzunehmenden Substanzen aber nicht gesetzt (8). Eine Applikation phloemmobiler Substanzen an die Wurzeln führt zu deren Akkumulation in den wachsenden Wurzelspitzen, nicht aber zur systemischen Verteilung in der ganzen Pflanze. So könnte Dodine eine ambimobile Substanz sein, die über das Blatt nicht eindringen kann, bei deren systemischer Wirkung nach Wurzelapplikation aber nur der apoplastisch wandernde Anteil erkennbar wird.

Schließlich wäre die Frage zu stellen, ob Fungizide mit Karboxylgruppen, die mit Äthyl- oder Methylalkohol verestert sind, durch zelleigene Esterasen zu freien Karboxylresten und damit zur Phloemmobilität kommen könnten. Für eine solche Möglichkeit würden sich z. B. Benomyl und Thiophanat anbieten. Wie auch bei analogen, herbiziden Substanzen vermögen die Zellen aber derartige Ester nicht zu hydrolysieren. So ist von Thiophanat als ein Haupt-Metabolit die Verbindung 2-(äthoxycarbonyl-amino)-benzimidazol gefunden worden (14), d. h. beim Abbau erfolgte keine Hydrolyse der Ester. Erfolgt jedoch eine Hydrolyse, so tritt gleich anschließend eine Dekarboxylierung ein, wie es beim Abbau des Benomyl über die Isocyansäureverbindung zum Amin gefunden wurde.

Bei unserer Betrachtung haben wir die Rolle des Abbaues der Fungizide in der Pflanze und die dabei mögliche Bildung von mobilen Metaboliten oder Konjugaten nicht mit einbezogen. Fruchtbare Ansätze für eine weitere Prüfung der Rolle von Karboxylgruppen für die Phloemmobilität dürften hier jedoch zu finden sein. Bei den Dithiocarbamaten konnte der Metabolismus recht weit aufgeklärt werden (6). Hier wäre evtl. das Mobilitätsverhalten des von Kaslander et al. (10) festgestellten Alanin-Konjugates interessant. Bei dem Abbau des ambimobilen, nichtcarboxylhaltigen Herbizids Amitrol in der Pflanze entstehen (12) u. a. ebenfalls Amino-triazolyl-Verbindungen mit Alanin, Glycin und Serin. Es erscheint nicht völlig ausgeschlossen, daß derartige Verbindungen an der phloemmobilen Fraktion des Amitrol beteiligt sind. Die Frage ist offen, und eigene Erfahrungen über die Mobilität von Aminosäuren lassen gerade bei dieser Gruppe wenig präzise Voraussagen machen. Generell sei jedoch die Empfehlung ausgesprochen, das Mobilitätsverhalten von Metaboliten mit Säurenatur stärker zu beachten.

Als Folgerung aus dem Gesagten kann festgestellt werden:

- Die Eigenschaft, phloemmobil zu sein, bedeutet für diese Substanz, in die Zelle eindringen zu können und Zugang zu der Beladungsreaktion der Siebröhren zu haben.
- Für diese Beladungsreaktion ist der Besitz einer freien Karboxylgruppe offenbar förderlich.
- Ein Einsatz phloemmobiler Fungizide dürfte im allgemeinen nur über den Sproß sinnvoll sein.
- Wegen des Penetrationswiderstandes der Kutikular- und Außenwandschichten setzt das eine begrenzte Größe des Moleküls und damit seines Informationsgehaltes voraus.
- Eine Wurzelapplikation von phloemmobilen Substanzen könnte in dem speziellen Fall von Interesse sein, wenn nach deren Akkumulation in der Wurzel ein langsamer Abbau xylemmobile fungizide Substanzen freisetzt.
- Als ein Vorteil phloemmobiler Fungizide kann erwartet werden, daß sie an Orten der Pilzinfektion, die einen sink für Nährstoffe darstellen, ebenfalls akkumuliert werden.

Literatur

(1) BARRIER, G. E., and W. E. LOOMIS: Plant Physiol. **32**, 225–231 (1957).

(2) CRAFTS, A. S., and C. A. CRISP: Phloem Transport in Plants, Freeman and Comp., San Francisco (1971).

(3) CRISP, C. E.: Proceedings of the Second International JUPAC Congress of Pesticide Chemistry, Vol. 1, 211–264 (1972).

(4) CROWDY, S. H., and D. PRAMER: Chem. a. Ind. (London), 160–162 (1955).

(5) CURRY, A. N.: J. Agric. Food Chem. **10**, 13–17 (1962).

(6) DEKHUIJZEN, H. M.: Neth. J. Plant Pathol. **70**, Suppl. 1, 1–75 (1964).

(7) EDGINGTON, L. V., and A. E. DIEMOND: Phytopathology **54**, 1193–1197 (1964).

(8) FRANKE, W.: Ann. Rev. Plant Physiol. **18**, 281–300 (1967).

(9) JACOB, F., ST. NEUMANN und U. STROBEL: "Transactions of the 3 rd Symposium on Accumulation and Translocation of Nutrients and Regulators in Plant Organisms" in Proceed. Res. Inst. Pomology Skierniewice **3**, 315–330 (1973).

(10) KASLANDER, J., KAARS, SIJPESTEIJN, A. and G. J. M. VAN DER KERK: Biochim. Biophys. Acta **52**, 396–397 (1961).

(11) KOOPMANS, M. J.: Mededel. Landbouwhogeschool Opzoekingsta. Staat Gent **25**, 1221 bis 1226 (1960).

(12) MILLER, CH. S., and W. C. HALL: J. Agric. and Food Chem. **9**, 210–212 (1961).

(13) NOVEROSKE, R. L.: Abstracts of Intern. Congress Plant Pathol. (1973).

(14) PERKOW, W.: Wirksubstanzen der Pflanzenschutz- und Schädlingsbekämpfungsmittel, Parey-Verlag Berlin (1971).

(15) SCHILLING, G., W. RÖMER, und N. ALLAM: Festschrift 25 Jahre Landw. Fak. Univ. Halle, 263–285 (1972).

(16) SOLEL, Z., and L. V. EDGINGTON: Phytopathology **63**, 505–510 (1973).

(17) WAIN, R. L., and G. A. CARTER: Fungicides, Vol. 1, edit. D. C. Torgeson, Academic Press, 561–611 (1967).

(18) WIERSUM, L. K., C. A. VONK and P. M. L. TAMMES: Naturw. **58**, 99 (1971).

(19) WURL, G.: Diss. Jena (1967).

(20) ZIEGLER, H.: Fortschr. d. Botanik **33**, 63–84 (1971).

Der Transport des Aureofungins in der höheren Pflanze

F. Jacob und G. Schluttig

Sektion Biowissenschaften der Martin-Luther-Universität
Halle—Wittenberg, DDR

Die polyenen Antibiotica zeichnen sich im Einsatz gegen pilzliche Krankheitserreger durch hohe Fungitoxizität bei geringer Phytotoxizität aus (7). Ihre chemische Instabilität hat aber bisher nicht zu einer breiten Anwendung im Pflanzenschutz geführt (2). Größere Erwartungen knüpften sich auch an erste Berichte, wonach es sich um gut mobile und vor allem phloemmobile Verbindungen handeln würde. Das betraf insbesondere das Aureofungin, ein zu den Makroliden gehörendes polyenes Antibioticum, welches nach der Anzahl der konjugierten Doppelbindungen im Laktonring zu den Heptaenen zu zählen ist.
Es war das Ziel der vorliegenden Studien zu klären, ob das Aureofungin auch nach einer Tritiierung (nach Wilsbach) seine mit der Fungitoxizität verbundenen chemischen Eigenschaften behält und in welchem Umfang das radioaktive Präparat über Blatt und Wurzel in Pflanzen aufgenommen und transportiert wird.

Das tritiierte Aureofungin-Präparat

Den Literaturangaben folgend (1) verwendeten wir für die wasserunlösliche Substanz 60%iges Isopropanol als Lösungsmittel, nachdem Lösungsversuche in einer Reihe für die Pflanze geeigneter erscheinender Lösungsmittel fehlgeschlagen waren. Das Aureofungin-Präparat stammte von Hindustan-Antibiotic. Ltd. (Indien). Die Tritiierung übernahm das Zentralinstitut für Kernforschung, Rossendorf. Die Reinigung der Substanzen und die Feststellung der Identität von markierter und unmarkierter Substanz erfolgte mit Dünnschichtchromatographie (Kieselgel-G von Merck, Darmstadt, auf den Platten bei 120°C aktiviert. Als Laufmittel diente 70%iges Isopropanol.

In Übereinstimmung mit den Angaben von Deshpande (3) besteht das Aureofungin aus zwei Komponenten, wovon die größere von beiden nicht weit über dem Startpunkt zu finden ist. Die nichtmarkierte Substanz wurde durch konzentrierte Schwefelsäure nachgewiesen. Die entsprechenden blauen Flecke auf dem Dünnschichtchromatogramm stimmten mit dem Sitz der radioaktiven Substanz im Vergleichschromatogramm überein, das mit einem Dünnschichtscanner abgetastet wurde. Es war damit erwiesen, daß der Tritiierungsprozeß die empfindliche Substanz nicht grundlegend zu verändern vermochte. Daß jedoch ein Teil der chromophoren Doppelbindungen gesprengt und die Moleküle dort vermutlich hydriert wurden, ließ sich auf Grund der etwas helleren Gelbfärbung der Lösung des markierten Präparates gegenüber derjenigen der Ausgangssubstanz vermuten.

Die feste, tritiierte Substanz war braun verfärbt, ein eventueller Hinweis auf teilweise thermische Zersetzung.
Es interessierte aber besonders, ob das markierte Präparat seine fungizide Wirkung behalten hatte. Zur Testung wurde die Wachstumshemmung bei dem Hefepilz *Torulopsis utilis* ermittelt. Das tritiierte Präparat erwies sich als wirksam, wenn auch die fungizide Wirkung verringert war (Abb. 1). Für die Mobilitätsunter-

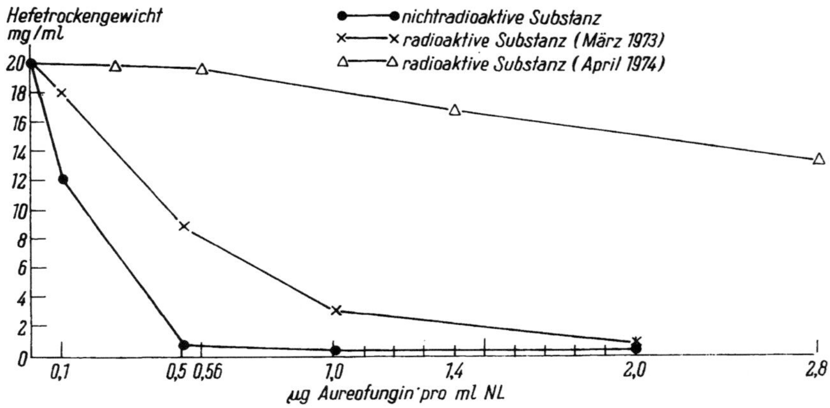

bb. 1. Wachstumshemmung von *Torulopsis utilis* durch Aureofungin, Kulturdauer 20 h.

suchungen stand somit ein markiertes, fungizides Präparat zur Verfügung. Es war nicht anzunehmen, daß die Verringerung der fungiziden Eigenschaften gleichzeitig das Mobilitätsverhalten der Moleküle entscheidend verändert haben würde. Wichtig ercheint jedoch hinzuzufügen, daß die feste radioaktiv markierte Substanz seit der Zeit dieser Feststellungen, d. h. vor etwa einem Jahr, weiterhin an fungizider Wirksamkeit verloren hat und jetzt kaum noch als wirksam bezeichnet werden kann. Offenbar hat sich das radioaktive Präparat, welches nicht an Bariumsulfat aufgezogen wurde, in dieser Zeit zerstrahlt. Auf einen weiteren Verlust von Doppelbindungen weist dabei die nur noch schwache Gelbfärbung der Lösung des Präparates hin. Die im Folgenden beschriebenen Versuche wurden mit dem fungiziden, markierten Präparat durchgeführt.

Methode der Aufnahme- und Transportversuche an ganzen Pflanzen

Die Versuchspflanze *Phaseolus vulgaris* wurde in einer Nährlösung nach Eschrich (4) in der Klimakammer herangezogen (18 bis 22 °C, 60 bis 80 % Luftfeuchtigkeit, 8 bis 10000 Lux, 16 Stunden Licht täglich). Im Alter von 17 bis 19 Tagen besaßen sie zwei vollständig entwickelte Primärblätter und wurden über ein Blatt oder über die Wurzel gefüttert. Die Blattfütterung erfolgte auf die Oberseite der unteren Blatthälfte, wobei ein Vaseline-Ring die Fütterungsfläche eingrenzte. Es wurden 0,1 ml der Aureofunginlösung aufgetragen mit einer Gesamtaktivität von 1,7 μC (= 5 μg Aureofungin). Die Pflanzen standen während der Versuchszeit im Klimaraum im Licht und in Dunkelheit. Danach erfolgte eine Zerlegung der Pflanze in ihre Teile, welche homogenisiert und in 70 %igem Äthanol mehrfach extrahiert wurden (Abb. 2). Die vereinigten Extrakte wurden eingedampft bei 55 °C, mit 5 ml Methanol aufgenommen und

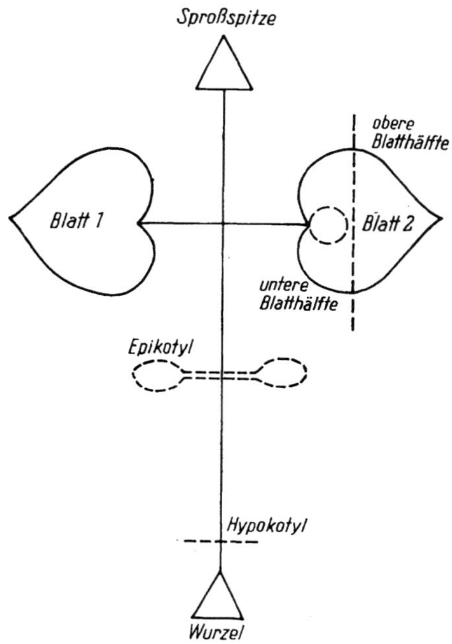

Abb. 2.

im Flüssigkeits-Scintillationszähler (Packard Tricarb) entsprechende Proben ausgezählt. Die meist grün gefärbte Lösung wurde durch UV-Licht vor dem Zählprozeß aufgehellt. Die Wurzelapplikation erfolgte in 50 ml Nährlösung, der 1 ml der radioaktiven Aureofunginlösung zugesetzt war. Es war jedoch zu prüfen, ob die angewandte Menge an Isopropanol von 1,2 % die Wurzeln schädigt. Als Kontrolle wurden Pflanzen mit radioaktivem 2,3-D gefüttert, wobei der Wirkstoff einmal in Wasser, zum anderen in einer 1%igen Isopropanollösung geboten wurde. Es ergaben sich keinerlei Unterschiede bei Aufnahme und Verteilung des uns gut bekannten Wirkstoffes, so daß wir die Isopropanolkonzentration von 1,2 % bedenkenlos einsetzten.

Ergebnisse der Mobilitätsversuche an ganzen Pflanzen

Die Zusammenstellung der Ergebnisse einer Blattfütterung zeigt in Dauerlicht und Dauerdunkel ein in gleichem Maße geringes Auswandern der radioaktiven Substanz (Abb. 3). 87 bis 95% der von der unteren Blatthälfte aufgenommenen radioaktiven Substanz wurden dort festgehalten. Die Applikationsorte waren vor der Aufarbeitung unter fließendem Leitungswasser abgespült worden, und den Vaselin-Ring auf den Blattflächen entfernten wir mit Zellstoff und Isopropanol durch vorsichtiges Abwischen. Die Auswanderung der Substanz erfolgte sowohl in die obere Blatthälfte, was ausschließlich einer Xylemmobilität

Pflanzenabschnitt	Dauerlicht				Dauerdunkel			
	Verteilungsmuster d. aufgen. radioaktiv. Substanz in %		Gehalt an ausgewanderter Substanz in %		Verteilungsmuster d. aufgen. radioaktiv. Substanz in %		Gehalt an ausgewanderter Substanz in %	
Spitze	0,51	1,17	10,66	9,19	0,85	0,25	9,58	2,16
Primärblatt ganz	0,54	2,03	11,24	15,97	0,74	0,41	8,37	3,49
Primärblatt untere Hälfte	95,17	87,30			91,12	88,37		
Primärblatt obere Hälfte	1,11	1,37	23,05	10,81	3,85	9,19	49,29	78,39
Epikotyl + Stiel	0,89	1,82	18,41	14,38	0,84	1,31	9,45	11,18
Hypokotyl	0,87	3,23	18,12	25,44	1,62	0,23	18,19	1,99
Wurzel	0,89	3,07	18,50	24,33	0,98	0,27	11,10	2,33

Abb. 3. Blattapplikation von ^{3}H-Aureofungin an *Phaseolus vulg.*-Pflanzen (24 h).

zuzuschreiben ist, als auch in den Blattstiel, das Epi- und Hypokotyl sowie in die Wurzel, was eine Phloemmobilität anzeigt. Die prozentuale Verteilung der ausgewanderten radioaktiven Substanz zeigt bei den Pflanzen in Dauerdunkel einen etwas größeren xylemmobilen Anteil (49% und 78%) als bei den Versuchspflanzen in Dauerlicht (23% und 11%). Ein vermutlich durch vermehrte Assimilatbildung in Dauerlicht begünstigter Phloemtransport kommt auch in dem höheren Gehalt an radioaktiver Substanz in den Wurzeln gegenüber den Dunkelkulturen zum Ausdruck. Da in der Tabelle nur Prozentwerte angegeben sind, soll nachgetragen werden, daß sich die Absolutwerte der Aufnahme, in Zerfällen pro Minute (dpm) gemessen, zwischen den Licht- und Dunkelkulturen nicht signifikant unterschieden.

Die Abbildung 4 zeigt die Verteilungsverhältnisse nach 24 Stunden Versuchsdauer. Der aus dem Fütterungsorgan, der Wurzel, heraustransportierte Anteil beträgt hier ebenfalls nur etwa 5%. Daß davon $^{2}/_{3}$ in den Blättern wiedergefunden würden, erscheint durchaus folgerichtig, da aus den Wurzeln heraus nur ein Xylemtransport in die Blätter deutlich erkennbar werden kann. Ein sicher ebenfalls vorhandener phloemmobiler Anteil würde wie üblich in den wachsenden Teilen der Wurzel festgehalten werden.

Außer an *Phaseolus*-Pflanzen wurde auch an Maispflanzen radioaktiv markiertes Aureofungin über Blatt und Wurzel gefüttert. Die in Nährlösung angezogenen Pflanzen besaßen ein voll entfaltetes Blatt, das zweite war halb entfaltet und wurde, wie auch die Sproßspitze, vor Versuchsbeginn abgeschnitten. So bleiben nach 24stündiger Versuchszeit von jeder Pflanze Blatt, Achse und Wurzel auf-

	Verteilungsmuster	
	der aufgen. radioakt. Substanz in %	der ausgewanderten radioakt. Substanz in %
Sproßspitze	0,4	7,9
Blatt 1	1,5	30,3
Blatt 2	1,7	33,7
Epikotyl	0,5	10,7
Hypokotyl	0,9	17,4
Wurzel	95,0	—

Abb. 4. Wurzelapplikation von ^{3}H-Aureofungin an *Phaseolus vulg.*-Pflanzen (24 h).

zuarbeiten. Als Vergleich erfolgte auch die Fütterung von Pflanzen mit der gut phloemmobilen 14-C Saccharose über das Blatt. Für jede Fütterungsart wurden 5 Pflanzen herangezogen. Sie standen während der Versuchsdurchführung in schwachem Dauerlicht (unter 20 Lux).

Die Ergebnisse in der Abbildung 5 lassen einen ähnlich schwachen Austransport nach Blatt- und nach Wurzelfütterung erkennen wie bei den *Phaseolus*-Pflanzen.

Pflanzen-abschnitt	Wurzelapplikation		Blattapplikation	
	Verteilungsmuster der aufgen. radioakt. Substanz in %	Gehalt der austransport. Substanz in %	Verteilungsmuster der aufgen. radioakt. Substanz in %	Gehalt der austransport. Substanz in %
Blatt	1,7	26,5	98,7	—
Stengel	5,3	73,5	0,5	38,9
Wurzel	93,0	—	0,8	61,1
gefüttertes				
Blatt	76,4	—		
Stengel	18,3	77,5		
Wurzel	5,3	22,5		

Abb. 5. Wurzel- und Blattapplikation von ^{3}H-Aureofungin sowie Blattapplikation von ^{14}C-Saccharose an *Zea mays*, 24 h-Aufnahme, Einblattpflanzen.

Er liegt im Falle der Blattfütterung weit unter dem nach Saccharosefütterung festgestellten Ausmaß. Durch den Vergleich mit *Zea mays* wurde deutlich, daß das ermittelte Transportverhalten des Aureofungin genereller Natur sein dürfte.
Die bisherigen Versuche zeigen, daß Aureofungin über Blätter und Wurzel aufgenommen wird, aber nur einem geringen Austransport unterliegt. Das Transportverhalten nach Blatt- und Wurzelfütterung weist die Substanz als schwach ambimobil aus. Die Lichtempfindlichkeit des Aureofungins wirkte sich auf das Verteilungsmuster blattgefütterter Phaseolus-Pflanzen in Licht und Dunkelheit nicht wesentlich aus.
Da wir weder die genaue Molekularstruktur, noch den Metabolismus des Aureofungins kennen, wurde mit den vorliegenden Ergebnissen natürlich kein Nachweis über die Art der gewanderten radioaktiven Substanzen geführt. Die Tatsache, daß das von uns eingesetzte Präparat fungitoxisch war, ließ uns auf das Vorliegen eines größeren Anteils unzerstörter Substanz schließen. Die ermittelte Auswanderung gibt aber nur die obere Grenze an, innerhalb der die Mobilität dieser Substanz erwartet werden kann. Nach unseren Versuchen kann Aureofungin folglich maximal die von uns festgestellte Mobilität besitzen.
Es wurden auch Versuche zur Reisolierung von Aureofungin aus gefütterten Pflanzen durchgeführt. Die Extraktion erfolgte mit 70%igem Äthanol. Trotz mehrfacher Fütterung unmarkierten Aureofungins an einzelne Blätter konnte nach 24 Stunden Versuchsdauer in den Extraktionspräparaten nur eine sehr geringe Wirksamkeit im Torulopsis-Test ermittelt werden. Nach Fütterung markierten Aureofungins zeigte das Scannogramm eines chromatographierten Extraktes nicht mehr die typischen zwei Gipfel, sondern eine Verteilung der Radioaktivität über die ganze Laufstrecke. Diese Befunde deuten darauf hin, daß Aureofungin einer sehr starken Bindung in dem Gewebe unterliegt und nicht unzerstört wiedergewonnen werden kann. Auch bei anderen Antibiotika wurde berichtet, daß sie aus gefütterten Pflanzen nicht wieder als wirksame Substanzen isoliert werden konnten (6).

Aufnahme in Phaseolus-Blattscheiben

Im letztgenannten Zusammenhang erschien es von Interesse, festzustellen, ob Aureofungin in Pflanzenzellen akkumuliert wird. Diese Frage suchten wir in Aufnahmeversuchen mit Blattscheiben von *Phaseolus vulgaris* zu klären. Gleichzeitig sollte dabei der Einfluß von Licht und Dunkelheit erneut überprüft werden.
Die Blattscheiben hatten einen Durchmesser von 14 mm und wurden auf einer Pufferlösung mit pH 5,9 nach Higinbotham et al. (5) mit der Blattoberseite nach unten schwimmend eine Stunde vorbehandelt. Anschließend kamen sie auf eine mit radioaktiver Aureofunginlösung versetzte Pufferlösung bei 25 °C. Zur Auswertung wurde der Gehalt an Aureofungin je Gramm Frischgewicht zu dem Gehalt des Fungizids je ml Lösungsmittel in Beziehung gesetzt. Die Versuchslösung

hatte einen Gehalt von 5 µg ^{3}H-Aureofungin pro ml. Die Abbildung 6 zeigt, daß bereits nach etwa 2 Stunden ein Gleichgewicht zwischen dem Gewebe und der Außenlösung besteht, nach 8 Stunden aber eine deutliche Akkumulation eingetreten ist. Es wird weiterhin deutlich, daß zwischen Licht und Dunkelversuchen kein signifikanter Unterschied besteht. Der Aufnahmeprozeß dürfte daher lichtunabhängig sein, was eine eventuell mögliche Beeinträchtigung der fungiziden Wirkung durch das Licht nicht ausschließt.

Versuchs-dauer in h	Dauerlicht			Dauerdunkel		
	µg Aureofungin pro g Frischgew.	Aufnahme in % des Angebotes	dpm pro g Blatt-frischgew.	µg Aureofungin pro g Frischgew.	Aufnahme in % des Angebotes	cpm pro g Blatt-frischgew.
0,25	1,70	34	$12{,}28 \times 10^5$	1,95	39	$14{,}08 \times 10^5$
0,5	2,43	48,6	$20{,}83 \times 10^5$	2,36	47,2	$17{,}60 \times 10^5$
1,0	3,30	66,0	$25{,}43 \times 10^5$	3,37	67,4	$26{,}15 \times 10^5$
2,0	4,89	97,8	$32{,}18 \times 10^5$	4,60	92,0	$32{,}69 \times 10^5$
4,0	6,23	124,2	$44{,}18 \times 10^5$	6,24	124,8	$44{,}25 \times 10^5$
8,0	8,63	172,2	$61{,}21 \times 10^5$	7,92	158,4	$56{,}18 \times 10^5$

Abb. 6. Aufnahme von ^{3}H-Aureofungin durch *Phaseolus vulg.*-Blattscheiben. Konzentration der Versuchslösung = 5 µg ^{3}H-Aureofungin/ml entsprach $35{,}6 \times 10^5$ dpm/ml.

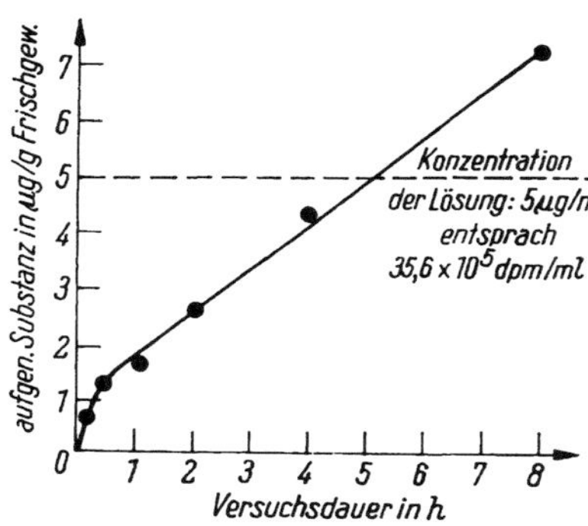

Versuchs-dauer in h	µg Aureofungin pro g Frisch-gewicht	Aufnahme in % des Angebotes
0,25	0,80	16,0
0,50	1,38	27,6
1,00	1,72	34,4
2,00	2,65	52,0
4,00	4,36	87,2
8,00	7,21	144,2

Abb. 7. Aufnahme von ^{3}H-Aureofungin durch *Phaseolus vulg.*-Blattscheiben (Scheiben nach Versuchsdauer von 14 auf 10 mm ∅ reduziert).

Bei der Blattscheibenmethode wird aber bemängelt, daß die Substanz zu einem Teil durch die Wundränder in die Blattscheiben eindringen kann und daher nur bedingt die Aufnahme in lebenden Zellen ermittelt wird. In einem weiteren Versuch wurden daher die Blattscheiben nach der Aureofungin-Aufnahme noch einmal ausgestochen, d. h. von dem Durchmesser 14 mm auf 10 mm reduziert. Nach Versuchen in unserem Arbeitskreis kann dadurch der dargestellte Fehler weitgehend vermieden werden. Wie die Abbildung 7 zeigt, wird bei dieser Art der Versuchsdurchführung der Sättigungswert erst nach über vier Stunden erreicht, eine deutliche Akkumulation wird aber nach acht Stunden ebenfalls sichtbar. Die Aufnahmeversuche in Blattscheiben bekräftigen die Annahme, daß Aureofungin in den Zellen einer Bindung unterliegt und dadurch akkumuliert wird. Aktive Transportprozesse bei der Aufnahme sind nicht auszuschließen, aber zunächst wenig wahrscheinlich.

Die vorliegenden Versuche weisen das Fungizid Aureofungin als eine Substanz aus, welche zwar leicht von Pflanzenzellen aufgenommen wird, aber nur einem geringen Transport in der Pflanze unterliegt. Dieser kann sowohl im Xylem als im Phloem erfolgen, wobei über die Art der eventuell daran beteiligten Fraktionen nichts ausgesagt werden kann. Die Vermutungen, daß es sich um eine gut phloemmobile Substanz handeln würde, konnten nicht bestätigt werden. Eine Tritiierung auch derart empfindlicher Substanzen wie das Antibiotikum Aureofungin ist unter Verlust eines Teiles der fungiziden Wirksamkeit möglich.

Literatur

(1) Bhate, D. S., and S. P. Acharya: Hindustan Antibiot. Bull. **6**, 170—172 (1964).

(2) Dekker, J.: in Fungicides, Vol. II, edit. D. C. Torgeson, 580—635 (1969).

(3) Deshpande, G. R., and Nasarimhachari: Hindustan Antibiot. Bull. **9**, 76—83 (1966).

(4) Eschrich, W.: Planta **70**, 99—124 (1966).

(5) Higinbotham, N. H., Bud Etherton and R. J. Forster: Plant Physiol. **42**, 37—46 (1967).

(6) Mitchell, J. W., B. C. Smale and R. L. Metcalf: in Advances in Pest Control Research. edit. R. L. Metcalf, Vol. III, 359—436 (1960).

(7) Zaymeyer, W. J., and R. E. Wester: Phytopathology **46**, 470 (1956).

Diskussion

Josepovits: Den Überlegungen, daß für den Phloemtransport eine Carboxylgruppe nötig ist, möchte ich einige Argumente entgegensetzen.

1. Es ist richtig, daß sich Amitrol mit Serin verknüpfen kann und so Aminotriazolyl-alanin bilden kann. Dieses ist aber weniger transportabel als die Ausgangssubstanz.

2. Der Zusammenhang zwischen Phloemtransport und Hydrolysierbarkeit bei insektiziden Phosphorsäureestern kann scheinbar sein, denn eine Hydrolyse kann die insektizide Wirksamkeit aufheben.

3. Ist die Rolle der Carboxylgruppe nicht allgemeiner zu formulieren, z. B. als Fähigkeit der betreffenden Verbindung, bei entsprechendem Milieu (pH, rH, usw.) zwei verschiedene Formen mit verschiedenem Verteilungskoeffizienten bilden zu können? Das wäre auch mit anderen Gruppen erreichbar. Problematisch kann aber natürlich sein, daß die Bedingungen dieser reversiblen Umwandlung zwischen beiden Formen den Verhältnissen des Phloems entsprechen muß.

JACOB: Zu 1. Unter den Produkten des Amitrolabbaus ist mir nur diese eine mit einer freien Carboxylgruppe bekannt, was zu der geäußerten Vermutung führte. Im übrigen erscheint es nicht ausgeschlossen, daß für Beladungsreaktionen der Siebröhren Verbindungen erforderlich sind, die sich, von außen gefüttert, ganz anders verhalten.
Zu 2. Hier muß ein Mißverständnis vorliegen, da ein solcher Zusammenhang von mir nicht angegeben wurde. Die von mir zitierte Angabe über die Mobilität von Phosphorsäureestern beruhte nicht auf Nachweisen der insektiziden Wirksamkeit.
Zu 3. Über die Rolle der Carboxylgruppe als vermutlich förderlicher Faktor zur Erreichung einer Phloemmobilität xenobiontischer Substanzen wissen wir noch nichts. Es gibt aber auch keine anderen Konstituenten, von deren Gegenwart wir begründet eine derartige Förderung ableiten können. [Anmerkung bei der Korrektur: Nach P. Massini (Acta Bot. Neerl. 12, 64—72, 1963) wandert Aminotriazolylalanin, über Blätter gefüttert wie eine phloemmobile Substanz gut aus. Über Wurzeln gefüttert bleibt ein großer Teil in den Wurzeln hängen. Aminotriazolylalanin ist stärker phloemmobil als Amitrol. (JACOB)].
BUCHENAUER: Nach Ihren Ausführungen, Herr Prof. JACOB, ist die Beladung der Siebröhren die Voraussetzung für eine Phloemtranslokation. Nehmen wir an, es gäbe eine Substanz mit fungitoxischen Eigenschaften, die die Siebröhren beladen würde. Auf Grund der nahen Verwandtschaft zwischen dem Stoffwechsel von Pilz und Pflanze würde diese Verbindung sicher nicht nur den Pilz, sondern auch die Pflanze schädigen. Es sei denn, diese Verbindung greift in einen spezifischen Stoffwechselprozeß des Pilzes, z. B. die Chitinsynthese, ein. Dann würde die Pflanze vermutlich nicht geschädigt. Eine solche Substanz dürfte wahrscheinlich also nicht in den Atmungsprozeß, wie z. B. Carboxin und Tridemorph, eingreifen.
JACOB: Die zu beachtenden Gefschtspunkte bei der Entwicklung phloemmobiler Fungizide muß ich den betrefeniden Fachleuten überlassen. Meine Darstellung betraf nur die prinzipiellen Möglichkeiten eines Phloemtransportes.
LYR: Ich würde nicht unbedingt diese Einschränkungen wie Herr BUCHENAUER machen. Sicher dürfte die Energiegewinnung nicht gestört sein, z. B. in den Geleitzellen. Wenn aber die Verbindungen normalerweise nicht phytotoxisch sind, dürfte es für die Pflanze gleichgültig sein, ob sie über das Xylem oder das Phloem transportiert werden. Die Siebröhren als solche sind ja sehr arm an Organellen.
BUCHENAUER: Unter den bisher bekannten System-Fungiziden wirken die Carbonsäureanilin- und die Morpholinderivate, die in die mitochondriale Respirationskette eingreifen, am stärksten phytotoxisch.
PETERSON: In connection with Dr. LYRS comment I would say that we must not consider the sieve tubes alone but that they must be loaded by other cells. The comparison cells are thought to be important in this connection and are rich in mitochondria. We must have penetration of chemicals into other cells before they can enter the sieve tubes. Therefore a respiratory inhibitor would be damaging to the loading process thus reduce the mobility of chemicals in the phloem.
FALKOWSKI: It is possible to prove the theory, how increased acidity and polarity can effect the transport of an fungicide. We prepared a number of derivatives of

aureofungin, which retain the biological activity and exhibit increased acidity and polarity e.g. N-glycosyl-derivatives and N-glycosomyl-derivatives.

JACOB: That will be possible, if the derivatives will be labeled by radioactiv isotopes.

MÜLLER: Ist der Phloemtransport fungizider Substanzen durch DMSO oder ähnliche Verbindungen zu fördern?

JACOB: Das ist nach eigenen Ergebnissen und auch nach Literaturangaben nicht zu erwarten, da DMSO durch Addukt-Bildung große Moleküle bildet, die schlecht permeieren. Eine geringe Auswanderung aus einem gefütterten Blatt ist von SMITH und FOY festgestellt worden, was aber die Beladung des Phloems mit anderen Stoffen nicht beeinflussen dürfte.

Versuche mit einigen heterozyklischen Stickstoffverbindungen hinsichtlich ihres Transportes durch Zell-Membranen

G. Josepovits

Forschungsinstitut für Pflanzenschutz, Budapest

Unter den systemischen Fungiziden finden sich viele basische oder amphothere Verbindungen. Wir wollten den Einfluß dieser Eigenschaft auf ihren Transport durch Zellmembranen untersuchen.

Die Bedingungen und die Verhältnisse der Transport-Prozesse sind von verschiedenen Autoren tiefgehend untersucht worden. Es sei hier nur die Arbeit von Skulatschew (6) erwähnt, in der die Rolle der Membran-Potentiale und pH-Differenzen an Mitochondrien- und Chloroplasten-Membranen dargestellt wurde. Das Permeationsvermögen schwacher Säuren ist als Spezialfall anzusehen. Dies ist in der Arbeit von Gutknecht und Tosteson (1) gut erläutert.

Unsere früheren Arbeiten bezogen sich ebenfalls auf den Membrantransport einiger Verbindungen von saurem Charakter. Die damals abgeleitete mathematische Formel für das Verhältnis C_i/C_a der Stoffkonzentration an der „inneren“ bzw. „äußeren“ Seite einer Membran kann nach einigen Vernachlässigungen in folgender vereinfachter Näherungsform geschrieben werden:

$$\frac{C_i}{C_a} = \frac{\left(1 + \frac{Q_{AH}}{Q_{A^-}} \cdot \frac{C_{H^+a}}{K}\right) \cdot \left(l + \frac{C_{H^+i}}{K}\right)}{\left(1 + \frac{Q_{AH}}{Q_A{}^{\perp}} \cdot \frac{C_{H^+i}}{K}\right) \cdot \left(1 + \frac{C_{H^+a}}{K}\right)}$$

In dieser Gleichung ist immer $\frac{Q_{AH}}{Q_{A^-}}$ 1. Dies ist das Verhältnis der Verteilungsquotienten Lipoid/Wasser der undissoziierten bzw. dissoziierten Form der Säure. Es folgt daraus, daß C_i/C_a zunimmt, wenn $C_{H^+a/K}$ vergrößert und $C_{H^+i/K}$ vermindert wird. Es ist also eine Vermehrung der schwachen Säure an der „inneren“ Seite der Membran zu erwarten, wenn der pH-Wert des inneren Mediums größer und der des äußeren kleiner als der pK-Wert der betreffenden Säure ist. Dieser Zusammenhang bezieht sich — mutatis mutandis — auch auf den Fall von schwachen Basen.

Der Transport von quarternären Stickstoffverbindungen, auch der Ionentransport im allgemeinen, ist vorwiegend vom Membranpotential abhängig. Morrod (5) hat kürzlich die quantitativen Verhältnisse dieses Prozesses behandelt.

In unseren jetzt zu besprechenden Versuchen gingen wir anders als üblich an das

Problem heran. Wir untersuchten das Verhalten ausgewählter Fungizid-Wirkstoffe in rein chemisch-physikalischen Systemen.

Untersucht wurden: Ethirimol [5-Butyl-2-äthylamino-4-hydroxy-6-methyl-pyrimidin] als Vertreter der Pyrimidin-Fungizide und 4-Methyl-2-aminothiazol-5-carboxanilid für die Carboxanilide. Beide Verbindungen sind bei niedrigen pH-Werten Basen. Um den Einfluß der Kationenbildung auf ihr Permeationsvermögen zu untersuchen, haben wir die Verteilung der genannten Verbindungen zwischen den Phasen von Chloroform und Wasser bei verschiedenen pH-Werten bestimmt. Gemessen wurde die UV-Absorption der wäßrigen Phase bei zwei charakteristischen Wellenlängen. Die Versuche wurden auch auf nichtphysiologische pH-Werte ausgedehnt.

Wir wollen uns den wesentlich komplizierteren natürlichen Verhältnissen dadurch annähern, daß wir außer den H^+-Ionen auch einige Lipid-Komponenten der Membran, die mit basischen Fungizid-Wirkstoffen in Wechselwirkung treten können, berücksichtigen.

Aus der analytischen Chemie ist bekannt, daß quarternäre Stickstoff-Basen mit anionischen Detergentien Komplexe bilden. Deshalb war es auch unser Ziel nachzuweisen, ob schwach basische Fungizid-Wirkstoffe zu solcher Komplexbildung fähig sind, und ob diese Reaktion eine Rolle beim Membran-Transport spielen kann.

Von verschiedenen Autoren wurden in Zell-Membranen verschiedene anionische oder amphotere Lipide nachgewiesen. Phospholipide sind allgemein verbreitet und vielseitig untersucht. Lecithin diente bereits zur Gewinnung von Membran-Modellen nach der Methode von Kennedy (4). In einigen Bakterien sind daneben Sulfolipide vorhanden (3). Auch einige tierische Zell-Membranen enthalten Sulfolipide. In pflanzlichen Zellen sind Sulfonat-Abkömmlinge als Sulfolipide nachweisbar (2).

Als Modelle polarer Lipide wurden zwei Verbindungen in unsere Versuche einbezogen: Soya-Lecithin der Firma Radiance Products Co., California, sowie Cleoylmethyltaurid, der Wirkstoff des Tensids Askopon-T der Farbwerke Hoechst, Frankfurt/M., als synthetisches Modell für Sulfolipide. Die Versuchsbedingungen entsprachen denen bei Abwesenheit dieser Zusätze. Als wäßrige Phase diente 0,1 normaler Zitrat-Puffer von verschiedenem pH-Wert.

Abbildung 1 zeigt die prozentuale Verteilung von Ethirimol im System Wasser/Chloroform. Die chemische Konzentration von Ethirimol allein (ausgezogene Kurve) sinkt zwischen den pH-Werten 3—5 steil ab, entsprechend dem pK der Base und den Verteilungsquotienten zwischen beiden Formen. In Gegenwart von Lecithin verändert sich diese Verteilung, besonders bei pH 4 (gestrichelte Kurve). Der Einfluß des Lecithins ist bei pH = 3 am deutlichsten, und hängt von der Konzentration ab.

Oleoylmethyltaurid ruft ähnliche, aber stärkere Veränderung hervor (Abb. 2). Die Ursache für das Auftreten des Maximums bei pH 2 wird später diskutiert.

Abb. 3 zeigt die Abhängigkeit der Verteilung von Ethirimol von der Konzentration der Lipide.

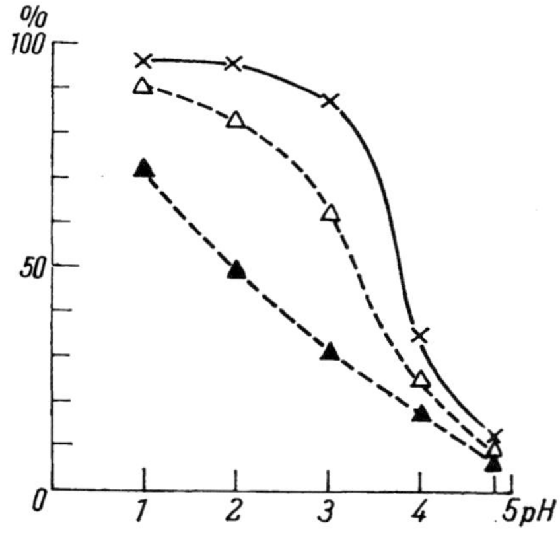

Abb. 1. Prozentuelle Verteilung von Ethirimol im System Wasser/Chloroform und Einfluß des Lecithins auf diese, in Abhängigkeit vom pH.
Ordinate: Ethirimol in der wäßrigen Phase in Prozent der gesamten Menge.
Abszisse: pH der wäßrigen Phase.

——×—— Lecithin abwesend;
– – –△– – – mit 0,1 % Lecithin in Chloroform;
– – –▲– – – mit 0,5 % Lecithin in Chloroform.

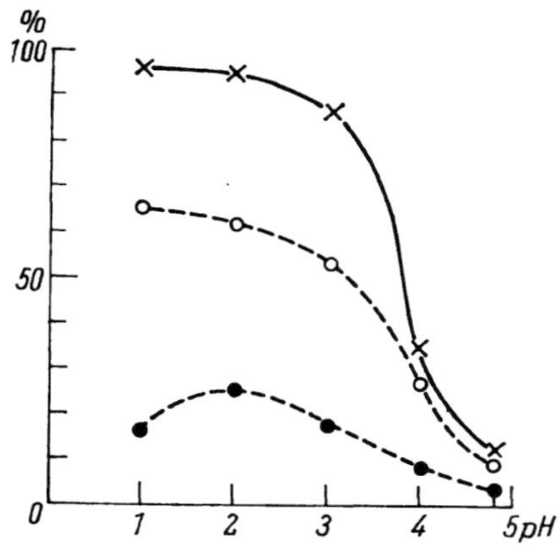

Abb. 2. Prozentuelle Verteilung von Ethirimol im System Wasser/Chloroform, und Einfluß des Oleoylmethyltaurids auf diese, in Abhängigkeit vom pH.
Ordinate: Ethirimol in der wäßrigen Phase in Prozent der gesamten Menge.
Abszisse: pH der wäßrigen Phase.

——×—— Oleoylmethyltaurid abwesend;
– – –○– – – mit 0,02 % Oleoylmethyltaurid;
– – –●– – – mit 0,05 % Oleoylmethyltaurid.

Der Kurvenverlauf zeigt, daß die Dissoziationskonstante des Oleoylmethyltaurid-Ethirimol-Komplexes kleiner ist als die des Lecithin-Ethirimol-Komplexes.

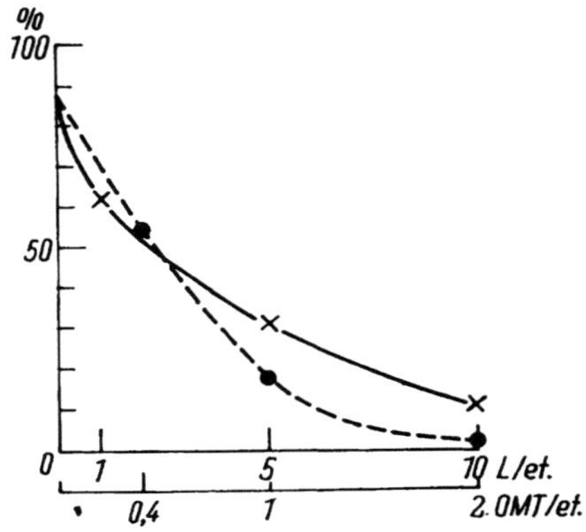

Abb. 3. Abhängigkeit der prozentualen Verteilung des Ethirimols in dem System Wasser/Chloroform von der Konzentration des Lipids, bei pH = 3.
Ordinate: Ethirimol in der wäßrigen Phase in Prozent der gesamten Menge.
Abszisse: Molares Verhältnis von Lecithin zu Ethirimol (L/et.) bzw. von Oleoylmethyltaurid zu Ethirimol (OMT/et.).
——×—— in Gegenwart von Lecithin;
– – – • – – – in Gegenwart von Oleoylmethyltaurid.

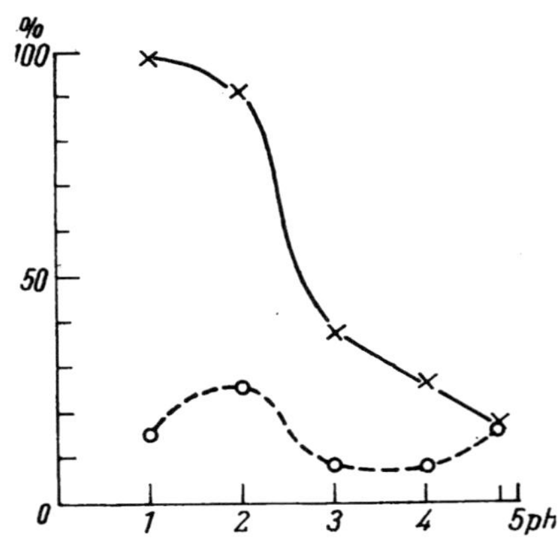

Abb. 4. Abhängigkeit der prozentualen Verteilung von 4-Methyl-2-aminothiazol-5-carboxanilid im System Wasser/Chloroform und Einfluß des Oleoylmethyltaurids auf diese, in Abhängigkeit vom pH.
Ordinate: Fungizid-Wirkstoff in der wäßrigen Phase in Prozent der gesamten Menge.
Abszisse: pH der wäßrigen Phase.
——×—— Oleoylmethyltaurid abwesend;
– – – ∘ – – – mit 0,05% Oleoylmethyltaurid.

Die Versuchsreihe mit dem anderen Fungizid [4-Methyl-2-aminothiazol-5-carboxanilid] ergab ähnliche Ergebnisse (Abb. 4); der Kurvenverlauf ist ein wenig verschoben, hauptsächlich wegen der Unterschiedlichkeit der pK-Werte. Ein Maximum bei pH 2 zeigt sich auch hier.
Zur Erklärung der Versuchsergebnisse haben wir eine mathematische Beschreibung des Systems abgeleitet, in welche drei Dissoziationskonstanten, die Verteilungsquotienten von fünf Komponenten und der pH-Wert des Mediums eingegangen sind. Das Verhältnis der Gesamtkonzentration des Fungizids in Chloroform bzw. Wasser ($\bar{Q}$) kann nach den zulässigen Vernachlässigungen angenähert wie folgt geschrieben werden:

$$\bar{Q} = Q_{BHA} \cdot \frac{k \cdot \frac{Q_{BH^+}}{Q_{BHA}} \cdot C_{H^+} + m \cdot C_d}{k \cdot C_{H^+} + m \cdot C_d}.$$

Aus Abb. 3 folgt, daß $\bar{Q}$ mit Vergrößerung von C_d (Konzentration des Lipids) ebenfalls größer wird. Danach soll Q_{BH^+}/Q_{BHA} 1 sein. (Q_{BH^+} ist der Verteilungsquotient des Fungizid-Kations, Q_{BHA} der des Komplexes). Auf dieser Grundlage kann man folgern, daß $\bar{Q} - Q_{BHA}$, wenn $C_{H^+} - 0$. $\bar{Q}$ erhöht sich also bei steigendem pH-Wert. Diese pH-Abhängigkeit erstreckt sich auf ein größeres Intervall und ist geringer als die der in Abwesenheit von Lipiden bzw. Detergentien gemessenen Verteilungen.
Mit dieser Formel können experimentell ermittelte Werte nur angenähert beschrieben werden. Wir haben deshalb auch mit größeren Konzentrationen von 4-Methyl-2-aminothiazol-5-carboxanilid eine Versuchsreihe ausgeführt, in der der Fungizid-Oleoylmethyltaurid-Komplex aus der wäßrigen Lösung ausgeschieden wird, das Fungizid selbst aber bei allen untersuchten pH-Werten in Lösung bleibt. Die Gesamt-Fungizid-Konzentration der Lösungen ist aus Abbildung 5 zu entnehmen. Die gefundene Kurve ist in guten Einklang mit der für diesen Fall abgeleiteten Formel:

$$C = k \cdot \sqrt{\left(1 + \frac{K_B}{C_{H^+}}\right) \cdot \left(1 + \frac{C_{H^+}}{K_A}\right)} + m$$

wo C = Gesamt-Konzentration des Fungizids, K_B bzw. K_A = die Dissoziationskonstante des basischen Fungizids bzw. des anionischen Lipids, k und m von mehreren Parametern abhängige Konstanten sind.
Diese Funktion erreicht einen Minimalwert, wenn $K_B/C_{H^+} = C_{H^+}/K_A$ ist, also bei

$$\mathrm{pH} = \frac{pK_A + pK_B}{2}.$$

Dies entspricht ziemlich gut dem Minimum der empirischen Kurve.

Die empirischen Daten sind also qualitativ und hinsichtlich der kritischen pH-Werte auch quantitativ in Übereinstimmung mit den theoretischen Ableitungen. Zu klären bleibt noch das Absinken der Kurven von Oleoylmethyltaurid bei pH = 1 : Abb. 2 und 4. Dieser pH-Wert wurde mit 0,1 n HCl eingestellt, die anderen pH-Werte mit Zitrat-Puffer. Es kann angenommen werden, daß Zitrat selbst

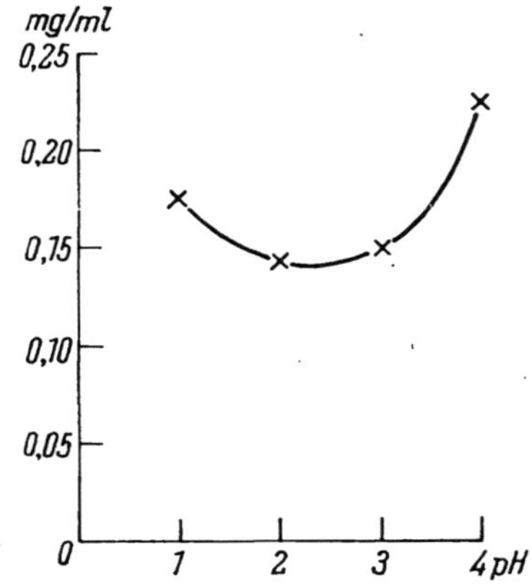

Abb. 5. Bildung eines schwerlöslichen Komplexes zwischen 4-Methyl-2-amino-thiazol-5-carboxanilid und Oleoylmethyltaurid in Abhängigkeit vom pH.
Ordinate: Gesamt-Konzentration des Fungizid-Wirkstoffes nach der Abscheidung des Komplexes gebildet bei Gegenwart von 0,02% Oleoylmethyltaurid.
Abszisse: pH.

einen schwachen, wasserlöslichen Komplex mit dem Kation des Fungizids bildet, wodurch das Reagieren mit Oleoylmethyltaurid zurückgedrängt wird. Daher kommt die Wirkung des letzteren bei pH = 1, also bei Abwesenheit von Zitrat, besser zur Geltung. Bei Lecithin sind die Verhältnisse etwas anders. Die anionische Gruppe dieses Lipids ist durch die quarternäre Ammoniumgruppe intramolekular abgeschirmt. Auch die geringere Wirkung des Lecithins gegenüber derjenigen von aequimolaren Oleoylmethyltaurid-Mengen ist mit dieser intramolekularen Bindung in Zusammenhang zu bringen. Es kann angenommen werden, daß Zitrat in diesem Fall durch Salzbildung mit dem quarternären Stickstoff die anionische Gruppe des Lecithins frei setzt und so die Verknüpfung mit dem Fungizid vollständiger macht.

Wir sehen die Rolle der beobachteten Erscheinungen beim Transport dieser Fungizide durch Zell-Membranen darin, daß der durch pH-Differenzen ausgerichtete Transport schwacher Basen durch Reaktion mit Lipid-Komponenten modifiziert wird. Die Ergebnisse zeigen, daß solche Reaktionen die Auswirkung von pH-Differenzen verringern, also die Polaritätsabhängigkeit der Transportprozesse vermindert.

Literatur

(1) GUTKNECHT, J., und D. C. TESTESON: Science, **182**, 1258—1261, 1973.
(2) KARLSSON, K. A.: Commun. 8th Meeting Febs, 126, 1972.
(3) KATES, M., A. J. HANCOCK und P. W. DEROO: Commun. 8th Meeting Febs, 124, 1972.
(4) KENNEDY, C. D.: Pestic. Sci., **2**, 69—74, 1971.
(5) MORROD, R. S.: Pestic. Sci., **4**, 612—615, 1973.
(6) SKULETSCHEW, V. P.: Commun. 8th Meeting Febs 15, 1972.

Diskussion

JACOB: Es wurden zwei Lipide in ihrer Wirkung auf das Verteilungsgeschehen von Ethirimol und F 849 untersucht. Welches der Lipide Lecithin oder Methyltaurin entspricht den Verteilungsverhältnissen bei der Aufnahme an Zellmembranen besser?

JOSEPOVITS: Man kann Lecithin als allgemein verbreiteten Faktor mit Einfluß auf den Membrantransport von fungiziden Wirkstoffen ansehen. Sulfolipide sind dagegen spezifische Bestandteile einiger Zellmembranen, und daher können sie höchstens für die Selektivität der Stoffaufnahme durch diese spezifischen Membranen eine Rolle spielen.

Factors Influencing Apoplastic Transport in Plants

C. A. PETERSON and L. V. EDGINGTON

Department of Environmental Biology, University of Guelph,
Guelph, Ontario, Canada NlG 2W1

The subject of translocation of systemic fungicides in plants has been comprehensively reviewed recenty (1, 2). The present discussion focuses on research developments since the publication of these reviews. We have also drawn upon the extensive knowledge of translation of herbicides.

For the purpose of discussing translocation, the plant can be divided into two systems, the apoplast and the symplast (3). The symplast is defined as the continuum of interconnected protoplasts and the apoplast as the continuum of interconnected cell walls and air spaces which encloses the symplast. Each system has an associated long-distance transport channel, the phloem and xylem for the symplast and apoplast respectively. When a chemical is applied to the plant it initially enters the apoplast and, once in the apoplast, its movement is influenced by many factors. These include its affinity for and/or reaction with substances in the cell wall, the rate and direction of water movement and the presence of physical barriers within the wall.

Basic patterns of movement within the apoplast (and the symplast) are well understood especially from research utilizing radioactive herbicides (4). The patterns of movement are illustrated in Figure 1.

Information concerning the movement of systemic fungicides indicates that they are primarily apoplastic since they display the follow properties typical of apoplastic translocation:

1. Movement within the plant is upward following seed, root or stem application (1).
2. Movement into various plant organs is dependent on the transpiration rates of the various organs (5, 6, 7, 8, 9).
3. Movement within leaves results in an accumulation at the tips and margins (10, 11, 12, 13).

Important corollaries to the above points are:

1. A lack of downward transport means that chemicals applied to above-ground parts of the plant are not moved to the roots.
2. Plant organs (e.g. some fruits and flowers) which normally have a negligible amount of transpiration are largely bypassed by chemicals moving in the xylem.
3. (a) A lack of basipetal movement means that chemical cannot be exported from leaves into other parts of the plant.

(b) Chemicals may build up to phytotoxic concentrations at the tips and margins of leaves.
(c) The basal area of the leaf may not retain enough fungicide to prevent new infections several days after foliar application.
(d) Foliage developing subsequent to foliar treatment will not be protected from disease.

It is clear from a consideration of the above points that the direction of movement of the transpiration stream imposes basic limitations on the direction of fungicide movement. Movement of water in the xylem may be very rapid and fungicide movement can therefore be expected to be very rapid unless the fungicide is bound to the xylem walls. In general, anionic or neutral substances move more freely than cationic substances since the latter are attracted by negatively charged sites on the wall (e.g. cellulose, lignin). Even polar molecules (e.g. 3,4-dichloroaniline) may be bound to lignin (14). ERWIN et al. (15, 16) have postulated that thiabendazole is bound to some high molecular weight plant constituent to account for the relatively low translocation rate of the fungicide and its retention in leaf veins. Differences in the relative mobility of substances in the xylem of woody vs. herbaceous plants as was noted for ethirimol (11) may have their basis in binding reactions.

It should be kept in mind that in addition to the rapid, long-distance translocation of apoplastic substances in the xylem, a concomitant slower distribution by diffusion in the walls does occur, allowing the substances to spread laterally within the plant. Thus, fungicides have been reported to move from the xylem, which is not delimited by a membrane, into adjacent tissues (10, 15, 16, 17, 18) and also from a surface application to stems through various tissues into the xylem itself (19, 20). In the case of woody plants, penetration may be through lenticels (21).

Since fungicides are transported via the transpiration stream, it should be possible to influence their movement by controlling factors which govern apoplastic transport in the plant. The major factor affecting the rate of translocation is the rate of transpiration from leaves. In order to decelerate the undesirable marginal and tip accumulation of fungicides in leaves, rates of transpiration have been reduced using abscisic acid (22) which partially closes stomates.

When abscisic acid was sprayed on healthy cucumber plants at 1, 10, and 30 µg/ml, transpiration was reduced over an eight day period by 8, 12 and 19% respectively. In order to evaluate the effect of abscisic acid on fungicide movement, benomyl (50 µl of 2×10^{-3} M) was applied in a band across the base of leaves sprayed with varying concentrations of abscisic acid. One week later, leaves were inoculated with powdery mildew. The percent therapy (ie. the percent of the apical portion of the leaf which remained uninfected) 7 days after inoculation was 63, 76, 76 and 90 for abscisic acid treatments of 0, 1, 10 and 30 µg/ml respectively. After 14 days, the same plants had 34, 55, 52, and 79 percent therapy respectively. Thus abscisic acid is slowing down, but not completely preventing the movement of benomyl to leaf margins.

In many instances, chemicals initially present in the apoplast are actively taken up by the symplast and are retained there. The subsequent translocation of these chemicals thus occurs via the symplast (4). From the herbicide literature, it is evident that varying proportions of substances can be transported in the apoplast and symplast (4). Even for substances moving primarily in the apoplast, there is indirect evidence for some penetration into the symplast. For example, the typically apoplastic herbicide, monuron, must enter the symplast in order to inhibit photosynthesis within the plant cell. Evidence is accumulating for the existence of a small amount of symplastic fungicide movement.

1. A small amount of downward movement of radioactive fungicide has been indicated in several cases (19, 23, 24, 25, 26, 27). However, as CROWDY (2) pointed out, for conclusive proof of symplastic movement of a given chemical, it is necessary to confirm the identity of the chemical in question after it has been transported and to be certain that movement was not a consequence of a local reversal of the transpiration stream. The latter can occur when massive liquid treatments are given or when the plant is injured during the treatment. We maintain that if the chemical is moving in the symplast, its transport should be entirely prevented by a steam ring, which kills all living tissues (including phloem). These conditions have all been fulfilled in the case of downward movement of ^{14}C-methyl benzimidazole-2-yl carbamate (MBC) (24).
2. A small amount, ca. 1%, of ^{14}C-MBC was capable of penetrating isolated cells (24) but only when highly concentrated solutions were applied.
3. The chemical nature of the metabolic products of some fungicides in plants indicates that the fungicide was metabolized in the symplast (e.g. glycosides of ethirimol (11) and chloroneb (28), $^{14}CO_2$ evolution from thiophanatemethyl (23) and MBC (24).
4. Benomyl has been reported to have a slight cytokinin effect (29, 30) suggesting again that it penetrated into the protoplast.
5. The fact that systemic fungicides can be taken up by roots may also mean that they are capable of symplastic movement since the Casparian band of the endodermis should prevent movement of substances into the stele via the apoplast. This point has been investigated recently in our laboratory.

In comparison with our knowledge of apoplastic movement in the aerial parts of the plant, relatively little is known regarding the movement of any organic apoplastic chemical across the root cortex and into the stele, from whence the chemical can be transported to the rest of the plant. Theoretically, apoplastically-moving substances should not be able to enter the stele if the Casparian band of the endodermis presents an effective barrier to movement. The endodermis has been shown to present a complete barrier to the movement of several dyes but others have found that the endodermis delayed, but did not completely prevent, the movement of dyes (33) and lead chelate (34) into the stele. Both ROBARDS and ROBB (35) and NAGAHASHI et al. (40) observed a distinct accumulation of metal ions in the walls adjacent to the Casparian band. There are many examples ao "apoplastically-moving" chemicals (including dyes, herbicides, insecticides, fnd fungicides) which are commonly absorbed by the root and are then transported to the aerial regions of the plant, indicating that the chemicals were able to enter the stele of the root. DONALDSON (37) has studied the uptake of apoplastically-moving herbicides in detail and noted that diuron could be translocated to the top of a barley plant when it was applied to a region of the root 6 cm from the tip but not when it was applied to regions 3 cm or closer to the tip. Although DONALDSON did not explain these results at the time, they may be interpreted by a consideration of the anatomy of the root. The growth of secondary roots would be expected to break the continuity of the Casparian band of the endodermis since secondary roots arise in the pericycle just inside the endodermis. BONNETT (38) and DUMBROFF and PEIRSON (39) observed gaps in the Casparian band where secondary roots emerge from the stele which the latter describe as "probable mass flow pathways". Diuron may have entered the stele of the root through such gaps. Iron (31) and aluminum (40) have been observed to penetrate the stele of the main root at the point of emergence of lateral roots.

Table 1

Uptake of ^{14}C-MBC by corn plants[1]

Plant	Volume transp. (ml)	Expected dpm ^{14}C-MBC in vol transp.	dpm ^{14}C-MBC in leaves[2]	Concn. of transp. stream as % of treatment solution
A	1.84	2,804	1,004	36
B	2.05	3,124	1,202	38
C	1.44	2,195	803	36
D	1.66	2,530	1,012	40

[1] Corn seeds were soaked overnight in tap water, grown for 4 days between papers moistened with $^{1}/_{2}$ x Knop's solution, transferred to jars with full strength Knop's solution for two days. Day-night regime 16–8 hr, light intensity 7500 lux, day-night temperature 21 °C–16 °C, day-night relative humidity 65%–75%. Roots were placed in ^{14}C-MBC (specific activity 5.8 × 10^{-3} µC/10^{-3} moles MBC/ml) in Knop's solution (48) for 24 hr. Environmental conditions; continuous light (1350 lux), humidity reduced by an open container of $CaCl_2$, temperature 25 °C.

[2] Leaves were ground in a mortar and pestal in liquid nitrogen and extracted 2 hr in boiling 95% ethanol. A 3 ml aliquot of the liquid was decolorized with 0.25 ml bleach (6% sodium hypochlorite) prior to adding scintillation fluid (10% naphthalene, 0.03% POPOP, 0.7% PPO in dioxane) and counting in a Nuclear-Chicago Unilux II scintillation counter.

We have compared the uptake of ^{14}C-MBC with the uptake of the fluorescent dye, tri-sodium,3-hydroxy-5,8,10-pyrene-trisulfonate (PTS), which is known to be translocated in the apoplast (41, 42) and also to be capable of penetrating roots of barley (43). We found that both ^{14}C-MBC and PTS were taken up by roots of 7-day-old corn plants grown in aqueous culture (Table 1 and Figure 2). The concentration of ^{14}C-MBC in the transpiration stream was about 37% of that in the treatment solution, indicating a filtering effect similar to that reported by CROWDY (2) for several systemic fungicides. In order to relate PTS uptake with root anatomy, successive 2 cm sections of the root were treated using the chamber shown in Figure 3. After a 24 hr treatment period, the dye was apparent only in the leaves of plants treated where lateral roots were emerging from the main root (Figure 4). The treated segments were cleared and stained to show lateral root development inside the main root. Secondary root primordia were present even in the most apical region treated (Figure 5). On the basis of the anatomical results of BONNETT (38) and DUMBROFF and PEIRSON (39), one would have expected the dye to penetrate closer to the root apex. Observations of cut root segments revealed that the dye had penetrated into the root as far as the endodermis and also that it did not penetrate into the lateral root primordia (Figure 6). Whether the barrier to PTS penetration into the lateral root primordium is the intact endodermis (as suggested by RASMUSSEN (40)) or the polysaccharide layer secreted by the peripheral cells of the lateral root (as discussed by KARAS and MCCULLY (44)) is not known at present.

Table 2

Uptake of ^{14}C-MBC by apical and basal regions of corn roots[1]

Exp. no.	No. of reps.	Trt. area	Avg. vol. transp. (ml)	Avg. dpm ^{14}C-MBC/ml taken up			Avg. total dpm ^{14}C-MBC/ml taken up
				root below trt.	root above trt.	leaves	
1	2	base	1.10	46	298	730	1,074
	3	apex	0.42	0	529	21	550
2	3	base	0.95	22	561	397	980
	3	apex	0.80	49	675	203	927
3	2	base	0.75	0	612	304	916
	2	apex	0.45	15	835	6	856

[1] Plant growth, experimental conditions and extraction of ^{14}C-MBC as in Table 1. Apical region, 2 to 4 cm from root apex, and basal region, 6 to 8 cm root apex, were treated.

The ability of plants to take up ^{14}C-MBC from treatment solutions given either to a 2 cm apical region (ie. 2 to 4 cm from the root tip) or to a 2 cm basal region (ie. the zone where secondary roots were just emerging from the main root, usually about 6 to 8 cm from the root tip) was compared in a series of 3 experiments. The results are summarized in Table 2. Total uptake of ^{14}C-MBC (dpm/ml transpired) from the treatment solution by the apical region was very similar to the uptake by the basal region. However, in 6 of 8 plants treated apically, radioactivity was not found in leaves in significant quantities (average of 15 dpm/ml taken up) while in all roots treated basally, transport to the leaves was excellent. Therefore it appears that MBC is taken up by corn root apices but that it does not enter the xylem in most cases. Its movement may be confined to the apoplast of the root cortical tissue, where it could move upward slowly. Since the nature of the barrier to movement in the apoplast in the region of lateral root formation in corn was not clear, onion roots sprouted from bulbs were used as an additional test

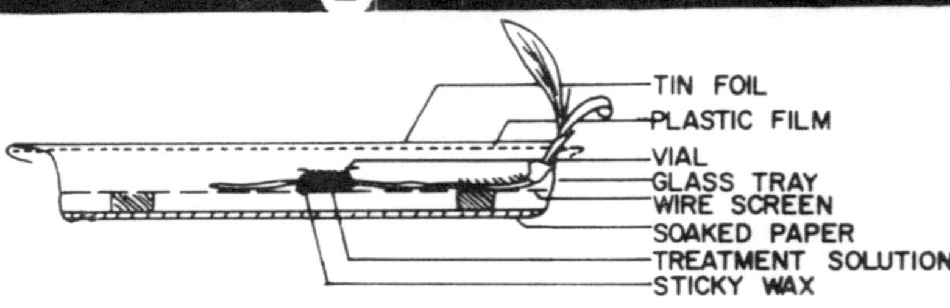
TIN FOIL
PLASTIC FILM
VIAL
GLASS TRAY
WIRE SCREEN
SOAKED PAPER
TREATMENT SOLUTION
STICKY WAX

3

Fig. 1. Schematic representation of patterns of movement of chemicals in the apoplast (left) and the symplast (right). Directions of major pathways of flow are indicated by arrows. Strong accumulation is indicated by shading; less strong accumulation is indicated by stippling.

Fig. 2. PTS in corn leaves. Plants and experimental conditions as described in Table 1. Left — plant roots were placed in 0.1% PTS in Knop's solution for 24 hr. Right — control plant. Photographed under UV light (maximum 254 nm).

Fig. 3. Diagram of experimental chamber for treating localized areas of plant roots. Sticky wax was obtained from Kerr Mfg. Co., Detroit 8, Mich. USA. Wire screen was coated with clear plastic (acrylic spray).

Fig. 4. Leaves of corn plants after PTS treatment to various regions of the root. Plants and experimental conditions as in Table 1. Distances from root apex to treatment zone at the beginning of the experiment (left to right) 6 to 8 cm, 4 to 6 cm, 2 to 4 cm, 0 to 2 cm. PTS is visible only in leaves when roots were treated 6 to 8 cm from the tip.

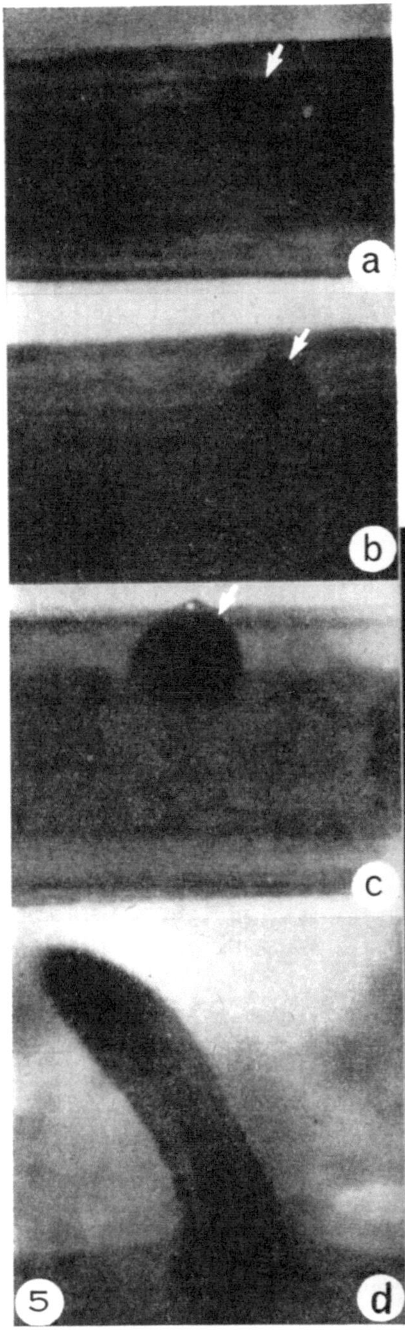

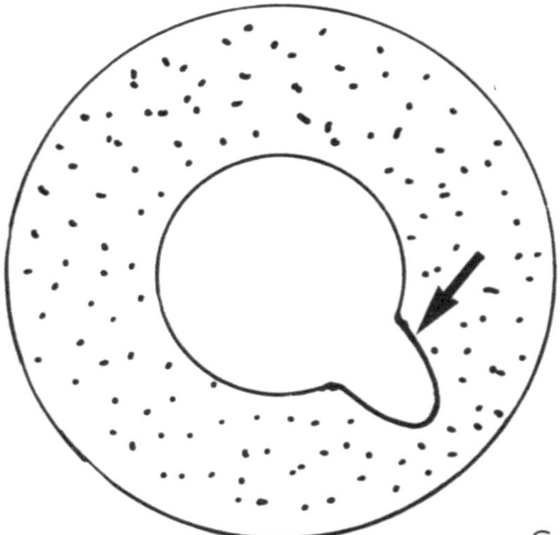

6

Fig. 5. Clearings of root segments treated in Figure 4. Distances of cleared segments from root tips are: a — 0 to 2 cm, b — 2 to 4 cm, c — 4 to 6 cm, d — 6 to 8 cm. Arrows indicate lateral root primordia.

Fig. 6. Diagram of a cross section of a corn root with a lateral root primordium. Localization of PTS is indicated by stippling. Observations were made on plants grown as in Table 1. Roots were placed in 0.1% PTS in Knop's solution for 24 hr. The roots were blotted dry, severed with a dry, sharp razor blade and observed with a dissecting microscope under UV light. PTS is located in the root cortex but not in the stele or in the lateral root primordium (arrow).

Fig. 7. Leaves of onion plants treated with PTS and ^{14}C-MBC. Experimental conditions were as in Table 1. Roots were treated 24 hr with 0.1% PTS and ^{14}C-MBC (see Table 3). Left — leaves from plants with roots which had the terminal 2 cm removed prior to treatment. Right — leaves from plants with intact roots.

system. The roots seemed especially suited to such a study since they did not develop laterals. Our preliminary work has shown that, while PTS is unable to enter the roots of an intact plant, ^{14}C-MBC was taken up in appreciable quantities (Figure 7 and Table 3). The absence of PTS in the leaves was not due to a binding along the route of transport since plants with the terminal 2 cm of the root excised before treatment showed a brilliant fluorescence in the leaves. In this experiment,

Table 3

Uptake of ^{14}C-MBC by onion plants[1]

Trt.[2]	Vol. transp. (ml)	PTS in leaves	dpm ^{14}C-MBC/ml sol. taken up
cut	22.47	brilliant	208
cut	6.60	brilliant	221
cut	5.02	brilliant	382
intact	11.66	nil	248
intact	14.33	nil	52
intact	10.72	nil	293

[1] Experimental conditions and extraction of ^{14}C-MBC were as in Table 1.
[2] Roots either cut or left intact as in Figure 7.

^{14}C-MBC and PTS were given together in the treatment solution. Thus, the same roots which presented a barrier to the movement of PTS did not present a barrier to the movement of ^{14}C-MBC. The most logical explanation of these results is that the MBC can move in the symplast of onion roots. However, these results are not in good agreement with those obtained from the corn work, and further research on the problem will be necessary. Tanton and Crowdy (34) have noted differences in the degree of permeability of endodermal cells of different species to iron chelate, and possibly the same situation exists with ^{14}C-MBC.

In corn, PTS taken up by the roots was frequently observed to be confined to the veins of the leaf, while in other plants (e.g. peas, beans, apple) the dye moved freely out of the veins and into the mesophyll of the leaf. The relative difficulty of PTS movement out of the veins of corn is undoubtedly related to the presence of a mestome sheath. The mestome sheath consists of a suberin-like deposition in the walls of the bundle sheath cells (45). Like the Casparian band of the endodermis, it apparently can hinder free movement of substances in the apoplast (45).

In conclusion, it seems to us that present evidence indicates some passive penetration of membranes by systemic fungicides but that the general movement in the plant is governed by the transpiration stream. Only applying very high concentrations causes enough fungicide to enter the phloem to be translocated basipetally. No one to our knowledge has achieved disease control as a result of basipetal (phloem) transport by applying high concentrations of fungicide.

From a consideration of the diagrams in Figure 1 and the discussion of the limitations to movement in the apoplast presented earlier, we believe it would be useful to have fungicides translocated in the symplast in some cases. It would be very desirable to apply fungicides to foliage for control of root diseases. On the other hand, we would expect fungicides moving in the symplast to accumulate in fruits (Fig. 1) and this could prove undesirable in other cases. What unique chemical characteristics are required for symplast penetration and phloem transport? Normally, sucrose is actively loaded into the sieve tube against a concentration gradient, indicating that some metabolic process within the plant is responsible for the loading. However, other substances foreign to the plant are strongly taken up by the symplast and are translocated in the phleom as well. In some cases, these materials are closely related structurally to naturally-occurring substances (e.g. the auxin-type herbicides) but in other cases, they are not (e.g. the fluorescent dye, uranin) (47). Years ago, PRIESTLY and NORTH (31) found that basic dyes were unable to penetrate the symplast of endodermal cells while acidic dyes were. More recently, CRISP (46) proposed that attaching a weak acid to a toxophore might enhance its entrance into the phloem. This idea was based on the fact that many naturally occurring growth substances which are phloem-mobile are weak acids. After the toxophore-weak acid molecule enters the phloem, it could then be degraded by beta oxidation to form the original toxophore. However, at this time we know of no practical development of pesticides utilizing this hypothesis.

While we are unable to predict the structural requisites for symplastic movement, we can present some guidelines for testing procedures to detect symplastic movement of fungicides. The leaves to be treated must be mature enough to be transporting assimilates outward to a "sink". The test fungus should be able to infect the "sink" ie. young, developing leaves or the roots. One example of such a test system is used by CRISP (46) to screen for symplastic movement of insecticides. Here the test chemical is applied to cotyledons and the first apical leaf is tested for insecticide content. We are applying fungicides to mature leaves of cucumber and bioassaying the shoot apex to determine whether translocation has occurred.

What unique chemical characteristics are required for penetration into the apoplast and xylem transport? In order to be successful, a fungicide applied to roots must move via cell walls between protoplasts, not be decomposed by reactions with substances in the wall, and not be toxic to cell membranes or inhibitory to apoplastic enzymes. The chemical must traverse the endodermis, enter the xylem and pass freely upward with the transpiration stream. In the case of foliar application, the successful fungicide must pass through the cuticle. The fact that most successful systemics are about equally effective whether applied to roots or leaves makes us believe that the endodermis is not the most important factor regulating systemicity. A more likely rationale for lack of systemicity of broad spectrum fungicides such as captan and the dithiocarbamates, is the high reactivity of these chemicals with substances such as thiols in the plant. This high reactivity is in marked contrast to low reactivity of systemics like benomyl, carboxin and ethirimol. We therefore can expect successful systemics to be very selective in toxicity and relatively chemically inert.

Literature

(1) ERWIN, D. C.: In: Ann. Rev. Phytopath. **11**, 389—422, Palo Alto, Cal, USA: Annual Reviews Inc. 1973.

(2) CROWDY, S. H.: In: Systemic Fungicides, 92—115, New York: Wiley and Sons. 1972.

(3) MUNCH, E.: Die Stoffbewegungen in der Pflanze, Jena: Fischer.

(4) ASHTON, F. M., and A. S. CRAFTS: In: Mode of Action of Herbicides, New York, Wiley and Sons 1973.

(5) PETERSON, C. A., and L. V. EDGINGTON: Phytopathology **61**, 91—92 (1971).

(6) SIEGEL, M. R., and A. J. ZABBIA, Jr.: Phytopathology **62**, 630—634 (1972).

(7) UPHAM, P. M., and C. J. DELP: Phytopathology **63**, 814—820 (1973).

(8) NETZER, D., and I. DISHON: Plant Dis. Rep. **54**, 909—912 (1970).

(9) BROOKS, D. H.: Outlook in Agric. **6**, 122—127 (1970).

(10) PETERSON, C. A., and L. V. EDGINGTON: Phytopathology **60**, 475—478 (1970).

(11) CAVELL, B. D., R. J. HEMINGWAY and G. TEAL: Proc. 6th Br. Insectic. and Fungic. Conf. **2**, 431—437 (1971).

(12) SNEL, M., and L. V. EDGINGTON: Phytopathology **60**, 1708—1716 (1970).

(13) HAKEN, P. TEN, and C. L. DUNN: Proc. 6th Br. Insectic. and Fungic. Conf. **2**, 453—462 (1971).

(14) YIH, R. Y., D. H. MCRAE and H. F. WILSON: Science **161**, 376—377 (1968).

(15) ERWIN, D. C., J. J. SIMS, D. E. BORUM and J. R. CHILDERS: Phytopathology **61**, 964 bis 967 (1971).

(16) ERWIN, D. D., M. C. WANG and J. J. SIMS: Phytopathology **60**, 1291 (1970).

(17) HOCK, W. K., L. R. SCHREIBER and B. R. ROBERTS: Phytopathology **60**, 1619—1622 (1970).

(18) ROBERTS, B. R., W. K. HOCK and L. R. SCHREIBER: Phytopathology **63**, 85—87 (1973).

(19) BUCHENAUER, H., D. C. ERWIN and N. T. KEEN: Phytopathology **63**, 1091—1095 (1973).

(20) RAMSDELL, D. C., and J. M. OGAWA: Phytopathology **63**, 830—836 (1973).

(21) SMALLEY, E. B., C. J. MEYERS, R. N. JOHNSON, B. C. FLUKE and R. VIEAU: Phytopathology **63**, 1239—1252 (1973).

(22) YADAVA, U. L., and L. V. EDGINGTON: unpublished results.

(23) NOGUCHI, T., K. OHKUMA and S. KOSAKA: Proc. 2nd Int. IUPAC Congr. Pestic. Chem., Tel Aviv, Isreal. Herbicides, Fungicides, Formulation Chemistry **5**, (A. S. Tahori, ed.) 263—280 (1972).

(24) SOLEL, Z., J. A. SCHOOLEY and L. V. EDGINGTON: Pestic. Sci. **4**, 713—718 (1973).

(25) SOLEL, Z.: Phytopathology **60**, 1186—1190 (1970).

(26) KIRK, B. T., J. B. SINCLAIR and E. N. LAMBREMONT: Phytopathology **59**, 1473—1476 (1969).

(27) INTRIERI, C., and K. RYUGO: Plant Dis. Rep. **56**, 590—592 (1972).

(28) THORN, G. D.: Pestic. Biochem. Physiol. **3**, 137—140 (1973).

(29) SCHRUFT, VON G.: Pfl. Krankh. **5**, 280—285 (1971).

(30) SKENE, K. G. M.: Jour. Hort. Sci. **47**, 179—182 (1972).

(31) de Rufz de Lavison, J.: Rev. gén. de Bot. **22**, 225–241 (1910).
(32) Priestley, J. H., and E. E. North: New Phytol. XXI, 113–139 (1922).
(33) Mager, H.: Planta **19**, 534–546 (1933).
(34) Tanton, T. W., and S. H. Crowdy: J. Exp. Bot. **23**, 600–613 (1972).
(35) Robards, A. W., and M. E. Robb: Science **178**, 980–982 (1972).
(36) Nagahashi, G., W. W. Thomson and R. T. Leonard: Science **183**, 670–671 (1974).
(37) Donaldson, T. W.: PhD Thesis, Univ. of California, Davis, Cal. (1967).
(38) Bonnett, H. T. Jr.: J. Cell. Biol. **40**, 144–159 (1969).
(39) Dumbroff, E. B., and D. R. Peirson: Can. J. Bot. **49**, 35–38 (1971).
(40) Rasmussen, H. P.: Planta **81**, 28–37 (1968).
(41) Strugger, S.: Praktikum der Zell- und Gewebephysiologie der Pflanze. 2nd edition. Berlin: Springer-Verlag 1949.
(42) Dybing, D. C., and H. B. Currier: Plant Physiol. **36**, 169–174 (1961).
(43) Patel, K. M.: MSc Thesis, Univ. of California, Davis, Cal. (1964).
(44) Karas, I., and M. E. McCully: Protoplasma **77**, 243–269 (1973).
(45) O'Brien, T. P., and D. J. Carr: Aust. J. Biol. Sci. **23**, 275–287 (1970).
(46) Crisp, C. E.: Proc. 2nd Int. IUPAC Congr. Pestic. Chem. Tel Aviv, Israel. Insecticides **1**, (A. S. Tahori, ed.) 211–264 (1972).
(47) Strugger, S.: Jb. wiss. Bot. **77**, 685–732 (1933).
(48) Loomis, W. E., and C. A. Schull: In: Methods in Plant Physiology, p. 63, New York, McGraw-Hill 1937.

Diskussion

Lyr: Ihr Fluoreszenzfarbstoff ist sehr wasserlöslich, Benomyl stärker hydrophob. Ist es möglich, daß er den Caspary'schen Streifen unter Umgehung des symplastischen Weges durchdringt?
Peterson: Yes, this is a possibility. The question can be resolved by histoautoradiography but at this time we must be cautious in our conclusions.
de Waard: You discussed uptake of apoplastic transported fungicides by roots. I want to ask a question on uptake of fungicides by leaves. Leaves generally are covered by cuticle, which is unpermeable for water. How does apoplastic transported fungicides, solved in water, pass the cuticle layer.
Peterson: This is a good example of a phenomenon, which is known to occur and yet we cannot see how it occurs. Water-binding power or pathways should be postulated to account for the penetration of water soluble substances through the cuticle.

Uptake and Translocation of Systemic Fungicides by Soybean, Creeping Bentgras and Strawberry

J. B. SINCLAIR

Department of Plant Pathology University of Illinois
Urbana, Illinois 61801 U.S.A.

Introduction

A review (2) and a book (6) were published in 1973 on systemic fungicides. Translocation of systemic fungicides was recently reviewed by CROWDY (1). SINCLAIR (9, 10) discussed seed treatment with systemic fungicides and the potential of some systemic fungicides on tropical crops. This paper summarizes the research completed at the University of Illinois on the uptake and translocation of several systemic fungicides applied either to the seeds or roots of soybean (*Glycine max* (L.)), creeping bentgrass (*Agrostris palustris* Huds.) and strawberry (*Fragariae* X *ananassa*) (4, 5, 7, 8, 11, 12).

Materials and Methods

The fungicides used were: benomyl (duPont's Benlate 50 WP, methyl 1-(butyl-carbamoyl)-2-benzimidazolecarbamate and breakdown product MBC, methyl benzimidazolecarbamate); BD 18654 (Chemagro's Bay Dam 50 WP, methyl (1-(((5-cyanopentyl)amino)carbonyl)-1H-benzimidazole-2-yl); thiabendazole (Merck & Co.'s Mertect 60 WP, 2-(4'-thiazolyl) benzimidazole); thiophanate-methyl (Pennwalt's Topsin-M 70 WP, 1,2-bis-3-methoxycarbonyl-2-thioureido)benzene and breakdown product MBC); chloroneb (duPont's Demosan 65 WP, 1,4-dichloro-2,5-dimethoxybenzene); and carboxin (UniRoyal's Vitavax 75 WP, 5,6-dihydro-2-methyl-1,4-oxathiin-3-carboxanilide). ^{14}C-labeled carboxin, mol wt 235, was uniformly labeled in the aniline ring, and had a specific activity of 0.2 μc/mmole. ^{14}C-labeled chloroneb, mol wt 207.6, was randomly labeled in the benzene ring, and had a specific activity of 0.447 μc/mmole. ^{14}C-labeled thiabendazole was uniformly labeled in the benzene ring and had a specific activity if 1.59 mc/mmole.

Seed treatment: Soybean seeds of the cvs. Amsoy, Calland or Wayne were dusted separately with one of the ^{14}C-labeled or nonlabeled fungicides at 0.125, 0.25 or 0.5 g/100 g (2,4, or 8 oz/100 lb) seeds. Comparable lots of nontreated seeds served as controls. All seed were germinated at 24 or 25C under high humidity (70—100%). After either 4, 8, 12, 24, 48 or 96 hr., the seeds were rinsed twice in sterile water and blotted dry. For bioassay, seed coats were removed, the seeds rinsed again, and dried. Seedlings grown from treated seeds were harvestaed at 4, 5, 6, 7, 8, 9, 10, 14, 17 and 25 days after treatment. Roots hypocotyl, cotyledons and leaves were bioassayed separately.

Root uptake: Soybean seedlings of the cvs. Amsoy, stolons of creeping bentgrass, and strawberry plants of the cv. Tioga were used in root uptake studies. The effect of soybean seedlings transplanted into 30 ml glass vials containing 25 ml of distilled water without (control) or with 0.94 μc of ^{14}C-thiabendazole. Radioactivity was determined with a gas-flow detector, and sample activity was corrected for self-absorption. Bioassay techniques were used to determine the qualitative uptake of benomyl, chloroneb and thiabendazole by soybean roots and the movement into above-ground parts of seedlings.

Single nodes from stolons from creeping bentgrass were plated in moist vermiculite for rooting. After 2 weeks, plants were cut to a height of 3 cm and transplanted into a series of 258 cc (9 oz.) styrofoam cups containing vermiculite. To each cup was added either 110 cc of distilled water (control) or 110 cc of a distilled water suspension of benomyl at concentrations of 5, 12.5 or 25 mg/liter. Plants were placed in a growth chamber for either 24, 48 or 96 hr., then removed from the cups, washed in tap water and bioassayed (7).

Strawberry plants were rooted and grown in styrofoam (0.45 liter) cups containing vermiculite for 30 days prior to treatment of the roots with benomyl. In addition, 12 mother plants were selected, each connected by a single stolon to a daughter plant growing at the end of the second node. The mother plant and stolon-connected daughter plant were potted in separate cups, similar to that used for studies on creeping bentgrass. All leaves and petioles except for one mature leaf and an emerging leaf, were removed from each plant 2 days prior to fungicide application. A benomyl suspension (1,000 mg active ingredient/liter) was applied as a drench (150 cc/cup) to each of six cups that contained individual plants; roots of six control plants were drenched with an equal volume of water. Benomyl suspensions (150 cc of 1,000 or 2,000 mg active ingredient/liter) also were added to each of six cups that contained either a mother plant or a daughter plant. Bioassays were made for benomyl or MBC at 24, 48, and 72 hr. for individual plants and at 96 hr. for mother-daughter plants (8).

Bioassay: *Macrophomina phaseolina* (Tassi) Goid (*M. phaseoli*) (Maubl.) Ashby, *Rhizoctonia bataticola* (Taub.) Butler; *Penicillium atroventum* G. Smith; *Rhizoctonia solani* Kuehn, isolate T (ATCC-18184; and *Sclerotinia homeocarpa* Bennett were used for bioassays. Tissue homogenates were incorporated into Difco potato-dextrose agar (PDA), the bioassay plates inoculated with one of the bioassay organisms, incubated at room temperature (25 ± 3C), and the radial growth or inhibition zones recorded. When strawberry was used, tissue samples were removed from plants and plated directly into PDA and the agar surface sprayed with a conidial suspension of *P. atrovenetum*.

Results and Discussion

Uptake and translocation by seeds: The pattern of fungus inhibition by extracts from treated seed differed among the fungicides used (Table 1). Increased concentrations of benomyl resulted in greater inhibition of *R. solani* at the four exposure times with the widest differences between rates occuring at 48 hr. When exposure time to the three rates was increased, greater inhibition occured at 24 than at 12 hr. At 48 hr., however, greater inhibition was noted for the 0.25- and 0.5-g rates, but not for the 0.125-g rate. At 96 hr., less growth inhibition was recorded for all three rates.

When chloroneb concentration was increased from 0.125 g/100 seeds, there was greater inhibition of the test fungus at the four exposure times and at all three rates at 12 hr. At the 0.5-g rate, however, more fungus growth occured after 24, 48 and 96 hr. than at 0.25 g for the same time periods. Increasing the length of the germination period within each concentration resulted in a greater inhibition of *R. solani* in bioassay plates. Inhibition increased from 12 to 96 hr.

Table 1

Growth in cm of ***Rhizoctonia solani*** on potato-dextrose agar containing water extracts from soybean seed previously treated with one of three systemic fungicides exposed to favorable germination conditions.

Fungicides		g/100 g	Hr. of Exposure				
			12	24	36	48	96
Benomyl		0.0	9.0	9.0		9.9	9.9
		.125	9.0	6.1*		6.7*	6.8*
		.250	6.7*	5.8*		5.4*	6.1*
		.500	7.4*	5.3*		4.1*	5.6*
	LSD(.01)		0.3	0.8		0.6	0.2
Chloroneb		0.0	9.0	9.0		9.0	9.0
		.125	7.1*	6.8*		6.0*	3.0*
		.250	6.7*	6.5*		5.5*	3.5*
		.500	6.1*	7.1*		6.1*	3.7*
	LSD(.01)		0.3	0.2		0.2	0.2
Carboxin		0.0		9.0	9.0	9.0	9.0
		.125		3.0*	0.6*	2.6*	8.8*
		.250		2.6*	0.6*	1.6*	9.0
		.500		1.9*	0.6*	1.0*	7.2*
	LSD(.01)			0.8	0.3	0.6	0.2

* Reading highly significantly (at the .01 level) below the control.

Increased concentrations of carboxin on seeds and length of germination period, or both, resulted in greater inhibition of *R. solani* at 24-, 36-, and 48-hr. exposure times, but not at 96 hr. Inhibition increased when exposure time was increased from 24 to 36 hr., but not from 36 to 48 hr. or from 48 to 96 hr. Carboxin reached levels high enough to control *R. solani* earlier when a rate of 0.5 g/100 seeds was used than when 0.125- and 0.25-g rates were used at 24-, 36-, and 48-hr. exposure time.

The mean growth rate of *M. phaseolina* on all plates containing extracts from treated seeds was lower than controls except extracts of seeds treated with BD 18654 at 20 °C for 4 hr. The mean diameters of *M. phaseolina* growing on plates with extracts from seed treated with TM and incubated at 20 °C for 4 or 8 hr. were significantly less than those from benomyl-treated seeds, but not at 25 or 30 °C. The mean diameter of *M. phaseolina* on extracts from BC 18654-treated seeds was significantly greater at all temperatures and for both incubation periods fhan those on extracts from benomyl- and TM-treated seeds, except at 30 °C tor 8 hr.

When extracts from cotyledons and hypocotyl tissues of benomyl-treated seeds were bioassayed separately, there was little or no activity noted from hypocotyl extracts at any exposure time or at any rate. But significantly greater inhibition of fungus growth was noted by extracts from cotyledons of treated seeds than from nontreated seeds. These results suggest that benomyl, or MBC became localized in the cotyledons and may not move systemically into other seedling tissues.

The mean zone of inhibition of *P. atrovenetum* was 20—23 mm in diameter at 14 and 17 days, respectively, from roots of plants grown from seeds treated with 0.5 g, while no growth inhibition was shown in *R. solani* bioassay plates. There was no inhibition of growth of either fungus by extracts from hypocotyl tissues. Extracts from cotyledons inhibited growth of *P. atrovenetum* or *P. solani*, respectively, at all rates and at all days.

Extracts from roots of seedlings from seeds treated with chloroneb at 0.5 g showed no activity against *R. solani* until 25 days after treatment. Readings for hypocotyl extracts at 8, 9, 10, 14 and 25 days were 5.0, 5.0, 4.9, 4.9 and 4.6 cm, respectively. Similarly, for leaf extracts, the readings for the respective days were: 5.0, 5.0, 4.8, 4.6 and 4.5 cm. The highest activity was found in the cotyledons with readings of 2.9, 3.1, 3.5 and 3.8 cm for 8, 9, 10 and 14 days, respectively. There was no inhibition by root extracts of seedlings from seeds treated with carboxin, while hypocotyl extracts showed slight activity with readings of 4.9, 4.8, 4.6, 4.9 and 4.4 cm at 8, 9, 10, 14 and 25 days, respectively. Inhibition by leaf extracts increased with increased days with readings of 4.8, 4.6, 4,4, 3.8 and 3.5 cm, respectively. Highest activity was found in cotyledon extracts, which gave readings of 2.0, 2.1, 2.8 and 2.8 cm at 8, 9, 10 and 14 days, respectively.

Radioautographs showed that the ^{14}C-chloroneb was localized in cotyledons, lower hypocotyl, and roots. There was no redistribution of fungicide after 9 and 14 days. The radioactivity in hypocotyls and cotyledons of seedlings from seeds exposed to fungicides in the germinator for 24 and 48 hr. was higher than the activity in these same tissues from seeds exposed for 12 hr. or dormant seed. ^{14}C-carboxin was uniformaly distributed within the different seedling parts after 24- and 48-hr. exposure. In seeds germinated for 12 hr., the compound was not present in the epicotyl. At 14 days, ^{14}C-carboxin moved from cotyledons into the leaves. When extracts of plant parts were counted using liquid scintillation techniques, the data indicated that ^{14}C-chloroneb was localized in cotyledons at 9 and 14 days after treatment, whereas ^{14}C-carboxin after 14 days was distributed in both cotyledons and leaves.

The systemic movement of benomyl almost exclusively into cotyledons may limit its use as a seed dressing in soybean. Benomyl apparently had limited movement from the cotyledons into epicotyl tissues, but no downward movement. Activity of chloroneb, on the other hand, was detected only in the lower hypocotyls and roots of seedlings. ^{14}C-chloroneb was detected in hypocotyl and root tissues at 7, 9 and 14 days after seed treatment. This should not be interpreted as evidence of downward movement. The data were not sufficient to show whether the roots and hypocotyl tissues absorbed the compound directly or translocated into these tissues from the cotyledons. Carboxin apparently did not become localized in soybean cotyledons, but moved fairly uniformly to all parts of the seedlings.

Root uptake and upward translocation: Root utpake studies demonstrated that benomyl, chloroneb, and TBZ are taken up by the soybean seedling roots and translocated to hypocotyls, cotyledons and leaves (Table 2). A fungitoxic material was shown to be active in seedlings whose roots were continuously exposed to benomyl and TBZ for as long as 4 weeks. Results from bioassays showed that benomyl and TBZ tended to accumulate in cotyledons after root uptake when used as seed treatments. These results suggest that the compounds remain active for only a relatively short period in the hypocotyl without continual root exposure, and thus offer only limited protection to soybean seedlings against attack of damping-off organisms. This might explain, in part, the general lack of significant differences in stand from experimental field plots using systemic fungicides either as seed and/or soil treatments.

Table 2

In vitro radial growth in mm of *Diaporthe phaseolorum* var. *sojae* on potato-dextrose agar (PDA) without and with extracts from soybean seedlings nontreated or treated with one of three fungicides at the rates and time of exposure indicated.

Fungicide*	Rate ppm soil incorporation	Weeks after treatment**					
		2	3	4	5	6	7
Benomyl	50	27	24	50	28	20	21
	100	27	27	50	23	25	11**
	200	24	9**	6**	9**	6**	6**
	500	8**	10**	7**	15**	6**	6**
Chloroneb	100	30	26	50	29	32	17**
	1,000	29	27	49	28	21	16**
	5,000	29	22	50	25	28	22
Thiabendazole (BTZ)	100	25	26	50	23	6**	19
	500	8**	12**	7**	29	6**	6**
Control 1		24	24	50	28	30	22
Control 2		29	33	50	30	26	28

* Control 1, PDA with extracts from nontreated seedlings. Control 2, PDA without plant extracts.
** = Treatment means significantly different from Control at the 1% level.

Bioautographs showed the presence of benomyl and MBC in creeping bentgrass tissue. Readings from bioassays reflect the activity of either or both these compounds. Benomyl and MBC were taken up by the roots of creeping bentgrass and translocated in the stolons to the leaves (Table 3). Activity was detected with bioassays of extracts of leaves from plants treated for 48 hr. at 5, 12.5, and 25 mg/liter. Activity was detected also in the crowns and roots of plants treated with benomyl at 25 mg/liter after 48 hr. The data collected at 96 hr. shows the fungistats in the leaves, with no significant difference in the treated crowns and roots from the control. This was evidence for upward translocation.

When two root systems were allowed to develop on a single stolon, however, translocation of benomyl and MBC was noted in both directions. When the first root system was treated with 500 and 1,000 mg/liter of benomyl, fungistatic activity

Table 3

Mean* growth of *Sclerotinia homeocarpa* in millimeters on potato-dextrose agar mixed with extracts from either leaf, crown, or roots of creeping bentgrass grown in vermiculite without (control) or with 5, 12.5, or 25 mg/liter benomyl for 24, 48 and 96 hr.

Rate of benomyl in mg/liter	Tissue bioassayed	Exposure time in hr** 24	48	96
0 (Control)	Leaf	50a	47a	41a
	Crown	50a	45ac	40a
	Root	50a	47a	42a
5	Leaf	46a	22e	6b
	Crown	50a	45ac	42a
	Root	50a	45ac	41a
12.5	Leaf	37a	8b	6b
	Crown	50a	42c	39a
	Root	50a	44ac	40a
25	Leaf	27a	6b	6b
	Crown	50a	33d	32a
	Root	50a	36d	32a

* Mean growth of six replicates. Average of two experiments.

** Duncan's multiple range test used for 5% level. Means with the same letter are not significantly different.

by bioassay was noted in all tissues except of the second root system. There was activity detected also in all tissues from plants whose roots were treated with 50 and 100 mg/liter, except the second root system and the new growth from that system.

When the second root system was treated with 1,000 mg/liter, fungistatic activity was noted by bioassay in all tissues. When treated with 500 mg/liter, activity was found in all tissues except the new growth from the first root system. When treated with 100 mg/liter, activity was recorded in all tissues but the first root system. Activity was noted in all tissues when the second root system was treated with 25 mg/liter, except the first and second root systems and the new growth from the first root system.

Bioautographs showed the presence of benomyl and MBC in leaf tissues of treated strawberry plants. Inhibition zones associated with treated plant tissues reflected the fungitoxicity of both compounds. Benomyl was taken up by the roots of strawberry plants and translocated throughout the plant within 72 hr. Activity was highest in tissues of root, crown, and petiole of the mature leaf; low in the tissues at the base of the leaflets and petioloe of the immature leaf; and absent in the other tissues bioassayed at 24 hr. Activity was higher in all tissues at 48 and 72 hr. Fungitoxic activity was not detected in newly formed leaflets until 72 hr. When the root system of a mother plant was treated with benomyl, fungitoxic activity was detected in all tissues of the daughter plant except those of the roots, petiole, and leaflets of a newly formed leaf. When the root system of a daughter plant was treated, only the crown, petiole, and base of leaflets of the mother plant had fungitoxic activity. Therefore, movement through stolon from daughter plant to mother plant apparently was slower. This suggested that the movement of the fungitoxicants was against the direction of growth of the stolon, since the compounds could be detected within 24 hr. after treatment. This was considered to be "lateral" translocation of the fungitoxicants rather than downward translocation.

Literature

(1) CROWDY, S. H.: In: Systemic Fungicides, pp. 91–115. London. Longman Group Ltd. 1972.

(2) ERWIN, D. C.: Annu. Rev. Phytopath. **11**, 389–422 (1973).

(3) GRAY, L. E., and J. B. SINCLAIR: Phytopathology **60**, 1486–1488 (1970).

(4) GRAY, L. E., and J. B. SINCLAIR: Phytopathology **61**, 523–525 (1971).

(5) KIRKPATRICK, B. L., and J. B. SINCLAIR: Phytopathology **63**, 1532–1535 (1973).

(6) MARSH, R. W.: (ed.) 321 p. London, Longman Group Ltd. 1972.

(7) MEYER, W. A., J. F. NICHOLSON and J. B. SINCLAIR: Phytopathology **61**, 1198–1200 (1971).

(8) NICHOLSON, J. F., J. B. SINCLAIR, J. C. WHITE and B. L. KIRKPATRICK: Phytopathology **62**, 1183–1185 (1972).

(9) SINCLAIR, J. B.: JNKVV Res. J. **5**, 1–8 (1971).

(10) SINCLAIR, J. B.: In: Current trends in plant pathology, pp. 252–261, Lucknow, India: Dept. Botany, Univ. of Lucknow. 1974.

(11) THAPLIYAL, P. N., and J. B. SINCLAIR: Phytopathology **60**, 1373–1375 (1970).

(12) THAPLIYAL, P. N., and J. B. SINCLAIR: Phytopathology **61**, 1301–1302 (1971).

Diskussion

FUCHS: If I understood well you didn't discriminate in your experiments with creeping bentgrass and strawberry, between the parent compound benomyl and its breakdown product MBC, and other possible fungitoxic substances induced by the treatment, f. i. by using thin layer chromatographic bioassays. Therefore, in my opinion, your results should be interpreted with caution. Could you comment on this?

SINCLAIR: Our bioassay techniques did not distinguish between original product used and any breakdown products.

PETERSON: You have shown an apparent movement of chloroneb out of cotyledons followed by upward transport, and in various publications you have observed a downward movement of ^{14}C-chloroneb. Do you have firm evidence that the transport chemial is chloroneb or would it be a breakdown product?
SINCLAIR: We have unpublished data, that suggest, that a nonfungitoxic breakdown product from chloroneb may have limited downward movement.
PETERSON: I think it would be useful in the interpretation of your "lateral movement" results, if you would determine whether or not a steam ring on the stolon would prevent movement of the fungicide. If transport is occuring in tissues other than the xylem, the transport will be completely inhibited by the steam ring but if transport is occuring in the xylem, movement will not be completely inhibited.
SINCLAIR: A good suggestion, thank you!
LYR: Haben Sie die Verteilung und das Transportverhalten bei Anwendung von Kombinationspräparaten im Vergleich zu den einzelnen Verbindungen untersucht?
SINCLAIR: We have not studied compounds in combination but if I may speculate, I would think, that the compounds would act independently.
BOCHOW: Sie haben einen Effekt der Temperatur auf die Translokation ihrer Verbindungen in den Pflanzen nachgewiesen. Ist es wirklich ein Effekt der Temperatur oder hauptsächlich eine Auswirkung verschiedener Transpirationsraten. Haben Sie dazu einige Hinweise?
SINCLAIR: You are right, varying temperatures would have both direct and indirect effects. I have no data on indirect effects.
JACOB: In your experiments with strawberry-plants, the transport of fungicide from mother to daughter plant was reversible. Was the water pressure potential exactly the same in each of the two plants.
SINCLAIR: Yes, as was plant size. Both the mother and daughter plants were formed to equal size.

Fate of Systemic Fungicides used for Coating seeds (Uptake, Transport, Degradation)

P. Leroux and M. Gredt

Laboratory of phytopharmacie—INRA—Versailles—France

Introduction

Systemic Fungicides used as seed dressings may diffuse in seed tissues where they prevent the development of fungi. For example, carboxin is very effective against loose smut of wheat or barley (16); benomyl, thiabendazole and thiophamine give good results with *Ascochyta pisi* Lib on peas (3). Sometimes those chemicals are translocated in stems and leaves of seedlings where they can control diseases. For example carboxin and chloroneb are effective against damping off caused by *Rhizoctonia solani* Kuhn on cotton (1, 2); benomyl and thiabendazole are active on *Cercosporella herpotrichoides* Fron of wheat (8); ethirimol gives good results with powdery mildew of barley (4).
Studies of the transport of chemicals from seed into developing seedling are not numerous (1, 2, 9, 18, 19) so in our experiments we try to give some indications about systemic activity of carbendazim and its precursors when used as seed dressings.

Experimental

1 — chemicals:

- Carbendazim or M.B.C.: methyl-2-benzimidazole carbamate (w.p. Bavistine, 50% M.B.C.).
- Benomyl: methyl (1-buthyl carbamoyl)-2-benzimidazole carbamate (w.p. Benlate, 50% benomyl).
- Thiophanate-methyl: 1.2 bis (3-methoxycarbonyl-1-thioureido) benzene (w.p. Pelt 44, 70% thiophanate-methyl).
- Thiophamine: 2(3-methoxycarbonyl-1-thioureido) aniline (w.p. NF 48, 50% thiophamine).

2 — plants and treatments:

Experiments are carried out with cucumber (cv. Vert long maraicher), french-bean (cv. Michelet), corn (cv. INRA 200), barley (cv. Trait d'union) and pea (cv. Provençal).
Seeds are dressed at different rates with fungicides and after they are sown in plastic pots containing sand, vermiculite or a soil mixture (2.6% o.m.—80% of silt and clay). Plants are grown in greenhouse at 18—25 °C and 65—85 R.H. and supplied every two days with a nutritive solution (pH 5.8—6.0) (12).

3 — adsorption of chemicals in soils:

Amounts of benomyl or M.B.C. adsorbed are determined from the change in solution when weighted portions of soils are shaken during four hours with aqueous solution (nutritive solution) of fungicide having a range of initial concentrations (0.5—10 p.p.m. a.i.) using a ratio of adsorbent to solution of 3 to 20. After equilibration the suspensions are centrifuged (1 500 g to 15 min) and the concentrations of fungicide determined in the supernatant by U.V. analysis (285 nm) or by bioassay (6, 12).

4 — Detection of fungitoxicants in aerial parts of plants:

The effectiveness of the various treatments is tested in the following host/parasite combinations: Cucumber [*Sphaerotheca fuliginea* Schlech, french-bean] *Sphaerotheca fuliginea* Schlech, barley [*Erysiphe graminis* D.C. and pea] *Erysiphe pisi* D.C.

In qualitative tests, a suspension of spores of *Penicillium expansum* LK in P.D.A. is sprayed on glass plates (20 × 20 cm); leaf discs (diam. 6 mm) or stem and petiole sections (2—4 mm) are then incubated on the solidified P.D.A. for 24 hours in a humid chamber. Thereafter the diameters of inhibition zones around plant fragments are noted (11). This method gives some idea of the fungitoxicant localization in aerial parts of plants.

In quantitative tests the aerial parts (divided into several parts if necessary) of 10 to 20 plants are weighted, then extracted with ethyl acetate. The filtrates are dried on anhydrous Na_2SO_4 and concentrated to a volume (in ml) equivalent to the fresh weight (in grams) of the extracted samples. Concentrations of fungitoxicants (mainly M.B.C.) in extracts are measured according to the bioautograph technique with *P. expansum* as test organism (10, 11, 12, 14).

Results

1 — Systemic activity of benomyl in various plants

The results summarized in Table 1 and Table 2 indicate that concentrations of fungitoxicants (mainly M.B.C.) in stems are lower than in leaves. With barley (and also corn) there is an accumulation of M.B.C. in leaf tips where necroses may appear. As observed with griseofulvine in wheat (17) we detect fungitoxicants in guttation drops of barley; concentrations (of M.B.C.) in drops tend to increase with concentrations in leaf tissues. In cucumber M.B.C. tends to localize in cotyledon tips and leaf margins. With french-bean fungitoxicants diffuse very quickly within cotyledons and are slightly redistributed before their fall; there is an accumulation in leaf (or leaflet) margins. In pea M.B.C. accumulates in margins of leaflets and stipules.

As shown in Table 2 the highest M.B.C. concentrations are not always observed in the oldest leaves. However in many cases the evolution of M.B.C. amounts in a leaf in the course of time is represented by the hyperbolic function:

$$q = \frac{qM(t - to)}{t + k}$$

t: days after sowing

q: amounts of M.B.C. in a leaf at t

C_M, k to are constants which depend upon plant species leaves, (and also environmental factors).

Table 1

Localization of fungitoxicants in various parts of plants grown on sand (seeds are dressed at the rate of 1 mole benomyl/100 kg)

Plants		Corn		Barley		Cucumber		French-bean		Pea	
days after sowing		10	31	10	31	10	31	13	27	13	27
cotyledons	C*					13	3	32			
	T**					21	12	36			
Stems (under cotyledons or 1st leaf)		25	16	11	8	12	9	26	17	25	15
1st leaf	C	14	2	5	3		1	10	10	15***	12
	T	17	5	20	7		5	14	15		
2nd leaf	C	12	2	4	3		1		4		11
	T	15	6	7	9		2		7		
3rd leaf	C		3		4						8
	T		7		10						
4th leaf	C		3		5						6
	T		6		9						
5th leaf	C		2		3						4
	T		4		6						

The results of bioassays represent the inhibition zone (diam. mm) of *P. expansum* growth around each plant fragment.

* C center of cotyledons or leaves.
** T cotyledons tips, tips of corn and barley leaves, margins of cucumber, french-bean leaves.
*** pea leaf discs are in cut leaflets and stipules.

In sand at the rate of 1 mole benomyl /100 kg seeds, one month after sowing, the amounts of M.B.C. detected in aerial parts of one plant represent about 22% of the amounts initially on one seed for cucumber, 16% for barley, 12% for french-bean, 7% for corn and 4% for pea (see Table 5 and Fig. 1).

2 — Adsorption of chemicals in soils:

Adsorption isotherms are obtained by plotting amounts adsorbed per unit weight of soil (A: in µg/g) against final equilibrum solution concentration (E: in µg/ml). For benomyl and M.B.C., isotherms are approximatively straight line between 0.2 and 4 µg/ml (final equilibrum concentrations). The distribution coefficients (kd) represent the slopes of such isotherms (A = kd E). For benomyl the kd values are 12.5 in soil mixture 7.2 in vermiculite and 0.5 in sand; for M.B.C. they are respectively 7.5, 3.7 and 0.3.

Table 2

Localization of M.B.C. in various parts of plants grown on sand (seeds are dressed at the rate of 1 mole benomyl/100 kg)

Plants		Corn		Barley		Cucumber		French-bean		Pea	
days after sowing		10	31	10	31	10	31	13	27	13	27
cotyle-	C*					5.5	13.0	25.0			
dons	q**					1.2	7.5	21.6	(20.0)***		
stems	C	12.0	2.1	3.0	2.2	0.9	0.4	1.0	1.8	3.6	2.5
	q	3.0	1.8	0.2	0.2	0.1	0.5	0.6	3.4	0.6	0.3
1st leaf	C	17.0	12.6	13.8	14.2		8.0	4.0	17.0	11.3	12.6
	q	3.6	5.1	1.6	2.8		4.0	3.0	47.7	1.8	1.8
2nd leaf	C	10.0	9.0	5.3	13.2		2.3		4.0	5.2	13.0
	q	1.6	8.0	0.1	4.5		1.5		4.6	0.2	2.2
3rd leaf	C		7.5		11.3				1.3		16.6
	q		7.0		3.8				0.3		3.3
4th leaf	C		5.1		9.0						9.5
	q		5.2		2.1						1.9
5th leaf	C		1.4		2.2						2.0
	q		1.6		0.2						0.4

* C concentrations expressed in µg M.B.C./g. fresh weight.
** q amounts expressed in µg M.B.C./plant.
*** amount of M.B.C. in french-bean cotyledons when falling down.

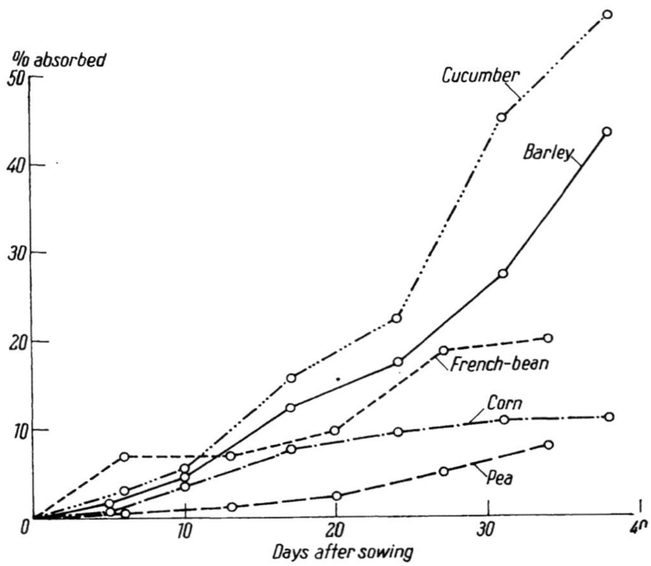

Fig. 1. Systemic activity of benomyl in plants grown on sand (1 mole/100 kg seeds).

3 — Systemic activity of benomyl in various soils:

In Table 3 we observe that the uptake of fungicide decreases as follows: sand > vermiculite > soil mixture for corn, barley, cucumber (see Fig. 2) and as follows

Table 3

Influence of soil on the systemic activity of benomyl
(seeds are dressed at the rate of 1 mole benomyl/100 kg)

Plants		Corn		Barley		Cucumber		French-bean		Pea	
days after sowing		10	31	10	31	10	31	13	27	13	27
C : concentrations ex-	sand	13.1	5.5	9.0	10.6	4.1	4.7	11.1	10.8	6.7	9.7
pressed in µg M.B.C./g	vermi.**	13.2	3.2	4.7	3.9	1.9	1.3	9.9	3.1	5.2	13.2
fresh weight	soil***	7.7	3.0	3.8	3.3	1.3	0.6	18.0	1.2	2.4	5.7
q : amounts expressed	sand	8.2	28.7	1.9	13.6	4.6	13.5	25.2	56.0	3.2	9.9
in µg M.B.C./plant	vermi.	6.2	18.0	0.9	5.7	1.5	6.7	27.8	46.7	3.4	27.8
	soil	2.3	7.4	0.7	2.7	0.6	0.8	35.4	5.4	0.9	4.0
% absorbed (in aerial	sand	8.0	11.0	3.9	27.1	15.3	45.0	6.3	19.0*	1.6	5.0
parts of plants)	vermi.	4.2	6.9	1.8	11.5	4.9	22.2	6.9	16.7*	1.7	13.9
	soil	2.6	2.8	1.3	5.4	2.0	2.5	8.8	8.8*	0.5	2.0

* Cotyledons of french-bean fall down 22 to 25 days after sowing they contain 20 µg M.B.C. in sand and vermiculite, 30 µg in soil mixture; those values are included in calculation of % absorbed.

** vermi.: means vermiculite.

*** soil: means soil mixture.

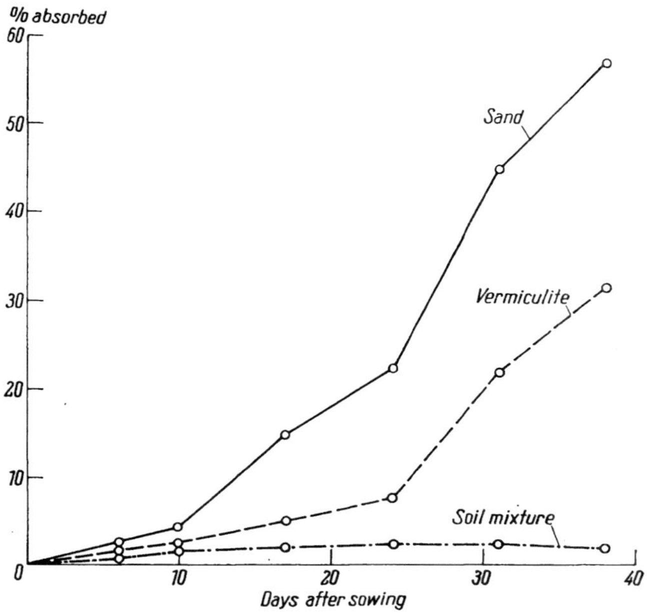

Fig. 2. Influence of soil on the systemic activity of benomyl in cucumber (1 mole/100 kg seeds).

vermiculite > sand > soil mixture for pea. With french-bean, during the first two or three weeks there is no difference between soils, and after this time (cotyledon fall) we noted the same order as corn (see Fig. 3).

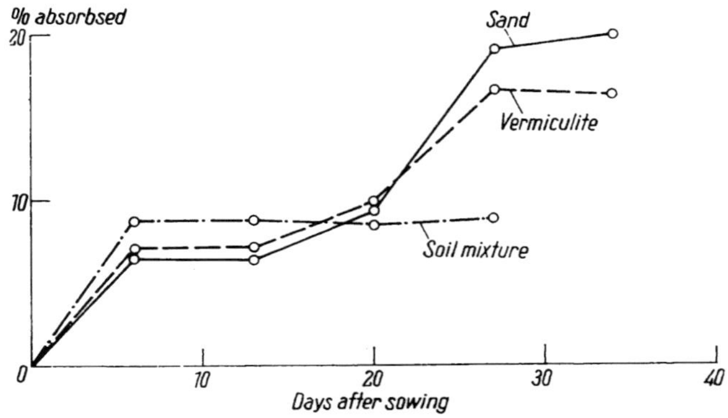

Fig. 3. Influence of soil on the systemic activity of benomyl in French-bean (1 mole/100 kg seeds).

4 — Influence of seed treatment rates.

Seeds treated with benomyl at 0.033, 0.10, 0.30 and 0.90 mole per 100 kg are sown in sand. In Fig. 4 (a and b) we observe a linear relation between fungitoxicant amounts detected in aerial parts of one plant and the amounts initially on one seed (only for the lower rates). The slopes of the straight lines depend upon plant species, age of plants, etc...; for example with two weeks old plants, slope values are 0.715 for french-bean, 0.127 for corn, 0.116 for barley, 0.065 for cucumber and 0.027 for pea.

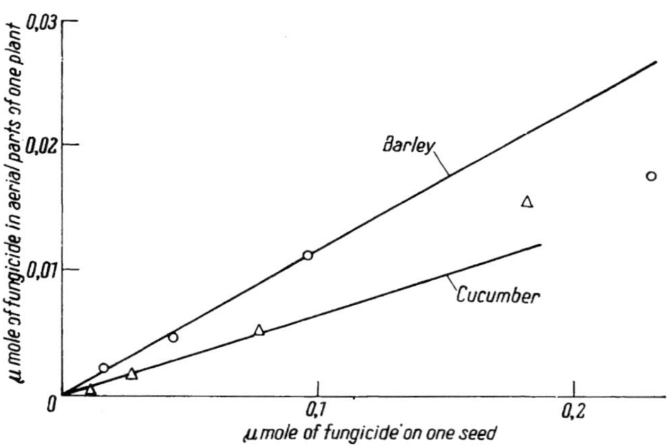

Fig. 4a. Influence of seed treatment rates on the systemic activity of benomyl in plants grown on sand during two weeks.

In these experiments the effectiveness against powdery mildews increases with treatment rates (see Table 4).

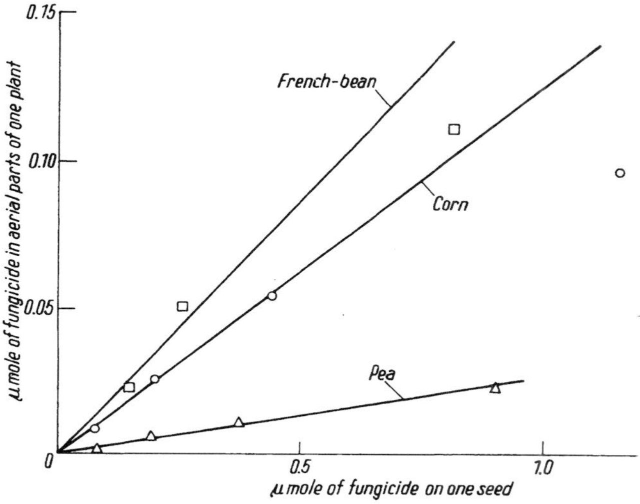

Fig. 4b. Influence of seed treatment rates on the systemic activity of benomyl in plants grown on sand during two weeks.

Table 4

Effectiveness of benomyl against powdery mildews of various plants grown on sand (Results expressed in days after sowing necessary to observe symptoms on 50% of the plants)*

Host/parasite mole benomyl/100 kg seeds	Barley/*Erysiphe graminis*	Cucumber/*Sphaerotheca fuliginea*	French-bean/*Sphaerotheca fuliginea*	Pea/*Erysiphe pisi*
0	16	19	20	23
0.033	31	29	35	27
0.10	37	35	40	40
0.30	+40**	40	+40	+40
0.90	+40	+40	+40	+40
minimal concentration (µg M.B.C./g fresh weight) protecting leaves	1.0—3.0	0.2—0.5	0.5—1.0	0.5—1.5

* "symptoms" are observed when more than three spots of powdery mildew are present on one plant.
** no disease 40 days after sowing.

5 — Influence of environmental temperature and humidity:

Table 5 shows that systemic activity of benomyl is stimulated by environmental factors which increase the transpiration rate.

Table 5

Influence of environmental temperature and humidity on the systemic activity of benomyl in various plants grown on sand
(Results expressed in per cent of absorption one month after sowing)

Environmental conditions Temperature (°C)	Relative humidity (% R.H.)	Corn	Barley	Cucumber	French-bean	Pea
22	68	10	22	33	19	5
21	75	9	17	20	10	4
20	82	3	7	12	6	2
Average		7	16	22	12	4

6 — Differences in the systemic activity of M.B.C. and its precursors:

Results obtained in sand with seeds treated at the rate of 1 mole a. i./100 kg, summarized in Fig. 5 (a and b), are generally: thiophamine > benomyl > thiophanate-methyl > M.B.C.; sometimes thiophanate-methyl is better than benomyl for one month old plants.

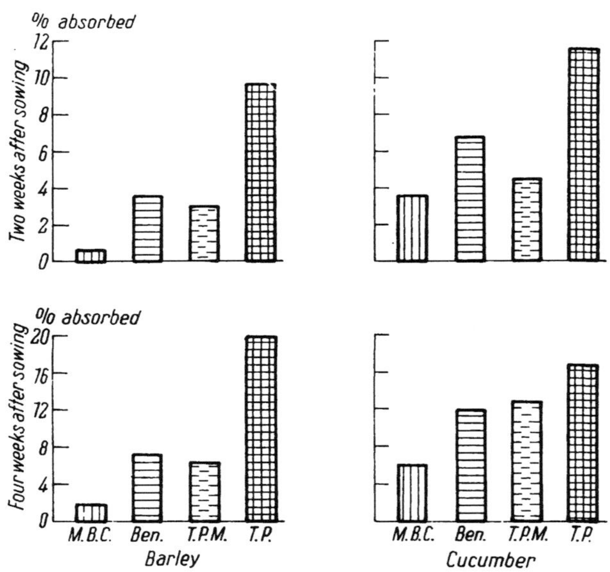

Fig. 5a. Systemic activity of carbendazim (M.B.C.), benomyl (Ben), thiophanatemethyl (T.P.M.) and thiophamine (T.P.) in plants grown on sand
1 mole a.i./(100 kg seeds).

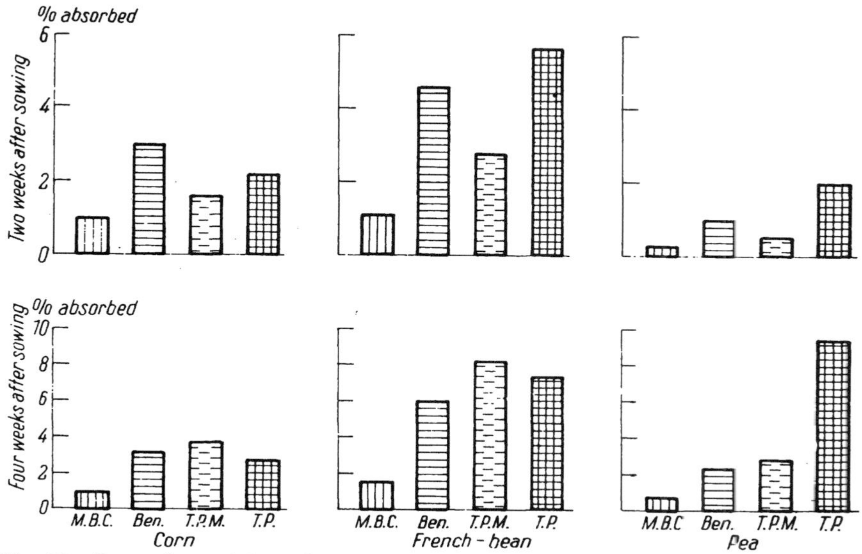

Fig. 5b. Systemic activity of carbendazim (M.B.C.) benomyl (Ben), thiophanatemethyl (T.P.M.) and thiophamine (T.P.) in plants grown on sand (1 mole a. i./100 kg seeds).

Table 6
Systemic activity and chemical structure of M.B.C. and some of its precursors

Properties chemicals	hydrosolubility pH 5.8–6.0 (μ mole a.i/l)	liposolubility Revers phase T.L.C.* Rf	Π**	Octanol/water partition P	Π***	Stability in water pH 5.8–6.0 (half life in days)	Systemic activity **** fungicide absorbed (%) after 14 days	28 days
carbendazim (M.B.C.)	250	0.39	0	15	0	⩾40	1.5	2.2
benomyl	70	0.10	+0.76	98	+0.80	4 to 7	4.2	6.2
thiophanatemethyl	140	0.34	+0.10	15	0.00	> 40	2.3	6.7
thiophamine	320	0.50	−0.20	3.5	−0.64	20 to 25	6.1	11.2

* Reverse phase thin layer chromatograph yon silica-gel HF 254 silanized (MERCK) with 40% aqueous ethanol as mobile phase.

** $\Pi = \log \left[\frac{(1/Rf) - 1}{(1/RF\ M.B.C.) - 1}\right]$

*** $\Pi = \log \left[\frac{P}{P\ M.B.C.}\right]$

Those Π values are not equivalent to the substitution constant Π used by HANSCH and FUJITA (7) because chemicals are not always substitution products of M.B.C.

**** average of corn, barley, cucumber, french-bean and pea (see Fig. 6).

As shown in Table 6, solubility in water or lipids and stability do not explain the differences in systemic activity.

Discussion

After seed dressing, chemicals, may diffuse through coats in internal seed tissues and then move into seedlings, or/and are leached from coats and enter through the roots of developing seedlings (19).

With barley some benomyl (and M.B.C.) diffuses in seed tissuses, moves into seedling leaves after two or three weeks and after that or during the same time fungicide remaining on seeds diffuses in soil and can be absorbed by roots. Experiments on wheat (cv. Joss or Rex) show that the same phenomenons occur; however amounts of fungicide detected in aerial parts of plants are 1.5 or 2 times lower than for barley. Corn seems to be very different from barley or wheat. In cucumber there is little or no penetration through testa into cotyledons (15); root uptake occurs only when chemicals can easily diffuse in soil. With french bean a rapid penetration through coats occurs (15) and the amounts of chemicals detected in cotyledons can represent more than 20% of the amounts initially on seeds. As observed by Thapliyal and Sinclair (18) with soybean, benomyl (or M.B.C.) is slightly redistributed towards the other parts of the plants. Uptake by french-bean roots probably occurs in the same conditions as cucumber. For pea, penetration in cotyledons is possible (13) but redistribution of fungicide towards aerials parts is limited.

For benomyl, M.B.C. and probably for related chemicals, uptake by seeds is high for some plants (e. g. french bean, soybean, barley, pea...) and low for others (e. g. cucumber, rape); the movement of fungitoxicants from inner tissues of seeds towards stems or leaves of seedlings is often limited. Generally uptake by seeds does not depend upon soils. Uptake of fungicides by roots occurs in all plants and is very high when chemicals are able to diffuse from seed teguments to roots where they are absorbed (e.g. in sand). Uptake by roots depends upon soils. In all cases environmental temperature and humidity act on apoplastic movement of fungitoxicants in plants. Therefore it is not suprising that, in practice, the effectiveness of benomyl (and its related compounds) against a plant disease depends upon soils and climates.

As observed with root treatments (5, 10) differences appear in the systemic activity of M.B.C., benomyl, thiophanate-methyl and thiophamine. Aerial parts of plants issued from seeds treated with M.B.C. or its precursors mainly contain M.B.C. which probably means that differences occur in uptake and retention of intact chemicals by roots (and seeds).

Literature

(1) Allam, A. I. and al: Phytopathology **59**, 265—266 (1969).
(2) Allam, A. I., and J. B. Sinclair: Phytopathology **59**, 1548—1549 (1969).
(3) Anselme, C., et R. Champion: Phytiatrie-Phytopharmacie **20**, 13—21 (1971).

(4) BROOKS, D. H.: In: Systemic Fungicides 186—205, London, Longman (1972).
(5) FUCHS, A. and al.: Pesticide Biochemistry and Physiology **2**, 191—205 (1972).
(6) GRAHAM-BRYCE, I. J., and J. COUTTS: Proc. 6th. Br. Insectic. Fongic. Conf., 419—430 (1971).
(7) HANSCH, C., and T. J. FUJITA: J. Am. Chem. Soc. **86**, 1616 (1964).
(8) LEMAIRE, J. M. et coll.: C. R. Acad. Agric. France **56**, 643—649 (1970).
(9) LEROUX, P., et M. GREDT: Phytiatrie-Phytopharmacie **21**, 45—60 (1972).
(10) LEROUX, P., et M. GREDT: Phytiatrie-Phytopharmacie **21**, 237—254 (1972).
(11) LEROUX, P., et M. GREDT: Phytiatrie-Phytopharmacie **22**, 319—328 (1973).
(12) LEROUX, P., et M. GREDT: Phytiatrie-Phytopharmacie **23**, to be published (1974).
(13) MAUDE, R. B.: Pestic. Sci. **2**, 225 (1971).
(14) PETERSON, C. A., and L. V. EDGINGTON: J. Agr. Food Chem. **17**, 898—899 (1969).
(15) PETSIKOS-PANAYOTAROU, N.: Thèse de Docteur ingénieur, Université de Lille, 123 p. (1972).
(16) RICHARD, G., et J. COGNET: Phytiatrie-Phytopharmacie **17**, 189—196 (1968).
(17) STOKES, A.: Plant and soil **5**, 132—142 (1954).
(18) THAPLIYAL, P. N., and J. B. SINCLAIR: Phytopathology **61**, 1301—1302 (1971).
(19) WAIN, R. L., and G. A. CARTER: In: Fungicides I, New York and London: Academic press (1967)

Diskussion

SISLER: You gave a half life of benomyl of 5—7 days. Was all the benomyl in these tests in solution?

LEROUX: Yes.

LYR: Warum wird Benomyl von Erbsen so schlecht aufgenommen bzw. in ihnen so wenig transportiert? Ist die Aufnahme oder der Transport der begrenzende Faktor?

LEROUX: We found that uptake by seeds occurs but few redistribution from cotyledons towards stems and leaves. We found that root-uptake is lower in peas than in other plants mentioned. We cannot explain for the moment why activity is higher when plants grow on vermiculite than on sand.

MÜLLER: Wir erzielten mit Antibiotika ähnliche Ergebnisse wie Sie nach Applikation von Benomyl bei verschiedenen Arten von Pflanzen. Nach Wurzel-Applikation wurden systemische Antibiotika von den Arten unterschiedlich stark aufgenommen.

PETERSON: Could you give us more details on your seed treatment experiment, which indicated that fungicides penetrated through the seed coat. Were the seeds inbibing water at this time?

LEROUX: At different times we washed seeds in water and took the cotyledons of dicotyledonous plants for analysis. Seeds of corn and barley we washed in aceton before analysis. The absorption occurs only seeds are in humid conditions.

PETERSON: A small point. When you are presenting results of amount of fungicide by giving the measurement of a zone of inhibition the results are difficult to compare with each other because of the zone of inhibition is not linearly related but semilogarithmically related to the amount of fungicide present. As the zone of inhibition increases it takes progressively more and more fungicide to obtain a given increment of zone increase. Thus the difference between the large zones of inhibition in some cotyledones cannot be equated with difference between the smaller zones of inhibition in other cotyledons and leaves.

Leroux: I did not want to compare the inhibition-zones of discs of leaves and of cotyledons. Only in one organ I try to compare in qualitativ terms the different discs. For the semilogarithmical relation, we used there the bioautograph method only.

Изучение поглащения тиабендазола растительными клетками

Studies on the uptake of thiabendazole by plant cells

О. Дюла, О. Gyula

Институт Защиты Растений, Будапешт

Studies on the uptake of thiabendazole by isolated cultures of carrot root tissues and cucumber plants show, that the thiabendazole is taken up as a neutral molecule and the amount of the absorbed thiabendazole is dependent on the pH of the media.

Известно, что тиабендазол является фунгицидом системного действия и изучение его метаболизма было начало в нашем институте как модельного вещества при выяснении механизма действия целого класса фунгицидов, производных бензимидазола (2). В настоящем сообщении я хотел бы изложить результаты своей работы, проведенной для выяснения влияния pH среды на степень поглащения тиабендазола растительными клетками.

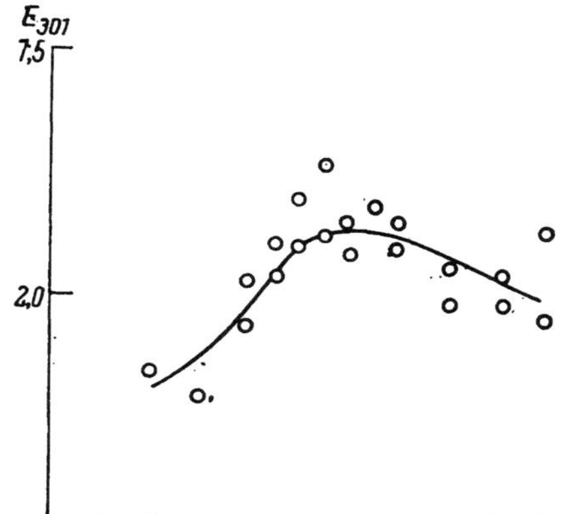

Рис. 1. Проникновение тиабендазола в клетки изолированных тканей моркови в зависимости от pH среды.

Кривая показывает экстинкции, пропорциональные оставщимся количествам тиабендазола в среде.

Uptake of thiabendazole by cells of carrot tissues as a function of pH.

The curve represents the extinction of thiabendazole at 301 nm remaining in the media at the given pH values. The extinction values proportional to the amount of thiabendazole in the media.

Тисдал и Лорд изучали поглащение тиабендазола меченного ^{14}C в бензольном кольце вырезками из клубней картофеля. Они установили, что поглащение самое интенсивное при pH 3,0 и через 15 минут наступает насыщение. Метаболитов выявить им не удалось (3).

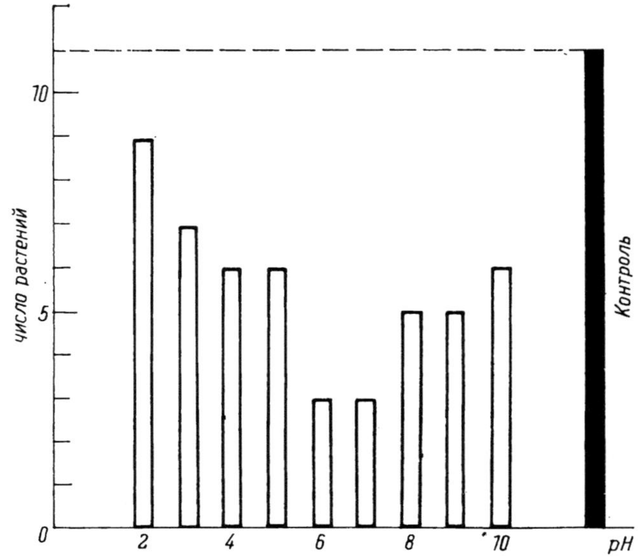

Рис. 2. Проникновение тиабендазола в корни растений огурцов в зависимости от pH среды.

На графике показано число сильно пораженных растений из 15 обработанных (в каждом варианте).

Uptake of thiabendazole by cucumber roots as a function of the pH of the media. The graph shows the number of heavily infected leaves among the tested ones of each parallel.

В своих опытах мы использовали изолированные культуры корневой ткани моркови, выращенные на агаризированной питательной среде Геллера (1), а также проростки огурцов. В случае тканевой культуры моркови, о степени поглащения тиабендазола суспензией клеток судили по уменьшению количества тиабендазола в инкубационной среде. В опытах, проведенных с проростками огурцов, полученных в условиях теплиц, о мере поглащения тиабендазола судили по степени пораженности надземней части проростков грибом *Cladosporium cucumerinum*. Кроме того нами было проведено исследование степени распределения тиабендазола между водой и подсольнечным маслом, в зависимости от различных pH водной фазы. Количество тиабендазола после экстракции его из инкубационной среды или водной фазы, определяли спектрофотометрически на приборе H 700 фирмы Хилгер-Ватс при длине волны 301 нм. (4).

Результаты опытов проведенных клеточными суспензиями приведены на рис. I. Как видно, поглащение тиабендазола максимальное в интервале pH от 4,5 до 7,0.

Результаты опытов, проведенных с проростками огурцов приведены на рис. 2. Нами было обработано 10 серий, каждая из которых состояллась из 15 растений, при каждом значении pH. После обработки их тиабендазолом при соответствующих значениях pH они были исскуственно заражены спорами *C. cucu-*

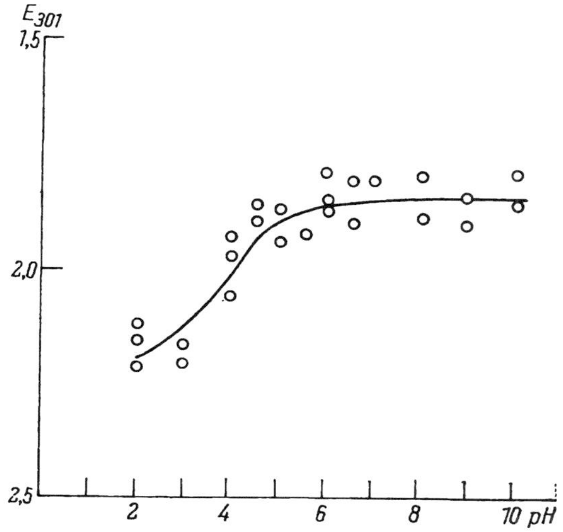

Рис. 3. Адсорпция тиабендазола на фиксированном клеточном материале ткани моркови.

Кривая показывает экстинкции, пропорциональные оставщимся количествам тиабендазола в среде.

Absorption of thiabendazole by prepared cells at carrot tissues as a function of pH. The curve shows the extinction of thiabendazole at 301 nm remaining in the media at the given pH values. The extinctional values proportional to the amount of thiabendazole in the media.

merinum. Степень пораженности оценивалась на шестой день после заражения. Сильно пораженными растениями кроме погибщих, считались те, у которых более чем 70% нижней поверхности листьве было покрыто сероватым мицелием гриба. Степень пораженности была наименьшая в области pH 6,0—7,0. Это свидетельствует о том, что именно при этих значениях pH корни этих растений поглащали наибольшее количество тиабендазола.

Нами была также изучена ещё адсорбция тиабендазола специально фиксированным клеточным материалом ткани моркови в зависимости от pH. Полученные данные представлены на рис. 3. Как можно видеть, степень адсорбции постепенно возрастает с повышением pH до 6,0, после которого остается постоянной.

Данные по степени распределения тиабендазола между водой и маслом представлены на рис. 4. Кривая I характеризует зависимость между количеством тиабендазола, оставщегося в водной фазе, и значением pH среды. Кривая 2 показывает процентное соотношение между катионной и нейтральной формами тиабендазола в водном растворе в зависимости от pH, значение $pK_{катион}$ определялось путём потенциометрического титрования. Из характера кривой I можно видеть, что в водной фазе значительное количество тиабендазола остается до pH 3,0. При дальнейщем повыщении pH это значительно умень-

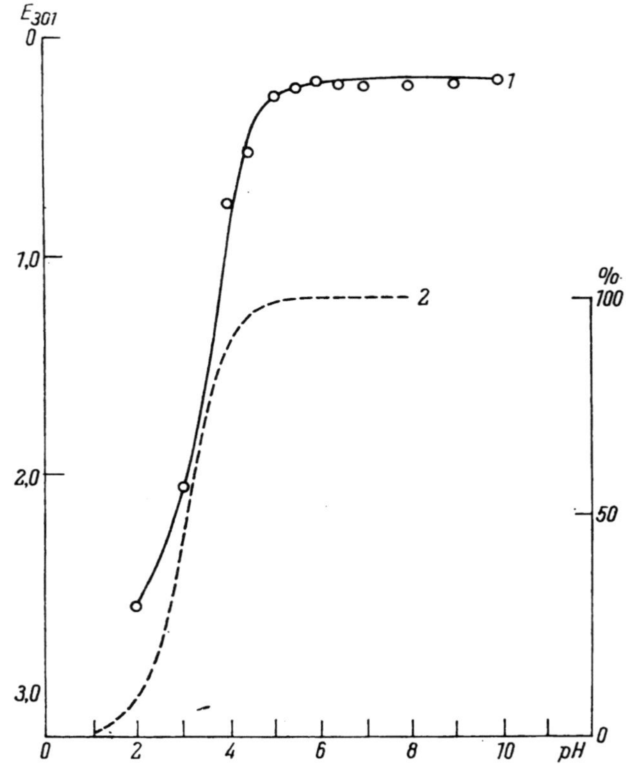

Рис. 4. Разделение тиабендазола между водой и подсолничным маслом в зависимости от pH водной фазы.
Сплошная кривая показывает экстинкции, пропорциональные оставщимся количествам тиабендазола в водной базе. Пунктированной кривой показано процентное соотношение между катионной и нейтральной формами молекул тиабендазола находящихся в растворе, в зависимости от pH среды.

Sunflower oil/water distribution of thiabendazole as a function of pH.
The continuous curve shows the extinction values of thiabendazole remaining in the water phase.

шается, и между pH 6,0—10,0 остается неизменным. При этих же значениях pH, а именно 6,0—10,0 молекулы тиабендазола почти на 100% находятся в нейтральной форме.

Суммируя данные работы, можем констатировать, что клетки при нейтральном и слабокислых значениях pH поглащают больше тиабендазола, чем при кислом и щелочном. Молекулы тиабендазола поступают в клетку в нейтральной форме, в то время как его катион в липидах плохо растворяется и клетками менее поглащается чем нейтральная форма. Адсорбционные свойства отпрепарированного клеточного материала по характеру подобны к распределению между водой и маслом в зависимости от pH водной фазы.

Эти явления сосстороны клетки можно объяснить уменьшением связи между липофильными частями клеточной мембраны и тиабендазолом при кислых значениях среды, и уменьшением проницаемости клеточной мембраны при щелочных.

Литература

(1) Бутенко, Р. Г.: Культура изолированных тканей и физиология морфогенеза растений. Москва: Наука (1964).

(2) Gasztonyi, M., and Josepovits, Gy.: Acta Phytopath. Acad. Sci. Hung. **5**, 129—135 (1970).

(3) Tisdale, M. J., and Lord, R. A.: Pest. Sci. **4**, 121—130 (1973).

(4) Oros Gyula: Thiabendazol felvételének befolyásolása a-romás aminosavakkal növényi sejtekben. Egyetemi doktori értekezés. Eötvös Lóránt Tudományegyetem. Budapest (1973).

Untersuchungen über die Stabilität verschiedener systemischer Fungizide gegenüber Einwirkung von UV- und Sonnenlicht auf Glas und Blättern von Bohnenpflanzen

H. Buchenauer

Lehrstuhl für Phytopathologie und Pflanzenschutz, Universität Hohenheim, 7000 Stuttgart 70, Postfach 106

Einleitung

Die systemischen Fungizide werden zur Bekämpfung von Pilzkrankheiten an Pflanzen, vor allem als Blattbehandlungen eingesetzt. Ein Teil des applizierten Wirkstoffs penetriert in die Blätter und wird in den Leitungsbahnen der Pflanzen mehr oder weniger frei transloziert. Der Hauptanteil der applizierten Fungizidmenge ist als Rückstand auf der Blattoberfläche den Einflüssen vielfältiger Umweltbedingungen unterworfen, die auf die Inaktivierung der Fungizidrückstände unterschiedlich stark wirken. Von den die Inaktivierung beeinflussenden Faktoren ist der Wirkung des Sonnenlichtes, insbesondere dem UV-Anteil der Sonnenstrahlung, eine große Bedeutung beizumessen.
Diese Arbeit beschäftigt sich mit der Stabilität einiger systemischer Fungizide gegenüber der Einwirkung von UV- und Sonnenlicht sowohl in wäßriger Lösung als auch im festen Zustand auf Glas und auf der Blattoberfläche von Bohnenpflanzen.

Material und Methoden

Für die Untersuchungen zum photochemischen Abbau standen folgende Fungizide aus den verschiedenen chemischen Wirkstoffklassen zur Verfügung: Benzimidazol-Derivate: Benomyl [Methyl 1-(butylcarbamoyl) benzimidazol-2-yl carbamat], MBC (Methyl benzimidazol-2-yl carbamat) und Thiabendazol (TBZ) [2-(4-Thiazolyl) benzimidazol]; Piperazin-Derivat: Triforine [N,N-(1,4-Piperazindiyl-bis-(2.2,2-trichloräthyliden))-bis-formamid]; Carbonsäureanilin-Derivate: Carboxin (Vitavax) (5.6-Dihydro-2-methyl-1,4-oxathiin-3-carboxanilid), Oxicarboxin (Plantvax) (5,6-Dihydro-2-methyl-1,4-oxathiin-3-carboxanilid-4,4-dioxid), Pyracarbolid (2-Methyl-5,6-dihydro-4H-pyran-3-carbonsäureanilid), BAS 3190 (2,5-Dimethyl-furan-3-carbonsäureanilid), BAS 3270 (N-Cyclohexyl-2,5-dimethyl-furan-3-carbonsäureamid), BAS 3170 (Benodanil), (2-Jodbenzoesäureanilid) und BAS 3050 (o-Methylbenzoesäureanilid); Chloraniformethan [1-(3,4-Dichloranilino)-1-formylamino-2,2,2-trichloraethan].
Die Substanzen wurden in einem organischen Lösungsmittel (z. B. MeOH) (1000 ppm) gelöst, mit dest. H_2O auf 25 ppm verdünnt und jeweils 5 ml in offene Petrischalen (Durchmesser 9 cm) gegeben. Die Fungizidlösungen wurden anschließend unterschiedlich lange entweder mit einer UV-Lampe (Sterisol F1137, 6M-Original Hanau-NN 30/89 VK) im Abstand von 80 cm oder mit Sonnenlicht bestrahlt. Als Kontrolle wurden Lösungen gleicher Konzentration und Menge im Dunkeln inkubiert. Die verdunstete H_2O-Menge in den Schalen wurde nach je-

weils 5stündiger Bestrahlung mit UV- bzw. Sonnenlicht wieder ergänzt. Die Dauer der täglichen Einwirkung des Sonnenlichtes betrug 10 h.
Zur Prüfung des Effektes von Photosensibilisatoren auf die Stabilität der Fungizide wurden die Verbindungen Riboflavin, Rhodamin und Xanthen den Fungizidlösungen in einer Konzentration von 10 ppm beigefügt.
Der Einfluß der Strahlungsenergie auf die Inaktivierung der Fungizide im festen Zustand wurde untersucht, indem die Wirkstoffe in MeOH gelöst (500 ppm), 0,5 ml der Lösungen in Petrischalen pipettiert und nach Verflüchtigung des Lösungsmittels die Schalen unterschiedlich lange dem UV- bzw. Sonnenlicht exponiert wurden.
Die Fungizide wurden 4mal in kleinen Mengen mit MeOH bzw. Essigsäureäthylester eluiert, die einzelnen Eluate zusammengegeben und auf eine bestimmte Menge eingeengt.
Jeweils 200 μl der wässrigen Fungizidsuspensionen wurden in Form kleiner Tröpfchen auf die adaxiale Seite der Blätter von Bohnenpflanzen aufgetragen und die behandelten Pflanzen im Freien der Einwirkung des Sonnenlichtes exponiert. Die Kontrollpflanzen wurden in einem Raum mit dämmrigem Licht aufbewahrt. Nach der Exposition wurden die Rückstände von den Blättern mehrmals mit MeOH bzw. Essigsäureäthylester eluiert.
Die Wirkung der Strahlungsenergie auf die Stabilität der Fungizide wurde mit Hilfe der Bioautographie-Technik unter Verwendung von *Cladosporium cucumerinum* und *Ustilago maydis* als Testorganismen bzw. UV-spektralphotometrisch untersucht (1).

Ergebnisse

Benomyl hydrolisierte nach 12 h Inkubation in wässriger Lösung größtenteils zu MBC, welches sich als sehr photostabil erwies. Eine 32 h Bestrahlung mit UV-Licht verminderte die fungitoxische Aktivität nicht nennenswert (Abb. 1).

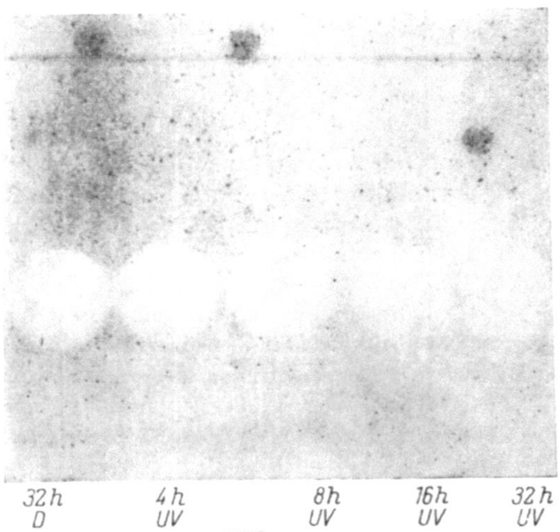

Abb. 1. Nachweis der Stabilität von MBC in wässriger Lösung gegenüber der Einwirkung von UV-Licht (4, 8, 16 und 32 h UV) und Inkubation im Dunkeln (32 h D) durch die Dünnschichtbioautographie.

TBZ zeigte in wässriger Lösung gegenüber der UV-Strahlung eine etwas schwächere Stabilität als MBC. Nach einer Expositionszeit von 16 h wurden ungefähr 15%, nach 32 h 40% des Wirkstoffs inaktiviert (Abb. 2). Die fungitoxische Aktivität von MBC und TBZ wurde durch eine 32 h Bestrahlung im festen Zustand nicht vermindert.

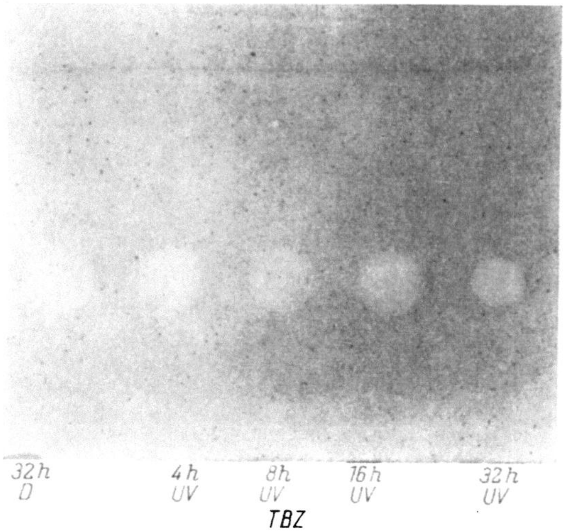

Abb. 2. Einfluß einer 4, 8, 16 und 32 h Bestrahlung mit UV-Licht sowie Inkubation im Dunkeln (32 h D) auf die Inaktivierung von TBZ in wässriger Lösung.

In den folgenden Experimenten wurde die Frage untersucht, ob möglicherweise eine Änderung des pH-Wertes des Lösungsmittels einen Einfluß auf die photochemischen Reaktionen von Benomyl, MBC und TBZ ausübt. Die Inaktivierung von Benomyl wurde bei pH 9 gefördert, dagegen nicht bei pH 5 und 7. Das Bioautogramm zeigt, daß durch eine 12 h Einwirkung des UV-Lichtes auf MBC-Lösungen von pH 5 eine zweite fungitoxische Substanz mit charakteristischen bimodalen Eigenschaften entstand (Abb. 3). Diese neu gebildete Substanz war in der vorliegenden Lösung nicht stabil.
Die Anwesenheit von Photosensibilisatoren (Riboflavin, Rhodamin und Xanthen) in den wäßrigen Lösungen aktivierte den photochemischen Abbau von MBC und Benomyl nach 12 h Bestrahlung mit UV-Licht nicht. Die Aktivität von TBZ wurde in Gegenwart von Riboflavin und Xanthen, nicht aber durch Rhodamin, in geringem Maße vermindert (Abb. 4).
Durch Verstärkung der Strahlungsintensität (Verminderung des Abstandes zwischen UV-Lampe und Fungizidlösung von 80 auf 20 cm) betrug die Inaktivierung von MBC nach folgenden Expositionszeiten: 0,5 h 18%, 1 h 35%, 2 h 90%.

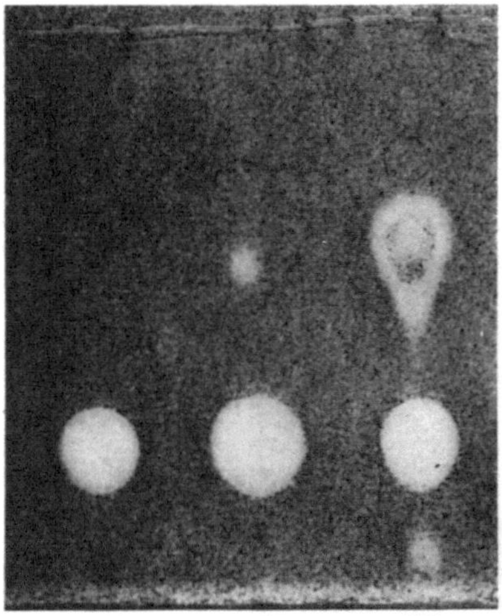

Abb. 3. Wirkung einer UV-Bestrahlung und Inkubation im Dunkeln (jeweils 12 h) auf die photochemische Veränderung von MBC in wäßriger Lösung bei pH 5.

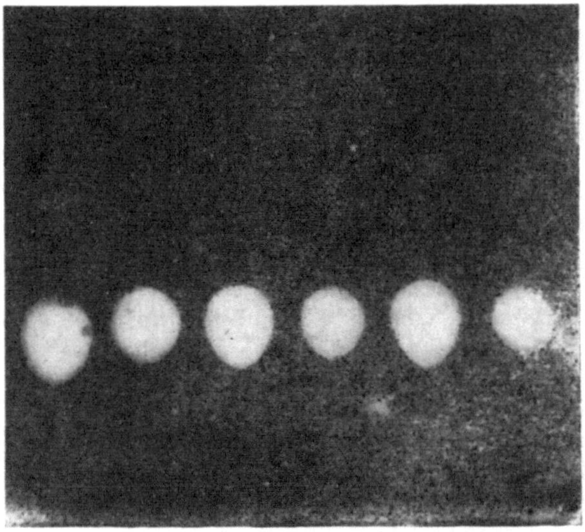

Abb. 4. Einfluß von Photosensibilisatoren (Riboflavin und Xanthen) auf die Inaktivierung von TBZ in wäßriger Lösung durch Bestrahlung mit UV-Licht (12 h UV) und Inkubation im Dunkeln (12 h D).

Wäßrige Lösungen von Benomyl und MBC erfuhren nach 80 h Bestrahlung mit Sonnenlicht keine Beeinträchtigung der fungitoxischen Aktivität (Abb. 5). Demgegenüber wurden von TBZ nach 20, 40 und 80 h Exposition von Sonnenlicht 10, 22 und 40% inaktiviert.

Eine 80 h Bestrahlung von Benomyl und MBC im festen Zustand mit Sonnenenergie verminderte die toxische Wirkung nicht; bei TBZ wurden nach gleicher Expositionszeit 85% der Ausgangsaktivität festgestellt.

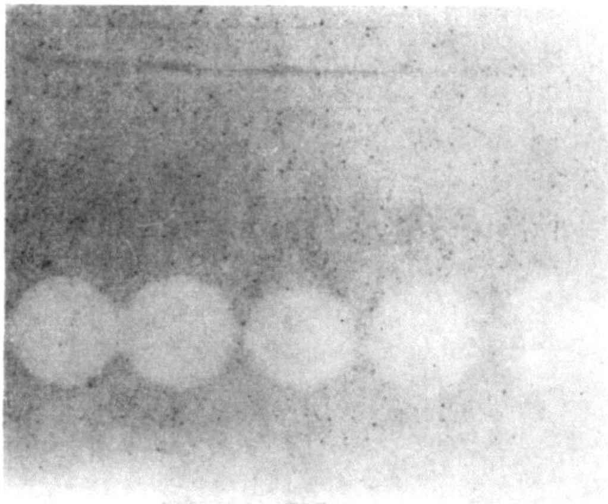

Abb. 5. Stabilität von wäßrigen MBC-Lösungen nach Einwirkung von natürlichem Sonnenlicht (10 h, 20 h, 40 h und 80 h S) und Inkubation im Dunkeln (80 h D).

Auf den Blättern von Bohnenpflanzen wurden nach 80 h Bestrahlung mit Sonnenlicht von Benomyl 68%, von MBC 74% der applizierten Wirkstoffmenge spektralphotometrisch nachgewiesen. Von den nicht bestrahlten Blättern der Kontroll pflanzen, die sich in einem Raum mit dämmrigem Licht befanden, wurden im Falle von Benomyl etwa 82%, im Falle von MBC etwa 90 der ursprünglichen Fungitoxizität eluiert. Bei TBZ betrug die Aktivitätsverminderung der Rückstände nach 80 h Bestrahlung mit Sonnenlicht 50—55% und auf den Kontrollpflanzen etwa 12%.

Die Untersuchungen über die Stabilität von Triforine in wäßriger Lösung gegenüber der Einwirkung von UV-Licht zeigten, daß der Wirkstoff sowohl in reiner Form als auch in einer Emulsionsformulierung nach 2 h Bestrahlung 30—35% der fungitoxischen Aktivität einbüßte. Der Aktivitätsverlust betrug nach 4 h Exposition 70 bzw. 76%; nach 8 h wurde der Wirkstoff nahezu vollständig inaktiviert. Die Halbwertszeit der photochemischen Inaktivierung durch UV-Licht lag bei 3 h. Die 12 h im Dunkeln inkubierten Fungizidlösungen wurden lediglich zwischen 7 und 10% inaktiviert.

Das Bioautogramm bestätigt die steigende Inaktivierung von Triforine in wäßriger Lösung durch UV-Licht mit zunehmender Expositionsdauer (2, 4 und 16 h UV). Wie dem Bioautogramm (Abb. 6) ferner zu entnehmen ist, wurde Triforine nach einer Bestrahlung von 2 bzw. 4 h teilweise zu einer Substanz mit toxischen Eigenschaften gegenüber *Cladosporium cucumerinum* transformiert. Dieser Metabolit ist ebenfalls photosensitiv, nach einer 16 h Bestrahlung war er nicht mehr nachweisbar. Auch in metabolischer Lösung zeigte dieser Metabolit nur eine geringe Stabilität.

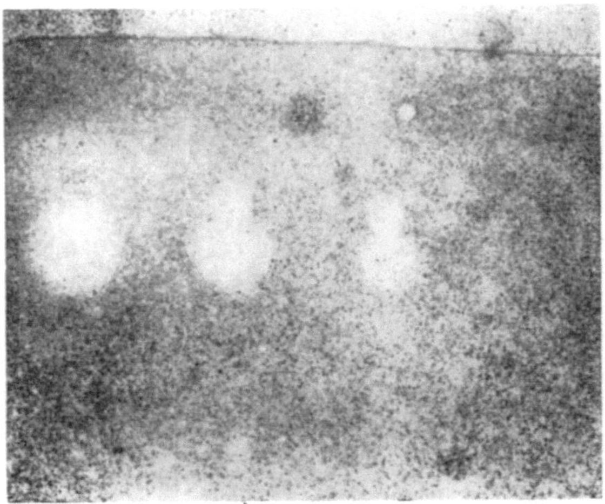

Abb. 6. Einfluß unterschiedlicher Bestrahlungsdauer (2, 4 und 16 h) mit UV-Licht auf die photochemische Umwandlung von Triforine.

Eine Bestrahlung von Triforine im festen Zustand mit UV-Licht führte bei vergleichbaren Expositionszeiten zu einer wesentlich langsameren Inaktivierungsrate. Nach 2, 4 und 16 h Einwirkung wurden folgende Aktivitätsverluste festgestellt: 10, 35 und 75%.

Den Einfluß des Sonnenlichtes auf die Verminderung der Toxizität von Triforine in wäßriger Lösung auf Glas veranschaulicht Tab. 1. Triforine büßte nach 24 h Bestrahlung als reiner Wirkstoff 42%, in Form des Emulsionskonzentrats 46% der Aktivität ein; nach 48 h betrug der Verlust 60 bzw. 65%. Bei der Kontrolle verminderte sich nach 6tägiger Inkubation im Dunkeln (entspricht einer 60 h Bestrahlung mit Sonnenlicht) die Fungizidaktivität um 18—22%.

Wie die folgende Abbildung (Abb. 7) zeigt, wurde Triforine nach einer Exposition von 48 h z. T. in zwei Metabolite umgewandelt, die toxische Eigenschaften gegenüber *Cladosporium* besitzen. Die Metabolite erwiesen sich auch gegenüber dem Einfluß des Sonnenlichtes als wenig stabil. Die Hemmzonen auf der Start-linie des Chromatogramms sind möglicherweise auf einen oder mehrere toxische Bestandteile der Emulsionsformulierung zurückzuführen.

Tabelle 1

Einfluß unterschiedlich langer Bestrahlungsdauer mit Sonnenlicht auf die Verminderung der Aktivität von Triforine (rein) und Triforine (EC) in wäßriger Lösung

Bestrahlungsdauer (h)	Inaktivierung (%)	
	Triforine (rein)	Triforine (EC)
60 (Inkubation im Dunkeln)	17	20
24	42	46
48	60	65
60	74	80

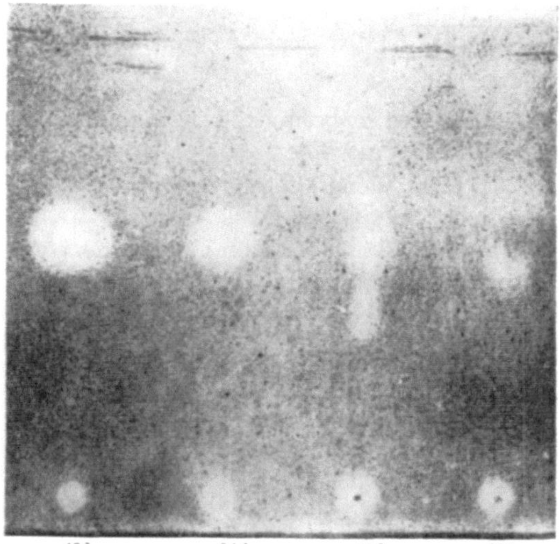

Abb. 7. Bioautographie von Triforine (EC) nach Bestrahlung in wäßriger Lösung auf Glas mit Sonnenlicht (24, 48 und 60 h S) und Inkubation im Dunkeln (48 h D).

Eine wesentlich langsamere Inaktivierung wurde durch eine Bestrahlung von Triforine im kristallinen Zustand mit Sonnenlicht im Vergleich zur Exposition in wäßriger Lösung beobachtet. Nach 80 h Einwirkung wurden etwa 26% von Triforine inaktiviert.

Von den behandelten Blättern der Kontrollpflanzen wurden 2 Tage (20 h D) nach Behandlung 78% und nach 6 Tagen (60 h D) 70% der applizierten Fungizidmenge durch die Bioautographietechnik nachgewiesen. Auf den Blättern der Pflanzen, die einer Einwirkung des Sonnenlichtes ausgesetzt waren, wurden nach 20 h (20 h S) 60% und nach 60 h (60 h S) 45—50% der Ausgangskonzentration von Triforine wiedergefunden (Tab. 2).

Tabelle 2

Inaktivierung von Triforine (rein) auf Blättern von Bohnenpflanzen durch Einwirkung des Sonnenlichtes

Expositionszeit (h)	Inaktivierung (%)
20 (Kontrolle)	15
20	40
60 (Kontrolle)	28
60	50

Die Photosensibilisatoren Xanthen und Riboflavin beschleunigten die Inaktivierung von Triforine-Lösungen nach Bestrahlung mit UV- bzw. Sonnenlicht; demgegenüber beeinflußte Rhodamin den photochemischen Triforine-Abbau kaum.

Chloraniformethan wurde, wie aus der Größe der Hemmzonen hervorgeht, durch die Einwirkung des UV-Lichtes inaktiviert. Die Substanz wurde dabei zu einer anderen mit toxischen Eigenschaften gegenüber *Cladosporium cucumerinum* transformiert. Die Umwandlung erreichte nach 4 h Exposition ihr Maximum, nach 8 h war dieser Metabolit z. T. wieder inaktiviert, d. h. diese Substanz ist ebenfalls photosensitiv (Abb. 8).

Die verschiedenen Carbonsäureanilin-Derivate zeigten eine unterschiedliche Empfindlichkeit gegenüber der Einwirkung von Strahlungsenergie. Von Carboxin wurden in wäßriger Lösung bereits nach 2 h Bestrahlung mit UV-Licht 87% inaktiviert (Abb. 9). Die Wirkstoffe BAS 3190, BAS 3270 und Pyracarbolid zeigten von den geprüften Derivaten gegenüber der UV-Strahlung eine mittlere Stabilität, die Inaktivierungsgeschwindigkeit betrug ungefähr $^1/_4$ der von Carboxin. Die stärkste Lichtstabilität wiesen die Verbindungen BAS 3050, BAS 3170 und Oxicarboxin auf. Nach 16 h Einwirkung wurden die Substanzen BAS 3050 und BAS 3170 um ca. 30%, Oxicarboxin nur zu 20% inaktiviert. Der Fungitoxizitätsverlust bei den im Dunkeln (16 h) inkubierten Lösungen schwankte zwischen 3 und 5% (Tab. 3). Die Stabiiität der Substanzen in wässriger Lösung gegenüber der UV-Strahlung nahm in folgender Reihe zu: Carboxin $<$ BAS 3190 $\leqq$ Pyracarbolid $\leqq$ BAS 3270 $<$ BAS 3050 $\leqq$ BAS 3170 $<$ Oxicarboxin.

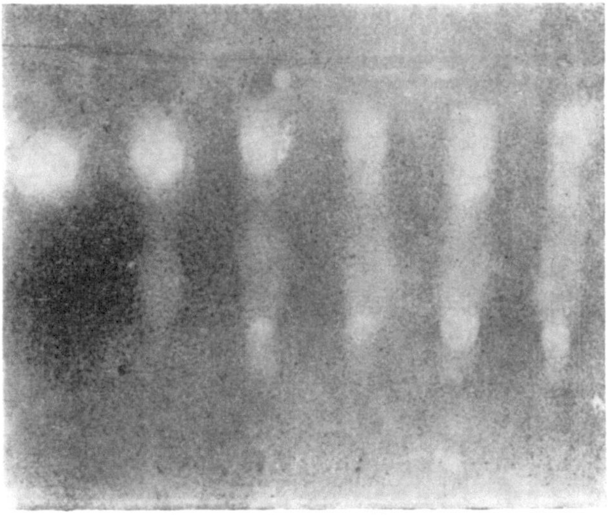

Abb. 8. Wirkung von UV-Licht (1, 2, 4 und 8 h UV) und Inkubation im Dunkeln (16 h D) auf die Inaktivierung von wäßrigen Chloraniformethan-Lösungen. Std. = authentischer Wirkstoff.

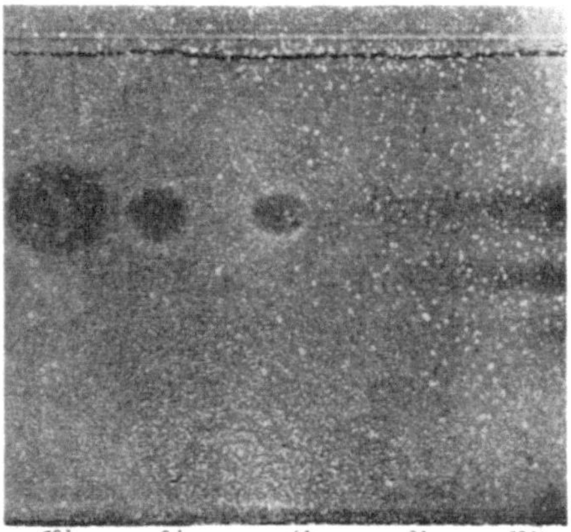

Abb. 9. Nachweis der Inaktivierung von Carboxin (Vitavax) in wäßriger Lösung nach Bestrahlung mit UV-Licht (2, 4, 8 und 16 h UV) und Inkubation im Dunkeln (16 h D) durch die Bioautographie-Technik unter Verwendung von *Ustilago maydis* als Testorganismus.

Im festen Zustand wurden die Substanzen wesentlich langsamer durch das UV-Licht inaktiviert als in wäßriger Lösung. Es ergab sich jedoch hinsichtlich der Empfindlichkeit der Verbindungen eine annähernd gleiche Reihenfolge: Carboxin > BAS 3190 > BAS 3270 > Pyracarbolid > BAS 3050 ≧ BAS 3170 > Oxicarboxin.

Tabelle 3

Inaktivierung einiger Carbonsäureanilin-Derivate in wäßriger Lösung durch Bestrahlung mit UV-Licht

Verbindung	Inaktivierung (%) Bestrahlungsdauer (h)			
	2	4	8	16
Carboxin	87	97	—	—
BAS 3190	38	64	83	94
BAS 3270	22	50	75	90
Pyracarbolid	30	60	82	92
BAS 3050	9	19	26	34
BAS 3170	11	21	25	32
Oxicarboxin	7	12	15	20

Tabelle 4

Verminderung der fungitoxischen Aktivität einiger Carbonsäureanilin-Derivate gegenüber *Ustilago maydis* durch Bestrahlung mit Sonnenlicht in wäßriger Lösung

Verbindung	Inaktivierung (%) Bestrahlungsdauer (h)				
	5	10	20	40	80
Carboxin	59	90	98	—	—
BAS 3190	34	60	94	98	—
BAS 3270	32	54	79	98	—
Pyracarbolid	17	40	68	95	—
BAS 3050	7	9	16	24	35
BAS 3170	6	9	10	22	28
Oxicarboxin	5	6	15	21	32

Die photochemische Inaktivierung der verschiedenen Substanzen in wäßriger Lösung durch die Energie des Sonnenlichtes verlief langsamer als nach Bestrahlung mit UV-Licht (Tab. 4). Die Unterschiede zwischen den Verbindungen in ihrer Lichtstabilität waren auch hier sehr ausgeprägt. Nach einer 10 h Einwirkung wurden 90% der Aktivität von Carboxin zerstört. Als weniger sensitiv erwiesen sich die Substanzen BAS 3190, BAS 3270 und Pyracarbolid. Die Verbindungen

BAS 3050, BAS 3170 und Oxicarboxin zeichneten sich auch gegenüber der Energie des natürlichen Sonnenlichtes durch eine starke Stabilität aus (vgl. Abb. 10).

Auf der Blattoberfläche von Bohnenpflanzen wurden die Rückstände der Substanzen schneller durch das Sonnenlicht inaktiviert als im festen Zustand auf

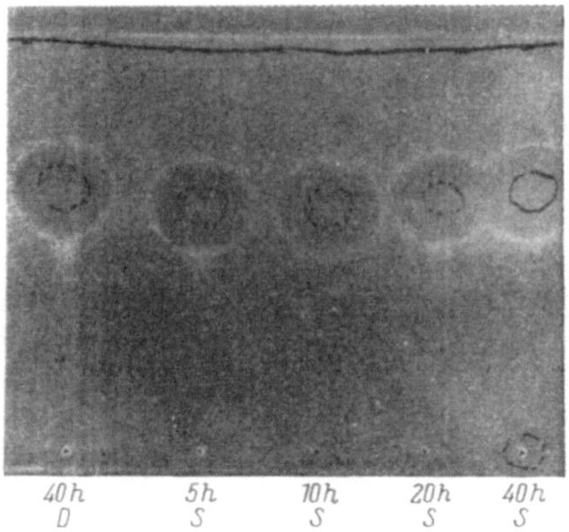

Abb. 10. Wirkung von Sonnenlicht (5, 20 und 40 h S) auf die Stabilität von Benodanil (BAS 3170).

Tabelle 5

Inaktivierung der Rückstände verschiedener Carbonsäure-anilin-Derivate auf der Oberfläche von Bohnenblättern nach unterschiedlich langer Bestrahlung mit Sonnenlicht

Verbindung	Inaktivierung (%) Bestrahlungsdauer (j)			
	10	20	40	80
Carboxin	65	87	—	—
BAS 3190	50	77	—	—
BAS 3270	—	55	85	—
Pyracarbolid	35	57	68	83
BAS 3050	20	30	44	53
BAS 3170	15	27	38	50

Glas (Tab. 5). Die Rückstände der Verbindungen Carboxin und BAS 3190 wurden nach einer 40 h Einwirkung des Sonnenlichtes vollständig und BAS 3270 zu 85% inaktiviert. Die Inaktivierung der Rückstände betrug nach 80 h Sonnenscheindauer für Pyracarbolid 84%; BAS 3050, 53%; BAS 3170, 50% und für Oxicarboxin, 41%.

Wenn die Größe der Hemmzonen nach Bioautographie gleicher molarer Konzentrationen der verschiedenen Carbonsäureanilin-Derivate als Kriterium für die toxische Wirksamkeit in Betracht gezogen wird, so ergab sich folgende Reihe hinsichtlich einer zunehmenden Toxizität gegenüber *Ustilago maydis*: Oxycarboxin $>$ BAS 3050 $>$ BAS 3270 $\geqq$ Pyracarbolid $\geqq$ BAS 3170 $>$ Carboxin $>$ BAS3190.

Diskussion

Die einzelnen Fungizide zeigten gegenüber der Einwirkung von UV- bzw. Sonnenlicht eine unterschiedliche Stabilität. Diese Unterschiede in der Inaktivierungsgeschwindigkeit sind auf die Molekülstruktur zurückzuführen.
Benomyl hydrolisierte in wässriger Lösung zu Methyl benzimidazol-2-yl-carbamat (MBC). MBC zeichnete sich durch eine ausgesprochen starke Stabilität aus. Thiabendazol hatte im Vergleich zum MBC etwas schwächere persistente Eigenschaften. Die Fungizide Triforine und Chloraniformethan erwiesen sich gegenüber der Lichtenergie wesentlich instabiler als die Benzimidazolverbindungen. Es entstanden nach kurzfristiger Lichteinwirkung Metaboliten mit z. T. toxischen Eigenschaften gegenüber *Cladosporium cucumerinum*. Diese Substanzen waren ihrerseits gegenüber der Strahlungsenergie nicht stabil. Zwischen den verschiedenen Verbindungen der Carbonsäureanilin-Derivate traten hinsichtlich ihrer Lichtstabilität sehr deutliche Unterschiede auf. Carboxin wurde am schnellsten inaktiviert; BAS 3190, BAS 3270 sowie Pyracarbolid zeigten eine stärkere Persistenz gegenüber der photochemischen Inaktivierung. Die stärkste Stabilität besaßen Benodanil, BAS 3050 und Oxicarboxin.
Photosensibilisatoren, die im allgemeinen den photochemischen Abbau von Pestiziden und anderen organischen Verbindungen beschleunigen, indem sie die Übertragung der Lichtenergie auf das Rezeptormolekül erleichtern, hatten auf die Inaktivierung von MBC keinen, auf TBZ nur einen schwachen Einfluß. Bei Triforine z. B., welches eine schwächere photochemische Persistenz besitzt, wurde die Inaktivierungsgeschwindigkeit in Gegenwart von Riboflavin und Xanthen sehr stark erhöht.
Die Substanzen wurden auf den Blättern der Bohnenpflanzen durch das Sonnenlicht schneller inaktiviert als im festen Zustand auf Glas. Die erhöhte Inaktivierungsrate auf den Blättern ist möglicherweise einmal auf das Chlorophyll, dem Sensibilisatoreigenschaften beigemessen werden, und zum anderen auf die Taubildung, wodurch ein, wenn auch nur geringer Anteil der Rückstände gelöst wurde, zurückzuführen. Schließlich verhalten sich die im Oberflächenwachs gelösten Substanzen wie in einer Lösung und sind somit einer stärkeren Inaktivierung unterworfen.

Zusammenfassung

Benomyl hydrolisierte in wäßrigen Lösungen zu MBC. MBC erwies sich gegenüber der Einwirkung von UV-Licht als sehr stabil. Eine etwas schwächere UV-Lichtstabiltät als MBC zeigte TBZ. In alkalischen Lösungen (pH 9) wurde die

fungitoxische Aktivität von Benomyl durch Einwirkung von UV-Licht vermindert. Durch Bestrahlung von MBC-Lösungen mit pH 5 (Zitronensäure-Phosphatpuffer) entstand eine zweite fungitoxische Verbindung mit bimodalen Eigenschaften. In Gegenwart von Photosensibilisatoren (z. B. Riboflavin, Xanthen) wurde die photochemische Inaktivierung von Benomyl und MBC nicht, die von TBZ lediglich in geringem Maße gefördert. Nach 80 h Einstrahlung von Sonnenlicht wurde die Aktivität der Benomyl- und MBC-Rückstände auf den Blättern der Bohnenpflanzen um 30%, die von TBZ um 50% vermindert.
Empfindlicher auf die Einwirkung des UV- bzw. Sonnenlichtes reagierten Triforine und Chloraniformethan. Die Substanzen wurden durch die Lichtenergie z. T. in Verbindungen mit fungitoxischen Eigenschaften umgewandelt; die Metaboliten erwiesen sich auch als photosensibel. Die Halbwertszeit der Triforine-Rückstände auf den Blättern der Bohnenpflanzen wurde nach 60 h Bestrahlung mit Sonnenlicht erzielt. Die photochemische Inaktivierung von wäßrigen Triforine-Lösungen wurde in Gegenwart von Riboflavin und Xanthen gefördert.
Die Carbonsäureanilin-Derivate verhielten sich gegenüber der Lichtenergie recht unterschiedlich. Carboxin zeigte die größte Lichtempfindlichkeit; eine mittlere Stabilität besaßen die Wirkstoffe BAS 3190, BAS 3270 und Pyracarbolid. Die Substanzen BAS 3050, BAS 3170 und Oxycarboxin zeichneten sich durch eine starke Lichtstabilität aus.

Literatur

(1) Buchenauer, H., L. V. Edgington and F. Grossmann: Pestic. Sci. 4, 343—348, 1973.

Diskussion

Fuchs: Wissen Sie etwas über die chemische Identität der Transformationsprodukte von MBC bzw. Triforine?
Buchenauer: Von MBC und Triforine wurden bisher je eine Substanz identifiziert. An der Aufklärung der weiteren Transformationsprodukte wird gegenwärtig gearbeitet.
Lyr: Würden Sie erwarten, daß die systemischen Fungizide, wenn sie in die Pflanze eingedrungen sind, weniger oder stärker durch Sonnenlicht inaktiviert werden als auf der Blattoberfläche?
Buchenauer: Dies kann von Mittel zu Mittel verschieden sein. Es gibt Substanzen, z. B. Antibiotika, die auf der Pflanzenoberfläche durch die Einstrahlung von Sonnenlicht schneller inaktiviert werden, als durch den Stoffwechsel der Pflanze. Im Falle von Triforine wurde eine Halbwertszeit der Rückstände auf der Blattoberfläche nach 60stündiger Einstrahlung von Sonnenlicht, bei 10 Stunden Sonnenscheindauer pro Tag, erzielt. Fuchs untersuchte den Abbau von Triforine in verschiedenen Pflanzenarten. Er wies nach, daß Triforine in verschie-

denen Pflanzenarten unterschiedlich schnell metabolisiert wird. Die Halbwertszeit beträgt in Tomaten 9 Tage und in Gerste oder Weizen bis zu 30 Tagen. Dies zeigt, daß Triforine auf der Blattoberfläche durch Einwirkung des Sonnenlichtes stärker inaktiviert wird als der ins Blatt penetrierte Fungizidanteil, der dem Metabolismus der Pflanze unterworfen ist.

DEKKER: With respect to the question of Dr. LYR I want to remark that the fungicidal antibiotic pimaricin, which is inactivated in aqueous solution within a number of hours, after uptake by broad bean plants, retains its fungicidal activity for a number of days.

MÜLLER: Ist unter praktischen Bedingungen zu erwarten, daß bei eventuellen Nacht-Spritzungen durch schnelle Fungizid-Aufnahme dem UV-Effekt entgegengewirkt werden könnte?

BUCHENAUER: Diese Maßnahme ist durchaus angebracht, wenn es sich um sehr photosensitive Substanzen handelt.

JACOB (Jena): Sie zeigten, daß die Photosensibilisatoren Xanthen und Riboflavin bei UV-Bestrahlung Einfluß auf den Abbau haben. Wurde untersucht, welchen Einfluß diese Photosensibilisatoren bei Belichtung mit Sonnenlicht besitzen?

BUCHENAUER: Die Photosensibilisatoren induzierten auch bei Einwirkung von Sonnenlicht einen stärkeren photochemischen Abbau.

ZANKE: Haben Sie mit UV-Licht einer bestimmten Wellenlänge bestrahlt, oder mit einer Lampe, die Licht über den ganzen Bereich von 200—400 nm abstrahlte? Die zur Bindungsspaltung zur Verfügung stehenden Energien würden sich beträchtlich unterscheiden, etwa von 70—140 kcal/Mol.

BUCHENAUER: Die Substanzen wurden mit einer UV-Lampe bestrahlt, deren Wellenlängenmaximum bei 254 nm lag.

Podiumsgespräch[1]

Leitung: Prof. Lyr und Prof. Dekker

Die Aussprache konzentrierte sich auf folgende Schwerpunkte:

1. Ausbildung von Resistenz bei phytopathogenen Pilzen gegen Systemfungizide.
   - Die Bedeutung von Ein- und Mehrpunkt-Mechanismen bei der Wirkung von Fungiziden.
   - Unterschiede der Resistenz-Entwicklung bei verschiedenen Arten und in Abhängigkeit von deren Ökologie.
   - Das Verhalten resistenter Rassen und ihre Populationsdynamik.
   - Bekämpfungsstrategien unter Berücksichtigung des Resistenz-Problems.
2. Neue Wege der Schadpilz-Bekämpfung durch indirekte Beeinflussung der Pilze über die Pflanze.
3. Perspektiven der praktischen Anwendung von Systemfungiziden.

Sisler: What prospects do you believe the phenomenon of negative cross resistance may have in obercomming the resistance problems with systemic fungicides?

Dekker: Die negative Kreuzresistenz könnte praktisch genutzt werden. Bei Benomyl und Thiabendazol haben wir uns damit beschäftigt. Wir haben noch keine Vorstellungen, wie die Nutzung im einzelnen erfolgen kann.

Sisler: Just as benomyl might be used to overcome the resistance developed to thiabendazole in certain cases, new benzimidazole analogues might be used to control benomyl resistant strains. In my opinion the phenomenon of negative cross resistance may be very important in the future as a means of controlling resistant strains.

Die Ursache für die negative Kreuzresistenz zwischen Thiabendazol und Benomyl könnte in folgendem bestehen. Die verschiedenen Seitenketten von Benomyl und Thiabendazol könnten unterschiedliche Affinität der Verbindungen zu den Strukturproteinen der Mikrotubuli bedingen. Dadurch könnte eine unterschiedliche Wirkung auf die Subeinheiten der Mikrotubularproteine zustandekommen.

Dekker: Es ist nicht voraussehbar, wieviel Thiabendazol-Analoga, die auf Mikrotubuli wirken, man finden kann, aber man sollte weltweit alle Substanzen untersuchen, die Mitosehemmungen verursachen.

[1] Die Diskussion wird nicht im Wortlaut, sondern nur der Inhalt der Diskussionsbemerkungen wiedergegeben.

Lyr: Haben Sie Stämme, die nur gegen Benomyl und nicht gegen Thiabendazol empfindlich sind, in Kultur? Kann bei Thiabendazol empfindlichen Stämmen ein anderer Wirkungsmechanismus als bei Benomyl vorliegen? Ist z. B. eine Atmungshemmung denkbar? Einige Pilz-Arten sind ganz unempfindlich gegen Thiabendazol, aber hoch empfindlich gegen Benomyl und Thiophanat. Wie erklären Sie dies?

Dekker: Die Möglichkeit, daß verschiedene Wirkungsmechanismen beteiligt sind, existiert. Es können mehrere Angriffspunkte vorhanden sein. Wir haben keine Informationen über etwaige unterschiedliche Penetrationsbarrieren und Detoxifikations-Mechanismen bei den genannten Mitteln. Trotzdem dürfen wir auch die Möglichkeit einer spezifischen Detoxifikation nicht unbeachtet lassen.

Für Thiabendazol und Benomyl möchten wir vorläufig annehmen, daß sie den gleichen Wirkungsmechanismus besitzen.

Davidse: Die Wirksamkeit hoher MBC-Konzentrationen gegen resistente Stämme könnte doch auf einem anderen Wirkungsmechanismus beruhen. Eine Beeinflussung der Atmung könnte durchaus in Frage kommen.

Sisler: Haben Sie bei dem resistenten Stamm, der gegen Benomyl empfindlich war, das Resistenz-Gen vergleichend untersucht?

Dekker: Es war offensichtlich das gleiche Gen, das für die unterschiedliche Empfindlichkeit gegenüber Thiabendazol und Benomyl verantwortlich ist. Es liegt an der gleichen Stelle.

Fuchs: Nach meiner Meinung hat die Diskussion zu spezifisch angefangen. Es sollten allgemeiner die Perspektiven der systemischen Fungizide betrachtet werden. Es sollte allgemein klar sein, daß es keine reinen Fungizide gibt. Was wir phänomenologisch als Fungizide bezeichnen, sind immer Biozide, also Stoffe mit allgemein biologischer Aktivität. Ist Resistenz gegen diese Substanzen wirklich etwas Neues? Resistenz gegen Fremdstoffe ist eine allgemeine Erscheinung, eine natürliche Abwehr der Organismen. Biozide sind nur unter anderem Fungizide. Man sollte deshalb Resistenz nicht nur im Bereich der Pilze sehen und studieren, sondern ganz allgemein bei Organismen. Auch der Begriff Resistenz-Gen ist nicht richtig. Es handelt sich um Gene, die eine bestimmte Wirkung gegen bestimmte Stoffe hervorrufen.

Dekker: Danke für diese enthusiastische Philosophie. Es gibt bereits eine umfangreiche Literatur über Antibiotika und Biozide, einschließlich der Fungizide, und die Zuordnung ist eine Frage der Definition. Beeinflußt werden ein breites Spektrum von Strukturen und Prozessen wie z. B. der genetische Code, die Nucleinsäuren, Proteine sowie zahlreiche andere Verbindungen, und gegen alle Reaktionen können Resistenz-Gene auftreten. Was Dr. Fuchs zu studieren empfahl, ist völlig richtig! Die Gefahr der Resistenz-Bildung ist möglicherweise das größte Problem, das vor uns bei der Anwendung von Fungiziden steht.

Lyr: Gibt es Untersuchungen über das Verhalten von resistenten Rassen in der Pilz-Population der Natur?

Dekker: Meines Wissens gibt es bis jetzt wenig Beobachtungen hierzu. Wir benötigen solche Erkenntnisse aber sehr dringend. Ich weiß, daß in England die

Populationsdynamik einiger resistenter Stämme phytopathogener Pilze untersucht wird.

RICHMOND: Wir führten Untersuchungen über die Populationsdynamik von *Botrytis cinerea* unter dem Einfluß von Benomyl aus. Untersucht wurden 2 resistente und 1 anfälliger Stamm mit unterschiedlichen Eigenschaften und unterschiedlichem Wachstum. Von den resistenten Stämmen blieb einer resistent, wuchs gut, bildete leicht Sporen, die benomyl-resistent waren und konnte sich schnell ausbreiten. Der zweite Stamm wurde wieder anfällig und starb unter dem Einfluß von Benomyl aus.

DEKKER: Wir haben mit der Untersuchung resistenter Mehltau-Stämme begonnen, haben aber noch keine endgültigen Aussagen.

Wie verhält es sich mit der Virulenz solcher resistenter Stämme?

BOCHOW: Im allgemeinen wurde bisher die Meinung vertreten, daß fungizid-resistente Pilz-Formen gegenüber anfälligen Wildtypen eine geringere Virulenz und z. T. auch eine geringere „competitive ability" haben und sich somit bei einem weitläufigen Wechsel in der Anwendung von Fungiziden unter natürlichen Bedingungen schwer durchsetzen werden.

Eigene Untersuchungen brachten jedoch Beispiele, daß bei systemfungizid-toleranten Pilz-Formen gegenüber normalen, sensiblen Typen die Pathogenität auch erhöht sein kann. Theoretisch könnte dies auch für die „competitive ability" zutreffen. Das Vorkommen solcher Typen bedeutet natürlich eine größere Gefahr. Es müßte prinzipiell geklärt werden, wie die Verhaltensweisen systemfungizid-resistenter Pilze sich gegenüber den Normalformen verändern.

Es ist eine Frage, welche Charakteristika eines Pilzes es sind, die für Formen eine leichtere Resistenz-Bildung gegenüber solchen mit geringerer Neigung dazu kennzeichnen? Häufigkeit der Generationenfolge, Sporulations-Intensität, Mutabilitätsrate, Lebensweise, z. B. „soil borne" oder „air borne" und damit Ausbreitungsmöglichkeit etc.? Es zeichnet sich ab, daß in der Praxis Bodenpilze offenbar etwas weniger zur Entwicklung resistenter Typen und Rassen neigen als Blattparasiten mit großer Sporen-Produktion und -Ausbreitung, z. B. echter Mehltau, Rost-Pilze u. ä.

DEKKER: Die Bedeutung dieser Eigenschaften und Vorgänge für die Resistenz-Bildung ist im einzelnen noch schwer zu beurteilen. Das Verhalten des Pilzes und der Verlauf der Krankheiten spielen hierbei aber sicher eine Rolle.

FEHRMANN: Es erstaunt mich zu hören, daß im Institut von Dr. RICHMOND im Freiland fungizid-resistente Stämme von *Botrytis* ausgebracht wurden. Es ist ein großer Mangel, daß wir exakte epidemiologische Freilandversuche nicht in der Weise vornehmen können, daß wir gezielte Infektionen dort mit resistentem Pilz-Material ausführen.

Man sollte berücksichtigen, daß wahrscheinlich für die Schnelligkeit der Ausbreitung und Durchsetzung eines resistenten Stammes seine Infektionsschwelle eine Rolle spielt.

Zum Beitrag von Prof. BOCHOW: Man kann nicht annehmen, daß mit einer erworbenen Fungizid-Resistenz in vielen Fällen auch eine Erniedrigung der Pathogenität des Erregers gekoppelt ist. Wenn man unterstellt, daß die Mutation nur eines oder weniger Gene zur Resistenz führen kann, so sollte man zunächst für den Fall von Chromosomen-Mutationen annehmen, daß statistisch gesehen, eine eventuelle Erniedrigung oder Erhöhung der Pathogenität im Rahmen der natürlichen Variabilität mit gleicher Wahrscheinlichkeit zu erwarten ist. Für den Fall einfacherer Gen-Mutationen, ohne wesentliche Chromosomen-Änderung, dürfte eine Pathogenitäts-Änderung im Normalfall auszuschließen sein.

RICHMOND: Wir führten die Untersuchungen mit resistenten Stämmen nur im Gewächshaus durch.

CREUZBURG: Hinsichtlich des Auftretens und der Ausbreitung fungizid-resistenter Pilz-Stämme sollte man die Erfahrungen berücksichtigen, die bei der Züchtung von *Phytophthora* resistenten Kartoffel-Sorten gemacht wurden. Die nur auf R-Genen beruhende Resistenz wurde dort durch das Auftreten neuer Pilz-Rassen sehr schnell ausgeschaltet.

BOCHOW: (Zur Anfrage von Prof. FEHRMANN): *Botrytis* dürfte eine größere Infektionsschwelle als beispielsweise *Erysiphe* haben, bzw. es ist ein größeres Inokulum-Potential zur Infektion bei diesem Erreger notwendig. Es könnte sein, daß auch das Problem einer unterschiedlichen Infektionsschwelle auf der Basis unterschiedlicher Selektionsmöglichkeiten bei der Entwicklung resistenter Typen ein wichtiges Moment darstellt.

FEHRMANN: Gegen *Botrytis*-Resistenz im Weinbau, die innerhalb von 2 Jahren auftritt bei Benomyl, konnte ein Wechsel von Benomyl und Euparen erfolgreich eingesetzt werden.

DEKKER: Schlußwort zur Resistenzproblematik:

Aus den diskutierten Problemen ergibt sich, daß folgende Forderungen für die Zukunft gestellt werden sollten:

1. Es sollten systemische Verbindungen mit sehr verschiedenen Eigenschaften zur Verfügung stehen.
2. Es wäre wichtig, Verbindungen zu haben, die die Resistenz der Pflanzen erhöhen.
3. Vorteilhaft sind Fungizide mit multisite-Wirkung.
4. Es sollte die negative Kreuzresistenz beachtet und genutzt werden.
5. Es sollten genaue Daten über das Verhalten resistenter Pilz-Stämme unter Feldbedingungen gewonnen werden.
6. Wir sollten unsere Fungizide sorgfältig anwenden, d. h. nicht gegen alle Krankheitserreger, gegen die sie wirksam sind.
7. Systemische Verbindungen sollten bei der Anwendung weitgehend mit konventionellen Fungiziden gemischt werden.

LYR: Ich schlage vor, jetzt über das Thema zu diskutieren: Gibt es reale Chancen, Verbindungen zu entwickeln, die nicht fungizid oder fungistatisch sind und Pilz-Krankheiten eliminieren können?

Welchen Wert könnte die Unterdrückung von Angriffsmechanismen des Pilzes besitzen?

SISLER: Die Screening-Methoden haben sich in den letzten Jahren schon wesent-

lich geändert. Wir suchen nicht mehr, wie bisher, mit Sporenkeimtesten nur nach fungitoxischen Verbindungen. Bei der Testung über die Pflanze werden auch indirekte Wirkungen erfaßt. Die Suche nach Stoffen, die an bestimmten Stellen in den Stoffwechsel eingreifen, ist notwendig. Pektolytische, cellulolytische und andere hydrolytische Enzyme lassen sich induzieren. Bei der Enzym-Induktion hydrolytischer Enzyme in Pilzen spielt z. B. zyklisches GMP eine Rolle. Die Induktion hydrolytischer Enzyme könnte sicher unterdrückt werden.
Als Wirkungsmechanismen für neue Wirkstoffe sind solche denkbar, die Faktoren unterdrücken, die für den Pilz-Befall nötig sind oder solche, die die Pflanzen so ausrüsten, daß der Pilz eine pflanzliche Abwehrreaktion, z. B. Phytoalexin-Bildung nicht mehr unterdrücken kann. Die Unterdrückung von Pilzen durch biologische Systeme ist nicht ohne Aussicht.
FUCHS: Es handelt sich hier um ein allgemein biologisches Problem. Ich stimme vollständig mit Dr. SISLER überein, aber ich habe eine Frage: Haben Sie jemals eine Substanz gefunden, die spezifisch hydrolytische Enzyme blockiert bzw. deren Induktion verhindert? Bezüglich der Phytoalexine. Kennen Sie systemische Induktoren der Phytoalexin-Bildung? Wir brauchen allgemein systemische Induktoren. Danach sollte man suchen!
SISLER: Hydrolytische Enzyme sind sehr schwer zu hemmen. Die Enzym-Induktion dürfte dagegen wesentlich leichter hemmbar sein.
LYR: Ich denke, der Hauptangriff wird weiter auf die Pilze erfolgen müssen. Eine Beeinflussung der Pilze über die Pflanze durch Wachstumsregulatoren wird sehr schwierig. Gleichzeitig die Bildung von Phytoalexinen induzieren und den pflanzlichen Stoffwechsel sonst nicht beeinträchtigen, so daß hohe Erträge erhalten bleiben, ist problematisch. Dr. POLTER zeigte weitere Probleme bei der Nutzung von Phytoalexinen für den Pflanzenschutz. Eventuell könnte eine Nutzung von Phytoalexin-Wirkungen bei primär durch Fungizide geschwächten Parasiten in Frage kommen. Die Auffindung spezifischer Phytoalexin-Induktoren, entsprechend den pilzspezifischen Enzym-Induktoren, erscheint nicht unmöglich. Der erste Angriff sollte aber auf den Pilz selbst erfolgen.
FEHRMANN: Screening-Teste sollten heute grundsätzlich so angelegt werden, daß beide Wirkungen einer Substanz, die direkte und die indirekte, erfaßt werden und miteinander verglichen werden können. Zunächst sollte man nur auf chemotherapeutische Wirkung testen. Erst wenn eine Wirkung festgestellt wird, sollte man prüfen, ob es sich um eine Einwirkung auf den Pilz oder eine Wirkung über die Pflanze handelt!
BOCHOW: Bemerkung zum Diskussionsbeitrag von Prof. LYR: Die Möglichkeit einer wirksamen indirekten Unterdrückung von parasitischen Pilzen in oder an der Pflanze möchte ich generell nicht als gering erachten. Man muß hier doch sehr differenzieren. Zum Beispiel ist bekannt, daß durch chemische Substanzen die Rhizo- oder auch Phyllosphäre der Pflanzen über Veränderung der Wurzel- bzw. Blattausscheidungen erheblich umgestimmt werden kann, so daß Pilz-Infekte bei Pflanzen gemindert oder unterdrückt werden. Besonders gilt dies für pathogene Boden-Pilze. Sicher wird es dagegen schwieriger sein, dadurch Resistenzmecha-

nismen gegen Erreger wie Rost und Mehltau zu induzieren, es sei denn natürlich auf ganz anderem Wege, wie z. B. der Beschleunigung von normergischen Abwehrreaktionen bis hin zu Hypersensibilitäts-Effekten, die natürliche Resistenz bedeuten. Man sollte natürlich vorhandene Mechanismen der Resistenz studieren und ausnutzen.

LYR: Die Manipulation der Pathogene durch indirekte Maßnahmen (Blattdüngung u. ä.) erscheint zwar im Prinzip möglich, aber in der Praxis dürften solche Systeme zu kompliziert sein, da die EDV-Systeme nicht genügend Informationen liefern können. Die notwendige hohe Sicherheit ist mit biologischen Bekämpfungsverfahren allgemein nicht zu erreichen. Eine Bodenbeimpfung mit Konkurrenzorganismen betrachte ich als unwirksam, zumal sie auch der Ökosystemtheorie widerspricht. Aber gibt es vielleicht eine Möglichkeit, die Prokain-Wirkung bzw. ähnliche Effekte zu nutzen?

DEKKER: Indirekte Wirkung von Fungiziden ist in der Praxis das gleiche wie natürliche Resistenz der Kulturpflanzen. Wir wissen über die „horizontale" Resistenz der Pflanzen noch sehr wenig. Es könnte aber durchaus sein, daß sich Substanzen finden lassen, die „horizontale" Resistenz induzieren.

FOCKE: Den Ausführungen von Prof. DEKKER über die Bedeutung der horizontalen Krankheitsresistenz als einer wichtigen indirekten Möglichkeit der Bekämpfung von Pilz-Krankheiten auf dem Wege der Beeinflussung der Wirtspflanze stimme ich voll zu. Hier ist jedoch noch intensive Forschungsarbeit erforderlich. Mit der zunehmenden Anwendung von systemischen Fungiziden, insbesondere solchen mit großer Wirkungsbreite, werden neben pathogenen auch eine größere Anzahl von saprophytischen erfaßt. Es ist daher denkbar, daß bei häufiger Fungizid-Behandlung z. B. eine Verschiebung der Bodenflora in den oberen Bodenschichten sowie Verringerung des natürlichen Antagonisten-Spektrums eintritt. Exakte Kenntnisse hierzu sind notwendig, vor allem im Hinblick auf die territoriale Konzentration von Feldfrüchten, z. B. Getreide.

LYR: Der Boden ist ein ultrastabiles System. Veränderungen der Mikroflora des Bodens sind bisher nie über den Regelbereich des Bodens hinausgegangen. Bei künstlichen Eingriffen kommt es zwar zu Oszillationen. Das Einpendeln in die Normallage erfolgt aber relativ schnell. Es ist sehr schwer, die Boden-Mikroflora langdauernd zu beeinflussen. Als Vergleich kann man auch die Biozönose-Störungen betrachten, die Insektizide hervorrufen. Durch die langjährige Anwendung von Insektiziden ist bisher nicht ein einziger Schädling vernichtet worden, von Populationen ganz zu schweigen. Auch massiver Fungizid-Einsatz ruft nicht mehr als etwas stärkere Oszillationen der Bodenmikroflora hervor. Unsere Computer reichen aber nicht aus, um solche Veränderungen für eine gezielte Bekämpfung prognostizieren zu können.

FOCKE: Bei Intensiv-Monokulturen erfolgt die Anwendung systemischer Mittel heute in großen Mengen. Da ist nach meiner Meinung doch mit Auswirkungen zu rechnen.

LYR: Ich glaube nicht, daß die Regelschwelle überschritten wird, wenn alle bekannten theoretischen Grundlagen im praktischen Pflanzenschutz beachtet werden.

SEIDEL: Wir sollten uns davor hüten, den Einsatz von PSM und hier im speziellen Fall von Fungiziden als einzige relevante Methode zu betrachten. Genauso einseitig wäre es, die Anwendung individueller Maßnahmen des Pflanzenschutzes allein zu propagieren, obwohl in der Vergangenheit durch eine Berücksichtigung ökologischer Faktoren auch ein nicht zu unterschätzender Schutz der Kulturpflanzen vor Ertragsausfällen erreicht wurde. Es geht vielmehr um eine sinnvolle Kombination von direkten und indirekten Bekämpfungsmaßnahmen. Auf diese Weise werden natürliche Resourcen genutzt, wodurch die Bekämpfungskosten und toxische Belastungen wie andere ungünstige Nebenwirkungen der PSM vermindert werden. Aus diesem Grunde halte ich es auch für sinnvoll, die indirekte Anwendung systemischer Fungizide mit zu untersuchen, wobei man sich allerdings auf solche Prozesse zunächst beschränken sollte, die steuerbar erscheinen.
FUCHS: Man weiß, wieviel DDT produziert worden ist und wieviel etwa davon noch in der Natur übrig ist, nämlich weniger als 0,1% und trotzdem ist DDT ein Problem. Wir spritzen heute das Benomyl auf die Kulturpflanzen, die wir essen. Ich glaube, es gibt keinen Holländer ohne Benomyl bzw. MBC mehr. Wenn auch das meiste von allen Pflanzenschutzmitteln abgebaut wird, bleiben doch meist genügend große Mengen übrig, die mutagene, terratogene und andere Wirkungen haben können. Die Beachtung der allgemeinen biologischen Sicht ist immer erforderlich. So lange Langzeitwirkungen von Substanzen nicht bekannt sind, sollten wir die Fehler, die wir beim DDT gemacht haben, nicht wiederholen. Es wird kein Zurück zu einer Landwirtschaft ohne Fungizide geben, aber eine sehr genaue biologische Einschätzung aller Schädlingsbekämpfungsmaßnahmen sollte in der Zukunft im Vordergrund der Entscheidung zwischen verschiedenen Bekämpfungsverfahren stehen.
LYR: Das Problem muß langfristig rational-wissenschaftlich gelöst werden. Wir sollten uns vor einer emotionellen Beurteilung des Pflanzenschutzmittel-Einsatzes hüten. Wir wissen, daß die Bekämpfung der Malaria durch Insektizide ca. 200 Millionen Menschen das Leben gerettet hat, aber wir wissen nicht, ob 1 Mensch an diesen Maßnahmen gestorben ist. Auch wir haben in der DDR DDT als Vorsichtsmaßnahme verboten. Aber generell kann man sagen, daß die Ablösung vieler Pflanzenschutzmittel erst möglich ist, wenn bessere Präparate zur Verfügung stehen, weil sonst unter Umständen mehr Menschen durch Hunger und Unterernährung gefährdet werden als durch Pflanzenschutzmittel.
DEKKER: Ich möchte noch ein anderes Problem anschneiden, den Phloemtransport. Zu den problematischsten Pathogenen gehören die Bodenkeime, und wir haben zur Zeit keine vernünftigen Vorstellungen, wie wir dieses Problem lösen können. Hier werden dringend phloemtransportable Fungizide benötigt, die auf die Blätter appliziert werden können, damit wir den Boden nicht mit Chemikalien anreichern müssen.
BOCHOW: Zur Bekämpfung der Bodenpilze bietet sich als Alternative zum Einsatz phloem-mobiler Verbindungen der Einsatz von xylem-mobilen Fungiziden mit möglichst guter Depot-Wirkung an. Dadurch würde eine verlängerte Aufnahmemöglichkeit geschaffen und ein Nachteil der xylem-mobilen Verbindungen

zum Teil ausgeschaltet. Leider werden die meisten Fungizide, die wir zur Zeit zur Verfügung haben, zu schnell abgebaut und besitzen keinerlei Depot-Wirkung. Da bleibt dann wieder nur Benomyl, das hinreichend stabil ist. Interessant zur Wurzelbehandlung könnte aber auch der Einsatz von Granulaten sein.

FUCHS: Benomyl und Thiophanat-Methyl bieten sich nicht nur wegen ihrer Stabilität für diesen Einsatz an, sondern auch weil sie in der Wurzel gespeichert werden und ihr Abtransport sehr langsam erfolgt.

LYR: Benomyl ist wohl eine Ausnahme unter den Fungiziden und wird nicht zu unrecht als DDT der Fungizide bezeichnet. Auch Granulate können sicherlich eine Möglichkeit zur Bekämpfung bodenbürtiger Erreger sein. Aber dabei stellt sich wahrscheinlich schon die Frage der Ökonomie. Zu beachten bleibt auch, daß sich verschiedene Kulturpflanzen hier sehr unterschiedlich verhalten. Erwähnt sei z. B., daß sich Mehltau bei Holzgewächsen nicht mit Ethirimol bekämpfen läßt, da letzteres in Holzpflanzen nicht transportiert wird.

Verzeichnis der Autoren und Diskussionsredner

Andreewa, E. I.
Basiony, A. M.
Bergmann, H.
Bochow, H.
Böhme, G.
Bollen, G. J.
Borowski, E.
Buchenauer, H.

Casperson, G.
Cybulska, B.

Davidse, L. C.
Dekhuijzen, H.
Dekker, J.
Demečko, J.

Edgington, L. V.

Falkowski, L.
Fehrmann, G.
Ferenczy, L. D.
Focke, I.
Fuchs, A.

Ganchewa, J.
Girbardt, M.
Gottlieb, D.
Grapow, A.
Gredt, M.

Halangk, W.
Handke, H. H.
Haupt, I.

Jacob, F.
Jacob, J.
Jakobs, E.
Josepovits, G.

Kerk, G. J. M. van der
Kevei, F.
Kluge, E.
Knoll, F.
Köhler, G. H.
Kozew, K. S.
Kunz, W.

Laussmann, B.
Leroux, P.
Lyr, H.

Malewicz, B.
Müller, S.
Müller, W.

Naumann, K.

Oros, G.

Peterson, C. A.
Polter, C.
Pring, P. J.
Pronchenko, T. C.

Raghu, K.
Ragsdale, N. N.
Rapoport, S.
Reinbothe, H.
Richmond, D. V.
Ritter, G.

Sanin, M. A.
Schewe, T.
Schluttig, G.
Schmiedeknecht, M.
Schnaak, W.
Schrödter, H.
Seidel, D.
Sinclair, B.
Sisler, H. D.
Steinbrenner, K.

Waard, M. A. de

Zanke, D.

Bei Fragen zur Produktsicherheit wenden Sie sich bitte an:
If you have any questions regarding product safety,
please contact:

Walter de Gruyter GmbH
Genthiner Straße 13
10785 Berlin
productsafety@degruyterbrill.com